全国机械行业职业教育优质规划教材（高职高专）
经全国机械职业教育教学指导委员会审定
机械制造与自动化专业

电工电子技术

主　编　吴俊芹
副主编　方红彬
参　编　巩金海　张洪兵　张　然
　　　　朱　敏　崔俊霞
主　审　孙晓艳

机 械 工 业 出 版 社

本书是全国机械行业职业教育优质规划教材（高职高专），经全国机械职业教育教学指导委员会审定。“电工电子技术”是机电类及相关专业学生必修的专业基础课，课程涵盖电工技术基础、模拟电子技术基础、数字电子技术基础等内容。

全书共分九个模块，内容包括直流电路，单相正弦交流电路，三相正弦交流电路，磁路、变压器及异步电动机，半导体器件及其应用，负反馈与集成运算放大器，逻辑门电路及其应用，组合逻辑电路，时序逻辑电路。各模块均配有与理论知识点相融合的多个知识与小技能测试、技能训练，以及丰富多样的练习与思考。

创新教材呈现形式，推进教材建设立体化，是专项研究课题的初衷。为方便教学，本书在各模块的关键知识点和技能点上还配有视频、动画和微课等配套资源。

本书可作为高等职业教育机电类及其他相关专业的教学及参考用书，也可作相近课程教学及工程技术人员的参考用书。

本书配有电子课件，凡使用本书作为教材的教师均可登录机械工业出版社教育服务网（http://www.cmpedu.com），注册后免费下载。咨询电话：010-88379375。

图书在版编目（CIP）数据

电工电子技术/吴俊芹主编. —北京：机械工业出版社，2020.1（2024.8重印）
全国机械行业职业教育优质规划教材. 高职高专　经全国机械职业教育教学指导委员会审定. 机械制造与自动化专业
ISBN 978-7-111-65004-1

Ⅰ. ①电…　Ⅱ. ①吴…　Ⅲ. ①电工技术-高等职业教育-教材②电子技术-高等职业教育-教材　Ⅳ. ①TM②TN

中国版本图书馆CIP数据核字（2020）第039504号

机械工业出版社（北京市百万庄大街22号　邮政编码100037）
策划编辑：王海峰　王英杰　责任编辑：王海峰　王英杰
责任校对：杜雨霏　封面设计：鞠　杨
责任印制：李　昂
北京捷迅佳彩印刷有限公司印刷
2024年8月第1版第8次印刷
184mm×260mm · 17.25印张 · 424千字
标准书号：ISBN 978-7-111-65004-1
定价：49.80元

电话服务
客服电话：010-88361066
010-88379833
010-68326294

网络服务
机　工　官　网：www.cmpbook.com
机　工　官　博：weibo.com/cmp1952
金　书　网：www.golden-book.com
机工教育服务网：www.cmpedu.com

前　言

本书是全国机械行业职业教育优质规划教材（高职高专），经全国机械职业教育教学指导委员会审定。“电工电子技术”是机电类及相关专业学生必修的专业基础课，课程涵盖电工技术基础、模拟电子技术基础、数字电子技术基础等内容，建议教学总学时为60~80学时。针对该课程内容多课时少、内容抽象、学生接受难度大等现状，我们本着“增强课程的灵活性、适应性和实践性”的原则编写了本书。

本书从学情出发，考虑当前学生动手做的兴趣远远超过理论分析的兴趣的现实，在内容编排上，每一模块以案例和明确的教学目标为开篇，知识点学习与技能训练及知识技能测试相融合，有利于项目教学、任务驱动等行为导向教学活动的组织与实施。为方便读者对知识点的学习和理解，以及对技能点的操作训练和掌握，每一模块均配有相应视频、动画和微课等配套资源。

本书由河北机电职业技术学院吴俊芹任主编，方红彬任副主编，无锡职业技术学院孙晓艳任主审。参与编写的还有常州机电职业技术学院朱敏，河北机电职业技术学院巩金海、张然、崔俊霞，辽宁轨道交通职业学院张洪兵。其中朱敏编写模块一，张洪兵编写模块二，巩金海编写模块三，方红彬编写模块四，崔俊霞编写模块五，张然编写模块六、七，吴俊芹编写模块八、九。本书由吴俊芹负责大纲的编写与内容设计，并对全书进行修改和统稿。

本书可作为高等职业教育机电类及其他相关专业的教学及参考用书，也可作相近课程教学及工程技术人员的参考用书。

尽管编者都是从教多年的一线教师，但由于编写水平有限，书中错误和不当之处仍在所难免，敬请读者批评指正。

编　者

目录

模块一 直流电路

知识点

1. 电路的组成。
2. 电路的基本物理量。
3. 电路的基本元器件。
4. 电路的工作状态。
5. 电路的基本定律及分析方法。

教学目标

知识目标：1. 认识电路和电路中的元器件。
2. 掌握电压、电流、电位、电功率的概念和它们的测量方法。
3. 了解电路不同工作状态的特性。
4. 掌握电路的基本分析方法。

能力目标：1. 认识电路和电路中的元器件。
2. 会测量电路中的基本物理量。

案例导入

在日常生活中，人们可以接触到各种各样的电路，它们的作用各不相同。图 1-1 所示的手电筒电路就是一个最简单的直流电路，它由两节干电池、一个开关、一个灯泡和若干导线组成。当开关闭合时，灯泡发光；当开关断开时，灯泡熄灭。要怎么解释这种现象，又怎么计算发光时消耗的电能呢？

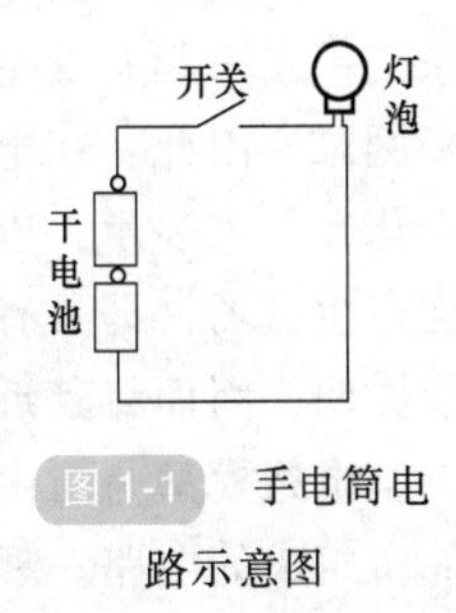

图 1-1 手电筒电路示意图

相关知识

1.1 电路组成

1.1.1 电路的组成与功能

电路是由各种电气设备和元器件按一定方式互相连接而成的电流的通路。以图 1-1 所示的简单电路为例，电路的基本组成包括电源（如电池）、中间环节（如开关和导线）和负载

(如灯泡)三个部分。

电路的主要功能和作用一般有以下两个方面:

1)能量的传输、转换和分配。最典型的例子是电力系统。发电厂的发电机组把水能或热能转换成电能,通过变压器、输电线路输送给各用户,用户又把电能转换成机械能、热能或光能等,如图 1-2a 所示。在这类电路中,一般要求在传输和转换过程中尽可能地减少能量损耗以提高效率。

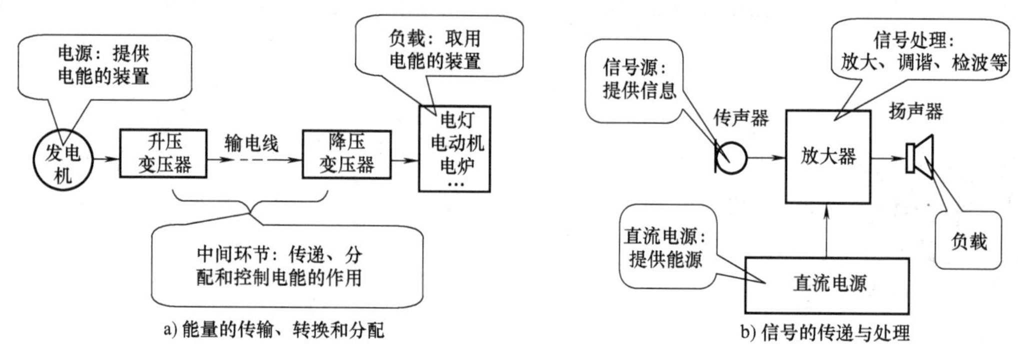

图 1-2 电路的两种典型应用

2)信号的传递与处理。常见的例子很多,如电子技术中的放大器,接收到传声器将语言转换后的电信号,进行放大处理。如图 1-2b 所示。计算机也由电路组成,它能对键盘或其他输入设备输入的信号进行传递、处理,转换成图形或字符,输出在显示器或打印机上。所有这些都是通过电路把施加的输入信号变换成为所需要的输出信号。在这类电路中虽然也有能量的传输和转换,但是人们更关心的是信号传递的质量,如要求快速、准确、不失真等。

1.1.2 电路模型

实际电路中使用的电路部件一般都与电能的消耗现象及电磁能的储存现象有关,这些现象交织在一起并发生在整个部件中。如果把这些现象或特性全部加以考虑,会给电路分析带来困难。因此,在电路理论中,会忽略它的次要性质,用一个足以表征其主要电磁性能的理想化元件来表示,以便进行定量分析。例如一个白炽灯通过电流时除了具有电阻特性外,还会产生磁场,即具有电感性,但白炽灯主要作用是消耗电能,呈现电阻特性,而产生的磁场很微弱,因而将其近似的看作纯电阻元件。

电路模型是指由一个或者几个具有单一电磁特性的理想电路元件所组成的电路。理想电路元件中主要有电阻元件、电容元件、电感元件和电源元件等。通常把理想电路元件称为元件,将电路模型简称为电路。

图 1-3 就是图 1-1 所示电路的模型。

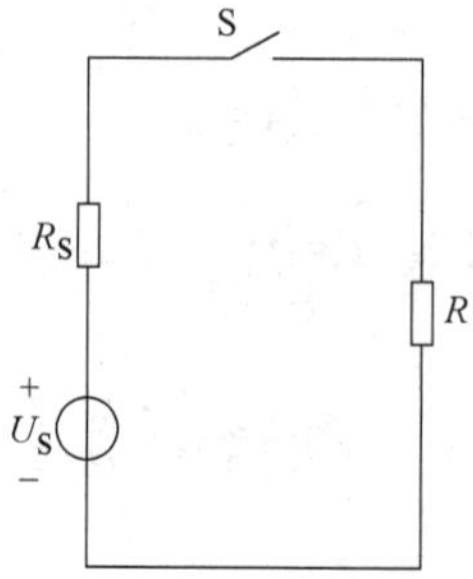

图 1-3 电路模型

知识与小技能测试

1. 什么是电路?一个最简单的电路有哪些基本组成部分?各部分的作用有什么不同?

2. 试着用面包板、电池、导线、小电珠、小开关连接手电筒电路(注意电源与小电珠的匹配)。

1.2　电路中的基本物理量

1.2.1　电流

电荷有规则的定向运动，形成传导电流。

单位时间内通过导体横截面的电荷量称为电流强度，简称电流。

直流电流（Direct Current，DC）的方向不随时间的变化而变化，其中，大小和方向都不随时间的变化而变化的，称为恒定直流电或稳恒直流电，其电流用 I 表示；电流大小变化的称为脉动直流电。本书中若不做特别说明，直流电指的是恒定直流电；交流电流（Alternating Current，AC）的大小和方向均随时间的变化而变化，其电流用 i 表示。

电流的单位是安培，简称安，国际单位制（SI）符号为 A。

1A 表示 1 秒（s）内通过导体横截面的电荷量为 1 库仑（C）。

为了使用方便，常用的电流单位还有毫安（mA）、微安（μA）、千安（kA），它们的关系是

$$1\text{A} = 10^3\text{mA} = 10^6\mu\text{A}$$

$$1\text{kA} = 10^3\text{A}$$

电流有两种方向，即实际方向和参考方向。

1）实际方向：一般指正电荷定向移动的方向，在电路图中用“- - - - ->”表示。

2）参考方向：在实际问题中，电流的实际方向在电路图中往往难以判断，为了分析方便，可以先任意假设一个电流的方向称为“参考方向”，在电路图中用“———>”表示。

在分析电路时，电流的参考方向可以任意假设，但电流的实际方向是客观存在的，因此，电流的参考方向不一定就是实际方向。规定计算所得电流为正值时，实际方向与参考方向一致；电流为负值时，实际方向与参考方向相反。电流的实际方向不因其参考方向选择的不同而改变。它们的关系如图 1-4 所示。

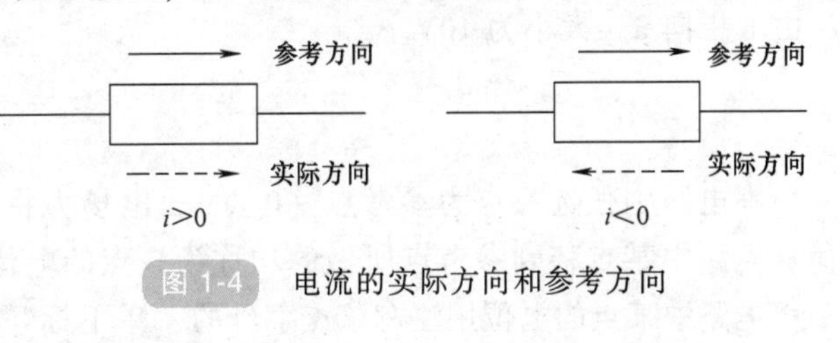

图 1-4　电流的实际方向和参考方向

【例 1-1】　如图 1-5 所示，电路上电流的参考方向已选定。试指出各电流的实际方向。

解：图 1-5a 中，$I>0$，I 的实际方向与参考方向相同，电流 I 由 a 流向 b，大小为 2A。

图 1-5b 中，$I<0$，I 的实际方向与参考方向相反，电流 I 由 a 流向 b，大小为 2A。

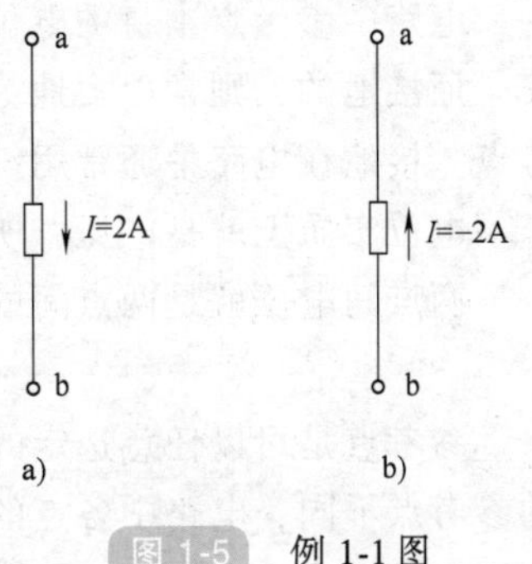

图 1-5　例 1-1 图

1.2.2　电压

单位正电荷从 a 点移到 b 点时电场力所做的功称为 a、b 两点间的电压。

直流电压的方向不随时间的变化而变化，用 U 表示；交

流电压的大小和方向均随时间的变化而变化，用 u 表示。

电压的单位是伏特，简称伏，SI 符号为 V。

当电场力将 1 库仑（C）的正电荷由 a 点移动到 b 点所做的功为 1 焦耳（J）时，a、b 两点间的电压为 1V。

为了使用方便，常用的电压单位还有毫伏（mV）、微伏（μV）、千伏（kV），它们的关系是

$$1\text{V} = 10^3\text{mV} = 10^6\mu\text{V}$$

$$1\text{kV} = 10^3\text{V}$$

与电流一样，电压也有实际方向和参考方向。

实际方向：一般指正电荷在电场中受电场力作用移动的方向。

参考方向：通常在电路图上用“+”“-”表示参考方向，也可以用箭头或双下标表示电压的参考方向（如 U_{ab} 表示电压参考方向从“a”点指向“b”点），如图 1-6 所示。

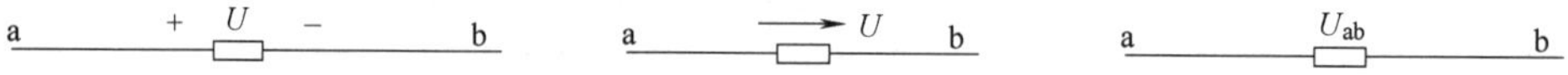

图 1-6　电压的参考方向表示法

在分析电路时，当计算所得电压为正值时，实际方向与参考方向一致；电压为负值时，实际方向与参考方向相反。电压的实际方向不因其参考方向选择的不同而改变。

【例 1-2】 如图 1-7 所示，电路上电压的参考方向已选定。试指出各电压的实际方向。

解：图 1-7a 中，$U>0$，U 的实际方向与参考方向相同，电压 U 由 a 指向 b，大小为 10V。

图 1-7b 中，$U<0$，U 的实际方向与参考方向相反，电压 U 由 b 指向 a，大小为 10V。

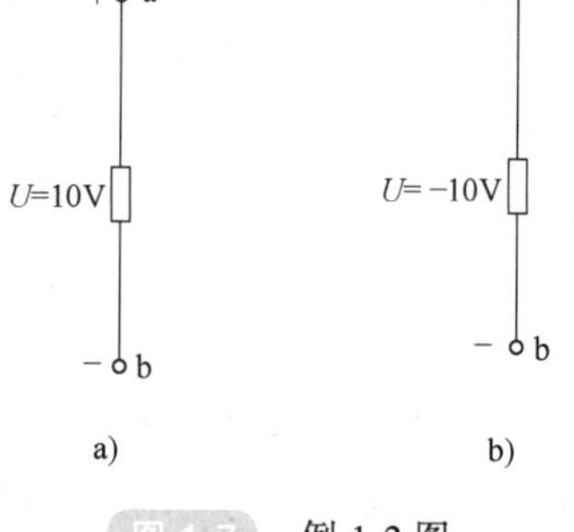

图 1-7　例 1-2 图

1.2.3　电位

在电路中任选一点为参考点（0 点），电场力将单位正电荷从电路中某点移到参考点所做的功称为该点的电位。

电路中某点的电位用注有该点字母的“单下标”的电位符号表示，如 A 点电位就用 V_A 表示。根据定义可知 $V_A=U_{A0}$。

电路中参考点本身的电位为零，即 $V_0=0$，所以参考点也称为零电位点。若电路是为了安全而接地的，则常以大地为零电位体，接地点就是零电位点，是确定电路中其他各点的参考点。接地在电路中通常用符号“⊥”表示。

电位实质上就是电压，所以单位也是伏特（V）。

两点间电压就是两点间的电位差，即

$$U_{AB}=V_A-V_B \tag{1-1}$$

参考点是可以任意选定的，但是一经选定，电路中的其他各点的电位也就确定了。选择的参考点不同，电路中各点的电位也会不同，但任意两点的电位差即电压是不变的。一个电路中只能选一个参考点，但可以根据分析问题的方便决定选择哪个点作为参考点。

1.2.4　电动势

为了维持电路中的电流，必须有一种外力持续不断地把正电荷从低电位点移到高电位点。在各种电源内部的这种外力称为电源力。电源力将单位正电荷从电源的负极移到电源的正极所做的功称为电源的电动势。

直流电路中的电动势用 E 表示，交流电路中用 e 表示。

电动势的单位也是伏特（V）。

电动势的实际方向在电源内部从电源的负极指向正极，也就是电位升高的方向（即由低电位点指向高电位点）。

1.2.5　电功率

电场力在单位时间内所做的功或者电路在单位时间内消耗的能量称为功率。用 P 表示直流功率，用 p 表示交流电路随时间变化的功率。

功率的单位是瓦特，简称瓦，SI 符号为 W。

为了使用方便，常用的功率单位还有千瓦（kW）和毫瓦（mW）。

$$1\text{kW}=10^3\text{W}$$

$$1\text{W}=10^3\text{mW}$$

在分析电路时，原则上电流电压的参考方向是可以任意选择的。但为了计算方便，常设电流的参考方向与电压的参考方向一致，称为关联参考方向，如图 1-8a 所示，电流的参考方向是由电压的高电位流向低电位的。如果设电流的参考方向与电压的参考方向不一致，则称为非关联参考方向，如图 1-8b 所示，电流的参考方向是由电压的低电位流向高电位的。

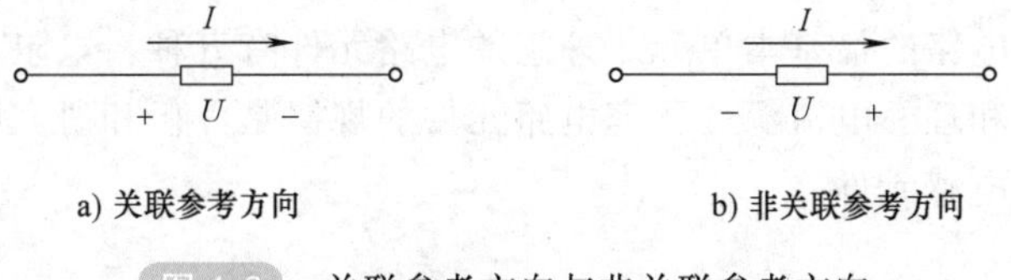

图 1-8　关联参考方向与非关联参考方向

在直流电路中，当电压、电流是关联参考方向时，按式（1-2）计算功率：

$$P=UI \tag{1-2}$$

当电压、电流是非关联参考方向时，按式（1-3）计算功率：

$$P=-UI \tag{1-3}$$

由于电压、电流均为代数量，无论按式（1-2）还是式（1-3）计算，功率可正可负。当 $P>0$ 时，表示元件实际消耗或吸收电能，相当于负载；当 $P<0$ 时，表示元件实际提供或释放电能，相当于电源。

对于发电设备来说，功率是单位时间内所产生的电能；对于用电设备来说，功率是单位时间内所消耗的电能。电能用 W 表示。

如果用电设备功率为 P，使用时间为 t，则该设备消耗的电能为

$$W=Pt=UIt \tag{1-4}$$

电能的单位为焦耳，简称焦。SI 符号为 J。若功率单位是“千瓦（kW）”，时间单位是

“小时（h）”，电能的单位就是“千瓦·时（kW·h）”。人们平时说的“1 度电”就是“1 千瓦·时”。

$$1\text{kW}\cdot\text{h}=1000\times3600\text{J}=3.6\times10^{6}\text{J}$$

【例 1-3】 试计算图 1-9 所示元件的功率，并判断其类型。

解：图 1-9a 所示元件电流和电压为关联参考方向。

$$P=UI=2\text{V}\times(-1\text{A})=-2\text{W}$$

$P<0$，为供能元件，提供能量。

图 1-9b 所示元件电流和电压为非关联参考方向。

$$P=-UI=-(-3\text{V})\times2\text{A}=6\text{W}$$

$P>0$，为耗能元件，吸收能量。

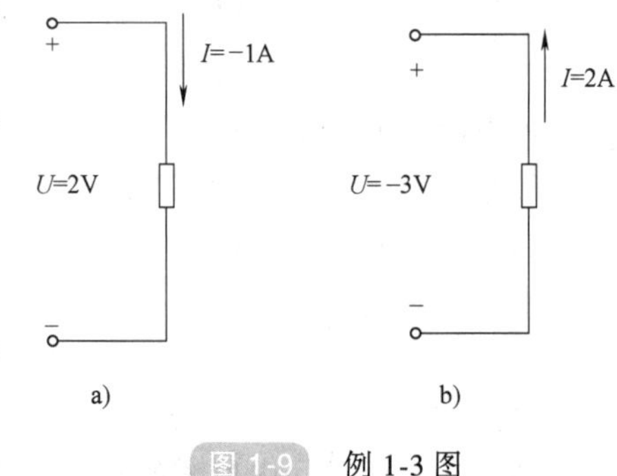

图 1-9 例 1-3 图

知识与小技能测试

1. 电压和电位有何关系？
2. 如何判断元件在电路中是供能元件还是耗能元件？
3. 图 1-1 所示手电筒电路中，若接两个小电珠，有几种接法？小电珠发光的亮暗有变化吗？

1.3 基本电路元件——电阻、电容、电感

电路元件是构成电路的最基本单元。理想的电路元件有五种：电阻元件、电容元件、电感元件、理想电压源和理想电流源。研究电路元件的规律是分析和研究电路规律的基础。本节介绍电阻、电容、电感元件。

1.3.1 电阻元件

1. 电阻与电阻元件

当电荷在电场力的作用下在导体内部做定向运动时，通常要受到阻碍作用，物体对电子运动呈现的阻碍作用，称为该物体的电阻。人们将由具有电阻作用的材料制成的电阻器、白炽灯、电烙铁、电炉等具有对电流有阻碍作用，消耗电能的实际元件，集中化、抽象化为一种只具有消耗电能的电磁性质的理想电路元件，称为电阻元件。电阻元件是一种对电流有“阻碍”作用的耗能元件。

电阻单位为欧姆，简称欧，其 SI 符号为 Ω。常用的电阻单位还有千欧（kΩ）、兆欧（MΩ）等。

$$1\text{k}\Omega=10^{3}\Omega$$

$$1\text{M}\Omega=10^{3}\text{k}\Omega=10^{6}\Omega$$

常见电阻元件有膜式电阻器、绕线电阻器等，如图 1-10、图 1-11 所示。

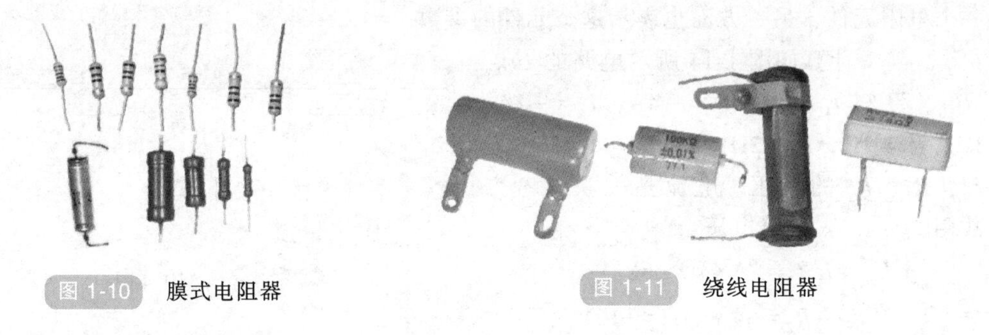

图 1-10　膜式电阻器

图 1-11　绕线电阻器

几种常见的电阻器符号如图 1-12 所示。

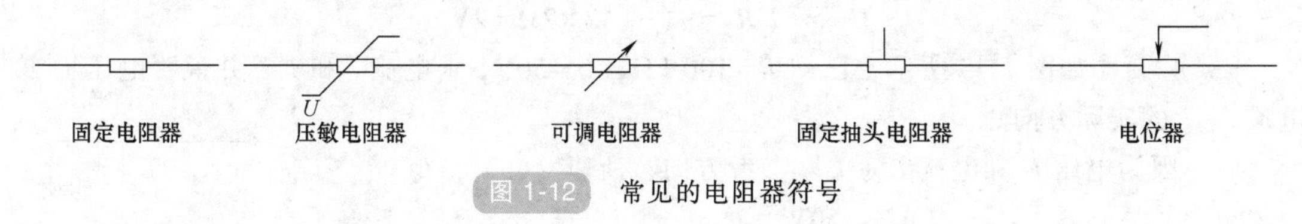

图 1-12　常见的电阻器符号

2. 电阻元件的伏安特性

电阻元件作为一种理想电路元件，其电阻值的大小与材料有关，而与电压、电流无关。若给电阻通以电流 I，电阻两端会产生一定的电压 U，电压 U 与电流 I 的比值为一个常数，这个常数就是电阻 R，其表达式为

$$U=RI \tag{1-5}$$

值得说明的是，式（1-5）是在电压 U 与电流 I 为关联参考方向下成立的。若 U、I 为非关联参考方向，则表示为

$$U=-RI \tag{1-6}$$

式（1-5）、式（1-6）反映了电阻元件本身所具有的规律，也就是电阻元件对电压、电流的约束关系，即伏安关系。

如果把电阻元件上的电压取作横坐标，电流取作纵坐标，画出电压与电流的关系曲线，则这条曲线称为该电阻元件的伏安特性曲线，如图 1-13 所示。

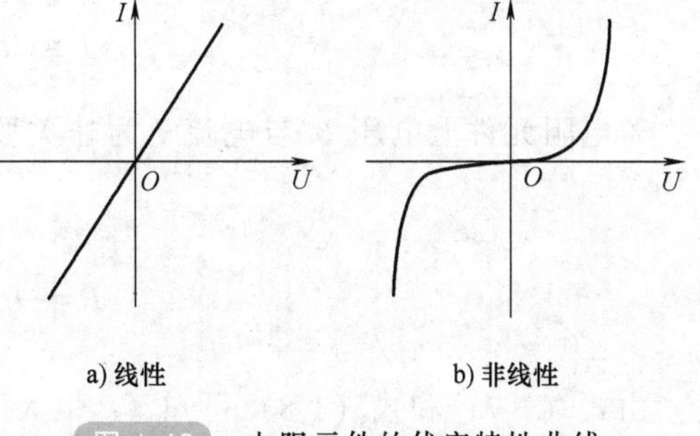

图 1-13　电阻元件的伏安特性曲线

若电阻元件的伏安特性曲线为一条经过原点的直线，则称其为线性电阻（见图 1-13a）；否则为非线性电阻（见图 1-13b）。

严格来说，电阻器、白炽灯、电烙铁、电炉等实际电阻元件的伏安特性或多或少都是非线性的，但在一定范围内，它们的电阻值基本不变，若当作线性电阻来处理，可以得到满足实际需要的结果。线性电阻在实际电路中应用最为广泛，本书将主要讨论线性元件及含线性元件的电路，以后如果不加特别说明，本书中的电阻元件皆指线性电阻元件。

为了叙述方便，常将线性电阻元件简称电阻。这样，“电阻”及其相应的符号 R 一方面表示一个电阻元件，另一方面也表示这个元件的参数。

【例 1-4】 计算如图 1-14 所示电路的 U_{a0}、U_{b0}、U_{c0}，已知 $I_1=2\text{A}$，$I_2=-4\text{A}$，$I_3=-1\text{A}$，$R_1=3\Omega$，$R_2=3\Omega$，$R_3=2\Omega$。

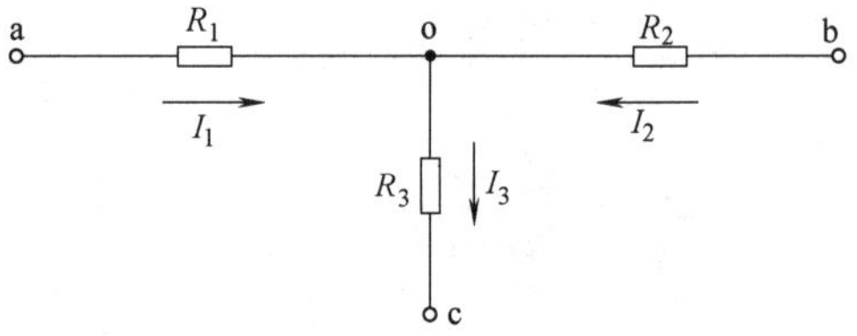

图 1-14 例 1-4 图

解：R_1、R_2 的电压、电流是关联参考方向，故用式（1-5）计算电压。

$$U_{a0}=I_1R_1=2\text{A}\times3\Omega=6\text{V}$$

$$U_{b0}=I_2R_2=-4\text{A}\times3\Omega=-12\text{V}$$

R_3 的电压、电流是非关联参考方向，故用式（1-6）计算电压。

$$U_{c0}=-I_3R_3=-(-1\text{A})\times2\Omega=2\text{V}$$

【例 1-5】 如图 1-15 所示，已知 $R=100\ \text{k}\Omega$，$U=50\text{V}$，求电流 I 和 I'，并说明电压 U 及电流 I、I'的实际方向。

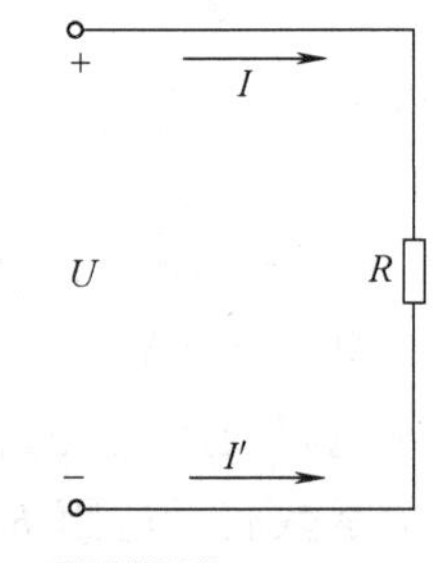

图 1-15 例 1-5 图

解：因为电压 U 和电流 I 为关联参考方向，所以

$$I=\frac{U}{R}=\frac{50\text{V}}{100\times10^3\Omega}=0.5\text{mA}$$

而电压 U 和电流 I'为非关联参考方向，所以

$$I'=-\frac{U}{R}=-\frac{50\text{V}}{100\times10^3\Omega}=-0.5\text{mA}$$

或

$$I'=-I=-0.5\text{mA}$$

电压 $U>0$，实际方向与参考方向相同；电流 $I>0$，实际方向与参考方向相同；电流 $I'<0$，实际方向与参考方向相反。从图 1-15 中可以看出，电流 I 和 I'的实际方向相同，说明电流实际方向是客观存在的，与参考方向的选取无关。

3. 电阻元件的功率

若电阻元件上电压 U 与电流 I 为关联参考方向，由 $U=RI$，得到电阻元件吸收的功率为

$$P=UI=RI^2=\frac{U^2}{R} \tag{1-7}$$

若电阻元件上电压 U 与电流 I 为非关联参考方向，这时 $U=-RI$，电阻元件吸收的功率为

$$P=-UI=RI^2=\frac{U^2}{R} \tag{1-8}$$

由式（1-7）和式（1-8）可知，P 恒大于或等于零。这说明：任何时候电阻元件都不可能输出电能，而只能从电路中吸收电能，所以电阻元件是耗能元件。

对于一个实际的电阻元件，其元件参数主要有两个：一个是电阻值，另一个是功率。如果在使用时超过其额定功率（是考虑电阻安全工作的限额值），则电阻元件将被烧毁。

【例 1-6】 有 220V、100W 灯泡一个，每天用 5h，一个月（按 30 天计算）消耗的电能是多少？

解：$W=Pt=100\times10^{-3}\times5\times30\text{kW}\cdot\text{h}=15\text{kW}\cdot\text{h}$

1.3.2　电容元件

1. 电容与电容元件

实际电容器是由两个金属极板中间充满电介质（如空气、云母、绝缘纸、塑料薄膜、陶瓷等）构成的。在电容器两个极板间加一定电压后，两个极板上会分别聚集起等量异性电荷，并在介质中形成电场。去掉两个极板上的电压，电荷能长久储存，电场仍然存在。因此电容器是一种能储存电场能量的元件，又名储电器。电容器在电路中多用来滤波、隔断直流、交流耦合、交流旁路及与电感元件组成振荡回路等。

电容元件是从实际电容器抽象出来的理想化模型，简称电容。电容量 C 简称为电容，因此电容既表示电容元件，又表示电容元件的参数。

电容的单位是法拉，简称法，SI 符号为 F。实际电容元件的电容量很小，因此常用的电容单位为微法（μF）、皮法（pF），它们与 F 的关系是

$$1\text{F}=10^{6}\ \mu\text{F}=10^{12}\text{pF}$$

常见电容器有涤纶电容器、瓷介电容器、电解电容器，还有独石电容器、金属化纸介电容器、空气可变电容器等，如图 1-16~图 1-21 所示。

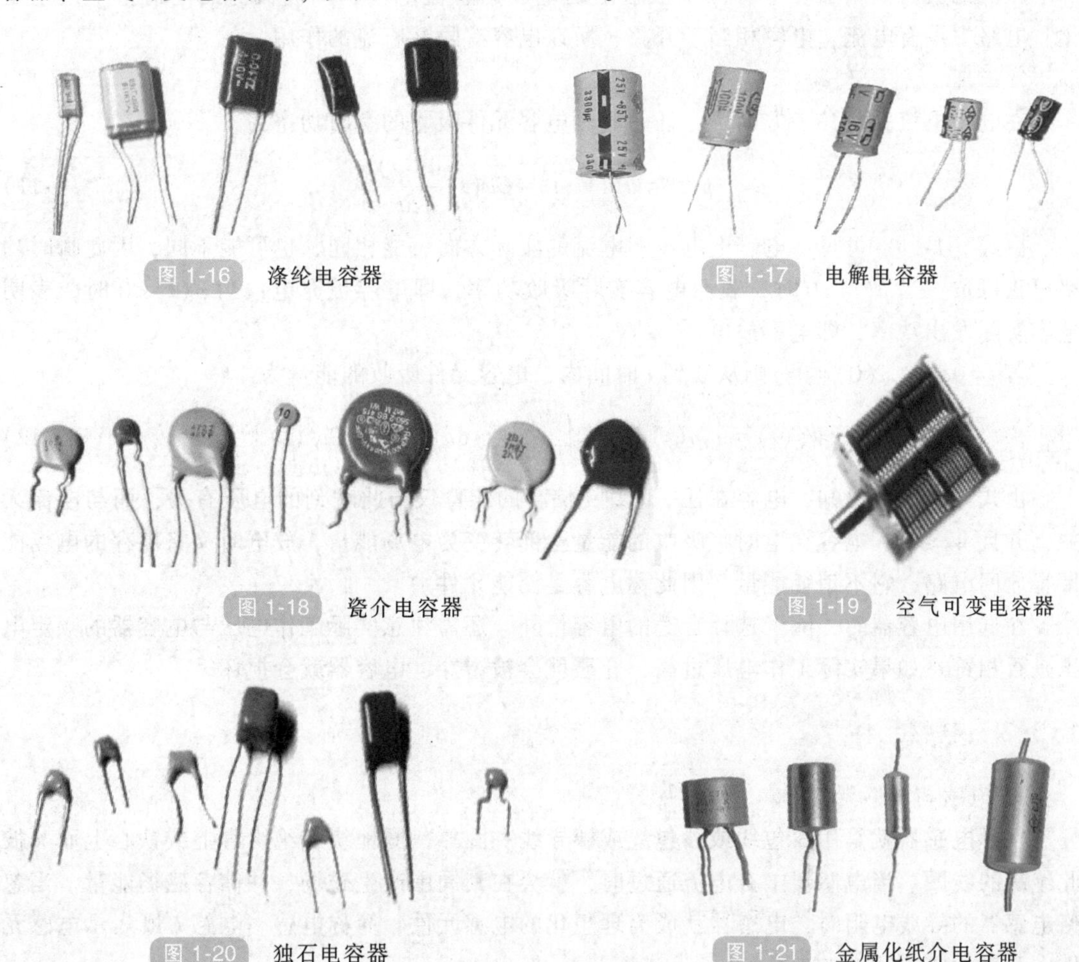

图 1-16　涤纶电容器

图 1-17　电解电容器

图 1-18　瓷介电容器

图 1-19　空气可变电容器

图 1-20　独石电容器

图 1-21　金属化纸介电容器

几种常见的电容器符号如图 1-22 所示。

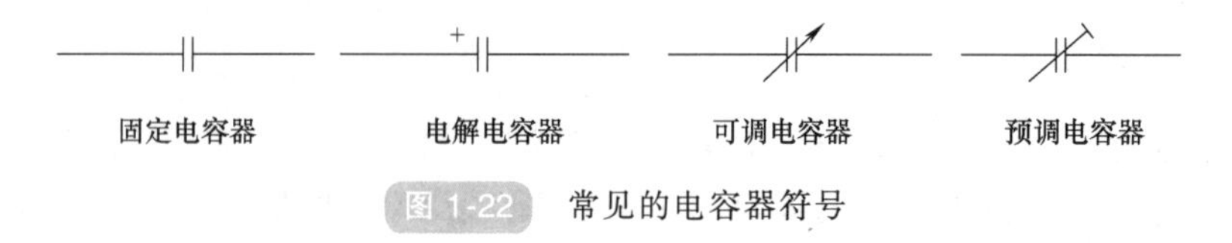

图 1-22 常见的电容器符号

2. 电容元件的库伏特性

电容元件的库伏特性由两个极板上所加的电压 u 和极板上存储的电荷 q 来表征。电容量 C 的定义是：升高单位电压极板所能容纳的电荷，即

$$C=\frac{q}{u} \tag{1-9}$$

当 u、i 为关联参考方向时

$$i=\frac{\mathrm{d}q}{\mathrm{d}t}=C\frac{\mathrm{d}u}{\mathrm{d}t} \tag{1-10}$$

可见，任一时刻通过电容的电流，与电容两端电压对时间的变化率成正比，而与该时刻的电压值无关。如果加在电容两个极板上的电压为直流电压，则极板上的电荷量不发生变化，电路中没有电流，电容相当于开路，所以电容有隔断直流的作用。

3. 电容元件的功率

在电压电流关联参考方向下，任一时刻电容元件吸收的瞬时功率为

$$p(t)=u(t)i(t)=Cu(t)\frac{\mathrm{d}u(t)}{\mathrm{d}t} \tag{1-11}$$

由式（1-11）可见，电容上电压、电流的实际方向可能相同，也可能不同，因此瞬时功率可正可负，当 $p(t)>0$ 时，表明电容实际吸收功率，即电容被充电；当 $p(t)<0$ 时，表明电容实际发出功率，即电容放电。

若 $t=0$ 时，$u(0)=0$，则从 0 到 t 时间内，电容元件吸收的能量为

$$W_{\mathrm{C}}(t)=\int_0^t p(t)\mathrm{d}t=C\int_0^{u(t)}u(t)\mathrm{d}u(t)=\frac{1}{2}Cu^2(t) \tag{1-12}$$

由式（1-12）可知，电容在任一时刻 t 储存的能量仅与此时刻的电压有关，而与电流无关，并且 $W_{\mathrm{C}}\geqslant 0$。电容充电时将吸收的能量全部转变为电场能量，放电时又将储存的电场能量释放回电路，它不消耗能量，因此称电容是储能元件。

在选用电容器时，除了选择合适的电容量外，还需注意实际工作电压与电容器的额定电压是否相符。如果实际工作电压过高，介质就会被击穿，电容器就会损坏。

1.3.3 电感元件

1. 电感与电感元件

实际电感器就是用漆包线或纱包线或裸导线一圈靠一圈地绕在绝缘管上或铁心上而又彼此绝缘的线圈。当电感器中有电流通过时，就会在其周围产生磁场，并储存磁场能量。当忽略电感器的导线电阻时，电感器就成为理想化的电感元件，简称电感。电感 L 既表示电感元件，又表示电感元件的参数。

电感的单位是亨利，简称亨，SI 符号为 H，常用的电感单位还有毫亨（mH）、微亨（μH），它们与 H 的关系是

$$1\text{mH}=10^{-3}\text{H}$$

$$1\mu\text{H}=10^{-6}\text{H}$$

常见的电感器有小型固定电感器、可调电感器、阻流电感器等，分别如图 1-23～图 1-25 所示。

图 1-23 小型固定电感器　图 1-24 可调电感器　图 1-25 阻流电感器

几种常见的电感器符号如图 1-26 所示。

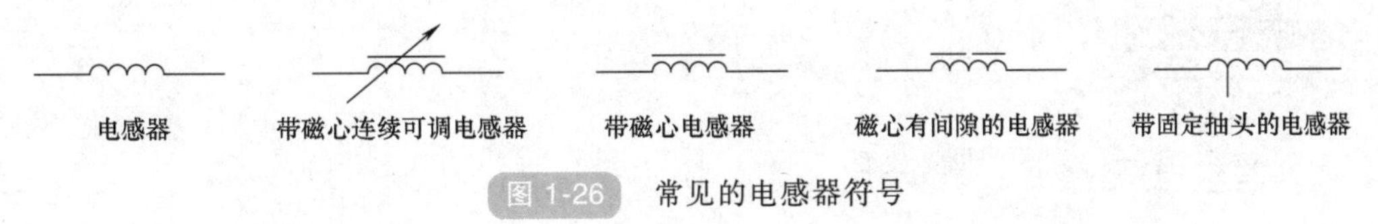

图 1-26 常见的电感器符号

2. 电感元件的韦安特性

当电感元件中通过电流 i 时，在每匝线圈中会产生磁通 Φ，若线圈有 N 匝，则与 N 匝线圈交链的磁通总量为 $N\Phi$，称为磁链 Ψ，即 $\Psi=N\Phi$。由于 Ψ 是由电流 i 产生的，所以 Ψ 是 i 的函数，并且规定磁通的参考方向与电流 i 的参考方向之间符合右手螺旋关系（即关联参考方向），此时，磁链与电流的关系为

$$\psi(t)=Li(t) \tag{1-13}$$

通常选择电感元件上电流 i、自感电动势 e_L、电压 u_L 三者为关联参考方向，于是有

$$u_L=-e_L=L\frac{\mathrm{d}i}{\mathrm{d}t} \tag{1-14}$$

由此可知，电感元件上任一时刻的电压 u_L 与该时刻其上电流对时间的变化率成正比，而与该时刻的电流值无关，即使某时刻 $i=0$，也可能有电压。对于直流电，电流不随时间变化，则 $u_L=0$，电感相当于短路。

3. 电感元件储存的能量

在电感元件电压电流的关联参考方向下，任一时刻电感元件吸收的瞬时功率为

$$p(t)=u(t)i(t)=Li(t)\frac{\mathrm{d}i(t)}{\mathrm{d}t} \tag{1-15}$$

同电容一样，电感元件上的瞬时功率可正可负。当 $p>0$ 时，表明电感从电路中吸收功率，储存磁场能量；当 $p<0$ 时，表明电感向电路发出功率，释放磁场能量。

若 $t=0$ 时，$i(0)=0$，则从 0 到 t 的时间内，电感元件吸收的能量为

$$W_L(t) = \int_0^t p(t)\,dt = L\int_0^{i(t)} i(t)\,di(t) = \frac{1}{2}Li^2(t) \tag{1-16}$$

由式（1-16）可知，电感元件在某时刻储存的磁场能量只与该时刻电感元件的电流有关。只要电流存在，电感就储存有磁场能，并且 $W_L \geq 0$。当电流增加时，电感元件从电源吸收能量，储存在磁场中的能量增加；当电流减小时，电感元件向外释放磁场能量。电感元件并不消耗能量，因此，电感元件也是一种储能元件。

在选用电感器时，除了选择合适的电感量外，还需注意实际的工作电流不能超过其额定电流。否则，电流过大，会造成线圈发热而被烧毁。

知识与小技能测试

1. 电阻、电容、电感这三种元件中，哪些是耗能元件，哪些是储能元件？

2. 若 $U_{ab}=-5V$，试问 a、b 两点哪点电位高？

3. 试着用面包板、两节 5 号电池、导线、10μF 和 47μF 电解电容器、小开关连接电路，验证电容的充放电及隔断直流特性。

1.4 电压源和电流源

1.4.1 理想电源

常见的电源有发电机、干电池和各种信号源。向电路提供能量或信号的设备称为电源。电源有两种类型：电压源和电流源。如果电压源的电压、电流源的电流不受电路其他部分控制，则称为独立电源，简称独立源。

1. 理想电压源

理想电压源简称恒压源，它的端电压总可以按给定的规律变化，而与通过它的电流无关。理想电压源的图形符号如图 1-27 所示。

理想电压源具有以下两个特点：

1）无论它的外电路如何变化，它的输出电压为恒定值 U_S，或为一定的时间函数 $u_S(t)$。

2）通过理想电压源的电流虽是任意的，但仅由它本身是不能决定的，还取决于与之相连接的外电路，有时甚至完全取决于外电路。

2. 理想电流源

理想电流源简称为恒流源，它发出的电流总可以按给定的规律变化而与其端电压无关。理想电流源的图形符号如图 1-28 所示。

图 1-27 理想电压源的图形符号

图 1-28 理想电流源的图形符号

理想电流源有以下两个特点：

1）无论它的外电路如何变化，它的输出电流为恒定值 I_S，或为一定的时间函数 $i_S(t)$。

2）理想电流源两端的电压虽是任意的，但仅由它本身是不能决定的，还取决于与之相连接的外电路，有时甚至完全取决于外电路。

1.4.2　实际电源

理想电源实际上是不存在的，下面来讨论两种实际的电源模型。

1. 实际电压源

实际电压源的端电压随着电流的变化而变化。例如，当干电池接通负载后，其电压就会降低，这是因为电池内部存在电阻的缘故。由此可见，一个实际电压源，可以用数值等于 U_S 的理想电压源和一个内阻 R_S 相串联的模型来表示，这个模型称为实际的电压源模型，如图 1-29a 所示。

当实际电压源与外部电路接通后（见图 1-30），实际电压源的端电压 U 为

$$U=U_S-U_R=U_S-IR_S \tag{1-17}$$

式中，U_S 的参考方向与 U 的参考方向一致，取正号；U_R 的参考方向与 U 的参考方向相反，取负号。式（1-17）所描述的 U 与 I 的关系，即实际直流电压源的伏安特性，如图 1-29b 所示。

由式（1-17）可知，R_S 越小，R_S 的分压作用越小，输出电压 U 越大。

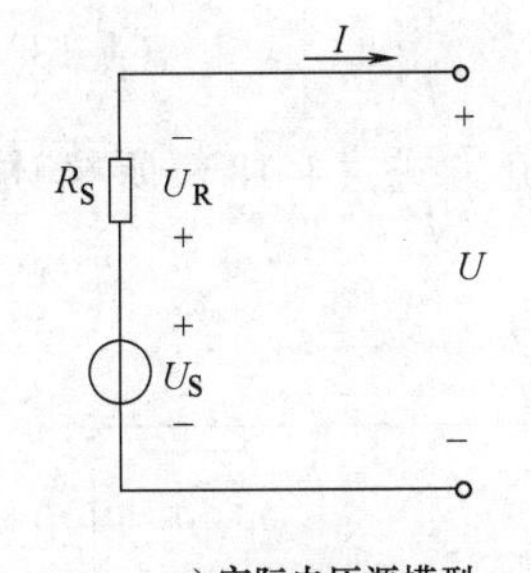

a) 实际电压源模型

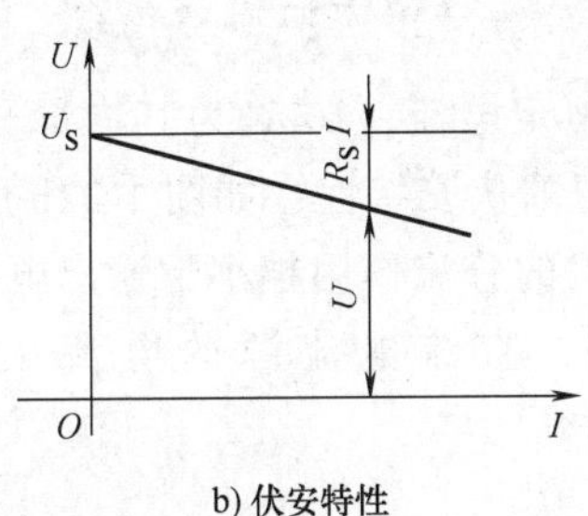

b) 伏安特性

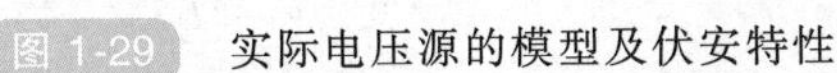

图 1-29　实际电压源的模型及伏安特性

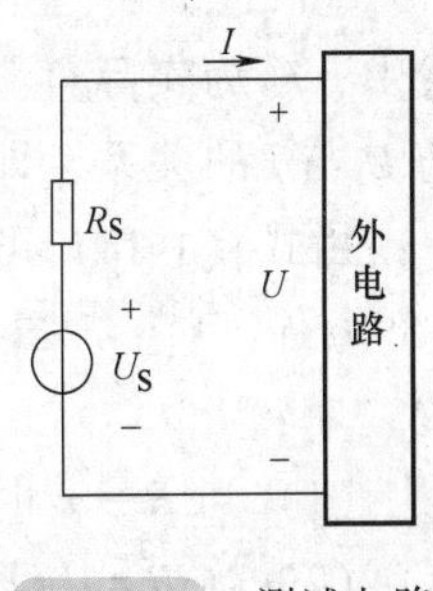

图 1-30　测试电路

【例 1-7】　图 1-31 所示电路，直流电压源的电压 $U_S=10V$。求：

（1）当 $R=\infty$ 时的电压 U、电流 I；

（2）当 $R=10\Omega$ 时的电压 U、电流 I；

（3）当 $R\to 0\Omega$ 时的电压 U、电流 I。

解：（1）当 $R=\infty$ 时即外电路开路，U_S 为理想电压源，故

$$U=U_S=10V$$
$$I=0$$

（2）当 $R=10\Omega$ 时

$$U=U_S=10V$$

$$I=\frac{U}{R}=\frac{U_S}{R}=\frac{10}{10}A=1A$$

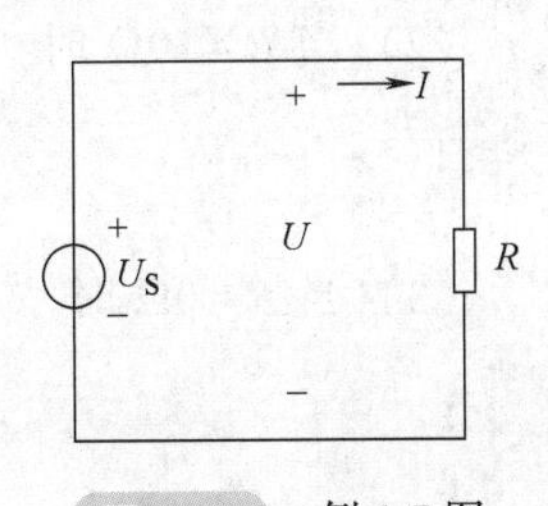

图 1-31　例 1-7 图

（3）当 $R\to 0\Omega$ 时即外电路短路，若按公式计算，可得

$$I=\frac{U}{R}=\frac{U_S}{R}\to\infty$$

输出电流无穷大，会烧毁电源，故不允许电压源短路。

2. 实际电流源

实际电流源的电流随着端电压的变化而变化。可以用数值等于 I_S 的理想电流源和一个内阻 R'_S 相并联的模型来表示，这个模型称为实际电流源模型，如图 1-32a 所示。

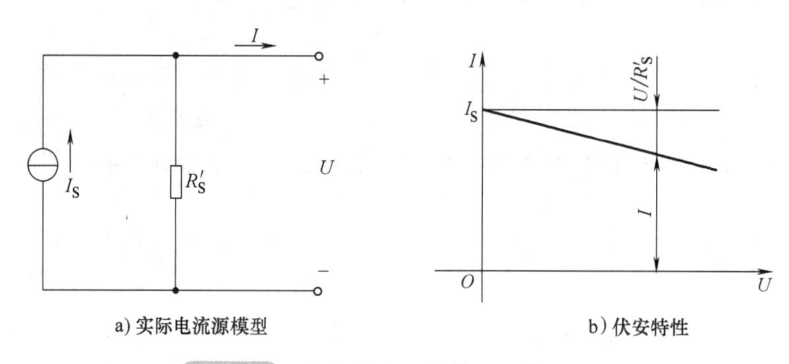

a) 实际电流源模型　　b) 伏安特性

图 1-32　实际电流源的模型及伏安特性

当实际电流源与外电路相连时，实际电流源的输出电流 I 为

$$I=I_S-\frac{U}{R'_S} \tag{1-18}$$

式中，I_S 为实际直流电流源产生的恒定电流；U/R'_S 为其内部分流电流。式（1-18）所描述的 U 与 I 的关系，即实际直流电流源的伏安特性，如图 1-32b 所示。

由式（1-18）可知，R'_S 越大，R'_S 的分流作用越小，输出电流 I 越大。

【例 1-8】　图 1-33 所示电路，直流电流源的电流 $I_S=1\text{A}$。求：

（1）当 $R\to\infty$ 时的电流 I、电压 U；

（2）当 $R=10\Omega$ 时的电流 I、电压 U；

（3）当 $R=0\Omega$ 时的电流 I、电压 U。

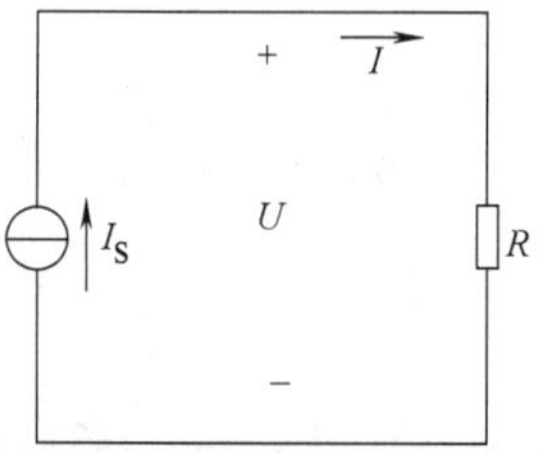

图 1-33　例 1-8 图

解：（1）当 $R\to\infty$ 时即外电路开路，I_S 为理想电流源，若按公式计算，可得

$$U=IR\to\infty$$

故理想电流源不可开路。

（2）当 $R=10\Omega$ 时

$$I=I_S=1\text{A}$$
$$U=IR=I_SR=1\times10\text{V}=10\text{V}$$

（3）当 $R=0\Omega$ 时

$$I=I_S=1\text{A}$$
$$U=IR=I_SR=1\times0\text{V}=0\text{V}$$

知识与小技能测试

1. 判断题（正确的打“√”，错误的打“×”）

（1）能提供稳定电压的装置称为恒压源。（ ）

（2）能提供稳定电流的装置称为恒流源。（ ）

（3）一个实际的电压源，不论它是否接负载，其端电压恒等于该电源电动势。（ ）

2. 把你学到的电压源、电流源知识讲给他人听，并列举出一两例现实中的电压源、电流源。

1.5 电路的三种工作状态

电路的工作状态有三种，分别是断路（开路）、短路和有载工作（通路）状态。

1.5.1 电路的断路工作状态

断路又称开路，是指电源与负载没有构成闭合路径。在图 1-34 所示电路中，当开关 S_1 断开时，电路即处于开路状态，此时电路中的电流为零，电源无电能输出。因此，电路开路也称为电源空载。

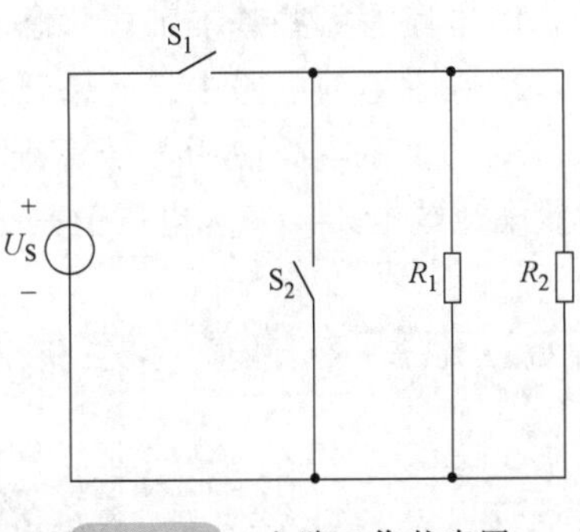

图 1-34 电路工作状态图

1.5.2 电路的短路工作状态

短路是指电源未经负载而直接通过导线接成闭合路径。图 1-34 中，当开关 S_1、S_2 都闭合时，电源短路，流过负载的电流为零。又因为电源内阻一般都很小，所以短路电流很大，如不及时切断，将引起剧烈发热而使电源、导线以及电流流过的仪表等设备损坏，因此，应尽量避免短路。为了防止短路事故造成的危害，通常在电路中装设熔断器或自动断路器，一旦发生短路，便能迅速将故障部分切断，从而保护电源，免于烧坏。

1.5.3 电路的有载工作状态

如图 1-34 所示，当开关 S_1 闭合、S_2 断开时，电源与负载构成闭合通路，电路便处于有载工作状态。

一般用电设备都并联于供电线上，如图 1-34 所示。因此，接入的负载数越多，负载电阻 R_L 越小，电路中的电流便越大，负载功率也越大。在电工技术上把这种情况称为负载增大。显然，所谓负载的大小指的是负载电流或功率的大小，而不是负载电阻的大小。

每一个电气设备都有一个正常条件下运行而规定的正常允许值，这是由电气设备生产厂家根据其使用寿命与所用材料的耐热性能、绝缘强度等而标注的该设备的额定值，电气设备的额定值常标注在铭牌上或写在说明书中。额定值的项目很多，主要包括额定电流、额定电压以及额定功率等，分别用 I_N、U_N 和 P_N 表示。

电气设备都应在额定状态下运行。通常把工作电流超过额定值时的情况叫作“超载”或“过载”。超额定值运行，轻则缩短设备使用寿命，重则损毁设备。例如，若发电机绕组中的电流过大，就会因过热而损坏绝缘；再如电容器，若承受过高电压，两个极板之间的介质就会被击穿；各种指针式仪表，若超过其量程则不能读数或打弯指针等。

把工作电流低于额定值时的情况叫“轻载”或“欠载”。低于额定值运行，可能造成不能发挥设备全部效能，也会造成浪费（大马拉小车）。

当工作电流等于额定电流时称为“满载”。

注意：不能将额定值与实际值等同，例如，一只灯泡标有电压 220V、功率 100W，这是它的额定值，表示这只灯泡接在电压 220V 电源上吸收功率是 100W。在使用时，电源电压经常波动，稍高于或低于 220V，这样灯泡的实际功率就不会正好等于其额定值 100W 了。此外，额定值的大小会随着工作条件和环境温度变化，若设备在高温环境下使用，则应适当降低额定值或改善散热条件。

知识与小技能测试

1. 电路有哪些基本工作状态？

2. 在手电筒电路中，如果开关发生断路或短路故障，会发生什么现象？会造成损失吗？

3. 一个手电筒使用 1 号标准电池，电池电压是 1.5V，使用一段时间后，灯泡不亮了。测量电池端电压，发现电压值是 1.2V，电路出现了什么状况？试着用万用表排除故障。

1.6 电路中的基本定律及电路的分析方法

1.6.1 欧姆定律

在同一电路中，通过某段导体的电流跟这段导体两端的电压成正比，跟这段导体的电阻成反比。这是德国物理学家欧姆在 19 世纪经过大量的实验而归纳得出的。为了纪念他，把这个定律叫作欧姆定律。

从欧姆定律可以得出：在电阻电路中，当电压与电流为关联参考方向时，电流的大小与电阻两端的电压成正比，与电阻值成反比，表达式为

$$I=\frac{U}{R} \tag{1-19}$$

当电压与电流为非关联参考方向时，表达式为

$$I=-\frac{U}{R} \tag{1-20}$$

【例 1-9】 如图 1-35 所示，已知 $I_1=2\text{A}$，$I_2=-4\text{A}$，$I_3=-1\text{A}$，$R_1=R_2=3\Omega$，$R_3=2\Omega$。求电路的 U_{ao}、U_{bo}、U_{co}。

解：R_1、R_2 的电压、电流是关联参考方向，所以

$$U_{ao}=I_1R_1=2\text{A}\times3\Omega=6\text{V}$$

$$U_{bo}=I_2R_2=-4\text{A}\times3\Omega=-12\text{V}$$

R_3 的电压、电流是非关联参考方向，所以

$$U_{co}=-I_3R_3=-(-1\text{A})\times2\Omega=2\text{V}$$

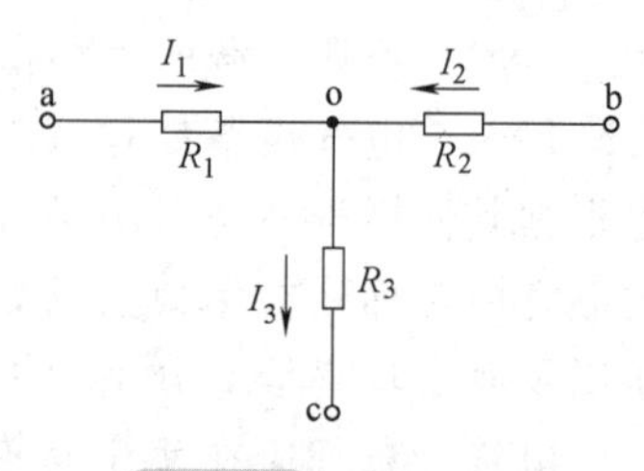

图 1-35 例 1-9 图

一段有源支路的欧姆定律的实质就是求电路中的两点间

的电压。要求 A、B 两点之间的电压，可以按“走路法”列写 U_{AB} 的表达式。步骤如下：

1）选一条从 A 到 B 最简单的途径，要求途径中经过的元件个数最少。

2）列写 U_{AB} 的表达式，U_{AB} 等于途中经过的电源电压和电阻电压的和（如果电源从正到负或路径与电阻电流方向相同取正，相反取负）。

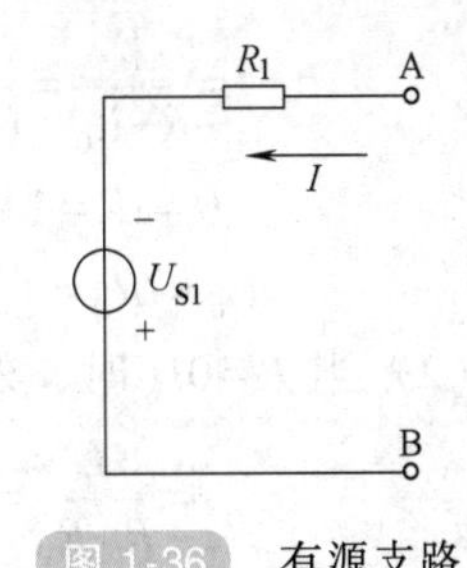

图 1-36　有源支路

如图 1-36 所示电路，当从 A 到 B 时，路径与电阻电流方向相同，与电源方向相反，所以

$$U_{AB}=IR_1-U_{S1} \tag{1-21}$$

如果是从 B 到 A 的话，方向与电源方向相同，而与电流方向相反，所以

$$U_{BA}=U_{S1}-IR_1 \tag{1-22}$$

【例 1-10】　如图 1-37 所示，已知 $I=2A$，$R_1=5\Omega$，$R_2=2\Omega$，$U_S=6V$。若以 B 为参考点，求各点电位。

解：B 为参考点，所以

$$V_B=0V$$

$$V_A=U_{AB}=IR_1=2A\times5\Omega=10V$$

$$V_C=U_{CB}=-IR_2=-2A\times2\Omega=-4V$$

$$V_D=U_{DB}=-U_S-IR_2=-6V-2A\times2\Omega=-10V$$

全电路是指一个闭合电路，分为内电路和外电路，如图 1-38 所示。内电路是指电源内部的电路，比如发电机内的绕组、干电池内的溶液等。外电路是指电源外部的电路，包括负载、开关、导线等。

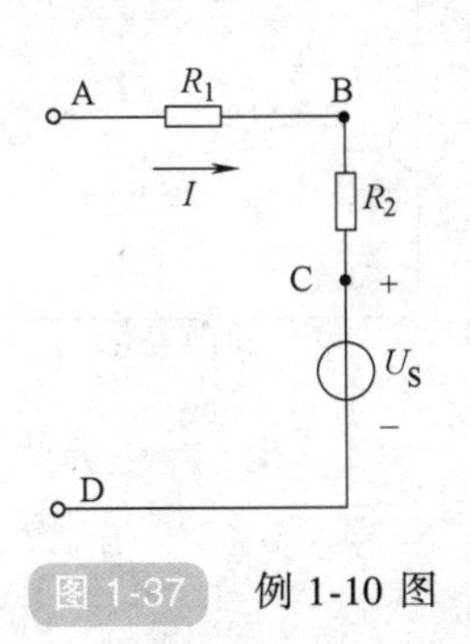

图 1-37　例 1-10 图

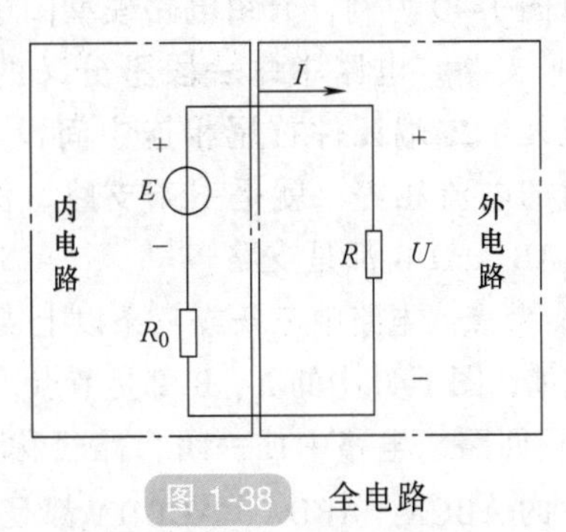

图 1-38　全电路

全电路欧姆定律是指：闭合电路的电流与电源的电动势成正比，与内、外电路的电阻之和成反比。用公式可以表述为

$$I=\frac{E}{R+R_0} \tag{1-23}$$

【例 1-11】　如图 1-39 所示，已知 $E=12V$，$R_0=0.5\Omega$，$R=10\Omega$。当开关 S 合上后，试求：

（1）电流表电流 I、电阻 R 两端的电压 U、电源内阻的电压 U_0；

（2）当 $R=0\Omega$ 时的 I、U、U_0；

（3）当 $R=\infty$ 时的 I、U、U_0。

解：（1）当 $R=10\Omega$ 时

$$I=\frac{E}{R+R_0}=\frac{12\text{V}}{(10+0.5)\Omega}=1.14\text{A}$$

$$U=IR=1.14\text{A}\times10\Omega=11.4\text{V}$$

$$U_0=IR_0=1.14\text{A}\times0.5\Omega=0.57\text{V}$$

（2）当 $R=0\Omega$ 时，外电路处于短路状态。

$$I=\frac{E}{R+R_0}=\frac{12\text{V}}{(0+0.5)\Omega}=24\text{A}$$

$$U=IR=24\text{A}\times0\Omega=0\text{V}$$

$$U_0=IR_0=24\text{A}\times0.5\Omega=12\text{V}$$

图 1-39　例 1-11 图

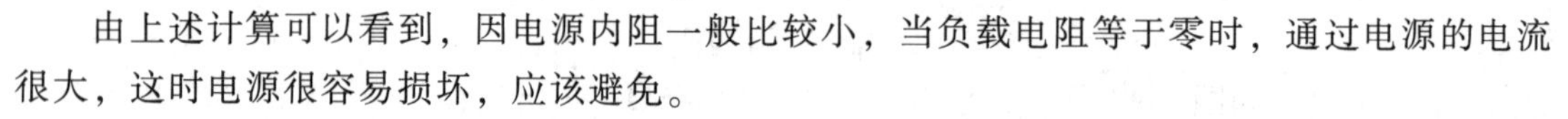

由上述计算可以看到，因电源内阻一般比较小，当负载电阻等于零时，通过电源的电流很大，这时电源很容易损坏，应该避免。

（3）当 $R=\infty$ 时，外电路处于开路状态。

$$I=0\text{A}$$

$$U=0\text{V}$$

$$U_0=0\text{V}$$

1.6.2　基尔霍夫定律

电路作为由元件互联所形成的整体，有其应服从的约束关系，这就是基尔霍夫定律。基尔霍夫定律是电路中电压和电流所遵循的基本规律，是分析计算电路的基础。

为了叙述问题方便，在具体讨论基尔霍夫定律之前，首先以图 1-40 为例，介绍电路模型图中的四个常用术语。

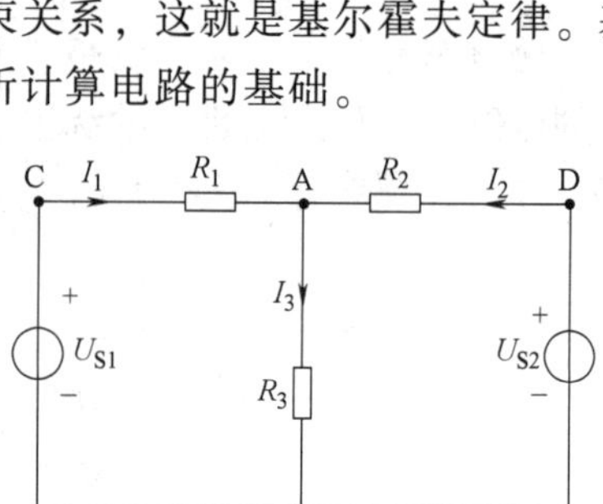

图 1-40　电路举例

1）支路。电路中每一段不分叉的电路，称为支路。一个或几个二端元件首尾相连中间没有分叉，使各元件上通过的电流相等，就是一条支路。例如，图 1-40 中的 ACB、AB、ADB 都是支路。

2）节点。电路中三条或三条以上支路的连接点称为节点。例如，图 1-40 中的 A、B 都是节点，而 C、D 不是节点。

3）回路。电路中任一闭合路径称为回路。例如，图 1-40 中的 ABCA、ABDA、ACBDA 都是回路。

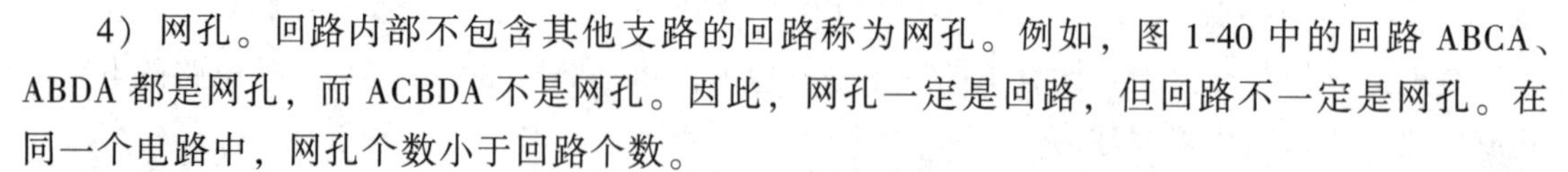

4）网孔。回路内部不包含其他支路的回路称为网孔。例如，图 1-40 中的回路 ABCA、ABDA 都是网孔，而 ACBDA 不是网孔。因此，网孔一定是回路，但回路不一定是网孔。在同一个电路中，网孔个数小于回路个数。

1. 基尔霍夫电流定律（KCL）

基尔霍夫电流定律指出：在电路中，任一时刻对电路中的任一节点，在任一瞬间，流出或流入该节点电流的代数和为零。

若规定流出节点的电流为正，流入为负，在直流的情况下，有

$$\sum I=0 \tag{1-24}$$

对于交变电流，则有

$$\sum i=0 \tag{1-25}$$

例如，在图 1-41 所示的电路中，各支路电流的参考方向已选定并标于图上，对节点 a，KCL 可表示为

$$I_1-I_2-I_3+I_4=0 \tag{1-26}$$

式（1-26）也可以改写为

$$I_2+I_3=I_1+I_4 \tag{1-27}$$

其中，I_2、I_3 为流入节点的电流，I_1、I_4 为流出节点的电流。

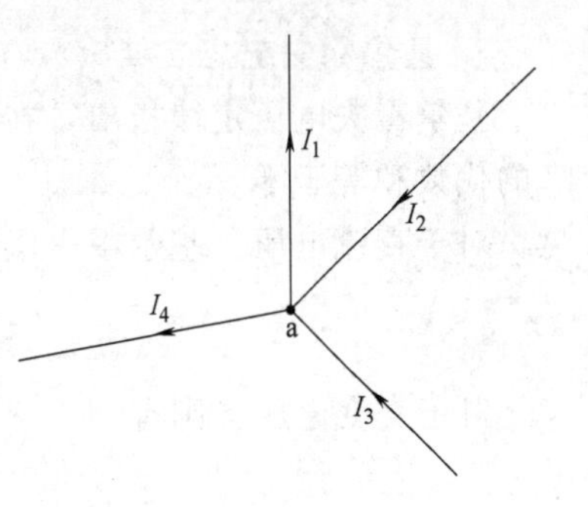

图 1-41 基尔霍夫电流定律的说明

因此，基尔霍夫电流定律还有另一种表述，即在电路中，任一时刻流入一个节点的电流之和等于从该节点流出的电流之和。数学式表示为

$$\sum I_{\mathrm{i}}=\sum I_{\mathrm{o}} \tag{1-28}$$

式中，I_{i} 为流入节点的电流；I_{o} 为流出节点的电流。

通常把式（1-26）~式（1-28）称为节点电流方程，简称为 KCL 方程。

应当指出：在列写节点电流方程时，各电流变量前的正、负号取决于各电流的参考方向与该节点的关系（是“流入”还是“流出”）；而各电流值的正、负则反映了该电流的实际方向与参考方向的关系（是相同还是相反）。通常规定，对参考方向背离（流出）节点的电流取正号，而对参考方向指向（流入）节点的电流取负号。

【例 1-12】 图 1-42 所示电路中，在给定的电流参考方向下，已知 $I_1=3\mathrm{A}$、$I_2=5\mathrm{A}$、$I_3=-18\mathrm{A}$、$I_5=9\mathrm{A}$，求电流 I_6 及 I_4。

解：对节点 a，根据 KCL 可知

$$-I_1-I_2+I_3+I_4=0$$

则 $I_4=I_1+I_2-I_3=(3+5+18)\mathrm{A}=26\mathrm{A}$。

对节点 b，根据 KCL 可知

$$-I_4-I_5-I_6=0$$

则 $I_6=-I_4-I_5=(-26-9)\mathrm{A}=-35\mathrm{A}$。

KCL 不仅适用于电路中的节点，还可以推广应用于电路中的任一假设的封闭面。即在任一瞬间，通过电路中的任一假设的封闭面的电流的代数和也为零。通常把这个封闭面叫做“广义节点”。

例如，图 1-43 所示为某电路中的一部分，选择封闭面如图中虚线所示，在所选定的参考方向下有

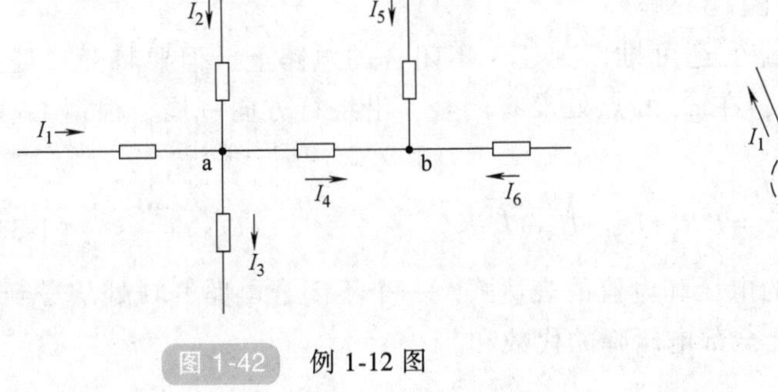

图 1-42 例 1-12 图

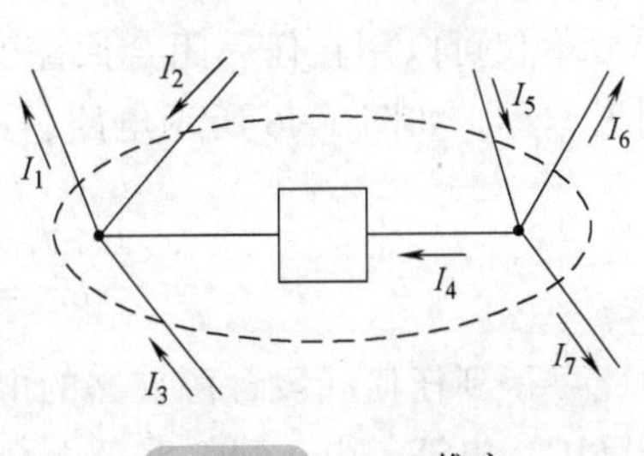

图 1-43 KCL 推广

$$I_1-I_2-I_3-I_5+I_6+I_7=0$$

2. 基尔霍夫电压定律（KVL）

基尔霍夫电压定律指出：在任一时刻，在电路中沿任一回路绕行一周，回路中所有电压降的代数和等于零。

对于直流电压，基尔霍夫电压定律的数学表达式为

$$\sum U=0 \tag{1-29}$$

对于交变电压，则有

$$\sum u=0 \tag{1-30}$$

通常把式（1-29）、式（1-30）称为回路电压方程，简称为 KVL 方程。

在列写回路电压方程时，首先要对回路选取一个回路“绕行方向”，各电压变量前的正、负号取决于各电压的参考方向与回路“绕行方向”的关系（是相同还是相反）；而各电压值的正、负则反映了该电压的实际方向与参考方向的关系（是相同还是相反）。通常规定，对参考方向与回路“绕行方向”相同的电压取正号，对参考方向与回路“绕行方向”相反的电压取负号。回路“绕行方向”是任意选定的，通常在回路中以虚线表示。

例如，图 1-44 所示为某电路中的一个回路 ABCDA，各支路的电压在选择的参考方向下为 u_1、u_2、u_3、u_4，因此，在选定的回路“绕行方向”下有

$$u_1+u_2-u_3-u_4=0$$

另一方面，还可以写成

$$u_1+u_2=u_3+u_4 \tag{1-31}$$

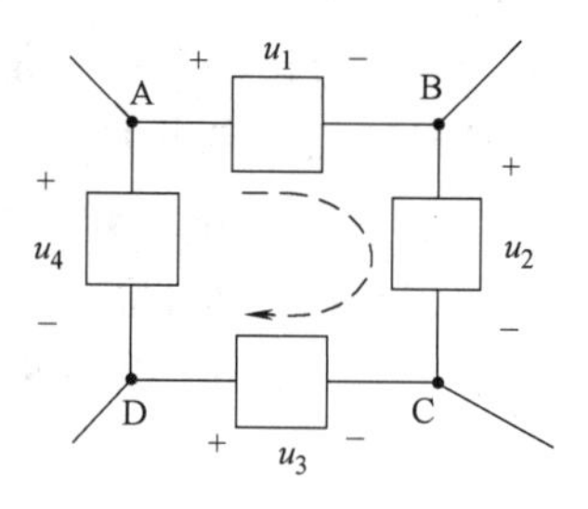

图 1-44 基尔霍夫电压定律的说明

式（1-31）表明，电路中两点间的电压值是确定的。例如，从 A 点到 C 点的电压，无论沿路径 ABC 或沿路径 ADC，两节点间的电压值是相同的（$u_1+u_2=u_3+u_4$），也就是说，两点间电压与路径的选择无关。

【例 1-13】 试求图 1-45 所示电路中元件 3、4、5、6 的电压。

解：在回路 cdec 中，$U_5=U_{cd}+U_{de}=[-(-5)-1]\,\text{V}=4\text{V}$

在回路 bedcb 中，$U_3=U_{be}+U_{ed}+U_{dc}=[3+1+(-5)]\,\text{V}=-1\text{V}$

在回路 debad 中，$U_6=U_{de}+U_{eb}+U_{ba}=(-1-3-4)\,\text{V}=-8\text{V}$

在回路 abea 中，$U_4=U_{ab}+U_{be}=(4+3)\,\text{V}=7\text{V}$

KVL 不仅可以用在任一闭合回路，还可推广到任一不闭合的电路上，但要将开口处的电压列入方程。如图 1-46 所示电路，在 a、b 点处没有闭合，沿绕行方向一周，根据 KVL，则有

$$U_{ab}=I_1R_1+U_{S1}-U_{S2}+I_2R_2 \tag{1-32}$$

由此可得到任何一段含源支路的电压和电流的表达式。一个不闭合电路开口处从 a 到 b 的电压降 U_{ab} 应等于由 a 到 b 路径上全部电压降的代数和。

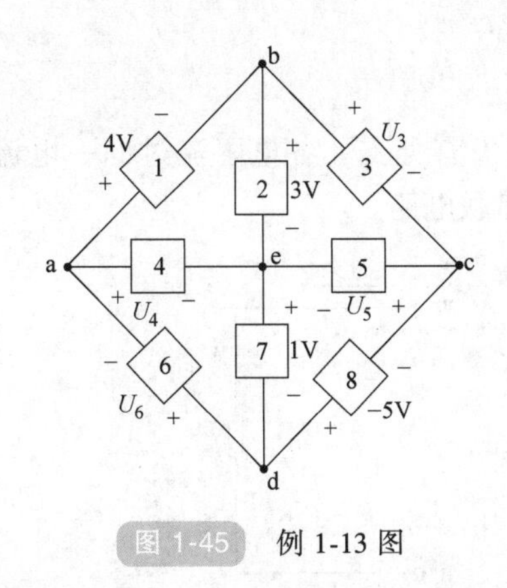

图 1-45　例 1-13 图

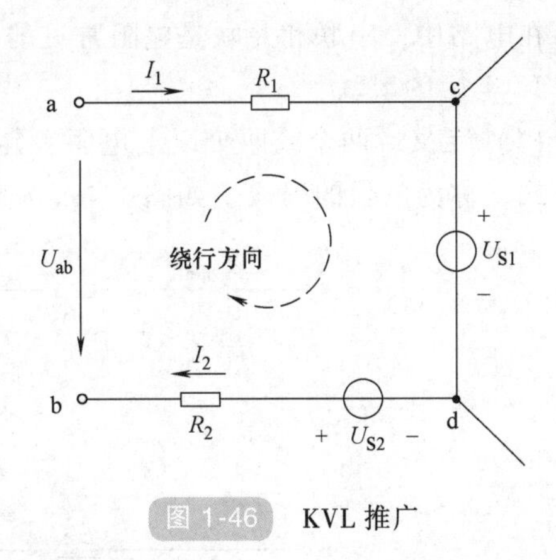

图 1-46　KVL 推广

知识与小技能测试

1. 若导体两端电压为 6V 时，通过它的电流是 0.1A，则该导体的电阻大小为______Ω；若该导体两端电压为 3V，则通过它的电流为______A；若两端电压为 0，则该导体的电阻为______Ω。

2. 列写节点电流方程或回路电压方程是否可以不标注电流或电压的参考方向？

3. 基尔霍夫电流定律可以应用于任一时刻的任一闭合曲线和任一闭合曲面，对吗？

4. 基尔霍夫电流定律仅适合于线性电路，对吗？

5. 实验室有如下器材：满足实验要求的电源一个、万用表一块、滑动变阻器一个、阻值已知但不等的电阻若干个、开关一个和导线若干。请你选用以上这些器材，设计实验电路证明：

（1）当导体两端的电压一定时，通过导体中的电流与导体的电阻成反比。画出实验电路图。

（2）对电路的某节点，验证基尔霍夫电流定律。画出实验电路图。

（3）在实训室操作完成上述两个自己设计的电路。

1.7　电路的分析方法

1.7.1　电阻的串并联及其等效变换

在电路分析中，可以把由多个元件组成的电路作为一个整体看待。若这个整体只有两个端钮与外电路相连，则称为二端网络或单口网络。二端网络的一般符号如图 1-47 所示。二端网络的端钮电流 I 称为端口电流；两个端钮之间的电压 U 称为端口电压。

为了简化复杂电路的分析和计算，在电路分析中常用到等效变换的方法将复杂电路变换为一个简单电路。所谓等效，是对外电路而言的。如果具有不同内部结构的二端网络的两个端钮对外电路有完全相同的电压和电流，则称它们是等效的。

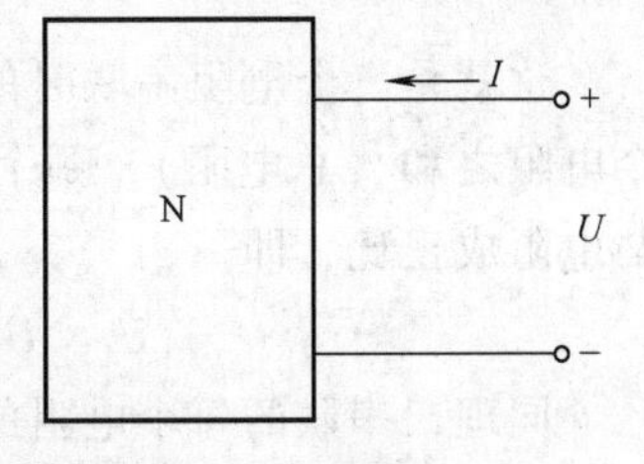

图 1-47　二端网络的一般符号

在电路中，串联和并联是电阻常见的两种连接方式。

1. 电阻的串联

(1) 定义 两个或两个以上电阻首尾相连，中间没有分支，各电阻流过同一电流的连接方式，称为电阻的串联。如图 1-48a 为三个电阻的串联电路。

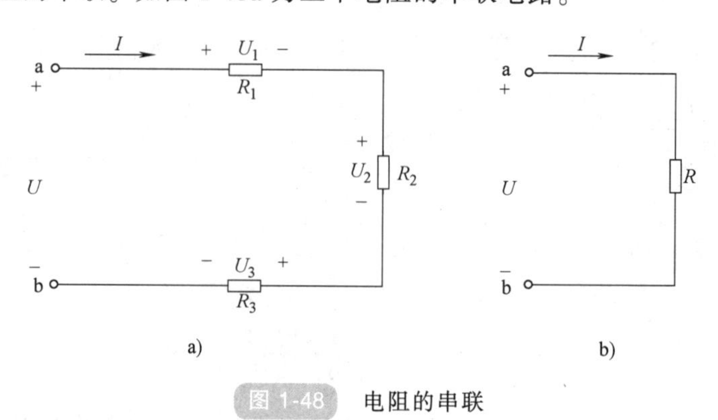

图 1-48 电阻的串联

(2) 串联电路的等效电阻 电路如图 1-48a 所示，根据 KVL 和欧姆定律，可列出

$$U=U_1+U_2+U_3=IR_1+IR_2+IR_3=I(R_1+R_2+R_3)=IR \tag{1-33}$$

由此可得

$$R=R_1+R_2+R_3 \tag{1-34}$$

式中，R 称为串联等效电阻，如图 1-48b 所示。

推广到一般情况：n 个电阻串联的等效电阻等于各个电阻之和，即

$$R=\sum_{k=1}^{n}R_k \tag{1-35}$$

几个电阻串联后的等效电阻比每一个电阻都大，端口 a、b 的电压一定时，串联电阻越多，电流越小，所以串联电阻可以"限流"。

(3) 串联分压 在图 1-48a 所示电路中，流过个电阻的电流相等，因此各电阻上的电压分别为

$$\left.\begin{aligned}U_1=IR_1=\frac{U}{R_1+R_2+R_3}R_1=\frac{R_1}{R_1+R_2+R_3}U\\U_2=IR_2=\frac{U}{R_1+R_2+R_3}R_2=\frac{R_2}{R_1+R_2+R_3}U\\U_3=IR_3=\frac{U}{R_1+R_2+R_3}R_3=\frac{R_3}{R_1+R_2+R_3}U\end{aligned}\right\} \tag{1-36}$$

这就是三个电阻串联时的分压公式。推广到多个电阻串联，分压公式中的分母就是这几个电阻之和（总电阻），哪个电阻分到多少电压，分子就对应哪个电阻。这说明分压的大小与电阻成正比，即

$$U_1:U_2:U_3:\cdots:U_n=R_1:R_2:R_3:\cdots:R_n \tag{1-37}$$

同理，串联的每个电阻的功率也与它们的电阻成正比，即

$$P_1:P_2:P_3:\cdots:P_n=R_1:R_2:R_3:\cdots:R_n \tag{1-38}$$

2. 电阻的并联

(1) 定义 两个或两个以上电阻的首尾两端分别连接在两个节点上，各电阻处于同一电压下的连接方式，称为电阻的并联。图 1-49a 为三个电阻的并联电路。

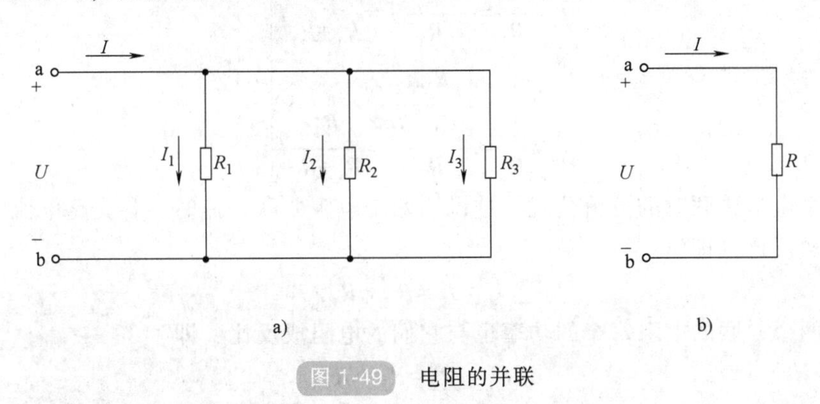

图 1-49 电阻的并联

(2) 并联电路的等效电阻 如图 1-49a 所示电路，根据 KVL 和欧姆定律，可列出

$$I=I_1+I_2+I_3=\frac{U}{R_1}+\frac{U}{R_2}+\frac{U}{R_3}=\left(\frac{1}{R_1}+\frac{1}{R_2}+\frac{1}{R_3}\right)U=\frac{U}{R} \tag{1-39}$$

由此可得

$$\frac{1}{R}=\frac{1}{R_1}+\frac{1}{R_2}+\frac{1}{R_3} \tag{1-40}$$

式中，R 称为并联等效电阻，如图 1-49b 所示。

推广到一般情况：n 个电阻并联的等效电阻的倒数等于各个电阻的倒数之和，即

$$\frac{1}{R}=\sum_{k=1}^{n}\frac{1}{R_k} \tag{1-41}$$

电阻并联通常记为 $R_1//R_2//\cdots//R_n$。

在电路计算中，通常遇到最多的情况就是两个电阻的并联，如图 1-50a 所示，其等效电阻如图 1-50b 所示，具体为

$$R=R_1//R_2=\frac{R_1R_2}{R_1+R_2} \tag{1-42}$$

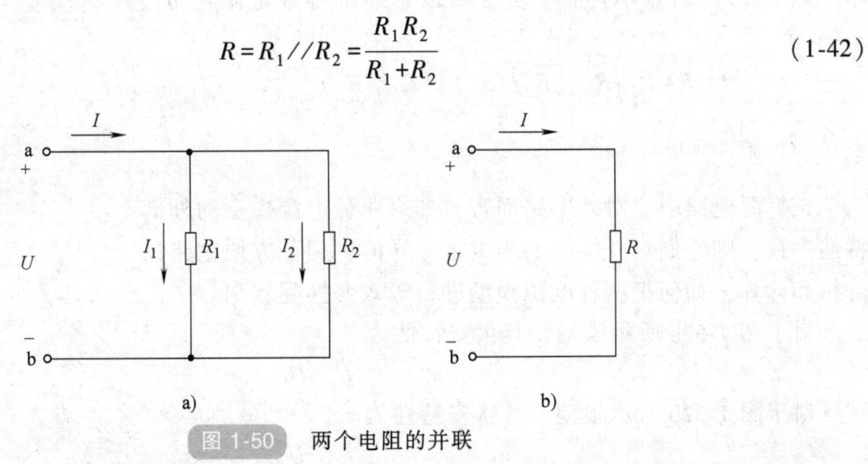

图 1-50 两个电阻的并联

(3) 并联分流 在图 1-50a 所示电路中，两个电阻的电压相等，因此各电阻上的电流分

别为

$$\left.\begin{aligned} I_1 &= \frac{U}{R_1} = \frac{I\dfrac{R_1R_2}{R_1+R_2}}{R_1} = \frac{R_2}{R_1+R_2}I \\ I_2 &= \frac{U}{R_2} = \frac{I\dfrac{R_1R_2}{R_1+R_2}}{R_2} = \frac{R_1}{R_1+R_2}I \end{aligned}\right\} \tag{1-43}$$

这是两个电阻并联时的分流公式，这说明两个电阻并联分流时，各支路电流的大小与该支路的电阻成反比，即

$$I_1 : I_2 = R_2 : R_1 \tag{1-44}$$

同理，两个并联的电阻每个的功率也与它们的电阻成反比，即

$$P_1 : P_2 = R_2 : R_1 \tag{1-45}$$

特别指出，在运用分流公式时，要注意总电流与支路电流的参考方向。

3. 电阻的混联

当电阻的连接既有串联又有并联时，称为电阻的串、并联，简称混联。这种电路在实际工作中应用广泛，形式多种多样。

分析混联电阻网络的一般步骤如下：

1）画等效电阻电路图。画法：首先在原电路图中给每个连接点标注一个字母，其次按顺序将字母沿水平方向排列，待求端的字母置于始、末两端，最后将各电阻依次填入相应的字母之间。

注意：同一导线相连的连接点要用同一字母标注。

2）计算各串联电阻、并联电阻的等效电阻，再计算总的等效电阻。

【例 1-14】 求图 1-51 所示电路的等效电阻。

解：由 a、b 端向里看，R_2 和 R_3、R_4 和 R_5 均连接在相同的两点之间，因此是并联关系，把这 4 个电阻两两并联后，电路中除了 a、b 两点不再有节点，所以它们的等效电阻与 R_1、R_6 串联。

$$R = R_1 + R_6 + (R_2 // R_3) + (R_4 // R_5)$$

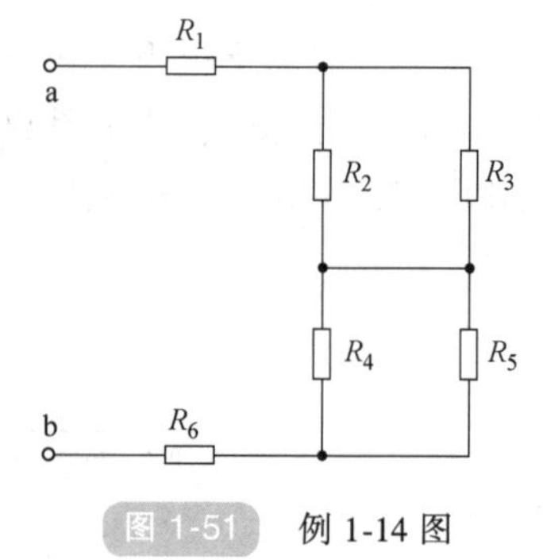

图 1-51 例 1-14 图

1.7.2 电源的等效变换

在有源电路中，对外电路而言，如果两种电源模型的外部特性一致，则它们对外电路的影响是一样的。为了方便电路的分析和计算，如何把两种电源模型进行等效变换呢？

对于图 1-52a 所示模型，其伏安特性为

$$U = U_S - IR_S \tag{1-46}$$

对于图 1-52b 所示模型，其伏安特性为

$$I = I_S - \frac{U}{R'_S} \tag{1-47}$$

经整理后得

$$U = I_S R'_S - IR'_S \tag{1-48}$$

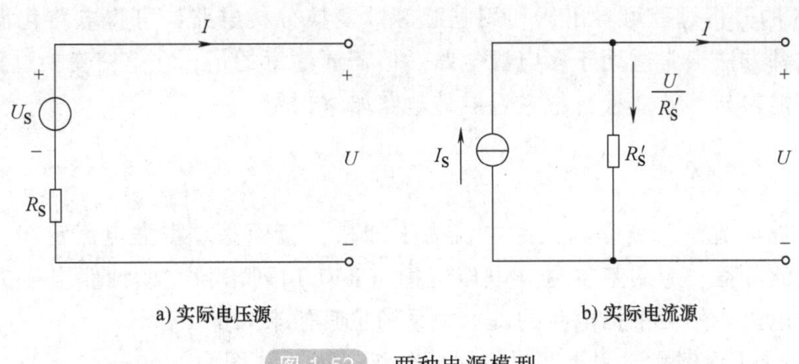

a) 实际电压源　　b) 实际电流源

图 1-52　两种电源模型

根据等效的定义，图 1-52a 与图 1-52b 若要相互等效，则两者的伏安特性必须一致，比较式（1-46）与式（1-48），可得

$$\begin{cases} I_S = \dfrac{U_S}{R_S} \\ R_S' = R_S \end{cases} \tag{1-49}$$

这就是两种电源模型等效的条件。在进行等效互换时，电压源的电压极性与电流源的电流方向的参考方向要求一致，也就是说，电压源的正极对应着电流源电流的流出端。

【例 1-15】　已知 $I_S = 1\text{A}$，$U_{S1} = 15\text{V}$，$U_{S2} = 12\text{V}$，利用电源的等效变换求图 1-53a 所示电路中 6Ω 电阻上的电流 I。

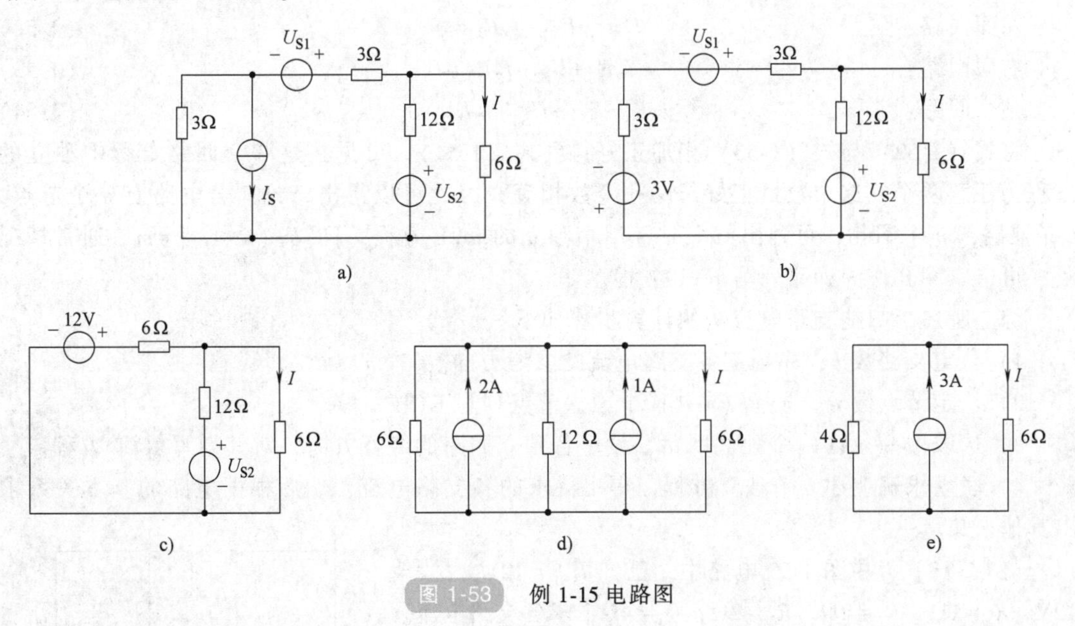

图 1-53　例 1-15 电路图

解：利用电源的等效变换进行化简，化简过程如图 1-53b、c、d、e 所示，由图 1-53e 可得

$$I = \frac{4}{4+6} \times 3\text{A} = 1.2\text{A}$$

从例 1-15 的分析过程可看出，利用电源等效变换分析电路，可将电路化简成单回路电路来求解，这种方法通常适用于多电源电路。但需要注意的是，在整个变换过程中，所求量的所在支路不能参与等效变换，把它看成外电路始终保留。

1.7.3 支路电流法

所谓“支路电流法”就是以支路电流为未知量，应用基尔霍夫电流定律（KCL）列出独立的节点电流方程，应用基尔霍夫电压定律（KVL）列出独立的回路电压方程，联立方程求出各支路电流，然后根据电路的基本关系求出其他未知量。

下面以图 1-54 为例来说明支路电流法的分析过程。从图中可看出支路数 $b=3$，节点数 $n=2$，各支路电流的参考方向如图 1-54 所示。未知量为 3 个，因此需列出 3 个方程来求解。

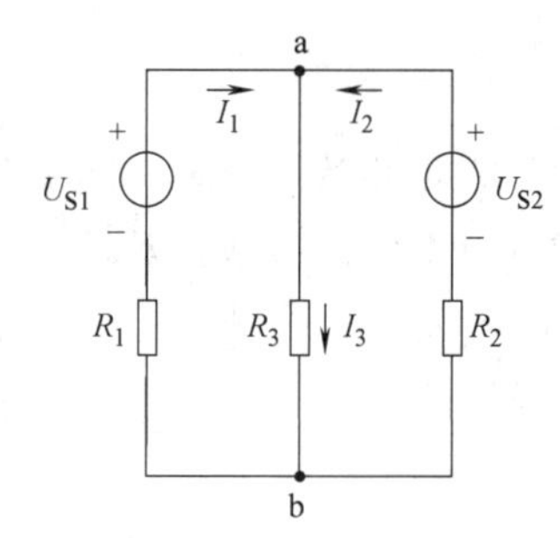

图 1-54 支路电流法举例

首先，根据电流的参考方向对节点列写 KCL 方程

节点 a：$$I_1+I_2=I_3 \tag{1-50}$$

节点 b：$$I_3=I_1+I_2 \tag{1-51}$$

比较式（1-50）与式（1-51）可看出，两式完全相同，故只有一个方程是独立的。因此可以得出结论：具有 n 个节点的电路，只能列出（$n-1$）个独立的 KCL 方程。

其次，对回路列写 KVL 方程，图 1-54 中有 3 个回路，绕行方向均选择顺时针方向。

左面回路：$$I_1R_1-U_{S1}+I_3R_3=0 \tag{1-52}$$

右面回路：$$-I_3R_3+U_{S2}-I_2R_2=0 \tag{1-53}$$

整个回路：$$I_1R_1-U_{S1}+U_{S2}-I_2R_2=0 \tag{1-54}$$

将式（1-52）与式（1-53）相加正好得到式（1-54），可见在这 3 个回路方程中独立的方程为任意两个，这个数目正好与网孔个数相等。因此可以得出结论：若电路有 n 个节点，b 条支路，m 个网孔，可列出$[b-(n-1)]$个独立的 KVL 方程，且$[b-(n-1)]=m$。通常情况下，可选取网孔作为回路列写 KVL 方程。

综上所述，归纳支路电流法的计算步骤如下：

1）认定支路数 b，并选定各支路电流的参考方向。

2）认定节点数 n，选择（$n-1$）个独立节点列写 KCL 方程。

3）选取$[b-(n-1)]$个独立回路，设定各独立回路的绕行方向，对其列写 KVL 方程。

4）联立求解上述 b 个独立方程，得出待求的各支路电流，然后根据电路的基本关系求出其他未知量。

【例 1-16】 在图 1-55 电路中，已知 $U_{S1}=12\text{V}$，$U_{S2}=12\text{V}$，$R_1=1\Omega$，$R_2=2\Omega$，$R_3=2\Omega$，$R_4=4\Omega$，求各支路电流。

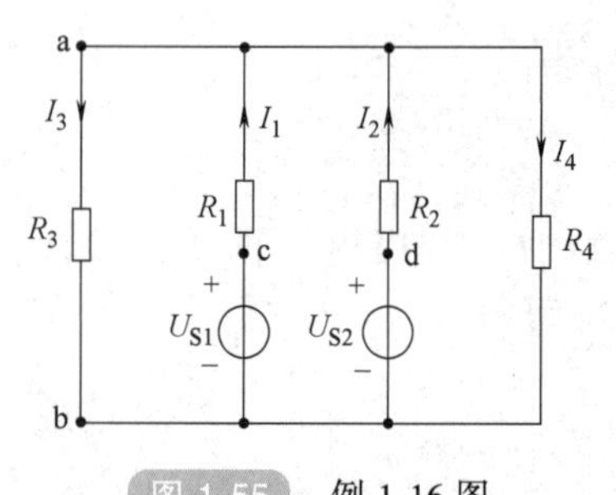

图 1-55 例 1-16 图

解：设各支路电流的参考方向如图 1-55 所示。图中 $n=2$，$b=4$。列出节点和回路方程式如下。

对于节点 a 列出 $I_1+I_2-I_3-I_4=0$

回路 acba 方程为 $-I_1R_1+U_{S1}-I_3R_3=0$

回路 adbca 方程为 $-I_2R_2-U_{S1}+U_{S2}+I_1R_1=0$

回路 abda 方程为　　$I_4R_4-U_{S2}+I_2R_2=0$

代入数据得 $I_1=4A, I_2=2A, I_3=4A, I_4=2A$。

1.7.4　叠加定理

叠加定理可表述为：在线性电路中，当有多个独立电源作用时，任一支路电流（或电压），等于各个电源单独作用时在该支路中产生的电流（或电压）的代数和。

当某一电源单独作用时，其他不作用的电源应置为零，即电压源电压为零，用短路代替；电流源电流为零，用开路代替。

叠加定理分析电路的一般步骤为：

1）将复杂电路分解为含有一个（或几个）独立电源单独作用的分解电路。

2）分析各分解电路，分别求得各电流或电压分量。

3）将计算的分量叠加计算出最后结果。

【例 1-17】　如图 1-56a 所示电路，试用叠加定理计算电流 I。

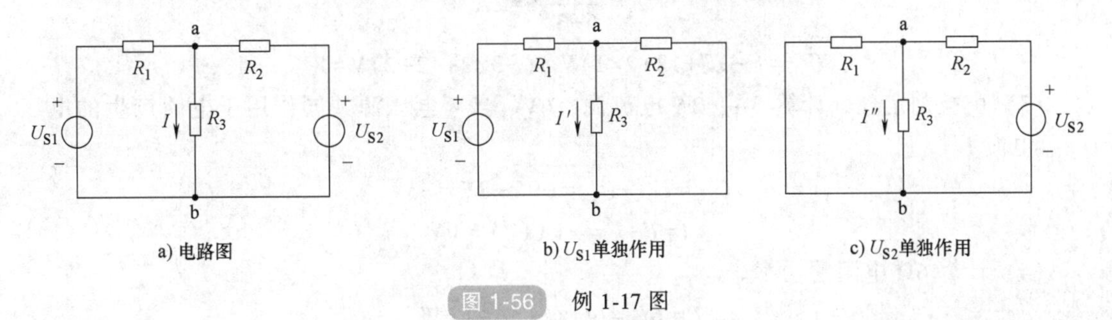

图 1-56　例 1-17 图

解：（1）计算电压源 U_{S1} 单独作用于电路时产生的电流 I'，如图 1-56b 所示。

$$I'=\frac{U_{S1}}{R_1+\dfrac{R_2R_3}{R_2+R_3}}\cdot\frac{R_2}{R_2+R_3}$$

（2）计算电压源 U_{S2} 单独作用于电路时产生的电流 I''，如图 1-56c 所示。

$$I''=\frac{U_{S2}}{R_2+\dfrac{R_1R_3}{R_1+R_3}}\cdot\frac{R_1}{R_1+R_3}$$

（3）由叠加定理，计算电压源 U_{S1}、U_{S2} 共同作用于电路时产生的电流 I。

$$I=I'+I''=\frac{U_{S1}}{R_1+\dfrac{R_2R_3}{R_2+R_3}}\cdot\frac{R_2}{R_2+R_3}+\frac{U_{S2}}{R_2+\dfrac{R_1R_3}{R_1+R_3}}\cdot\frac{R_1}{R_1+R_3}$$

【例 1-18】　如图 1-57a 所示电路，求电压 U_{ab}、电流 I 和 6Ω 电阻的功率 P。

解：（1）计算 3A 电流源单独作用于电路产生的电压 U'_{ab}、电流 I'，如图 1-57b 所示。

$$U'_{ab}=-\left(\frac{6\times3}{6+3}+1\right)\times3V=-9V$$

$$I'=-\frac{3}{3+6}\times3A=-1A$$

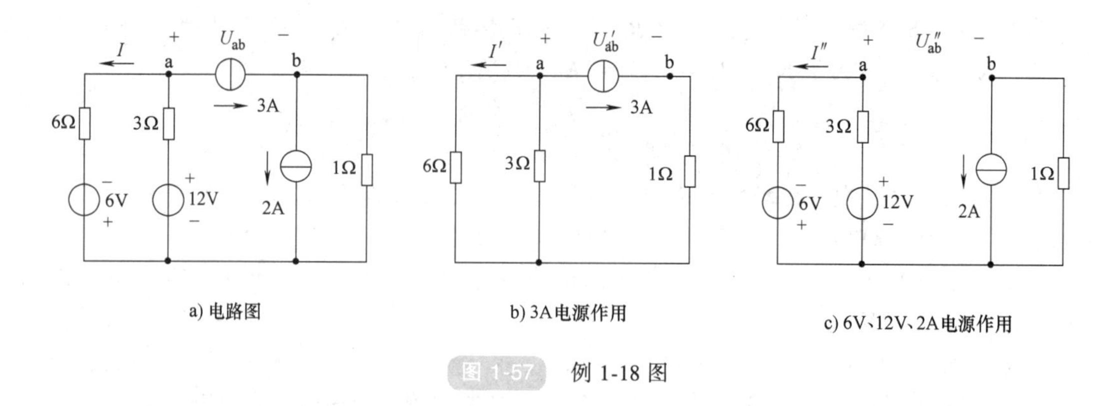

图 1-57 例 1-18 图

（2）计算 2A 电流源、6V 电压源及 12V 电压源共同作用于电路产生的电压 U''_{ab}、电流 I''，如图 1-57c 所示。

$$I''=\frac{12+6}{6+3}\text{A}=2\text{A}$$

$$U''_{ab}=(-3I''+12+2\times1)\text{V}=(-3\times2+12+2)\text{V}=8\text{V}$$

（3）由叠加定理，计算 3A、2A 电流源，6V、12V 电压源共同作用于电路产生的电压 U_{ab}、电流 I。

$$U_{ab}=U'_{ab}+U''_{ab}=-9\text{V}+8\text{V}=-1\text{V}$$

$$I=I'+I''=-1\text{A}+2\text{A}=1\text{A}$$

（4）计算 6Ω 电阻的功率。

$$P=6I^2=6\Omega\times(1\text{A})^2=6\text{W}$$

用叠加定理分析电路时，应注意以下几点：

1）叠加定理只能用来计算线性电路的电流和电压，对非线性电路叠加定理不适用。由于功率不是电压或电流的一次函数，所以也不能应用叠加定理来计算。

2）叠加时，电路的连接及所有电阻保持不变。当某一独立电源单独作用时，其他不作用的独立电源的参数都应置为零，即电压源代之以短路、电流源代之以开路。

3）应用叠加定理求电压、电流时，应特别注意各分量的符号。若分量的参考方向与原电路中的参考方向一致，则该分量取正号；反之取负号。

4）叠加的方式是任意的，可以一次使一个独立电源单独作用，也可以一次使几个独立电源同时作用，方式的选择取决于对分析计算问题的简便与否。

1.7.5 戴维南定理

戴维南定理可表述为：如图 1-58a、b 所示，任何一个线性有源二端网络 A，对于外电路而言，可以用一电压源和内电阻相串联的电路模型来代替；电压源的电压就是有源二端网络的开路电压 U_{oc}，即将负载断开后 a、b 两端之间的电压（见图 1-58c）；内电阻等于有源二端网络中所有电压源短路（即其电压为零）、电流源开路（即其电流为零）时得到的无源二端网络 P（图 1-58d）的等效电阻 R_o。

戴维南定理分析电路的步骤如下：

1）将所求量所在支路（待求支路）与电路的其他部分断开，形成一个二端网络。

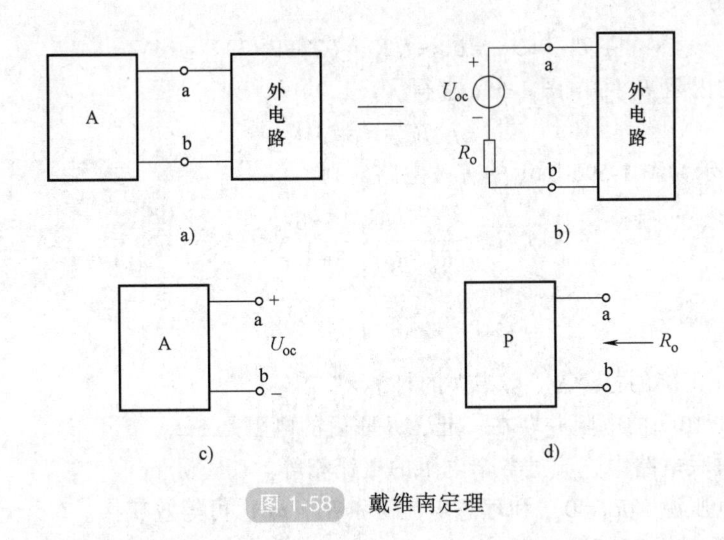

图 1-58 戴维南定理

2）求二端网络的开路电压 U_{oc}。

3）将二端网络中的所有电压源用短路代替、电流源用开路代替，得到无源二端网络，求该二端网络端钮的等效电阻 R_o。

4）画出戴维南等效电路，并与待求支路相连，得到一个无分支闭合电路，再求待求电压或电流。

【例 1-19】 在图 1-59a 所示电路中，已知 $R_1=1\Omega$，$R_2=R_4=6\Omega$，$R_3=3\Omega$，$U_{S2}=22V$，$U_{S1}=8V$，$I_S=2A$，用戴维南定理求电流 I_1。

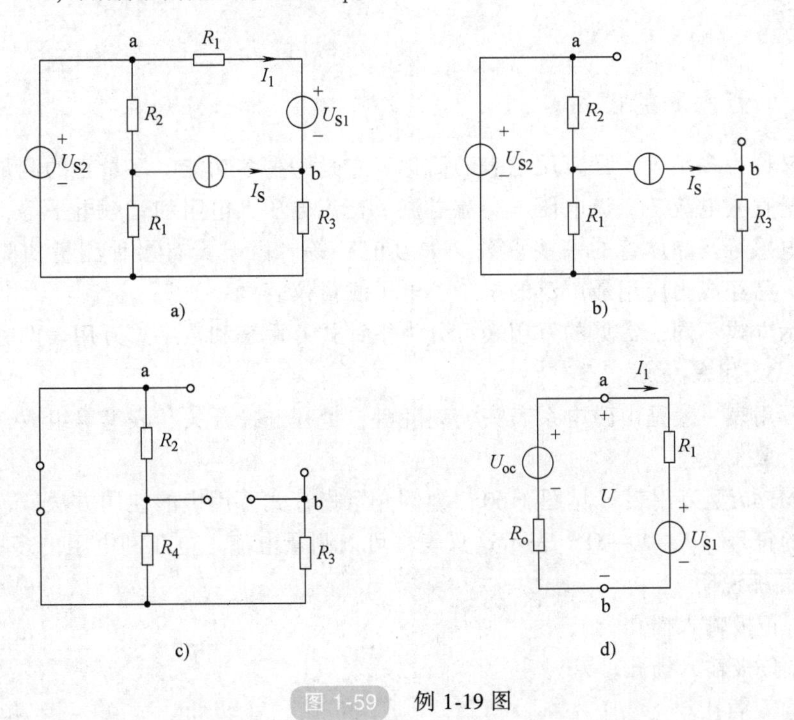

图 1-59 例 1-19 图

解：等效电源的电压 U_{oc} 可由图 1-59b 求得

$$U_{oc}=U_{ab}=U_{S2}-I_S R_3=(22-2\times3)\text{V}=16\text{V}$$

等效电源的内阻 R_o 可由图 1-59c 求得

$$R_o=R_3=3\Omega$$

图 1-59d 所示为图 1-59a 所示的等效电路，则

$$I_1=\frac{U_S-U_{S1}}{R_o+R_1}=\frac{16-8}{3+1}\text{A}=2\text{A}$$

知识与小技能测试

1. 判断题（正确的打“√”，错误的打“×”）

（1）将两个 10Ω 的电阻并联在一起，并联后的电阻是 5Ω。(　　)

（2）电阻串联电路中，流过各个电阻的电流相等。(　　)

（3）理想电压源（$R_S=0$）和理想电流源（$R_S=\infty$）可等效变换。(　　)

（4）用支路电流法解题时，各支路电流参考方向可以任意假定。(　　)

（5）求电路中某元件上的功率时，可用叠加定理。(　　)

（6）应用叠加定理求解电路时，对暂不考虑的电压源将其做开路处理。(　　)

（7）任何一个有源二端线性网络，都可用一个恒定电压 U_{oc} 和内阻 R_o 等效代替。(　　)

2. 三个 6Ω 的电阻通过不同的连接方式，可以得到 18Ω、2Ω、9Ω、4Ω 四种阻值。

（1）试画出电路。

（2）用面包板接电路，通过测电阻加以验证。

技能训练

技能训练一　万用表的使用

万用表又称为多用表，是万用电表的简称。它是一种多功能、多量程的测量仪表，一般万用表可测量直流电流、直流电压、交流电流、交流电压、电阻和音频电平等，有的还可以测电容量、电感量及晶体管的一些参数（如 β 值）等。由于具有多种测量功能，操作简单且携带方便，已经成为应用最广泛的电工、电子测量仪表之一。

根据显示方式不同，常见的万用表可分为指针式万用表和数字式万用表两种。

1. 指针式万用表

指针式万用表一般是由磁电系表头、刻度盘、量程选择开关、表笔等组成，测量值由表头指针指示读取。

下面以 MF47 型万用表（见图 1-60）为例介绍指针式万用表的使用方法。

表盘上的符号“A—V—Ω”表示这只表是可以测量电流、电压和电阻的多用表。

（1）前面板说明

1）“+”正极输入插孔。

2）“-”负极输入插孔。

3）5A 输入插孔。

4）2500V 交流输入插孔。

5）档位与量程转换开关。测量项目包括电流、直流电压、交流电压和电阻。每档又划

分为几个不同的量程（或倍率）以供选择。

6）机械调零旋钮和电阻档调零旋钮。

7）h_{FE} 测试输入口。

8）刻度盘。

如图 1-61 所示，刻度盘共有六条刻度，从外侧向内数，第一条右端标有“Ω”的是电阻刻度线，专供测电阻用，其右端表示零，左端表示∞，刻度值分布是不均匀的；第二条用来测交直流电压、直流电流，符号“⎓”表示直流，“~”表示交流，“≂”表示交流和直流共用的刻度线；第三条用来测晶体管放大倍数；第四条用来测电容；第五条用来测电感；第六条用来测音频电平。刻度盘上装有反光镜，以消除视差。

图 1-60　MF47 型指针式万用表

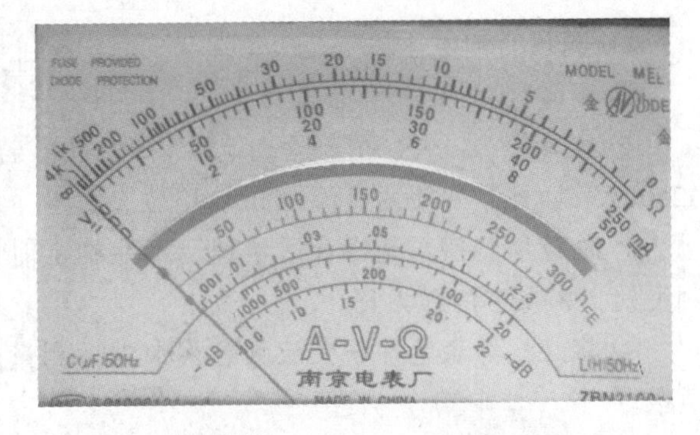

图 1-61　指针式万用表刻度盘

(2) 使用注意事项

1）在使用之前，应先进行“机械调零”，即在没有被测电量时，使万用表指针指在零电压或零电流的位置上。调零开关在表头下方。

2）要正确连接表笔，红表笔应插入标有“+”的插孔，黑表笔应插入标有“-”的插孔。测直流电流、电压时，红表笔连接被测电流、电压的正极，黑表笔接负极。如果不知被测电量的方向，可以在电路的一端先接好一支表笔，另一支表笔在电路的另一端轻轻地碰一下，如果指针向右摆动，说明接线正确；如果指针向左摆动（低于零点），说明接线不正确，应把万用表的两支表笔位置调换。

3）在使用万用表过程中，不能用手去接触表笔的金属部分，这样一方面可以保证测量的准确，另一方面也可以保证人身安全。

4）万用表在使用时，必须水平放置，以免造成误差。同时，还要注意避免外界磁场对万用表的影响。

5）要合理选择量程，被测量一定要小于所选量程，当他能确定时，应将量程开关置于最大位置上，然后再根据指针偏转情况选择合适量程。

6）测量过程中不能旋转转换开关。如需换档，应先断开表笔，换档后再去测量。

7）读数时，人的眼睛要与表盘刻度垂直，即指针与其在反光镜中的影子重合。

8）万用表使用完毕，应将转换开关置于交流电压的最大档。如果长期不使用，还应将万用表内部的电池取出来，以免电池腐蚀表内其他元器件。

（3）使用方法

1）测量直流电流。

① 调零。

② 红表笔插“+”孔，黑表笔插“-”孔，若测 500mA～5A 的大电流，需将红表笔插入“5A”插孔。

③ 估计所测值，选择合适量程。不能确定时，先选最大量程后再调整，最终指针在满刻度的 2/3 左右位置为宜。

④ 将红、黑表笔串联在被测电路中进行测量。红表笔连接被测电流的正极，黑表笔接负极。

⑤ 读数。$电流值=指针指示值\times\frac{量程}{满刻度值}$。

2）测量直流电压。

① 调零。

② 红表笔插“+”孔，黑表笔插“-”孔。若测量 1000～2500V 电压，要将红表笔插在“2500V”插孔，并使用直流 1000V 档位。

③ 估计所测值，选择合适量程。不能确定时，先选最大量程后再调整，最终指针在满刻度的 2/3 左右位置为宜。

④ 将红、黑表笔并联在被测电路中进行测量。红表笔连接被测电压的正极，黑表笔接负极。

⑤ 读数。$电压值=指针指示值\times\frac{量程}{满刻度值}$。

3）测量交流电压。

① 调零。

② 红表笔插“+”孔，黑表笔插“-”孔。若测量 1000～2500V 电压，要将红表笔插在“2500V”插孔，并使用交流 1000V 档位。

③ 估计所测值，选择合适量程。不能确定时，先选最大量程后再调整，最终指针在满刻度的 2/3 左右位置为宜。

④ 将红、黑表笔并联在被测电路中进行测量。

⑤ 读数。$电压值=指针指示值\times\frac{量程}{满刻度值}$。

4）测量电阻。

① 红表笔插“+”孔，黑表笔插“-”孔。

② 估计所测电阻值，选择合适量程。使指针靠近中线位置，最好不使用刻度左边 1/3 的部分，这部分刻度密集，准确度很差。

③ 调零。将红、黑表笔短接，调整欧姆调零旋钮，使指针指在“0Ω”上。注意每次转换量程都要重新调零。如果不能调零，说明电池没电需要更换。$R\times10$k 档用的是 9V 电池，其他档位用的是 1.5V 电池。

④ 读数。电阻值=指针指示值×倍率。

⑤ 注意测量电阻时不能带电测量，被测电阻不能有并联支路。

⑥ 测量晶体管、电解电容等有极性元器件的等效电阻时，必须注意两支表笔的极性。万用表作为电阻表使用时，内接干电池，红表笔接干电池的负极，黑表笔接干电池的正极。

⑦ 量程档越小，流过被测电阻的测试电流越大，否则相反。如果该电流超过了被测电阻所允许通过的电流，被测电阻会烧毁，或把表指针打弯。所以在测量不允许通过大电流的电阻时，万用表应置在大量程的电阻档上。

⑧ 使用完毕不要将量程开关放在电阻档上。以防两支表笔短路时，将内部干电池全部耗尽。

5）测电容。

① 测电容是否漏电。将电容两个引脚短接放电，转换开关转到电阻档 $R\times100$ 或 $R\times1$k，用两支表笔触及电容两极，正常情况下，指针先偏转一定角度，然后回落至起始位置，然后将表笔对调，再进行一次测试，指针仍然先偏转后回落至起始位置，即证明电容正常。如果正反多次测试指针均不动，说明电容器失效。如果指针偏转后回不到起始位置，并指示在某一电阻值，说明该电容漏电，这个电阻值就是它的漏电电阻，阻值越小说明漏电越严重。

② 测电容量。在测量之前，要先把电路短路一下进行放电。根据电容容量选择适当的电阻档量程，并注意测量电解电容时，黑表笔要接电容正极。

估测微法级电容的大小：可凭经验或参照相同容量的标准电容，根据指针摆动的最大幅度来判定。所参照的电容不必耐压值也一样，只要容量相同即可。例如估测一个 100μF/250V 的电容，可用一个 100μF/25V 的电容来参照，只要它们指针摆动最大幅度一样，即可断定容量一样。

估测皮法级电容大小：要用 $R\times10$k 档，但只能测到 1000pF 以上的电容；对 1000pF 或稍大一点的电容，只要指针稍有摆动，即可认为容量够了。

2. 数字式万用表

数字式万用表的测量值由液晶显示屏直接以数字的形式显示，读取方便，有些还带有语音提示功能。因此，它以精确度高、显示清晰、过载能力强、便于携带等优点渐渐取代指针式仪表，成为主流。

以下以 KJ9205 型万用表（见图 1-62）为例介绍数字万用表的使用方法。

图 1-62　KJ9205 型数字式万用表

（1）前面板说明

1）10A 输入插孔，用于测量高于毫安级电流的插孔。

2）mA 插孔，用于测量毫安级电流的插孔。

3）COM 插孔，专门插黑表笔的插孔。

4）VΩ 二极管插孔，用于测量交直流电压、电阻、二极管、晶体管、电容等的红表笔插孔。

5）h_{FE} 测试输入口。

6）电容的测量插孔。

7）档位选择开关。

8）电源开关。

9）保持开关。

10）液晶显示屏。

（2）使用注意事项

1）确定 9V 电池已接好并已安装在电池盒内。

2）选择合适的测量档位和表笔插孔。如果不能确定时应先选最大量程，再根据实际情况调整合适量程。超过测量范围时，显示屏上显示溢出值“1”或“OL”，其他位均消失，这时应选择更高量程。

3）测量前打开电源，将红、黑表笔搭接，观察是否显示“0.00”，初步判断万用表是否正常。

4）在使用万用表过程中，不能用手去接触表笔的金属部分，这样一方面可以保证测量的准确，另一方面也可以保证人身安全。

5）测量过程中不能旋转转换开关。如需换档，应先断开表笔，换档后再去测量。

6）不要在阳光直射、高温、高潮湿的情况下储存或使用仪表。

7）使用完毕，应关闭开关。如果长期不使用，还应将万用表内部的电池取出来，以免电池腐蚀表内其他元器件。

8）当显示屏显示“▭”“BATT”“LOW BAT”时，表示电池电压低于工作电压，需要更换电池。

（3）使用方法

1）测量直流电流。

① 选择表笔插孔。黑表笔插 COM 插孔，当测量电流小于 200mA 时，红表笔插 mA 插孔；测量电流为 200mA～10A 时，红表笔插 10A 插孔。

② 估计所测值，选择合适量程。不能确定时，先选最大量程后再调整。

③ 将红、黑表笔串联在被测电路中进行测量。红表笔连接被测电流的正极，黑表笔接负极。

④读数。直接读显示屏上的数据。

2）测量交流电流。方法与测量直流电流相同，将档位选择在交流电流量程范围内即可。

3）测量直流电压。

① 选择表笔插孔。黑表笔插 COM 插孔，红表笔插 VΩ 二极管插孔。

② 估计所测值，选择合适量程。不能确定时，先选最大量程后再调整。

③ 将红、黑表笔并联在被测电路中进行测量。红表笔连接被测电压的正极，黑表笔接负极。

④ 读数。直接读显示屏上的数据。

4）测量交流电压。方法与测量直流电压相同，将档位选择在交流电压量程范围内即可。

5）测量电阻。

① 选择表笔插孔。黑表笔插 COM 插孔，红表笔插 VΩ 二极管插孔。

② 估计所测值，选择合适量程。不能确定时，先选最大量程后再调整。

③ 将红、黑表笔并联在被测电路中进行测量。

④ 注意测量电阻时不能带电测量，被测电阻不能有并联支路。确认电路中的电容都已放电。

⑤ 数字万用表作为电阻表使用时，内接干电池，红表笔接干电池的正极，黑表笔接干电池的负极。

⑥ 如果被测电阻接近 1MΩ 或更大，读数需要几秒才能稳定。

⑦ 读数。带量程单位读显示屏上的数据。

6）测电容。

① 将档位开关旋转到电容测量档位。

② 将电容引脚插入电容的测量插孔，确保电容的引脚和插孔内簧片可靠接触。没有电容插孔的数字万用表可直接用表笔进行测量。当在线测量电容时，请确认所有的电容已充分放电，并且所有电源已关闭或移去。

③ 读数。显示屏直接显示电容的容量值。

综上所述，万用表的使用可以归纳如下：

1）准备工作。检查电池是否装好，表笔是否完好，并将表笔插入相应插孔，调零。

2）选择合适档位。

3）测量。只有测电流时是串联连接，其他都是并联连接。先换档再测量，不能在测量的同时换档。

4）读数。

5）使用完后将档位拨到交流电压最大档，关闭电源。

技能训练二　电阻、电容、电感的认识与检测

1. 电阻

电阻器在日常生活中一般直接称为电阻。

（1）电阻的分类　随着电子工业的迅速发展，电阻的种类越来越多。

按结构可分为固定电阻、半可调电阻、电位器等；按伏安特性可分为线性电阻、非线性电阻等；按材料可分为线绕电阻、碳合成电阻、碳膜电阻、金属膜电阻、金属氧化膜电阻等。还有一些特殊用途的电阻，包括熔断电阻、热敏电阻、光敏电阻、力敏电阻、湿敏电阻、压敏电阻、磁敏电阻、气敏电阻等。

（2）电阻的型号　为了区别电阻的类型，在电阻上用字母进行标注。国产电阻器的型号由四部分组成（不适用于敏感电阻），分别是主称、材料、分类和序号。

（3）电阻值的标志　电阻的标称值和允许偏差一般都是直接标在电阻体表面上，主要有以下几种：

1）直标法。直标法是指用阿拉伯数字和单位符号在电阻表面直接标出标称阻值和技术参数的方法。电阻值单位用“Ω”“kΩ”“MΩ”等表示，允许偏差直接用百分数或用Ⅰ（±5%）、Ⅱ（±10%）、Ⅲ（±20%）表示。直标法示例如图1-63所示。

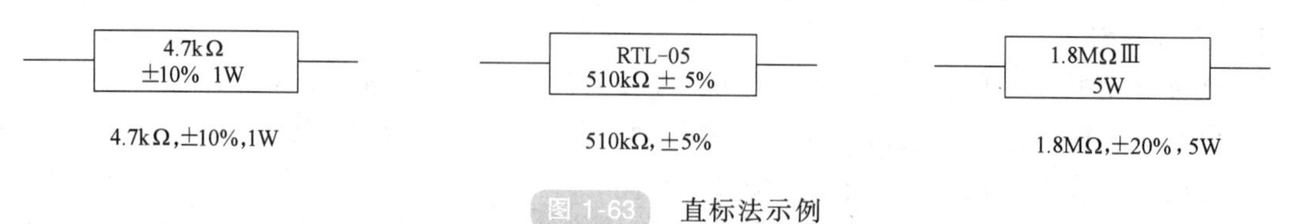

图1-63 直标法示例

2）文字符号法。文字符号法是指将需要标示的主要参数和性能等用数字和文字符号有规律地组合起来标在电阻体表面上的方法。符号前面的数字表示整数阻值，后面的数字依次表示第一位小数阻值和第二位小数阻值。其允许偏差用文字符号表示：B（±0.1%）、C（±0.25%）、D（±0.5%）、F（±1%）、G（±2%）、J（±5%）、K（±10%）、M（±20%）、N（±30%）。文字符号法示例如图1-64所示。

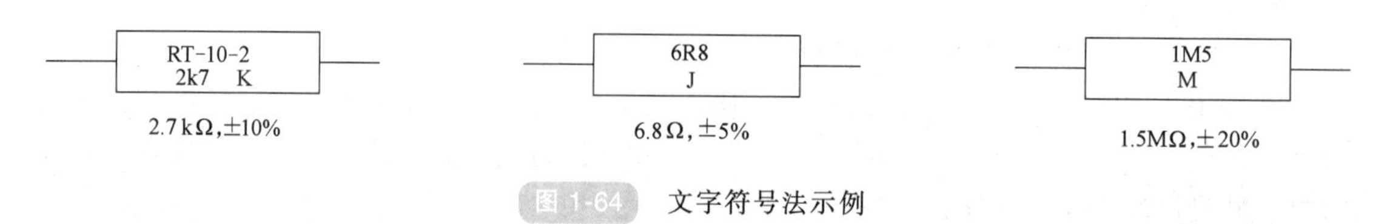

图1-64 文字符号法示例

3）数码法。数码法是指用三位阿拉伯数字表示电阻值的有效值的方法。前两位数字表示阻值的有效数，第三位数字表示倍率（10的乘方数），即有效数后面零的个数。当阻值小于10欧时，常以“×R×”表示，将R看作小数点，单位为Ω。偏差通常采用的符号与文字符号法相同。数码法示例如图1-65所示。

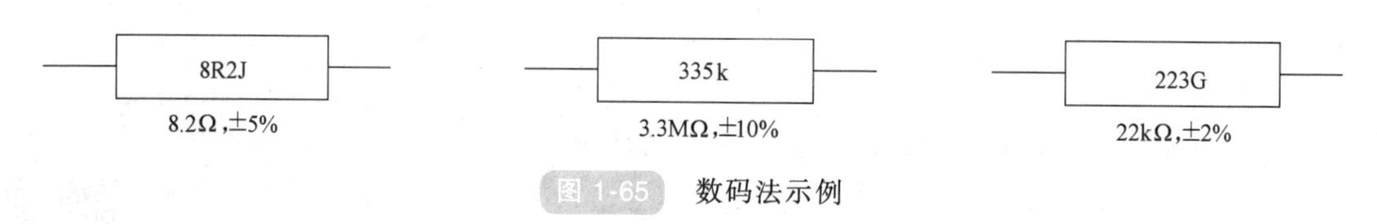

图1-65 数码法示例

4）色标法。色标法是指用不同颜色的环（带）或点在电阻表面标出标称阻值和允许偏差的方法。颜色对照关系见表1-1。

表1-1 色环电阻的对照关系

颜色	数值	倍乘数	偏差(%)
黑	0	10^0	—
棕	1	10^1	±1
红	2	10^2	±2
橙	3	10^3	±0.05
黄	4	10^4	—
绿	5	10^5	±0.5

（续）

颜色	数值	倍乘数	偏差（%）
蓝	6	10^6	±0.25
紫	7	10^7	±0.1
灰	8	10^8	—
白	9	10^9	—
金	—	0.1	±5
银	—	0.01	±10
无色	—	—	±20

普通电阻用四条色环表示阻值和允许偏差，精密电阻则用五条色带表示。

四色环电阻标示时，前两环表示有效数字，第三环表示倍乘数，第四环表示偏差。五色环与四色环相似，只是前三环为读数环，第四环为倍乘数环，第五环为偏差环。不管是四色环还是五色环，总是最后一环为偏差环，倒数第二环为倍乘数环，前面的是有效数字环。四色环与五色环读数示例如图 1-66、图 1-67 所示。

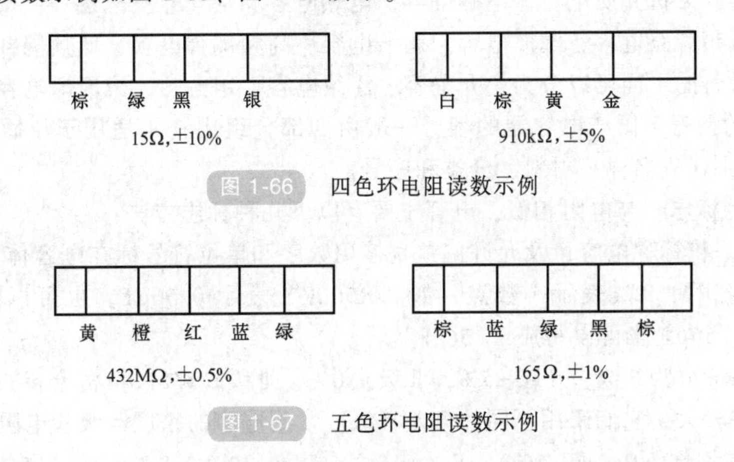

图 1-66　四色环电阻读数示例

图 1-67　五色环电阻读数示例

但在实践中，人们往往发现有些色环的排列顺序不甚分明，容易读错，在识别中，可以用以下技巧判断：

① 第一个色环比较靠近电阻的边缘，偏差环和倍乘数环之间的间隔通常比较大一点。

② 最常用的偏差环是金、银、棕。金、银两种颜色绝少用在第一环，只要出现，基本可以认定是偏差环。

③ 黑、黄、灰、白不能表示偏差，若出现，只能是第一环。

④ 在仅靠间距无法判定色环顺序时，可以利用电阻的生产系列值来判断。比如有一个电阻的色环读序是棕、黑、黑、黄、棕，其值为 $100\times10000\Omega=1M\Omega$，偏差为 1%，属于正常的电阻系列值；若是反顺序读，则是棕、黄、黑、黑、棕，其值为 $140\times1\Omega=140\Omega$，偏差为 1%，显然按照后一种排序所读出的电阻值，在电阻的生产系列中是没有的，故后一种色环顺序是不对的。

（4）电阻的测量　前面万用表使用中已经介绍过，这里就不再重复介绍了。

（5）电阻的好坏判断

1）电阻的电阻体或引线折断、烧焦等，可以从外观上看出。

2）有的电阻外表无法判断好坏时，需要用万用表测量判断。

3）如果内部或引线有损坏导致接触不良时，用手轻轻摇动引线可以发现松动现象，用万用表测量会发现指示不稳定。

4）如果要在电路板上测量电阻，需断电并将电路中的电容放电后进行测量。测量结果需考虑与被测电阻并联的其他元件或电路，不同电路中的测量结果又可能会相差很大，必要时可将电阻焊下（至少断一个引脚）测量。

5）测量电位器时，用万用表两支表笔分别接触电位器的两个引脚，顺时针旋转电位器，若阻值从零到电位器的标称值，且数字（或指针）平稳变化（或移动无跌落、跳跃、抖动等），则说明电位器正常。

2. 电容

电容器简称电容，是电子设备中大量使用的电子元件之一，广泛应用于隔直、耦合、旁路、滤波、调谐、能量转换以及控制电路等方面。

（1）电容的分类 按照结构可分为固定电容、可变电容和微调电容等；按电介质可分为有机介质电容、无机介质电容、电解电容、电热电容和空气介质电容等；按用途可分为高频旁路电容、低频旁路电容、滤波电容、调谐电容、高频耦合电容、低频耦合电容、小型电容等；按制造材料的不同可以分为瓷介电容、涤纶电容、钽电容、聚丙烯电容等。

（2）电容的型号 国产电容器的型号一般由四部分组成（不适用于压敏、可变、真空电容），依次分别代表名称、材料、分类和序号。

（3）电容的标志 与电阻相似，电容主要有以下几种标志方法：

1）直标法。将标称电容量及允许偏差直接用数字和单位符号标在电容体上，如“1uF±10%”。有些电容用“R”表示小数点，如“R56uF”表示 0.56μF。也可以将整数部分的“0”省去，如 0.56μF 也可以写成“.56uF”。

允许偏差一般分为 3 级：Ⅰ级±5%，Ⅱ级±10%，Ⅲ级±20%。精密电容的偏差较小，而电解电容的偏差较大，它们采用不同的偏差等级。常用电容的精度等级和电阻的表示方法相同。常用的偏差字母有 D（±0.5%）、F（±1%）、G（±2%）、J（Ⅰ级，±5%）、K（Ⅱ级，±10%）、M（Ⅲ级，±20%）。

如果电容量只有数字没有单位时，按以下原则读数：通常在电容量小于 10000pF 时，用 pF 作单位，大于 10000pF 时，用 μF 作单位。为了简便起见，大于 100pF 而小于 1μF 的电容常常不注单位。没有小数点的，它的单位是 pF，有小数点的，它的单位是 μF。如“3”“47”“0.01”分别表示 3pF、47pF、0.01μF。

2）文字符号法。用数字和文字符号有规律的组合来表示电容量，电容量的整数部分写在电容量单位标志字母前，小数部分写在单位字母后面。如 p10 表示 0.1pF、1p0 表示 1pF、6p8 表示 6.8pF、2u2 表示 2.2μF。

3）色标法。用色环或色点表示电容的主要参数。电容的色标法与电阻相同，容量单位为 pF。

如果某个色环宽度等于标准宽度的 2~3 倍，则表示相同颜色的 2~3 个色环，如“红红橙”表示 22×10^3pF。

4）数码法。数码法一般是用三位数字表示电容量大小，单位为 pF。第一位和第二位数字为有效数字，第三位数字为倍乘数。如标值 223，电容量就是 22×10^3pF = 22000pF。

(4) 电容的检测　为了保证电路的正常工作，电容在装入电路之前必须进行性能检查。基本原理就是利用电容的充放电用万用表电阻档检测电容性能的好坏。测量方法在万用表使用中已经介绍过了。

3. 电感

电感器简称电感，是能够把电能转化为磁能而存储起来的元件。在电路中，电感有阻交流、变压等作用。

(1) 电感的分类　按电感形式可分为固定电感、可变电感、微调电感等；按电感线圈的导磁体性质可分为空心线圈、铁氧体线圈、铁心线圈、铜心线圈等；按工作性质可分为天线线圈、振荡线圈、扼流线圈、陷波线圈、偏转线圈等；按绕线结构可分为单层线圈、多层线圈、蜂房式线圈等。

(2) 电感的标志　与电容相似，电感主要有以下几种标志方法：

1）直标法。直标法就是将电感的标称电感量用数字直接标注在电感的外壳上，同时用字母表示额定工作电流，再用Ⅰ、Ⅱ、Ⅲ表示允许偏差参数。其中，额定电流用字母 A、B、C、D、E 分别表示 50mA、150mA、300mA、700mA、1600mA；允许偏差Ⅰ、Ⅱ、Ⅲ级别与电阻、电容相同。

如“2.7mH，A，Ⅰ”表示电感量为 2.7mH，额定电流为 50mA，允许偏差为±5%。

2）色标法。色标法是在电感外壳上用不同颜色的色环来标注其主要参数。读数方法与色环电阻相同。

(3) 电感的检测　因为电感是由线圈构成的，所以它的故障通常有两种：局部短路和断路。用万用表可以检测：当直流电阻为∞时，电感已断路；当阻值为 0 时，有短路故障。因为电感线圈的直流电阻可能只有几欧，所以万用表一定要调零，反复测试几次。

电感量的测量需要用电桥或电感测量仪。

技能训练三　直流电路连接与测量

1. 训练任务与要求

1）按原理图连接电路，学会用电流插头、插座测量各支路电流的方法。

2）测量电路中的电压、电位、电流，用实验证明电路中电位的相对性、电压的绝对性。

3）验证基尔霍夫定律，加深对基尔霍夫定律的理解。

4）验证线性电路叠加原理的正确性，从而加深对线性电路的叠加性的认识和理解。

2. 测试设备

可调直流稳压电源、万用表、直流数字电压表、直流数字毫安表、实验电路板。

3. 测试内容

(1) 测量电压与电位

1）利用实验挂箱上的“基尔霍夫定律/叠加原理”电路，按图 1-68 接线。分别将两路直流稳压电源接入电路，令 U_1 = 6V，U_2 = 12V。注意：先调准输出电压值，再接入实验电路中。

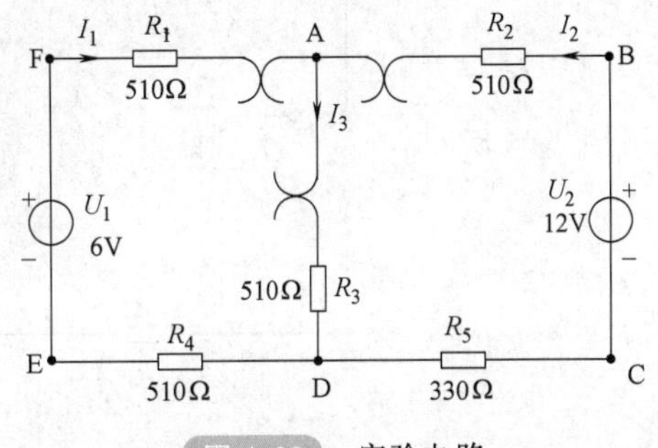

图 1-68　实验电路

2）以图 1-68 中的 A 点作为电位参考点，分别测量 B、C、D、E、F 各点的电位值及相邻两点之间的电压值 U_{AB}、U_{BC}、U_{CD}、U_{DE}、U_{EF}、U_{FA}，数据列于表 1-2 中。

3）以 D 点作为参考点，重复实验内容 2）的测量，测得数据列于表 1-2 中。

表 1-2　电位、电压的测定　（单位：V）

电位参考点	电位、电压	V_A	V_B	V_C	V_D	V_E	V_F	U_{AB}	U_{BC}	U_{CD}	U_{DE}	U_{EF}	U_{FA}
A	计算值												
	测量值												
	相对误差												
D	计算值												
	测量值												
	相对误差												

由结果可知：电压与电位的关系是________________；

改变参考点，对电压和电位有什么影响：________________。

（2）验证基尔霍夫定律

1）实验前先任意设定三条支路和三个闭合回路的电流参考方向，如图 1-68 中的 I_1、I_2、I_3 所示，三个闭合回路的电流正方向可设为 ADEFA、BADCB 和 FBCEF。

2）分别将两路直流稳压电源接入电路，令 $U_1=6\text{V}$，$U_2=12\text{V}$。

3）将电流插头分别插入三条支路的三个电流插座中，记录电流值列于表 1-3。

4）用直流数字电压表分别测量两路电源及电阻元件上的电压值，记录并列于表 1-3。

表 1-3　基尔霍夫定律的验证

被测量	I_1/mA	I_2/mA	I_3/mA	U_{BC}/V	U_{FE}/V	U_{FA}/V	U_{AB}/V	U_{AD}/V	U_{CD}/V	U_{DE}/V
计算值										
测量值										
相对误差										

由结果可知：三条支路的电流关系是________________。

（3）验证叠加定理

1）按图 1-69 电路接线，将两路稳压源的输出分别调节为 12V 和 6V，接入 U_1 和 U_2 处。

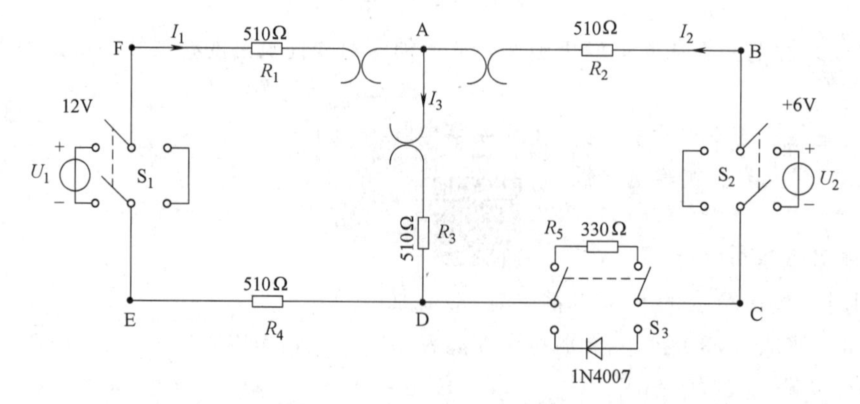

图 1-69　叠加定理实验电路

2）令 U_1 电源单独作用时（将开关 S_1 投向 U_1 侧，开关 S_2 投向短路侧），用直流数字电压表和毫安表（接电流插头）测量各支路电流及各电阻元件两端电压，记入表 1-4 中。

表 1-4　**叠加定理实验数据 1**

实验内容 \ 测量项目	U_1/V	U_2/V	I_1/mA	I_2/mA	I_3/mA	U_{AB}/V	U_{CD}/V	U_{AD}/V	U_{DE}/V	U_{FA}/V
U_1 单独作用										
U_2 单独作用										
U_1、U_2 共同作用										
$2U_2$ 单独作用										

3）令 U_2 电源单独作用（将开关 S_1 投向短路侧，开关 S_2 投向 U_2 侧），重复实验内容 2）的测量和记录，数据记入表 1-4 中。

4）令 U_1 和 U_2 共同作用（开关 S_1 和 S_2 分别投向 U_1 和 U_2 侧），重复实验内容 2）的测量和记录，数据记入表 1-4。

5）将 U_2 的数值调至+12V，重复实验内容 3）的测量并记录，数据记入表 1-4。

6）将 R_5 换成一只二极管 1N4007（即将开关 S_3 投向二极管 D 侧）重复实验内容 1～5）的测量过程，数据记入表 1-5。

7）任意按下某个故障设置按键，重复实验内容 4）的测量和记录，再根据测量结果判断出故障的性质。

表 1-5　**叠加定理实验数据 2**

实验内容 \ 测量项目	U_1/V	U_2/V	I_1/mA	I_2/mA	I_3/mA	U_{AB}/V	U_{CD}/V	U_{AD}/V	U_{DE}/V	U_{FA}/V
U_1 单独作用										
U_2 单独作用										
U_1、U_2 共同作用										
$2U_2$ 单独作用										

由结果可知：____。

练习与思考

1-1　电路中两点间的电压就是两点间的__________之差，电压的实际方向是从__________点指向__________点 。

1-2　导线的电阻是 10Ω，对折起来作为一根导线用，电阻变为__________ Ω；若把它均匀拉长为原来的 2 倍，电阻变为__________ Ω。

1-3　人们通常说的“1 度电” =__________ kW · h。

1-4　根据支路电流法解得的电流为正值时，说明电流的参考方向与实际方向__________；电流为负值时，说明电流的参考方向与实际方向__________。

1-5　叠加定理只适用于__________电路，并只限于计算电路中的__________和__________，不适用于计算电路的__________。

1-6　运用戴维南定理将一个有源二端网络等效成一个电压源，则等效电压源的电压 U_S 为有源二端网络__________时的端电压 U_{oc}，其内电阻 R_o 为有源二端网络内电压源做__________处理、电流源做__________处理时的等效电阻。

1-7 电路图上标出的电压、电流方向是实际方向。(　　)

1-8 电路图中参考点改变，任意两点间的电压和各点电位都随之改变。(　　)

1-9 一个实际的电压源，不论它是否接负载，其端电压恒等于该电源的电动势。(　　)

1-10 任何时刻电阻元件绝不可能产生电能，而是从电路中吸取电能。(　　)

1-11 电压源、电流源在电路中总是提供能量的。(　　)

1-12 回路就是网孔，网孔就是回路。(　　)

1-13 用支路电流法解题时，各支路电流参考方向可以任意假定。(　　)

1-14 任何一个有源二端线性网络，都可用一个恒定电压 U_{oc} 和内阻 R_o 等效代替。(　　)

1-15 图 1-70 所示电路中，已知 $U_{AC}=5V$，$U_{BC}=2V$，若分别以 A 和 B 电位作参考点，求 A、B、C 三点的电位及 U_{BA}。

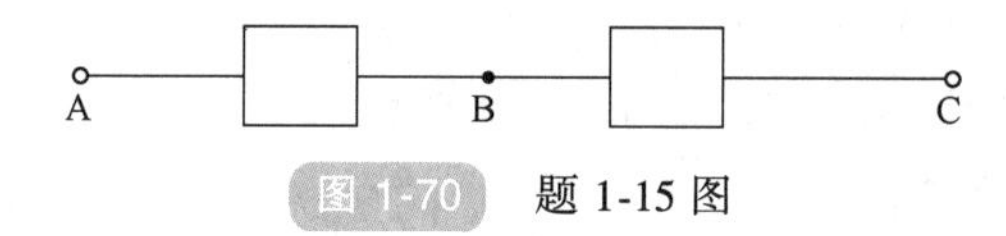

图 1-70　题 1-15 图

1-16 图 1-71 中，所标的是各元件电压、电流的参考方向。求各元件功率，并判断它是耗能元件还是电源。

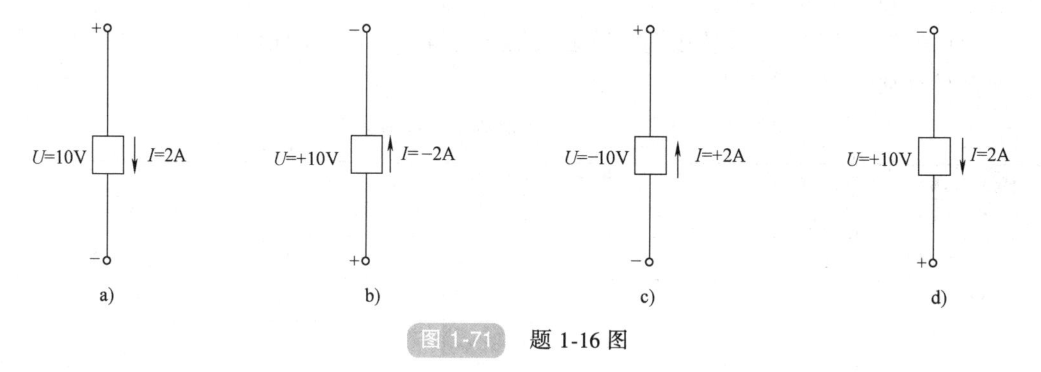

图 1-71　题 1-16 图

1-17 图 1-72 中，已知 $I_1=10mA$，$I_2=-15mA$，$I_5=20mA$，求电路中其他电流的值。

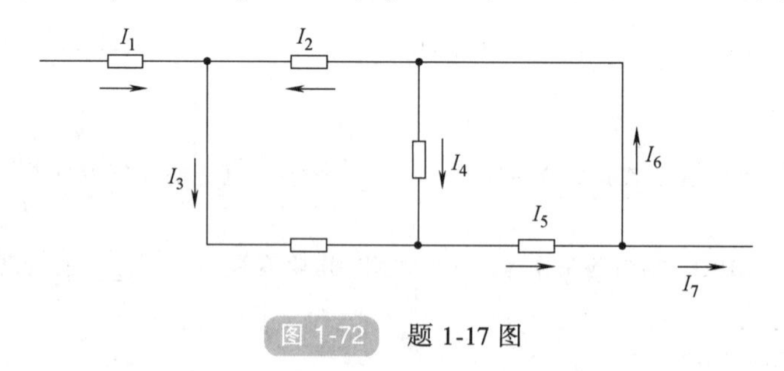

图 1-72　题 1-17 图

1-18 在图 1-73 中，已知 $I_1=-2mA$，$I_2=1mA$。试确定电路元件 3 中的电流 I_3 及其两端电压 U_3，并说明它是电源还是负载。

1-19 图 1-74 所示电路中，根据 KCL 列出方程，有几个是独立的？根据 KVL 列出所有的网孔方程。

1-20 求图 1-75 所示电路的等效电阻 R_{ab}。

1-21 求图 1-76 中 a、b 两点间的电压 U_{ab}。

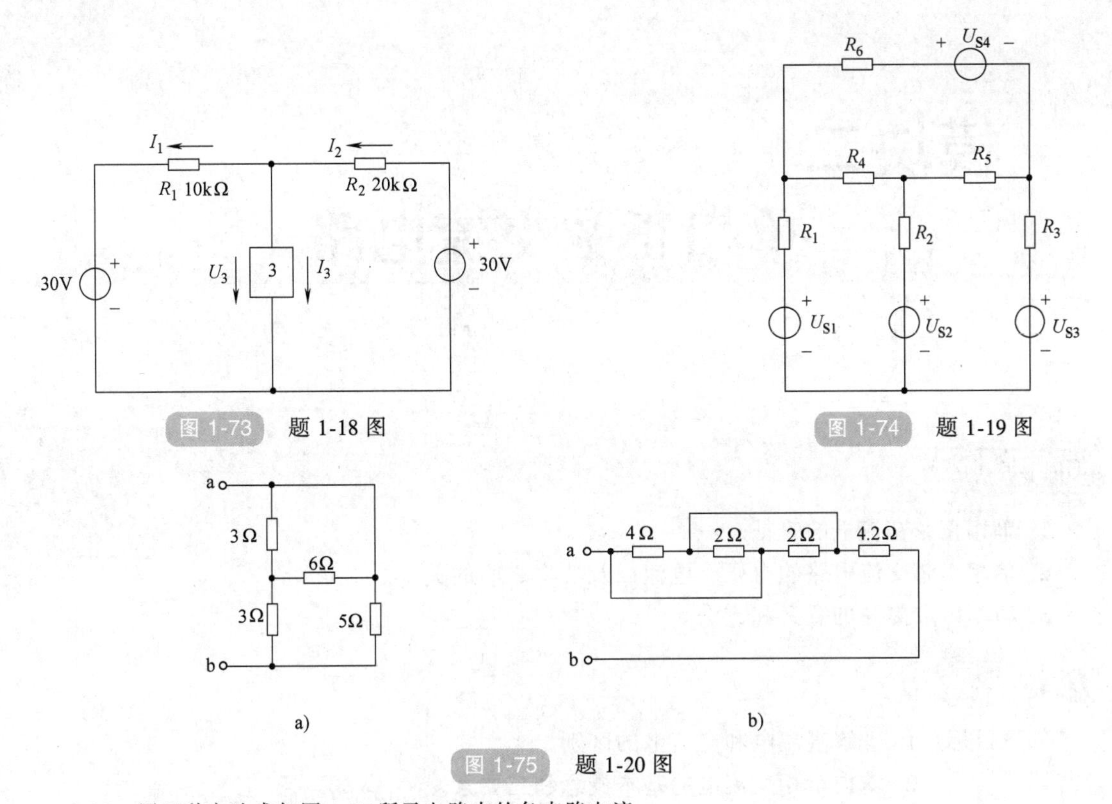

图 1-73 题 1-18 图

图 1-74 题 1-19 图

图 1-75 题 1-20 图

1-22 用四种方法求如图 1-77 所示电路中的各支路电流。

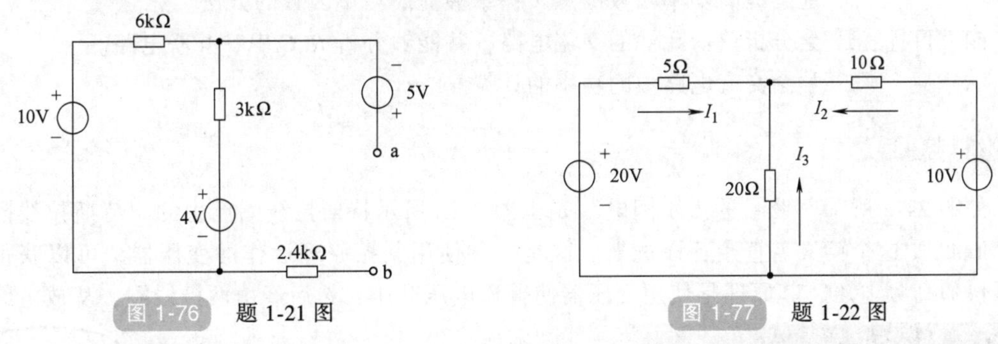

图 1-76 题 1-21 图

图 1-77 题 1-22 图

1-23 电路如图 1-78 所示，已知电阻 $R_1=4\Omega$，$R_2=8\Omega$，$R_3=6\Omega$，$R_4=12\Omega$，电压 $U_{S1}=12\text{V}$，$U_{S2}=3\text{V}$，用叠加定理求电流 I。

1-24 图 1-79 所示电路，已知电阻 $R_1=3\text{k}\Omega$，$R_2=6\text{k}\Omega$，$R_3=0.5\text{k}\Omega$，$R_4=R_6=2\text{k}\Omega$，$R_5=1\text{k}\Omega$，电压 $U_{S1}=15\text{V}$，$U_{S2}=12\text{V}$，$U_{S4}=8\text{V}$，$U_{S5}=7\text{V}$，$U_{S6}=11\text{V}$，试用戴维南定理求电流 I_3。

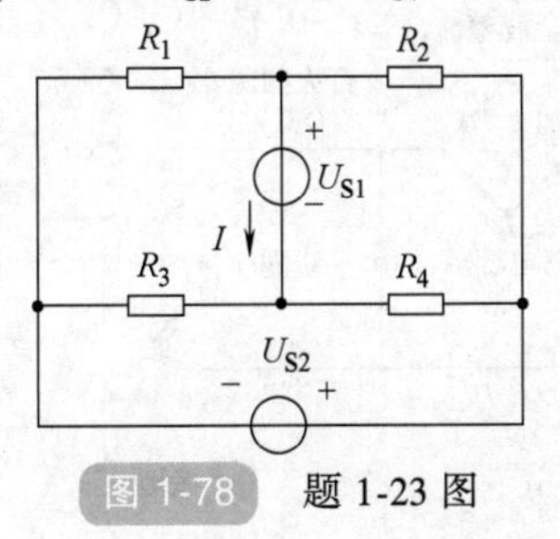

图 1-78 题 1-23 图

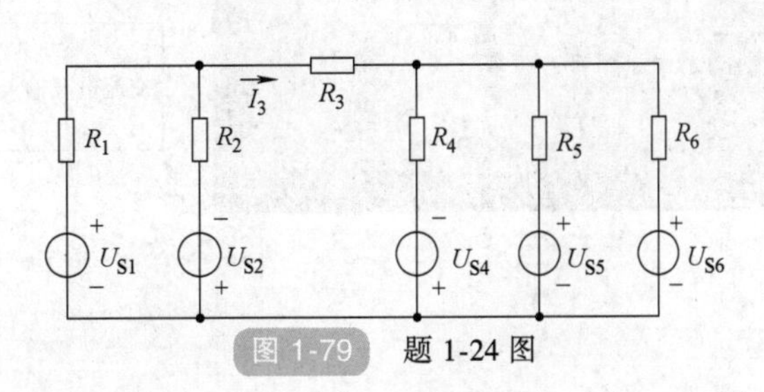

图 1-79 题 1-24 图

模块二

单相正弦交流电路

知识点

1. 单相正弦交流电的表征。
2. 单相正弦交流电路的电压、电流以及功率之间的关系。
3. 功率因数提高的意义和方法。

教学目标

知识目标：1. 理解直流电和交流电的区别。
2. 掌握单相交流电的基本概念和三要素。
3. 理解提高功率因数的意义；掌握提高功率因数的方法。

能力目标：1. 会分析单一元件的交流电路，并能够分析 *RLC* 串、并联电路。
2. 学会交流电路中的功率的计算。

案例导入

如图 2-1a 所示“眩目的人工闪电”是由图 2-1b 所示特斯拉线圈产生的。特斯拉线圈是从“Tesla”这个英文名直接音译过来。这是一种使用共振原理运作的变压器，可以获得上百万伏的高频电压，其原理是使用变压器使普通电压升压，然后经由两极线圈，从放电终端

a)

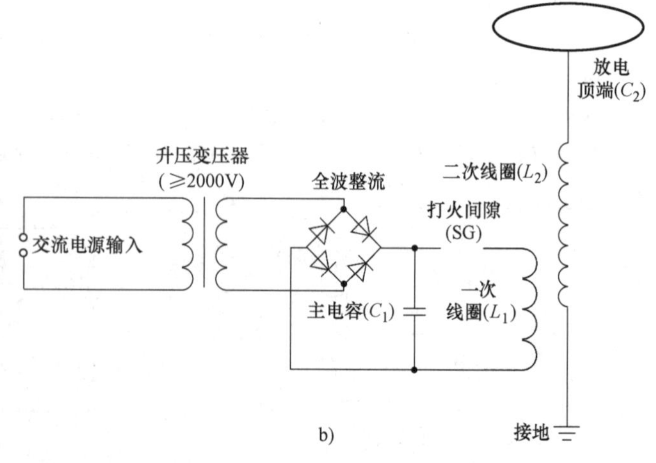

b)

图 2-1 特斯拉线圈

放电。特斯拉线圈的两个回路通过线圈耦合，首先电源对主电容 C_1 充电，当主电容的电压高到一定程度超过了打火间隙的阈值，打火间隙击穿空气打火，一次线圈的通路形成，能量在主电容 C_1 和一次线圈 L_1 之间振荡，并通过耦合传递到二次线圈，二次线圈是一大个电感，放电顶端 C_2 和大地之间可以等效为一个电容，因此也会发生 LC 振荡。当两级振荡频率一样发生谐振的时候，一次电路的能量会涌到二次电路，放电顶端的电压峰值会不断增加，直到放电。通俗一点说，它是一个人工闪电制造器。在世界各地都有特斯拉线圈的爱好者，他们做出了各种各样的设备，制造出了眩目的人工闪电，十分美丽。

特斯拉线圈电路的供电电源为交流电。在生产和生活中使用的电能，如图 2-2 所示的变压器、空调器、机床等基本都是用交流电能。即使是电解、电镀、电信等行业需要直流供电，大多数也是将交流电能通过整流装置变成直流电能。因为交流电能够方便地用变压器改变电压，用高压输电，可将电能输送很远，而且损耗小；交流电机比直流电机构造简单，造价便宜，运行可靠；在需要使用直流电供电的场合，可以利用整流设备方便地将交流电转换为直流电。所以，现在发电厂向用户提供的电源多数为交流电。在日常生产和生活中所用的交流电，一般都是指正弦交流电。

图 2-2　交流电的应用

什么是正弦交流电？正弦交流电有哪些特点？使用它时需要注意什么？通过本模块的学习，这些问题将一一得到解答。

相关知识

2.1　正弦交流电的基本概念

如图 2-3 所示，大小和方向都随时间做周期性变化且平均值为零的电流（或电压）称为交流电流（或电压），其中按正弦函数变化的交流电称为正弦交流电。大小和方向都不随时间变化的电流（或电压）称为直流电流（或电压）。

回想一下渠水在流动的时候，人们站在渠的某处，水流过这里时水量的多少是不是随时间不断变化？一会儿多，一会儿少，其实电在流动过程中也是这样。交流电的大小（幅度）在不断地变化，而直流电（比如干电池）的大小基本不变。

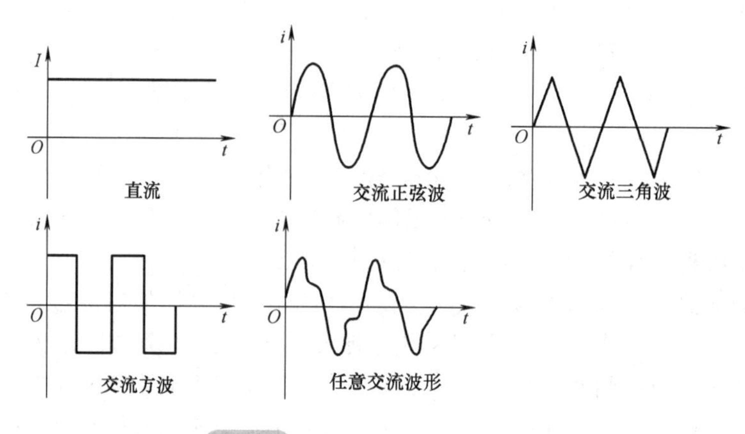

图 2-3　直流电和交流电的波形

对于交流电，实际使用中往往关注的问题是电流、电压的大小在多大的范围内变化，变化的快慢如何，它们的方向从什么时刻变化等。为此，首先介绍描述交流电特征的一些物理量。

2.1.1　周期、频率和角频率

周期、频率和角频率都是表示正弦交流电变化快慢的物理量。

1. 周期

正弦交流电随时间变化一周所需时间称为周期，用字母 T 表示，单位为秒（s）。

2. 频率

正弦交流电在每秒时间内重复变化的周期数称为频率，用小写字母 f 表示，单位是赫［兹］（Hz）。若 1s 时间内变化一个周期，则频率是 1Hz。周期与频率互为倒数，即

$$f=\frac{1}{T} \tag{2-1}$$

我国发电厂提供的交流电能的频率是 50 Hz，这一频率称为工业标准频率，简称工频。

3. 角频率

正弦电量随时间变化的快慢还可以用角频率 ω 表示，单位为弧度/秒（rad/s），角频率 ω 就是正弦电量在 1 s 时间内变化的角度。角频率 ω 与频率 f 之间的关系为

$$\omega=2\pi f \tag{2-2}$$

为了避免和机械角度混淆，通常把正弦电量随时间变化的角度称为电角度。因此，角频率又称为电角频率或电角速度。

2.1.2　最大值、有效值和平均值

正弦电量在每一瞬时的数值称为瞬时值，规定用英文小写字母 i、u、e 分别表示正弦电流、电压、电动势的瞬时值。

1. 最大值

正弦交流电瞬时值中的正向或反向最大值称为最大值，又称峰值、振幅等，用大写字母加 m 下标，如 E_m、U_m、I_m 分别表示电动势、电压、电流的最大值。

2. 有效值

若一个交流电和直流电通过相同的电阻，经过相同的时间产生的热量相等，则这个直流电的量值就称为该交流电的有效值。电动势、电压、电流的有效值用大写字母 E、U、I 等表示。

对于正弦交流电，有效值与最大值的关系为

$$I=\frac{I_m}{\sqrt{2}};\quad U=\frac{U_m}{\sqrt{2}};\quad E=\frac{E_m}{\sqrt{2}} \tag{2-3}$$

人们平时所说的交流电的大小，都是指有效值的大小。

3. 平均值

正弦交流电在一个周期内所有瞬时值的平均大小称为正弦交流电的平均值，用字母 E_P、U_P、I_P 表示。

2.1.3　相位和相位差

1. 相位

在正弦交流电电动势表达式 $e=E_m\sin(\omega t+\psi_i)$ 中，$\omega t+\psi_i$ 称为交流电的相位，它表示 t 时刻交流电对应的角度，确定了正弦量随时间变化的进程。当 $t=0$ 时，ψ_i 称为初相位，简称初相，用来确定正弦量在计时起点的瞬时值，规定 $-\pi\leqslant\psi_i\leqslant\pi$，单位为弧度（rad），工程上也用（°）作单位。初相位与计时起点的关系如图 2-4 所示。

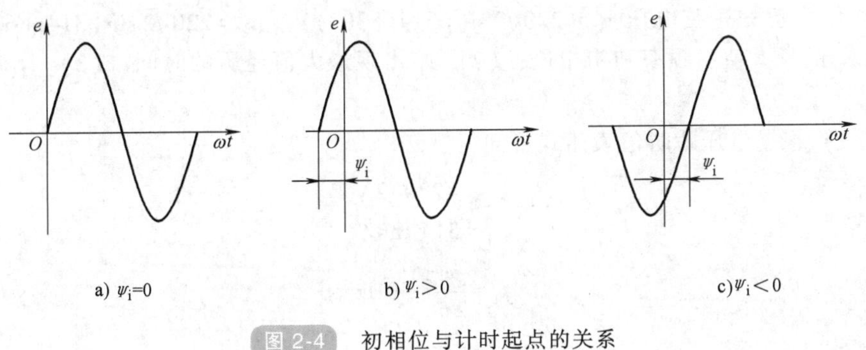

图 2-4　初相位与计时起点的关系

2. 相位差

两个同频率正弦交流电量的相位之差称为相位差，用字母 φ 表示。如果正弦交流电的频率相同，相位差就等于初相位之差，即

$$\varphi=(\omega t+\psi_1)-(\omega t+\psi_2)=\psi_1-\psi_2 \tag{2-4}$$

根据两个同频率交流电的相位差，可以确立两个交流电的相位关系：

如果 $\varphi=\psi_1-\psi_2>0$，则 e_1 比 e_2 超前 φ 角，或者 e_2 比 e_1 滞后 φ 角，因此相位差是描述两个同频率正弦量达到某个值的先后次序的一个特征量，波形如图 2-5a 所示。如果 $\varphi=0$，则两个正弦量同时到达零值或峰值，称这两个交流电为同相，波形如图 2-5b 所示；如果 $\varphi=180°$，则一个正弦量达到正峰值时，另一个正弦量刚好到达负峰值，称这两个交流电为反相，波形如图 2-5c 所示。

提示：正弦交流电的有效值（最大值）、角频率、初相位是表征正弦交流电的三个基本

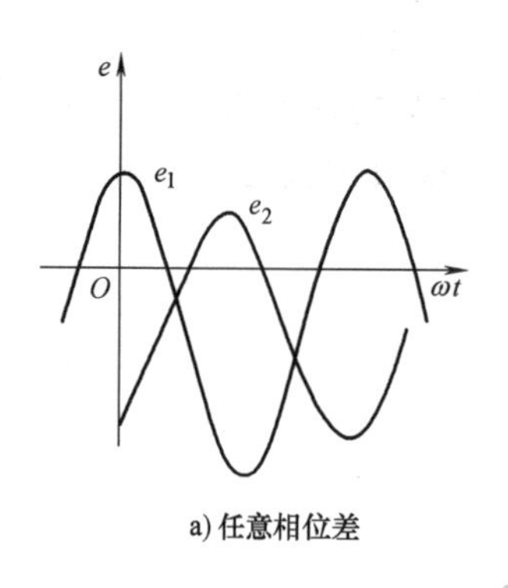

a) 任意相位差

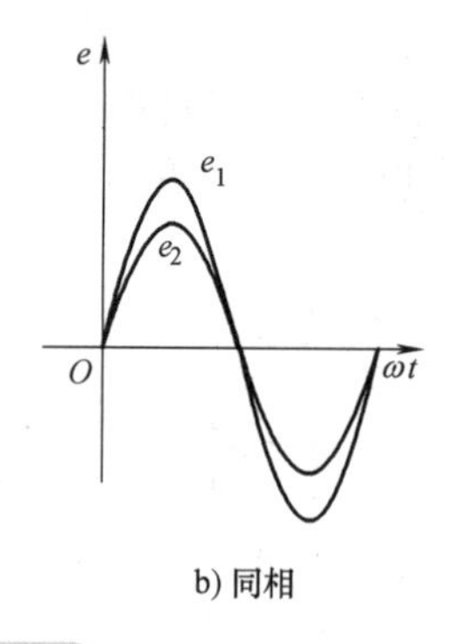

b) 同相

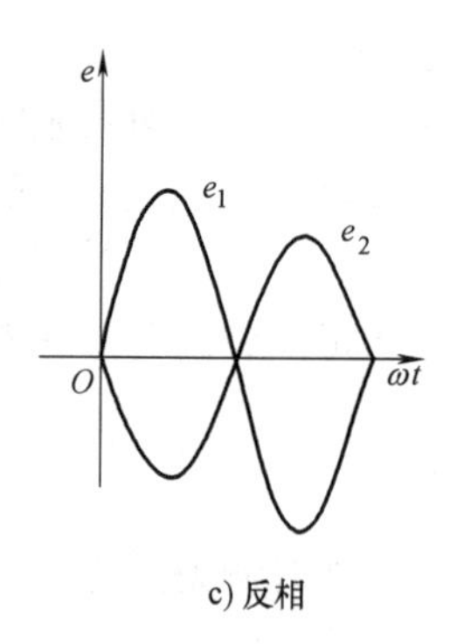

c) 反相

图 2-5 正弦交流电的相位关系

物理量，这三个量确定了，则该正弦交流量也被唯一地确定了。所以，最大值、角频率和初相位称为正弦交流电的三要素。

另外，在正弦交流电路中，由于电压和电流的方向是周期性变化的，所以在图中标出的电压、电流的方向均为参考方向，它们的实际方向是在不断反复变化的，与参考方向相同的半个周期为正值，与参考方向相反的半个周期为负值，如图 2-6 所示。

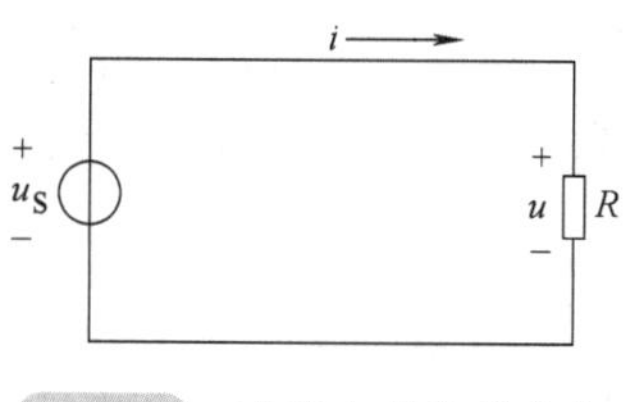

图 2-6 交流电的参考方向

【例 2-1】 已知正弦电压 $u_1=220\sqrt{2}\sin(314t+30°)$ V、$u_2=220\sqrt{2}\sin(314t+60°)$ V，试求：(1) u_1 的最大值、频率和初相位；(2) u_1 出现最大值经历的时间；(3) u_1 和 u_2 之间的相位差。

解：(1) 根据电压瞬时值表达式可知

最大值 $U_{1m}=220\sqrt{2}$ V

角频率 $\omega_1=314$ rad/s

频率 $f_1=\dfrac{\omega}{2\pi}=50$Hz

初相位 $\psi_1=30°$

(2) 当相位为 90°时，正弦电压出现最大值，即

$$314t+30°=90°$$

移项把度数转换为弧度

$$314t=\frac{\pi}{2}-\frac{\pi}{6}=\frac{\pi}{3}$$

$$t=\frac{\pi}{3\times314}\text{s}=3.34\text{ms}$$

(3) u_1 和 u_2 之间的相位差

$$\varphi=(314t+30°)-(314t+60°)=30°-60°=-30°$$

知识与小技能测试

1. 在选定参考方向的情况下，已知正弦电流的解析式为 $i=10\sin(314t+240°)$ A。试求该

正弦电流的振幅、频率、周期、角频率和初相位。

2. 已知一正弦电压的解析式为 $u=311\sin\left(\omega t+\frac{\pi}{4}\right)$ V，频率为工频，试求当 $t=2$s 时的瞬时值。

3. 张三和李四都是发电厂的职工，某天张三于7：40：35起动A发电机开始发电，而李四于7：40：36起动B发电机开始发电，这两组发电机都是220V交流发电机，且频率均为50Hz。请你思考一下，如果在7：41：00时分别测两组发电机的电压，大小一样吗？哪个大哪个小？（说明：我国发电厂输出的交流电变化规律如下，前0.005s电压从0V开始升高到220V，第二个0.005s又从220V降为0V，且这段时间（0.01s）电流向外流出；第三个0.005s仍然是从0V开始升高到220V，第四个0.005s又从220V降为0V，不过在这段时间（0.01s）内电流是流回，电学中把这流回的电记为负值；下一个0.005s又向外流出……如此循环往复，这种规律在数学上称为正弦，所以这种交流电也就称为正弦交流电。）

2.2　正弦交流电的相量表示

众所周知，用交流电压表测量任一根相线对地的电压都是220V，但当测量任意两根相线之间的交流电压时，却是380 V。为什么“220−220≠0”而是380呢？这要从交流电的相量表示法谈起。

正弦交流电常用的表示法有解析法、图形法和相量法三种。解析法和图形法是表示正弦交流电随时间变化规律的基本形式。用这两种形式进行正弦交流电路的分析、计算时比较烦琐。相量表示法就是用复数表示正弦交流电，是一种便于分析、计算的数学形式，在此基础上形成了在电路理论中被广泛应用的相量计算法。

2.2.1　复数

1. 复数定义

一个复数 A 是由实部和虚部组成的

$$A=a+\mathrm{j}b \tag{2-5}$$

式中，a 是复数的实部；b 是复数的虚部；$\mathrm{j}=\sqrt{-1}$，是虚数单位。

2. 复数的图形表示

1）复数用点表示，任意复数在复平面内均可找到其唯一对应的点。反之，复平面上的任意一点也均代表了一个唯一的复数。

2）复数用矢量表示，任意复数在复平面内还可用其对应的矢量来表示，如图2-7所示，在复数坐标平面上，复数 A 与一个确定的点相对应。该点在实数轴和虚数轴上的投影分别是 a 和 b，如图2-7所示。矢量的长度称为模，用 $|A|$ 表示。矢量与实正半轴的夹角称为辐角，用 φ 表示，模与辐角的大小就决定了该复数的唯一性。

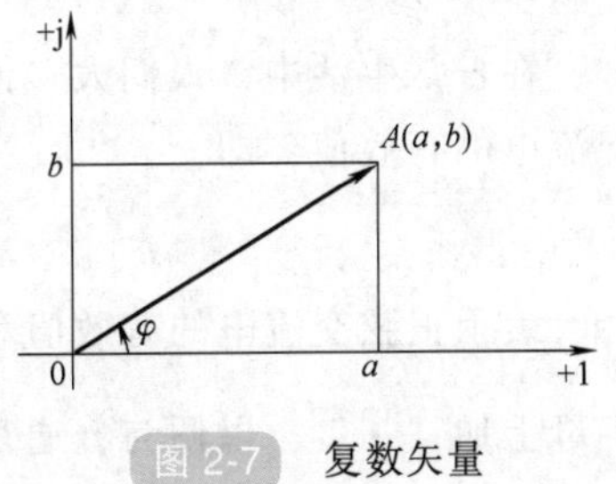

图2-7　复数矢量

复数用点表示法与用矢量表示法之间的换算关系为

$$|A| = \sqrt{a^2+b^2} \tag{2-6}$$

$$\varphi = \arctan \frac{b}{a} \tag{2-7}$$

式中，$a = |A|\cos\varphi$，$b = |A|\sin\varphi$。

3. 复数的四种表达式

1）代数式：$A = a+\mathrm{j}b$。

2）三角函数式：$A = |A|(\cos\varphi+\mathrm{j}\sin\varphi)$。

3）指数式：由数学中的欧拉公式 $\mathrm{e}^{\mathrm{j}\varphi} = \cos\varphi+\mathrm{j}\sin\varphi$ 得 $A = |A|\mathrm{e}^{\mathrm{j}\varphi}$。

4）极坐标式：在电路中，复数的模和辐角通常用更简明的方式表示，即 $A = |A|\angle\varphi$。

在以上复数的四种表示形式中，代数形式和极坐标形式应用较多。

2.2.2 正弦量的相量表示法

1. 相量

在线性交流电路中，各正弦交流电的频率相同，即频率 f 为已知。因此，求解未知正弦交流电，只需确定其最大值（有效值）和初相位即可，而正弦交流电的最大值和初相位这两个特征量可以用直角坐标平面上的一个矢量表示。

设一正弦电压 $u = U_\mathrm{m}\sin(\omega t+\psi_\mathrm{u})$，当 $t=0$ 时，$u(0) = U_\mathrm{m}\sin\psi_\mathrm{u}$。如图 2-8 所示，在直角坐标平面上画一个矢量，它的模等于正弦电压的最大值 U_m，矢量与横轴的夹角等于正弦电压的初相位 ψ_u，则该矢量在纵轴上的投影就等于此时正弦电压的数值 $u(0) = U_\mathrm{m}\sin\psi_\mathrm{u}$。

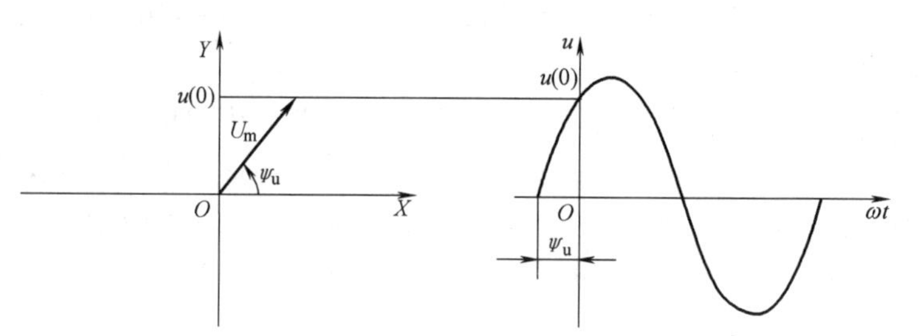

图 2-8 用矢量表示正弦交流电的最大值和初相位

由于一个正弦交流电的最大值和初相位能够用矢量表示，而矢量又可以用复数表示。那么，正弦交流电的最大值和初相位也必然能够用复数表示，这就是正弦交流电的相量表示法。

当 $t=0$ 时，正弦电压相量的复数表达式为

$$\dot{U}_\mathrm{m} = U_\mathrm{m}\mathrm{e}^{\mathrm{j}\psi_\mathrm{u}} = U_\mathrm{m}\angle\psi_\mathrm{u} \tag{2-8}$$

在日常生活中，人们大多使用有效值表示正弦交流电的大小，为此取复数的模等于正弦交流电的有效值，即

$$\dot{U} = U\mathrm{e}^{\mathrm{j}\psi_\mathrm{u}} = U\angle\psi_\mathrm{u} \tag{2-9}$$

表示正弦交流电的有效值和初相位的复数称为有效值相量，简称相量，表示方法是大写字母上加“·”，以便与普通复数加以区别。而式（2-8）所表示的 $\dot{U}_\mathrm{m}$ 称为最大值相量。

同理，正弦交流电流 $i=I_\mathrm{m}\sin(\omega t+\psi_\mathrm{i})$ 的有效值相量是 $\dot{I} = I\mathrm{e}^{\mathrm{j}\psi_\mathrm{i}} = I\angle\psi_\mathrm{i}$，正弦交流电动势

$e=E_{\rm m}\sin(\omega t+\psi_{\rm e})$ 的有效值相量是 $\dot{E}=E{\rm e}^{{\rm j}\psi_{\rm e}}=E\angle\psi_{\rm e}$。

注意：相量只是正弦交流电的表示式，两者并不相等。正弦交流电与表示它的相量之间有一、一对应关系。

2. 相量图

相量在复数平面上的几何图形表示就是相量图。

已知正弦电压 $u=10\sin(\omega t+45°)$ V，相应电压相量为 $\dot{U}_{\rm m}=10\angle 45°$V；已知正弦电流 $i=10\sin(\omega t)$A，相应电流相量为 $\dot{I}_{\rm m}=10\angle 0°$A。

电压相量和电流相量的模可按照各自确定的比例选取，相量图如图 2-9 所示。

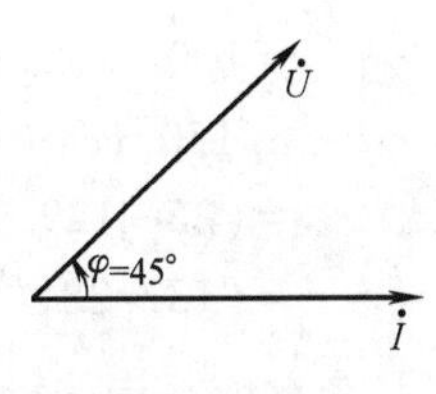

图 2-9　正弦交流电的相量图

注意：在同一个相量图中各相量所代表的正弦交流电的频率必须是相同的，只有这样，才能比较它们的相位关系。因此，不同频率正弦电量的相量不能画在同一个相量图中。

3. 相量计算法

交流电路中，经常遇到两个及以上交流电量（电压、电动势或电流）相加或相减的情况。比如两个同相位的交流电量相加，直接将两个有效值相加就行了，但人们经常遇到的是两个不同相位的交流电量相加，解决方法如下：

1）将各瞬时值加起来，得到一条两者之和的正弦曲线，再取有效值，这种方法计算较复杂。

2）将两者相量相加，得出相量和。因为曲线是由相量描绘的，相量按一定规则相加，也等于曲线相加。这种方法称为相量计算法。

相量计算法是分析计算交流电路的工具。多个同频率正弦电量进行加、减运算，其运算结果仍是同频率的正弦电量。通过相量运算得到运算结果后，再经过反变换，就可以得到所求正弦交流电的瞬时值表达式。

4. 相量的加法运算——平行四边形法

以相量 $\dot{U}_1$、$\dot{U}_2$ 相加为例，作法示于图 2-10。$\dot{U}_1$ 初相位为 0，$\dot{U}_2$ 初相位为 ψ_1，先以 $\dot{U}_2$ 末端为起点作 $\dot{U}_1$ 平行线，长度与 $\dot{U}_1$ 相等，再在 $\dot{U}_1$ 末端作 $\dot{U}_2$ 的平行线，长度与 $\dot{U}_2$ 相等；然后从原点出发连接对角线，画上箭头，就是相量的和 $\dot{U}_3$，ψ_2 是其初相位。

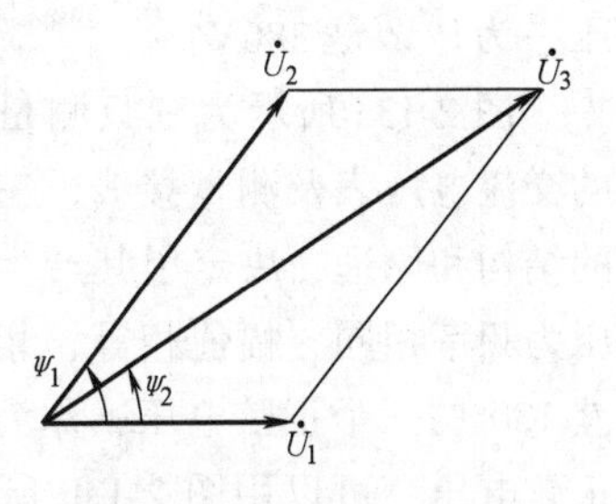

图 2-10　平行四边形法

由平行四边形法派生出三角形法。只在 $\dot{U}_2$ 末端作 $\dot{U}_1$ 的平行线，连接三角形的底边即可。

5. 相量的减法运算——减正等于加负

作法示于图 2-11。先作 $\dot{U}_2$ 的反向延长线，并与 $\dot{U}_2$ 长度相等得 $-\dot{U}_2$，然后再用平行四边形法相加，得 $\dot{U}_1$ 和 $\dot{U}_2$ 之差 $\dot{U}_3$，ψ_2 是该相量差的初相位。

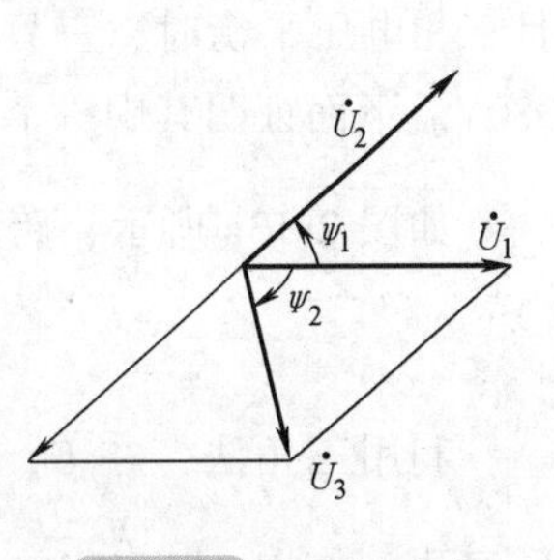

图 2-11　相量减法

注意：相量只能表示正弦量，而不能等于正弦量。只有正弦周期量才能用相量表示，否则不可以用；只有同频率的正弦量才能画在同一相量图上，否则不可以。倘若画在一起，则无法进行比较与计算。

【例 2-2】 已知正弦电压 $u_1=100\sqrt{2}\sin314t$ V、$u_2=150\sqrt{2}\sin(314t-120°)$ V，计算 u_1+u_2，并画出相量图。

解：用相量形式进行加法运算

$$\begin{aligned}\dot{U}&=\dot{U}_1+\dot{U}_2\\&=100\angle0°\text{V}+150\angle-120°\text{V}\\&=100(\cos0°+\text{j}\sin0°)\text{V}+\\&\quad150[\cos(-120°)+\text{j}\sin(-120°)]\text{V}\\&=(25-\text{j}129.9)\text{V}\\&=(132.28\angle-79.1°)\text{V}\end{aligned}$$

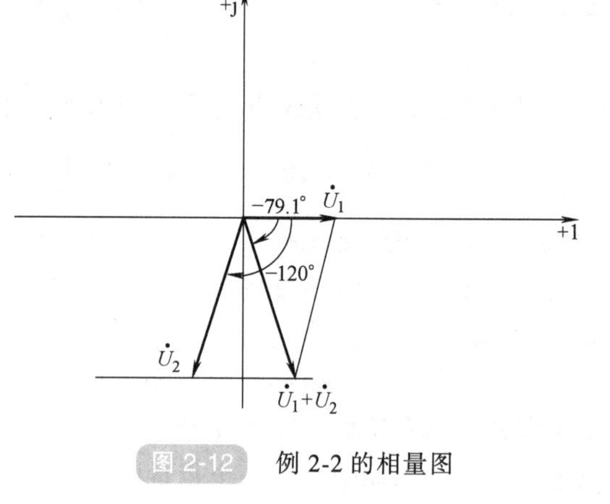

图 2-12 例 2-2 的相量图

相量图如图 2-12 所示，相量 $\dot{U}_1$ 和 $\dot{U}_2$ 的模按照相同的长度比例绘制。

知识与小技能测试

1. 写出下列相量对应的正弦量

（1）$\dot{U}=220\angle45°\text{V}$，$f=50\text{Hz}$

（2）$\dot{I}=10\angle120°\text{A}$，$f=100\text{Hz}$

2. 已知 $u_1=100\sqrt{2}\sin(\omega t+60°)$ V，$u_2=100\sqrt{2}\sin(\omega t-30°)$ V，试用相量计算 u_1+u_2，并画出相量图。

3. 现在回到本节开头提到的问题，测量交流电两相对地电压均为 220V 的相线之间的电压，为什么是 380V？

图 2-13a 所示为三只测量两相相线的交流电压表及测量接线。三相发电机的结构和原理，决定了其产生的交流电压为频率相同、幅值相等、相位彼此相差 120°的三个正弦电压，称为对称三相正弦电压，可以用图 2-13b 所示的相量图表示。当每相相线对地电压均为 220V 且三相电压平衡时，三只电压表均指示 380V。下面证明其中一个。

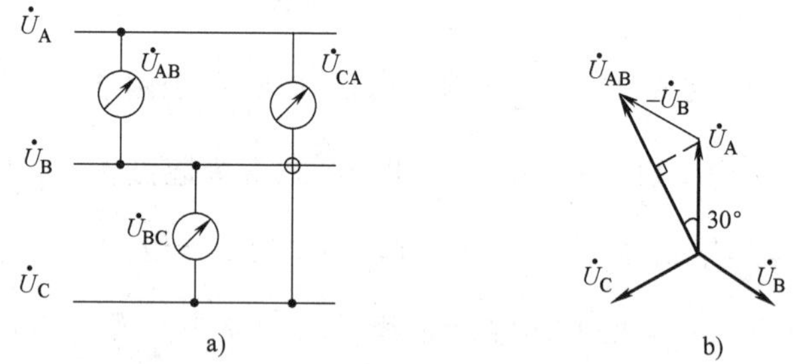

图 2-13 三只测量两相相线的交流电压表的测量接线和相量图

如图 2-13a 所示，跨接测量 $\dot{U}_A$、$\dot{U}_B$ 的线电压 $\dot{U}_{AB}$，相当于

$$\dot{U}_{AB}=\dot{U}_A-\dot{U}_B=\dot{U}_A+(-\dot{U}_B)$$

利用三角法，在 $\dot{U}_A$ 末端引一条与 $\dot{U}_B$ 方向相反、大小相等的平行线段$-\dot{U}_B$，连接三角形底边，作 $\dot{U}_A$ 与$-\dot{U}_B$ 的相加，即为 $\dot{U}_{AB}$。现在来证明 $\dot{U}_{AB}$ 的长度。很容易证明，$\dot{U}_{AB}$ 与 $\dot{U}_A$

的夹角是30°。从三角形顶点向底边作一条垂直平分线，则有

$$|\dot{U}_{AB}|/2=|\dot{U}_A|\cos30°=0.866|\dot{U}_A|$$

$$|\dot{U}_{AB}|=2\times0.866|\dot{U}_A|=1.732|\dot{U}_A|$$

当$|\dot{U}_A|=220V$时，$|\dot{U}_{AB}|=2\times0.866\times220V=380V$。

注意不能写作$\dot{U}_{BA}$，两者方向是相反的。

2.3　单一参数的交流电路

交流电路中的负载一般有电阻（R）、电感（L）和电容（C），忽略其中两个，就构成单一参数的交流电路。

2.3.1　纯电阻电路

1. 电流与电压的关系

在交流电路中，只含有电阻的电路，称为纯电阻电路，如图2-14所示。像白炽灯、电烙铁、电炉和电暖气等电路元件接在交流电源上，都可以看成是纯电阻电路。电压、电流的参考方向如图2-14a所示。电压有效值和电流有效值之间的关系为

$$I=\frac{U_R}{R} \tag{2-10}$$

其波形如图2-14b所示，其相量关系如图2-14c所示。可见，纯电阻电路在正弦交流电压作用下，电阻中的电流也是与电压同频、同相的正弦量。

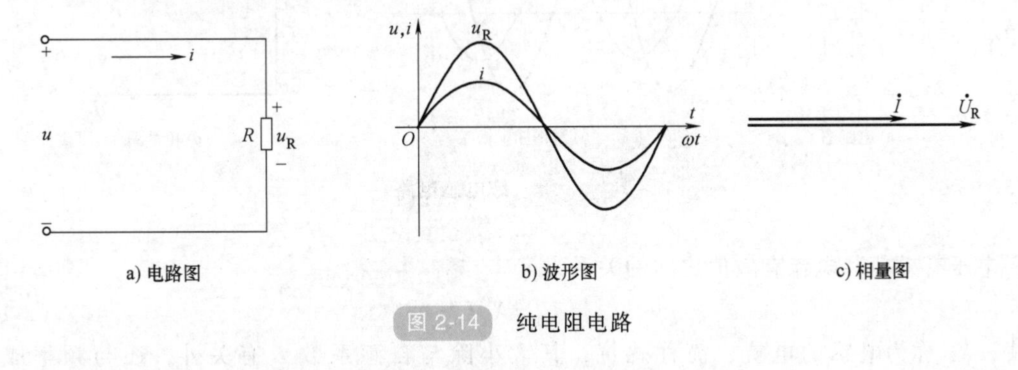

图2-14　纯电阻电路

2. 功率

(1) 瞬时功率　在交流电路中，电压和电流都是瞬时变化的，同一瞬间电压与电流的瞬时值的乘积称为瞬时功率，用小写字母p表示，即

$$p=ui=U_m\sin\omega t\cdot I_m\sin\omega t=U_mI_m\sin^2\omega t \tag{2-11}$$

纯电阻电路的瞬时功率虽然随时间变化，但它始终在横坐标轴的上方，即瞬时功率p总为正值，说明它总是从电源吸收能量，是耗能元件。

(2) 有功功率（平均功率）　工程上常取瞬时功率在一个周期内的平均值来表示电路消耗的功率，称为有功功率，也称平均功率。由定积分可以计算出平均功率为

$$P=\frac{1}{T}\int_0^T p\mathrm{d}t=\frac{1}{T}\int_0^T UI(1-\cos2\omega t)\mathrm{d}t=UI=\frac{U^2}{R}=I^2R \tag{2-12}$$

【例 2-3】 电炉的额定电压 $U_N=220V$，额定功率 $P_N=2000W$，把它接到 220V 的工频交流电源上工作。求电炉的电流和电阻值。如果连续使用 2h，它所消耗的电能是多少？

解： 电炉接在 220V 交流电源上，它就工作在额定状态，这时流过的电流就是额定电流，因为电炉可以看成是纯电阻负载，所以

$$I_N=\frac{P_N}{U_N}=\frac{2000}{220}A=9.1A$$

它的电阻值为

$$R=\frac{U_N}{I_N}=\frac{220}{9.1}\Omega=24.2\Omega$$

工作 2h 消耗的电能为

$$W=P_Nt=2000\times2W\cdot h=4000W\cdot h=4kW\cdot h$$

2.3.2 纯电感电路

1. 电流与电压的关系

通常，当一个线圈的电阻小到可以忽略不计的程度，这个线圈在交流电路中便可以看成是一个纯电感元件，将它接在交流电源上就构成纯电感电路，如图 2-15a 所示。其波形如图 2-15b 所示，其相量关系如图 2-15c 所示。

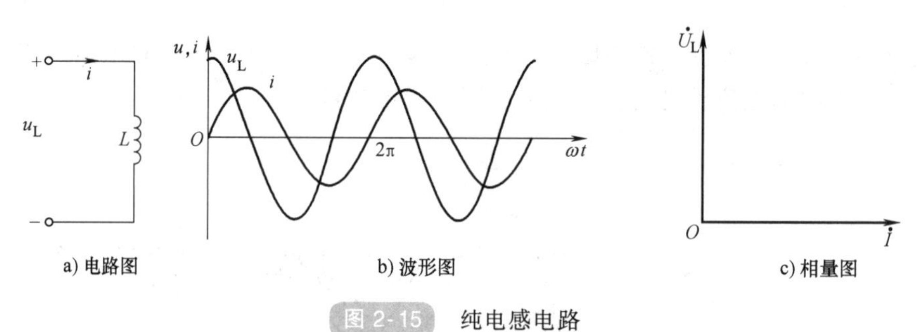

图 2-15 纯电感电路

电压有效值和电流有效值之间的关系为

$$U_L=X_LI \tag{2-13}$$

式中，X_L 称为电感的电抗，简称感抗，其大小除与自感系数 L 有关外，还与频率成正比，即

$$X_L=\omega L=2\pi fL \tag{2-14}$$

感抗的单位也是欧［姆］（Ω）。频率越高，感抗越大，故电感线圈在电子线路中常用作高频扼流线圈，用来限制高频电流；而在直流电路中，频率为零，故感抗等于零，因此电感线圈在直流电路中可视为一短路导线。

2. 功率

（1）瞬时功率 电感上的电压与流过电感的电流瞬时值的乘积称为瞬时功率，即

$$p=ui=U_m\sin(\omega t+90°)\cdot I_m\sin\omega t=U_mI_m\cos\omega t\sin\omega t=UI\sin2\omega t \tag{2-15}$$

可以看出，瞬时功率 p 也是一个正弦函数。瞬时功率以电流或电压的 2 倍频率变化，其物理过程是：当 $p>0$ 时，电感从电源吸收电能转换成磁场能储存在电感中；当 $p<0$ 时，电感中储存的磁场能转换成电能送回电源。因为瞬时功率 p 的波形在横坐标轴上、下的面积是相等的，所以电感不消耗能量，它是一个储能元件。

(2) 有功功率　根据以上对波形的描述和理论计算可得电感的有功功率为

$$P=\frac{1}{T}\int_0^T p\mathrm{d}t=\frac{1}{T}\int_0^T UI\sin 2\omega t\mathrm{d}t=0$$

电感的有功功率为零，说明它并不消耗能量，只是将能量不停地吸收和放出。

(3) 无功功率　纯电感电路瞬时功率波形在横坐标轴上、下的面积相等，说明电感与电源交换的能量相等，其能量的交换规模用瞬时功率的最大值来表征，因为它并不被消耗掉，所以称为无功功率，用 Q 表示。

$$Q=U_{\mathrm{L}}I=X_{\mathrm{L}}I^{2}=\frac{U_{\mathrm{L}}^{2}}{X_{\mathrm{L}}} \tag{2-16}$$

注意：无功功率 Q 反映了电感与外电路之间能量交换的规模，“无功”不能理解为“无用”，这里“无功”二字的实际含义是交换而不消耗。通过以后的学习，会看到变压器、电动机在工作时，如果没有了无功功率，它们就无法工作。

无功功率 Q 具有功率的单位，但为了和有功功率区别，把无功功率的单位定义为乏（var）。

【例 2-4】　已知电感线圈的自感系数 $L=300\mathrm{mH}$，加在线圈两端的工频交流电压为 $u=220\sqrt{2}\sin\omega t\mathrm{V}$，求电感线圈的电流有效值和无功功率。若把它改接到有效值为 100V 的另一交流电源上，测得其电流为 0.4A，求该电源的频率。

解：(1) 电压 $u=220\sqrt{2}\sin\omega t\mathrm{V}$ 的工频交流电压的有效值为 220V，$f=50\mathrm{Hz}$。

电感感抗

$$X_{\mathrm{L}}=\omega L=2\pi fL=2\times3.14\times50\times300\times10^{-3}\Omega=94.2\Omega$$

电感电流为

$$I=\frac{U}{X_{\mathrm{L}}}=\frac{220}{94.2}\mathrm{A}=2.34\mathrm{A}$$

无功功率为

$$Q=UI=220\times2.34\mathrm{var}=514.8\mathrm{var}$$

(2) 接 100V 交流电源时

电感电抗

$$X_{\mathrm{L}}=\frac{U}{I}=\frac{100}{0.4}\Omega=250\Omega$$

电源频率

$$f=\frac{X_{\mathrm{L}}}{2\pi L}=\frac{250}{2\times3.14\times300\times10^{-3}}\mathrm{Hz}=133\mathrm{Hz}$$

2.3.3　纯电容电路

1. 电流与电压的关系

因为电容器的耗损很小，所以一般情况下可将电容器看成是一个纯电容，将它接在交流电源上，如图 2-16a 所示，电压与电流的波形如图 2-16b 所示，其相量关系如图 2-16c 所示。

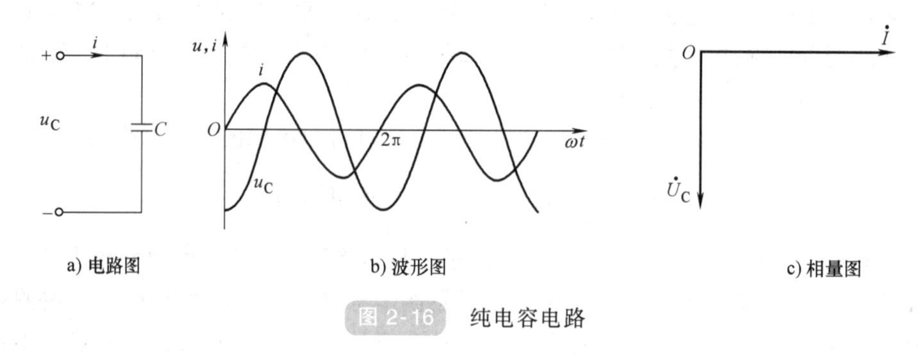

图 2-16　纯电容电路

电压有效值和电流有效值之间的关系为

$$U_C = X_C I \tag{2-17}$$

式中，X_C 称为电容的电抗，简称容抗，容抗的单位是欧［姆］（Ω）；X_C 与电容和交流电的频率的关系为

$$X_C = \frac{1}{\omega C} = \frac{1}{2\pi f C} \tag{2-18}$$

容抗的大小与电容的大小成反比，与频率成反比，频率越高，容抗越小。故在交流电路中电容器可视为近似短路；在直流电路中，因频率为零，容抗趋向无穷大，电容相当于开路。所以电容器在电路中起“隔直通交”的作用。

2. 功率

（1）瞬时功率　电容的瞬时功率为

$$p = ui = U_m \sin\omega t \cdot I_m \sin(\omega t + 90°) = U_m I_m \cos\omega t \sin\omega t = UI\sin 2\omega t \tag{2-19}$$

同样，电容的瞬时功率 p 也是一个正弦函数，和纯电感电路一样，瞬时功率以两倍电压的频率变化，当 $p>0$ 时，电容从电源吸收电能转换成电场能储存在电容中；当 $p<0$ 时，电容中储存的电场能转换成电能送回电源。可见电容不消耗电能，它也是储能元件。

（2）有功功率　电容的有功功率与电感的有功功率一样为零。电容的有功功率为零，说明它并不消耗能量，只是将能量不停地吸收和送出。

（3）无功功率　和电感元件一样，同样用无功功率来衡量电容与电源之间能量的交换规模。电容的无功功率为

$$Q = U_C I = X_C I^2 = \frac{U_C^2}{X_C} \tag{2-20}$$

【例 2-5】　有一个 50μF 的电容器，接到 $u = 220\sqrt{2}\sin\omega t$V 工频交流电源上，求电容的电流有效值和无功功率。若将交流电压改为 500Hz 时，求通过电容器的电流。

解：（1）电压 $u = 220\sqrt{2}\sin\omega t$V 工频交流电压的有效值为 220V，频率为 50Hz，电容容抗为

$$X_C = \frac{1}{\omega C} = \frac{1}{2\pi f C} = \frac{1}{2\times3.14\times50\times50\times10^{-6}}\Omega = 64\Omega$$

电容电流为

$$I=\frac{U}{X_C}=\frac{220}{64}A=3.4A$$

无功功率为

$$Q=UI=220\times3.4var=748var$$

(2) 当 $f=500Hz$ 时

电容容抗为

$$X_C=\frac{1}{\omega C}=\frac{1}{2\pi fC}=\frac{1}{2\times3.14\times500\times50\times10^{-6}}\Omega=6.4\Omega$$

通过电容的电流为

$$I=\frac{U}{X_C}=\frac{220}{6.4}A=34.4A$$

知识与小技能测试

1. 一电阻 $R=1000\Omega$，两端电压 $u=220\sqrt{2}\sin(314t-30°)V$，求：(1) 通过电阻的电流 I 和 i；(2) 电阻消耗的功率；(3) 画出电压与电流的相量图。

2. 在电压为220V，工频电的电源上，接入电感为 $L=0.0255H$ 的线圈（不计电阻），试求：(1) 线圈中的电流 I；(2) 线圈的无功功率 Q；(3) 画出电压与电流的相量图。

3. 有一电容 $C=30\mu F$，接在电压 $u=220\sqrt{2}\sin(314t-30°)V$ 的电源上，试求：(1) 通过电容的电流 I 和 i；(2) 电路的有功功率和无功功率；(3) 画出电压与电流的相量图。

4. 实训室提供：50Hz、0~50V 可调的正弦交流电压源一个、万用表一块，电阻、电容、电感、导线若干。分别画出三种电路，连接电路并测量单一元件上电流、电压的关系。

2.4　正弦交流电路的分析方法

根据原水利电力部、国家物价局（83）水电财字第215号文件《功率因数调整电费办法》的规定：(1) 功率因数标准0.90，适用于160kV·A以上的高压供电工业用户（包括社队工业用户）、装有带负荷调整电压装置的高压供电电力用户和3200kV·A及以上的高压供电电力排灌站；(2) 功率因数标准0.85，适用于100kV·A（kW）及以上的其他工业用户（包括社队工业用户），100kV·A（kW）及以上的非工业用户和100kV·A（kW）及以上的电力排灌站；(3) 功率因数标准0.80，适用于100kV·A（kW）及以上的农业用户和趸售用户，但大工业用户未划由电业直接管理的趸售用户，功率因数标准应为0.85。

功率因数的大小在一定程度上影响着电量的使用与电费高低，那么什么是功率因数？

2.4.1　相量形式的基尔霍夫定律

基尔霍夫定律是电路的基本定律，不仅适用于直流电路，而且适用于交流电路。在正弦交流电路中，所有电压、电流都是同频率的正弦量，它们的瞬时值和对应的相量都遵守基尔霍夫定律。

1. 基尔霍夫电流定律

瞬时值形式

$$\sum i=0 \tag{2-21}$$

相量形式 $$\sum \dot{I}=0 \tag{2-22}$$

2. 基尔霍夫电压定律

瞬时值形式 $$\sum u=0 \tag{2-23}$$

相量形式 $$\sum \dot{U}=0 \tag{2-24}$$

【例 2-6】 如图 2-17 所示电路，已知电流表 A_1、A_2 的读数均是 5A，试求电路中电流表 A 的读数。

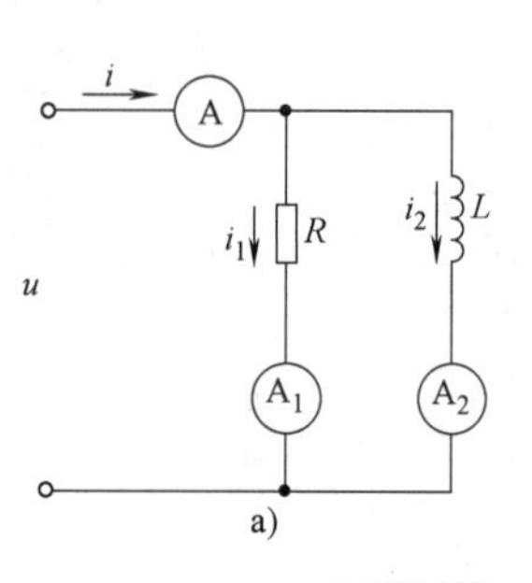

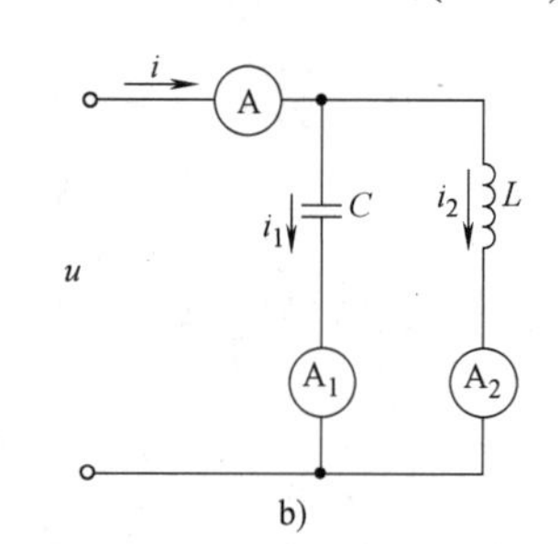

图 2-17 例2-6 电路图

解：设电路两端电压 $\dot{U}=U\angle 0°$。

(1) 图 2-17a 中，电压、电流为关联参考方向，电阻上的电流与电压同相，故

$$\dot{I}_1=5\angle 0°\text{A}$$

电感上的电流滞后电压 90°，故

$$\dot{I}_2=5\angle -90°\text{A}$$

根据相量形式的 KCL，得

$$\dot{I}=\dot{I}_1+\dot{I}_2=(5\angle 0°+5\angle -90°)\text{A}=(5-\text{j}5)\text{A}=7.07\angle 45°\text{A}$$

即电流表 A 的读数为 7.07A。

(2) 图 2-17b 中，电压、电流为关联参考方向，电容上的电流超前电压 90°，故

$$\dot{I}_1=5\angle 90°\text{A}$$

电感上的电流之后电压 90°，故

$$\dot{I}_2=5\angle -90°\text{A}$$

根据相量形式的 KCL，得

$$\dot{I}=\dot{I}_1+\dot{I}_2=(5\angle 90°+5\angle -90°)\text{A}=(\text{j}5-\text{j}5)\text{A}=0$$

即电流表 A 的读数为 0。

【例 2-7】 如图 2-18 所示电路中，已知电压表 V_1、V_2 的读数均是 100V，试求电路中电压表 V 的读数。

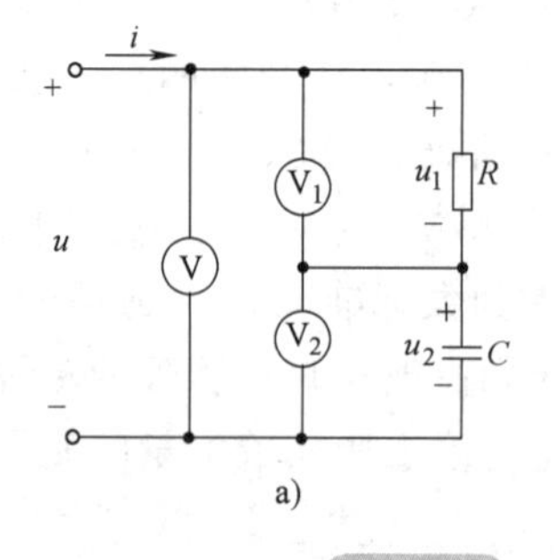

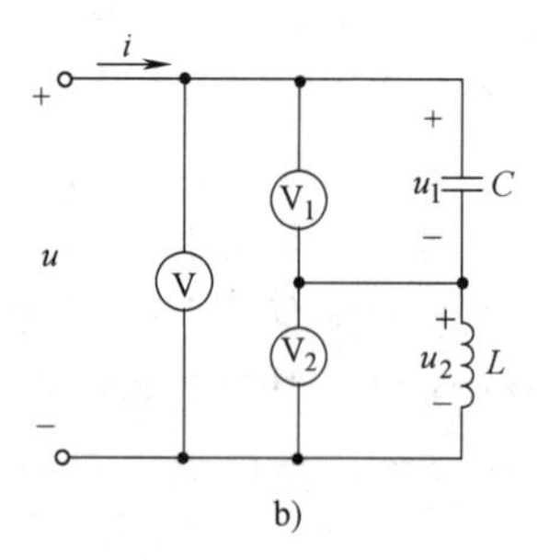

图 2-18 例2-7 电路图

解：设 $\dot{I}=I\angle 0°$。

(1) 图 2-18a：$\dot{U}_1=100\angle 0°\text{ V}$，$\dot{U}_2=100\angle -90°\text{V}$。

根据相量形式的 KVL，得

$$\dot{U}=\dot{U}_1+\dot{U}_2=100\angle 0°\text{V}+100\angle -90°\text{V}=(100-\text{j}100)\text{V}=141.4\angle -45°\text{V}$$

即电压表 V 的读数为 141.5V。

(2) 图 2-18b：$\dot{U}_1=100\angle -90°\text{V}$，$\dot{U}_2=100\angle 90°\text{V}$。

根据相量形式的 KVL，得

$$\dot{U}=\dot{U}_1+\dot{U}_2=100\angle-90°\text{V}+100\angle 90°\text{V}=(-\text{j}100+\text{j}100)\text{V}=0$$

即电压表 V 的读数为 0。

工程实际电路的模型往往是由多个电阻、电感和电容元件组成的串联或并联电路。本节就在以上介绍的单一参数正弦交流电路的基础上，讨论电阻、电感和电容元件串联电路和并联电路中的电压、电流关系及功率特性。

2.4.2 电阻、电感和电容元件（*RLC*）串联交流电路

电阻、电感和电容元件（*RLC*）串联交流电路如图 2-19 所示。

1. 电压与电流的关系

设在图 2-19a 所示电路中流过的正弦电流 $i=I_m\sin\omega t$。

按图示参考方向，由上一节讨论的结果，可得各元件的端电压为

$$u_R=I_mR\ \sin\omega t$$
$$u_L=I_mX_L\ \sin(\omega t+90°)$$
$$u_C=I_mX_C\ \sin(\omega t-90°)$$

总电压　$u=u_R+u_L+u_C$

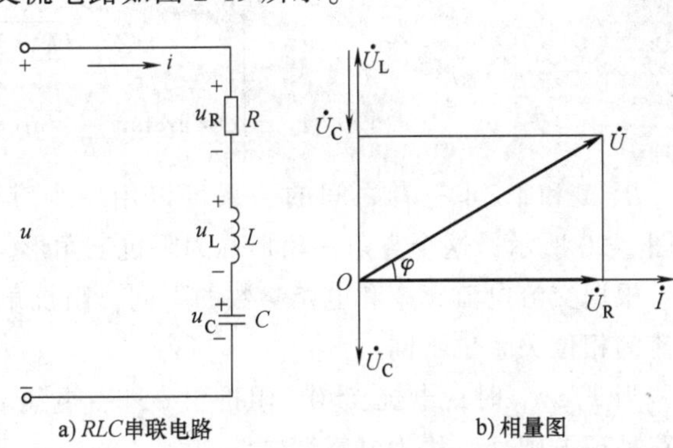

图 2-19　*RLC* 串联交流电路

以上的瞬时值表达式转换为相量式，并采用相量形式运算

$$\dot{U}=\dot{U}_R+\dot{U}_L+\dot{U}_C \tag{2-25}$$

由于参考相量 $I=I\angle 0°$，则 $\dot{U}_R=\dot{I}R$，$\dot{U}_L=\text{j}X_L\dot{I}$，$\dot{U}_C=-\text{j}X_C\dot{I}$。代入式（2-25）得

$$\dot{U}=\dot{I}[R+\text{j}(X_L-X_C)]=\dot{I}(R+\text{j}X)=\dot{I}Z$$

总电压相量与电流相量的关系

$$\dot{U}=\dot{I}Z\quad 或\quad \dot{I}=\frac{\dot{U}}{Z} \tag{2-26}$$

式中，Z 称为电路的复数阻抗，可简称为阻抗，单位是欧［姆］（Ω）。引入复数阻抗的概念之后，电压相量与电流相量之间符合欧姆定律的形式。

2. 复数阻抗 *Z*

（1）复数阻抗的两种表示形式

1）代数形式。

$$Z=R+\text{j}X=R+\text{j}(X_L-X_C) \tag{2-27}$$

可以认为复数阻抗的代数形式直接与串联电路的参数相对应。它的实部就是串联电路的电阻 R，虚部电抗 $X=X_L-X_C$。

注意：显然复阻抗也是一个复数，但它不再是表示正弦量的复数，因而不是相量。

2）极坐标形式。

$$Z=\frac{\dot{U}}{\dot{I}}=\frac{U\angle\varphi_u}{I\angle\varphi_i}=\frac{U}{I}\angle(\varphi_u-\varphi_i)=|Z|\angle\varphi \tag{2-28}$$

复数阻抗的极坐标形式则表示了电压与电流之间的数值关系和相位关系，$|Z|$ 称为阻抗模，$|Z|$ 是电压有效值与电流有效值之比，表示了二者的数值关系；辐角 φ 称为阻抗角，是电压超前于电流的角度，表示了二者的相位关系。

（2）阻抗三角形 复数阻抗的两种表示形式可以进行互换。

$$Z=R+jX=|Z|\angle\varphi \tag{2-29}$$

已知极坐标形式 $|Z|$ 和 φ，则其代数形式

$$R=|Z|\cos\varphi \quad X=|Z|\sin\varphi$$

已知代数形式 R 和 X，则极坐标形式

$$\begin{cases} Z=\sqrt{R^2+X^2} \\ \varphi=\arctan\dfrac{X}{R}=\arctan\dfrac{X_L-X_C}{R} \end{cases} \tag{2-30}$$

R、X 和 $|Z|$ 三者之间的关系可以用一个直角三角形表示，如图 2-20 所示，这个直角三角形称为阻抗三角形。

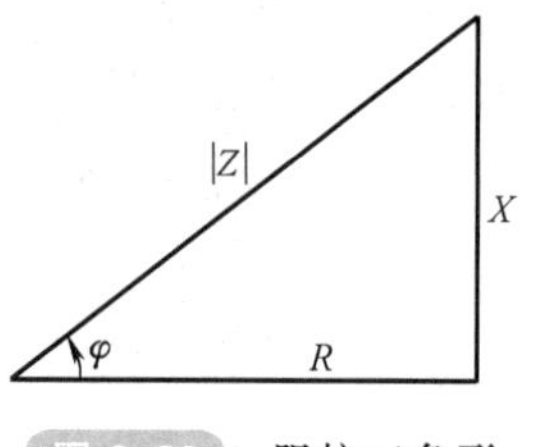

图 2-20 阻抗三角形

根据交流电流频率和电路参数的不同，阻抗角 φ 不同，电压、电流的相位关系也不同：

当 $X_L>X_C$ 时，电抗 $X>0$，阻抗角 $\varphi>0$，电压 u 超前于电流 i，电路呈现电感性，称为电感性电路。

当 $X_L<X_C$ 时，电抗 $X<0$，阻抗角 $\varphi<0$，电压 u 滞后于电流 i，电路呈现电容性，称为电容性电路。

当 $X_L=X_C$ 时，电抗 $X=0$，阻抗角 $\varphi=0$，电压 u 与电流 i 同相位，电路呈现谐振状态。

3. 正弦交流电路的功率

（1）瞬时功率 如图 2-19a 所示 RLC 串联电路，设

$$u=\sqrt{2}U\sin(\omega t+\psi),\ i=\sqrt{2}I\sin\omega t$$

因此电压与电流的相位差为 $\varphi=\psi_u-\psi_i=\psi$

$$\begin{aligned} p(t)=ui&=\sqrt{2}U\sin(\omega t+\varphi)\sqrt{2}I\sin\omega t=UI\cos\varphi-UI\cos(2\omega t+\varphi) \\ &=UI\cos\varphi-[UI\cos\varphi\cos(2\omega t)-UI\sin\varphi\sin(2\omega t)] \end{aligned}$$

故

$$p(t)=UI\cos\varphi[1-\cos(2\omega t)]+UI\sin\varphi\sin(2\omega t) \tag{2-31}$$

（2）平均功率 P 平均功率是瞬时功率在一个周期内的平均值，即

$$P=\frac{1}{T}\int_0^T p(t)\,dt=\frac{1}{T}\int_0^T[UI\cos\varphi-UI\cos(2\omega t+\varphi)]\,dt$$

$$P=UI\cos\varphi \tag{2-32}$$

式中，电压与电流的相位差 $\varphi=\psi_u-\psi_i$ 称为该电路的功率因数角，$\cos\varphi$ 称为该电路的功率因数，通常用 λ 表示，即 $\lambda=\cos\varphi$。

式（2-32）代表正弦稳态电路平均功率的一般形式，它表明电路实际消耗的功率不仅与电压、电流的大小有关，而且与电压、电流的相位差有关。

（3）无功功率 Q 在工程上引入无功功率的概念，用 Q 表示，用来衡量储能元件与电源之间能量交换的规模，其表达式为

$$Q=UI\sin\varphi \tag{2-33}$$

无功功率是一些电气设备正常工作所必需的指标。无功功率的量纲与有功功率不同，为了反映与有功功率的区别，国际单位制（SI）中，无功功率的单位为乏（var）或千乏（kvar）。

（4）视在功率 S　正弦交流电路的电流有效值与电压有效值的乘积称为视在功率，用大写字母 S 表示，即

$$S=UI \tag{2-34}$$

视在功率体现了电力设备容量的大小。视在功率的量纲与有功功率不同，为了反映与有功功率的区别，在国际单位制（SI）中，视在功率的单位用伏安（V·A）或千伏安（kV·A）表示。

（5）功率三角形　有功功率 P、无功功率 Q、视在功率 S 之间存在着下列关系：

$$P=UI\cos\varphi=S\cos\varphi$$

$$Q=UI\sin\varphi=S\sin\varphi$$

故

$$S^2=P^2+Q^2$$

$$\varphi=\arctan\left(\frac{Q}{P}\right) \tag{2-35}$$

可见 P、Q、S 可以构成一个直角三角形，称之为功率三角形，如图 2-21 所示。

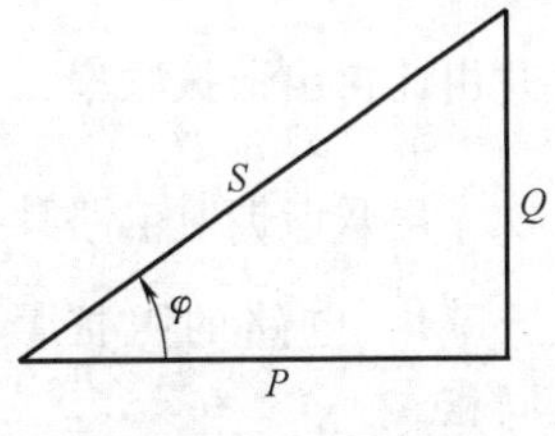

图 2-21　功率三角形

【例 2-8】　一个电感线圈的电阻 $R=250\Omega$，电感 $L=1.2\text{H}$ 和一个电容 $C=10\mu\text{F}$ 的电容器相串联，外加电压 $u=220\sqrt{2}\sin314t\text{V}$。求电路中的电流 I，电压 U_R、U_L、U_C 和电感线圈两端电压 U_{RL}，及电路总的有功功率 P、无功功率 Q 和视在功率 S。

解：电感线圈的感抗

$$X_L=2\pi fL=\omega L=314\times1.2\Omega=376.8\Omega$$

电容的容抗

$$X_C=\frac{1}{\omega C}=\frac{1}{314\times10\times10^{-6}}\Omega=318.5\Omega$$

电路总阻抗

$$|Z|=\sqrt{R^2+(X_L-X_C)^2}=\sqrt{250^2+(376.8-318.5)^2}\,\Omega=256.7\Omega$$

电路总电流

$$I=\frac{U}{|Z|}=\frac{220}{256.7}\text{A}=0.857\text{A}$$

电阻电压有效值

$$U_R=RI=250\times0.857\text{V}=214.3\text{V}$$

电感电压有效值

$$U_L=X_LI=376.8\times0.857\text{V}=322.9\text{V}$$

电容电压有效值

$$U_C=X_CI=318.5\times0.857\text{V}=273.0\text{V}$$

电感线圈两端电压有效值

$$U_{RL}=\sqrt{U_R^2+U_L^2}=\sqrt{214.3^2+322.9^2}\text{V}=387.5\text{V}$$

电路总有功功率

$$P=RI^2=250\times0.857^2\text{W}=183.6\text{W}$$

电路的无功功率

$$Q=XI^2=(X_L-X_C)I^2=(376.8-318.5)\times0.857^2\text{var}=42.8\text{var}$$

电路的视在功率

$$S=UI=220\times0.857\text{V}\cdot\text{A}=188.5\text{V}\cdot\text{A}$$

2.4.3 电路的谐振特性

1. 串联谐振

如前所述，RLC 串联电路当 $X_L=X_C$ 时，$\varphi=\psi_u-\psi_i=0$，即电源电压 u 与电路中的电流 i 同相，电路呈电阻性，这时电路的状态称为串联谐振（series resonance）。因此，发生串联谐振的条件为

$$X_L=X_C \text{ 或 } 2\pi fL=\frac{1}{2\pi fC}$$

并由此得出谐振频率

$$f=f_0=\frac{1}{2\pi\sqrt{LC}} \tag{2-36}$$

串联谐振时电路具有以下特征：

1）电路的阻抗最小，$|Z|=\sqrt{R^2+(X_L-X_C)^2}=R$。电路呈电阻性，总电压和总电流同相。

2）在电源电压不变的情况下，电路中的电流最大，即

$$I=I_0=\frac{U}{R}$$

图2-22 为 RLC 串联电路的电流随频率变化的曲线。

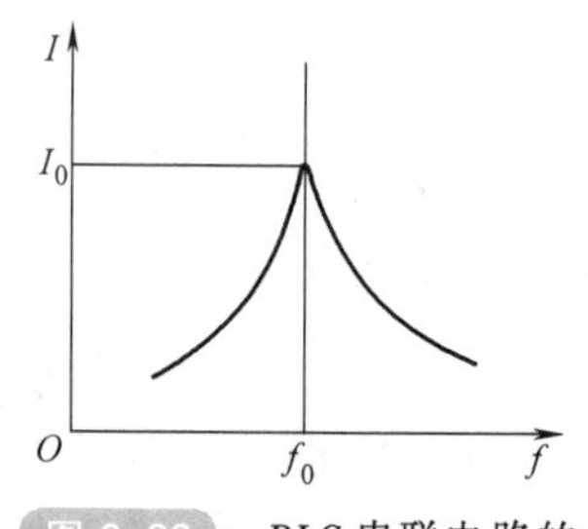

图 2-22 RLC 串联电路的电流随频率变化的曲线

3）由于电压与电流同相，电路呈电阻性，因此电源供给电路的能量全部被电阻消耗，电源与电路之间不发生能量交换，能量的交换只发生在电容器与电感线圈之间。

4）由于 $X_L=X_C$，于是 $U_L=U_C$。而 $\dot{U}_L$与 $\dot{U}_C$在相位上相反，互相抵消，因此电源电压 $\dot{U}=\dot{U}_R$。谐振时，电感电压 U_L 或电容电压 U_C 与电源电压 U 之比称为品质因数，用 Q 表示，它是衡量谐振剧烈程度的物理量。

$$Q=\frac{U_L}{U}=\frac{U_C}{U}=\frac{X_L}{R}=\frac{X_C}{R}=\frac{\omega_0 L}{R}=\frac{1}{\omega_0 CR} \tag{2-37}$$

品质因数是表示储能器件（如电感线圈、电容等）、谐振电路中所储能量同每周期损耗能量之比的一种指标。元件的 Q 值越大，用该元件组成的电路或网络的选择性越好。

5）应用：利用串联谐振产生工频高电压，应用在高电压技术中，为变压器等电力设备做耐压试验，可以有效地发现设备中危险的集中性缺陷，是检验电气设备绝缘强度的最有效和最直接的方法。另外，串联谐振常用在收音机的调谐回路中。

2. 并联谐振

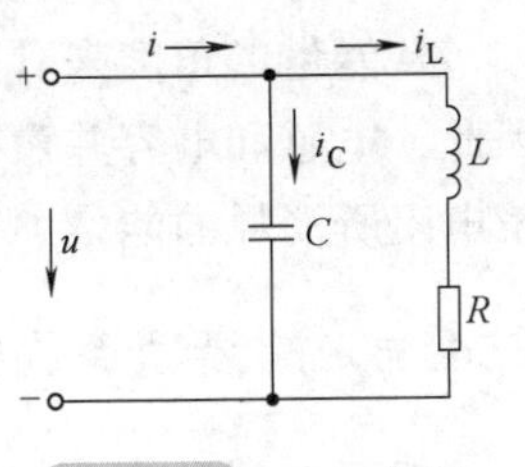

图 2-23 RLC 并联交流电路

图 2-23 所示是 RLC 并联交流电路。设电源电压 $u=U_m\sin\omega t$，R 是电感线圈的内阻，其阻值一般比较小，为了分析方便，可以忽略不计。由于电路是并联关系，加在电感支路和电容支路两端的电压相同，但各支路电流不同。设电路的各支路电流为 i、i_L、i_C，可得 $i=i_L+i_C$ 或 $\dot{I}=\dot{I}_L+\dot{I}_C$。

由于 i_L、i_C 的相位相反，当 $I_L<I_C$ 时，总电流在相位上超前电源电压，电路的总阻抗呈电容性；当 $I_L>I_C$ 时，总电流在相位上滞后电源电压，电路的总阻抗呈电感性；当 $I_L=I_C$ 时，总电流与电源电压同相，电路的总阻抗呈电阻性，此时电路发生了并联谐振（parallel resonance）现象。所以电路发生并联谐振的条件是 $I_L=I_C$，即 $X_L=X_C$，电路的并联谐振频率为

$$f=f_0=\frac{1}{2\pi\sqrt{LC}} \tag{2-38}$$

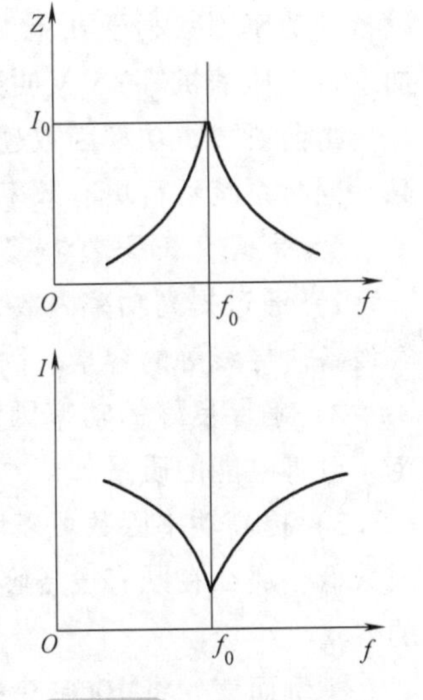

图 2-24 谐振关系曲线

可见，并联谐振频率 f_0 由电路参数（L、C）决定，与串联谐振频率的计算公式一样。

在实际电路中，电路总会有电阻存在，回路也一定有能量损失，所以并联谐振时，两条支路电流不会完全相等，总电流也总有一定数值，阻抗也不会是无穷大。图 2-24 为 RLC 并联谐振电路中，总阻抗与频率、总电流与频率的关系曲线。

综上所述，电路并联谐振时具有下列特征：

1）电路的总阻抗最大，电路呈电阻性，总电流和电源电压同相位。谐振时电路的阻抗为

$$|Z_0|=\frac{1}{\frac{RC}{L}}=\frac{L}{RC} \tag{2-39}$$

其值比非谐振情况下的阻抗要大。

2）在电源电压 U 一定的情况下，电路的总电流 I 将在谐振时达到最小值。

$$I=I_0=\frac{U}{Z_0}=U\frac{R}{(\omega_0 L)^2} \tag{2-40}$$

3）电感和电容支路的电流几乎相等且较大。支路电流与总电流之比称为电路的品质因数 Q，即

$$Q=\frac{I_C}{I}=\frac{I_L}{I}=\frac{\omega_0 L}{R}=\frac{1}{\omega_0 CR} \tag{2-41}$$

4）当 $R\ll\omega_0 L$ 时，两并联支路的电流近似相等，且比总电流大许多倍，出现过电流现象。因此，并联谐振时，支路电流是总电流的 Q 倍，所以并联谐振又称电流谐振。并联谐振时，支路电流大于总电流，是因为 I_L 与 I_C 的相位相反，互相补偿而不必经过电源的缘故。

从能量的角度来看，线圈内磁场能量正好等于电容器建立电场所需的能量；反之亦然。因此，电感和电容并没有与电源进行能量交换，而是它们之间进行能量的交换，电源只是补偿电阻所消耗的能量。

2.4.4 提高功率因数的意义和方法

如前所述，在交流电路中，电压与电流之间的相位差（φ）的余弦叫作功率因数，用符号 $\cos\varphi$ 表示。在实际应用中，每种用电系统均消耗两大功率，分别是真正的有功功率（单位：瓦）及电抗性的无功功率（单位：乏）。功率因数是有功功率与总功率间的比值，即

$$\cos\varphi=\frac{P}{S}$$

假设设备功率为 100 个单位，也就是说，有 100 个单位的功率输送到设备中。然而，因大部分电器系统存在固有的无功损耗，只能使用 70 个单位的功率。很不幸，虽然仅仅使用 70 个单位，却要付 100 个单位的费用。在这个例子中，功率因数是 0.7（实际中如果大部分设备的功率因数小于 0.9，将被罚款）。这种无功损耗主要存在于机电设备中（如鼓风机、抽水机、压缩机等），又叫感性负载。

由前所述，功率因数越高，即有功功率与总功率间的比值越大，则总功率的利用率就越高，同时系统运行更有效率。

1. 提高功率因数的意义

1）通过提高功率因数，减少了线路中总电流和供电系统中的电气元件，如变压器、电气设备、导线等的容量，因此不但减少了投资费用，而且降低了本身电能的损耗。

2）确保良好的功率因数值，可以减少供电系统中的电压损失，可以使负载电压更稳定，改善电能的质量。

3）提高功率因数可以增加系统的裕度，挖掘出发、供电设备的潜力。如果系统的功率因数低，那么在既有设备容量不变的情况下，装设电容器后，可以提高功率因数，增加负载的容量。

举例而言，将 1000kV · A 变压器的功率因数从 0.8 提高到 0.98 时，可承担的负载变化如下：

补偿前：$1000\times0.8\text{kW}=800\text{kW}$

补偿后：$1000\times0.98\text{kW}=980\text{kW}$

同样一台 1000kV · A 的变压器，功率因数改变后，它就可以多承担 180kW 的负载。

4）减少了用户的电费支出。

总之，提高功率因数既能使发电设备的容量得以充分利用，又能使电能得到大量节约。

2. 提高功率因数的方法

提高功率因数的途径主要在于如何减少电力系统中各个部分所需的无功功率，特别是减少负荷取用的无功功率，使电力系统在输送一定的有功功率时，可降低其中通过的无功电流。提高功率因数的方法很多，但总的来说可以归结为两大类：

（1）提高自然功率因数 自然功率因数是在没有任何补偿情况下，用电设备的功率因数。提高自然功率因数的方法如下：合理选择异步电动机；避免变压器空载运行；合理安排

和调整工艺流程，改善机电设备的运行状况；在生产工艺允许条件下，采用同步电动机代替异步电动机。

（2）采用人工补偿无功功率　装用无功功率补偿设备进行人工补偿，电力用户常用的无功功率补偿设备是电力电容器。

由于目前实际中所使用的电气设备多为感性负载，那么提高负载功率因数最简单的方法，就是用电容与感性负载并联，这样可以使电感中的磁场能量与电容中的电场能量交换，从而减少电源与负载间能量的互换。

知识与小技能测试

1. 在 RL 串联电路中，已知 $R=6\Omega$，$X_L=8\Omega$，外加电压 $\dot{U}=110\angle 60°\text{V}$，求电路的电流 $\dot{I}$、电阻的电压 $\dot{U}_R$和电感的电压 $\dot{U}_L$，并画出相量图。

2. 在 RLC 串联电路中，已知 $R=15\Omega$，$X_L=20\Omega$，$X_C=5\Omega$，电源电压 $u=30\sin(\omega t+30°)$ V。求此电路的电流和各元件电压的相量，并画出相量图。

3. RLC 串联电路接在 $u=100\sqrt{2}\sin(1000t+30°)$ V 的电源上，已知 $R=8\Omega$，$L=20\text{mH}$，$C=125\mu\text{F}$，求电流 i、有功功率 P、无功功率 Q 和视在功率 S。

4. 电风扇的转速较慢，在电风扇上并接了一个电容后转速升高了，为什么？

技能训练

技能训练一　低压验电器的使用

低压验电器又称验电笔，是检测电气设备、电路是否带电的一种常用工具。普通低压验电器的电压测量范围为 60~500V，高于 500V 的电压不能用普通低压验电器来测量。使用低压验电器时要注意下列几个方面：

1）使用低压验电器之前，首先要检查其内部有无安全电阻、是否有损坏，有无进水或受潮，并在带电体上检查其是否可以正常发光，检查合格后方可使用。低压验电器的结构如图 2-25 所示。

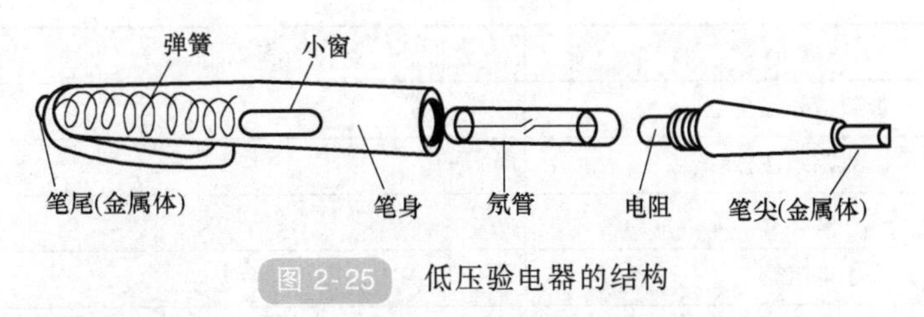

图 2-25　低压验电器的结构

2）测量时，手指握住低压验电器笔身，食指触及笔身尾部金属体，低压验电器的小窗口应该朝向自己的眼睛，以便于观察，如图 2-26 所示。

3）在较强的光线下或阳光下测试带电体时，应采取适当避光措施，以防观察不到氖管是否发亮，造成误判。

4）低压验电器可用来区分相线和零线，接触时氖管发亮的是相线，不亮的是零线。它也可用来判断电压的高低：氖管越暗，则表明电压越低；氖管越亮，则表明电压越高。

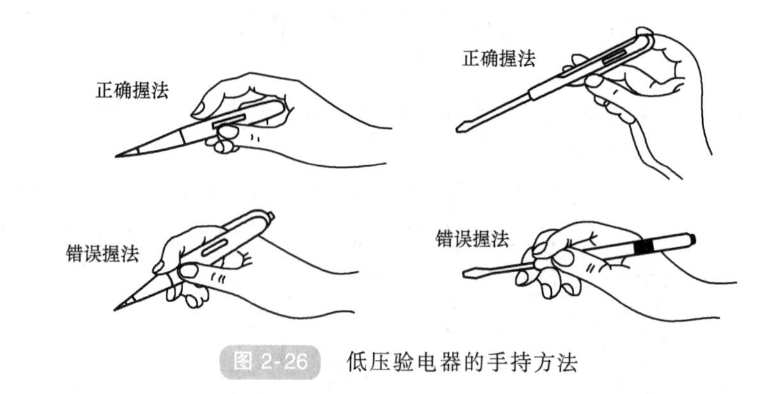

图 2-26 低压验电器的手持方法

5）当用低压验电器触及电机、变压器等电气设备外壳时，如果氖管发亮，则表明该设备相线有漏电现象。

6）用低压验电器测量三相三线制电路时，如果两根很亮而另一根不亮，说明这一相有接地现象。在三相四线制电路中，发生当单相接地现象时，用低压验电器测量中性线，氖管也会发亮。

7）用低压验电器测量直流电路时，把低压验电器连接在直流电的正负极之间，氖管里两个电极只有一个发亮，氖管发亮的一端为直流电的负极。

8）低压验电器笔尖与螺钉旋具形状相似，但其承受的扭矩很小。因此，应尽量避免用其安装或拆卸电气设备，以防受损。

技能训练二　交流电量的测量

1. 实验目的

1）加深理解感性电路电压超前电流的特性和容性电路电压滞后电流的特性。

2）学会使用示波器观察感性电路和容性电路中电压、电流间的相位关系。

2. 实验仪器

设备清单见表 2-1。

表 2-1 设备清单

序号	设备	参数	数量
1	低频信号发生器	—	1
2	双踪示波器	—	1
3	毫伏表	—	1
4	电阻箱	—	1
5	电感	100mH	1
6	电容	0. 1μF	3

3. 实验内容和步骤

(1) *RL* 串联交流电路的测试

1）实验电路如图 2-27 所示。调节电阻 $R=100\Omega$，低频信号发生器输出电压调为 3. 0V，频率为 1kHz，输出阻抗取 600Ω，电感 $L=100\text{mH}$。用毫伏表测量电压有效值 U、U_L 和 U_R，计入表 2-2 中。

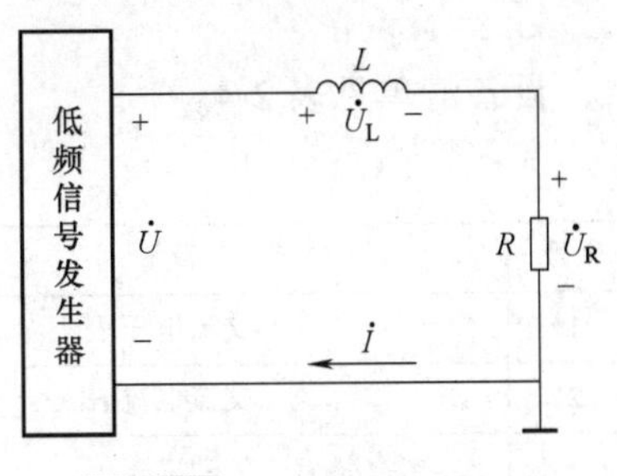

图 2-27　*RL* 串联交流电路

2）保持电路参数不变，将 $\dot{U}_R$ 和 $\dot{U}$ 分别接至示波器的 Y_A、Y_B 输入端，因为 $\dot{U}_R=\dot{I}R$，所以 $\dot{I}$ 与 $\dot{U}_R$ 同相位。调节示波器的有关旋钮使波形清晰稳定，观察 $\dot{I}$ 与 $\dot{U}$ 之间的相位差，并记录波形。

3）改变信号发生器的频率为 2kHz，电路其他参数不变，重复上述实验内容。

4）改变 R 值，观察 $\dot{I}$ 与 $\dot{U}$ 之间的相位差是否改变。

表 2-2　*RL* 串联电路的测试

f/kHz	U/V	U_R/V	U_L/V	φ	
				观测值	计算值
1					
2					

(2) *RC* 串联交流电路的测试

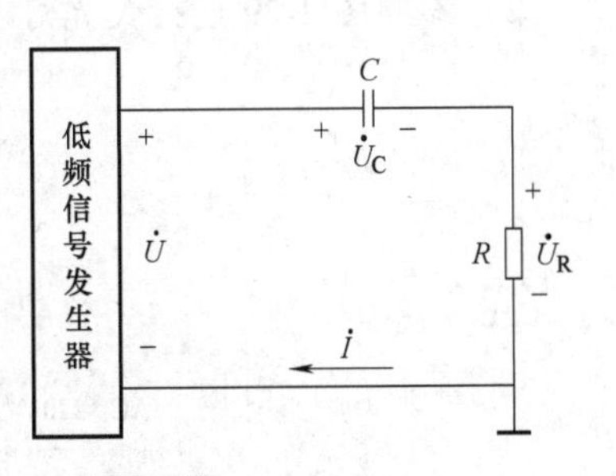

图 2-28　*RC* 串联交流电路

1）实验电路如图 2-28 所示。调节电阻 $R=1000\Omega$，低频信号发生器输出电压调为 3.0V，频率为 1kHz，输出阻抗取 600Ω，电容 $C=0.1\mu F$。用毫伏表测量电压有效值 U、U_C 和 U_R，计入表 2-3 中。

2）保持电路参数不变，用示波器观察 $\dot{U}$ 与 $\dot{U}_R$ 之间的相位差（即 $\dot{I}$ 与 $\dot{U}$ 之间的相位差），并记录波形。

3）改变信号发生器的频率为 2kHz，电路其他参数不变，重复上述实验内容。

4）改变 R 值，观察 $\dot{I}$ 与 $\dot{U}$ 之间的相位差是否改变。

表 2-3　*RC* 串联电路的测试

f/kHz	U/V	U_R/V	U_C/V	φ	
				观测值	计算值
1					
2					

【注意事项】

双踪示波器 A、B 两通道的探头地线端应共同接在图和图的地线端。

技能训练三　荧光灯电路连接与功率因数的提高

1. 实验目的

1）学会荧光灯电路的连线。

2）理解改善电路功率因数的意义并掌握其方法。

2. 实验设备

设备清单见表 2-4。

表 2-4 设备清单

序号	设备	参数	数量
1	交流电压表	0~500V	1
2	交流电流表	0~5A	1
3	功率表		1
4	荧光灯灯管	30W	1
5	镇流器、辉光启动器	40W 套件	1
6	电容器	1.0μF/450V 2.2μF/450V 4.7μF/450V	3

3. 实验内容和步骤

1）识别并检测元器件质量。

2）参照图 2-29 连接荧光灯电路。经教师检查无误后接通电源，观察荧光灯工作情况。

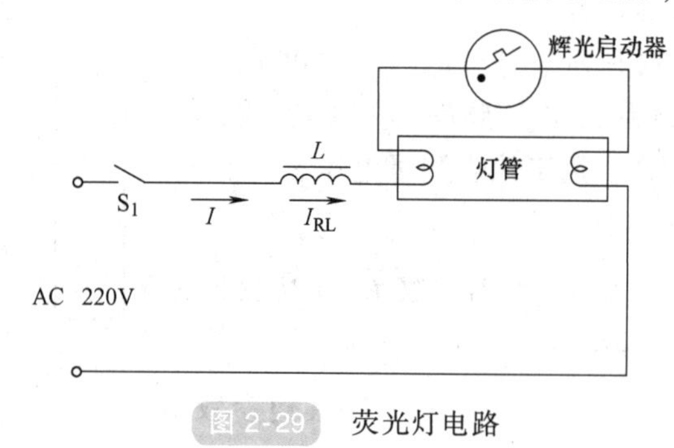

图 2-29 荧光灯电路

3）按图 2-30 连接荧光灯测试电路。用交流电压表、交流电流表分别测量电源电压 U、电流 I 及读取功率表读数 P，测量数据填入表 2-5 中。

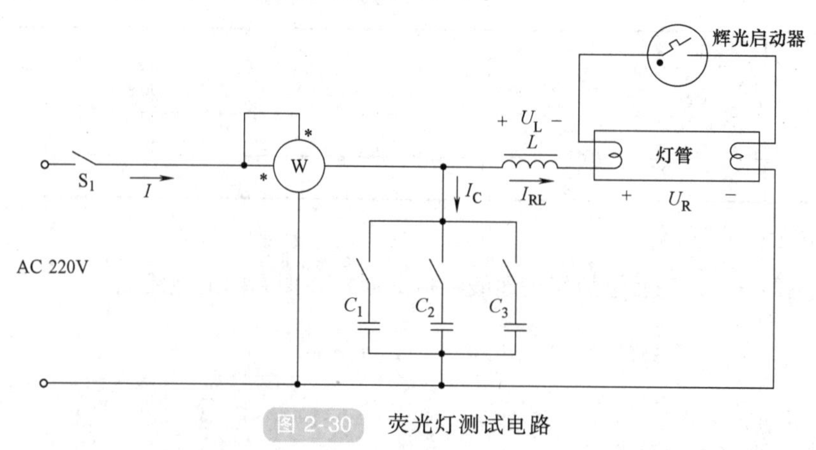

图 2-30 荧光灯测试电路

4）接上电容器，逐渐增加电容量，测量 U、I、I_{RL}、I_C，测量数据填入表 2-5 中。

表 2-5　**提高功率因数实验数据**

电容 C /μF	电源电压 U/V	镇流器电压 U_L /V	灯管电压 U_R /V	有功功率 P /W	$\cos\varphi$	I /A	I_{RL} /A	I_C /A	视在功率 S /(V·A)
0									
1.0									
2.2									
4.7									

4. 讨论

1）并联不同的电容，功率因数变化如何？

2）对感性负载，用什么方法可以提高功率因数？

3）对容性负载，用什么方法可以提高功率因数？

5. 注意事项

1）电路连接好后，必须经指导教师检查无误后方可接通电源。

2）严禁带电改接或检查电路。

3）实验中尽量选择够长度的导线，防止导线接线端裸露在外。

4）正确连接功率表。

练习与思考

2-1　已知一正弦电压的振幅为 310V，频率为工频，初相为 π/6，其解析式为________。

2-2　已知一正弦电流的解析式为 $i=8\sin(314t-\pi/3)$A，其最大值为________、角频率为________、周期为________、频率为________、初相位为________。

2-3　已知正弦交流电的 $U_m=100$V，$\psi_u=70°$，$I_m=10$A，$\psi_i=-20°$，角频率均为 314rad/s，则 $i=$________，$u=$________，相位差为________，________超前________。

2-4　用交流电压表测得低压供电系统的线电压为 380V，则线电压最大值为________。

2-5　正弦电流 i 的波形图如图 2-31 所示，其电流的解析式为 $i=$________。

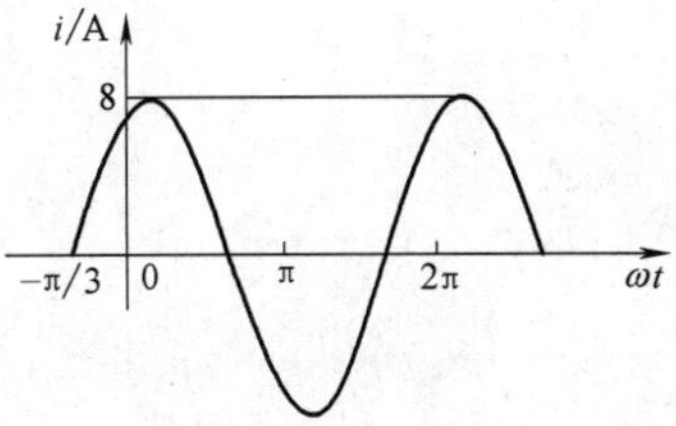

图 2-31　题2-5图

2-6　在纯电阻电路中，电流与电压的相位________；在纯电容电路中，电压________电流 90°；在纯电感电路中，电压________电流 90°。

2-7　通常交流仪表测量的交流电流、电压值是（　　）。

A. 平均值　　B. 有效值　　C. 最大值　　D. 瞬时值

2-8　若电路中某元件两端的电压 $u=10\sin(314t+45°)$V，电流 $i=5\sin(314t+135°)$A，则该元件是（　　）。

A. 电阻　　B. 电容　　C. 电感　　D. 无法确定

2-9　某一灯泡上写着额定电压 220V，这是指电压的（　　）。

A. 最大值　　B. 瞬时值　　C. 有效值　　D. 平均值

2-10　在纯电感电路中，电压有效值不变，增加电源频率时，电路中电流（　　）。

A. 增大　　B. 减小　　C. 不变　　D. 不能确定

2-11　正弦电路中的电容元件（　　）。

A. 频率越高，容抗越大　　B. 频率越高，容抗越小　　C. 容抗与频率无关

2-12 在纯电容电路中，增大电源频率时，其他条件不变，电路中电流将（　　）。

A. 增大　　B. 减小　　C. 不变　　D. 不能确定

2-13 已知某用电设备的阻抗为 $|Z|=7.07\Omega$，$R=5\Omega$，则其功率因数为（　　）。

A. 0.5　　B. 0.6　　C. 0.707

2-14 并联电路原来处于容性状态，若调节电源频率使其发生谐振，则应使 f 值（　　）。

A. 增大　　B. 减少　　C. 须经试探方知其增减

2-15 已知 $u=220\sin(314t+45°)$ V，求最大值、频率和初相位。

2-16 已知 $i=5\sqrt{2}\sin314t$ A，当纵坐标向左移 $\pi/6$ 时，其初相位和相位分别是多少？

2-17 写出下列正弦量所对应的相量，并画相量图。

（1）$i=10\sin(314\ t+30°)$ A

（2）$u=220\sin(314\ t+30°)$ V

2-18 已知 $u_1=220\sqrt{2}\sin314t$V，$u_2=220\sqrt{2}\sin(314t+60°)$ V，求 u_1+u_2，并画出相量图。

2-19 某电阻元件的参数为 $R=8\Omega$，接在 $u=220\sqrt{2}\sin314t$V 的交流电源上。试求通过电阻元件上的电流 i。如用电流表测量该电路中的电流，其读数为多少？电路消耗的功率是多少？

2-20 某线圈的电感量为 $L=0.1$H，电阻可忽略不计，接在 $u=220\sqrt{2}\sin(314t+60°)$ V 的交流电源上。试求电路中的电流及无功功率；若电源频率为 100Hz，电压有效值不变又如何？写出电流的瞬时值表达式。

2-21 在 1μF 的电容器两端加上 $u_2=220\sin(314t+30°)$ V 的正弦电压，求通过电容器中的电流有效值及电流的瞬时值解析式。若所加电压的有效值与初相位不变，而频率增加为 100Hz 时，通过电容器中的电流有效值又是多少？

2-22 在 RLC 串联电路中，端口电压 $u=100\sqrt{2}\sin(1000t+60°)$ V，若 $R=8\Omega$，$L=0.01$H，$C=250\mu$F，试求电流 i 的表达式，并计算电路的有功功率 P、无功功率 Q 和视在功率 S。

模块三

三相正弦交流电路

知识点

1. 相量式（图）、相序、相线、中性线。
2. 线（相）电压、线（相）电流、星形联结、三角形联结、三相功率。
3. IT、TN、TT、安全用电。

教学目标

知识目标：1. 了解对称三相交流电的产生、特点及相序等基本概念。

2. 了解电源、负载的连接方法；掌握相电压与线电压、相电流与线电流在对称三相电路中的相互关系。掌握对称三相电路电压、电流和功率的计算，了解不对称三相四线制电路中中性线的作用。
3. 了解三相交变电流在生产、生活中的广泛应用。
4. 熟悉三相电路中功率的测量方法。

能力目标：1. 具有正确连接三相负载电路的技能。

2. 具有测量三相电路中性点电压，相、线电压，相、线电流的技能。
3. 具有应用二瓦计法测量对称三相电路功率的技能；了解不对称三相电路功率的测量方法。
4. 能够根据要求进行电路的设计和参数计算，并按照布线规范进行电路接线。
5. 能正确使用常用电工仪表对电路元件进行检测，掌握电路调试和故障排除的基本方法。

案例导入

你知道你家的配电箱有几根电线吗？每根电线具有什么功能？什么颜色？工厂车间的配电箱又有几根电线？又都具有什么功能？什么颜色？你会从车间的配电箱拉出电线使电动机运转起来，使电灯点亮吗？如果不知道各导线的作用有时还真出大事故，希望通过本章学习，能使这“电老虎”乖乖听你的话。

不用三芯插头、造成触电身亡：有一天某集团公司安装钳工朱某在抛光车间通风过滤室安装过滤网，用手持电钻在角铁架上钻孔。使用时，电钻没有装三芯插头，而是把电钻三芯导线中的中性线（零线）和保护接地线扭在一起，与另一根相线（火线）分别插入三孔插座的两个孔内。当他钻几个孔后，由于位置改变，导线拖动，中性线打结后比相线短而脱离插座，使得电钻外壳带 220V 电压。电流通过朱某的身体、铁架、大地形成回路，导致他触电死亡。

相关知识

3.1 三相电源的连接

对称三相交流电源通常有星形和三角形两种连接方式。

3.1.1 三相交流电源

当原动机拖动三相发电机的转子匀速旋转时，各相绕组依次切割磁力线而感应出频率相同、振幅相等、相位上彼此相差 120°的三个正弦电压，这样的一组电压称为对称三相正弦电压。三相的始端称为 A、B、C，末端称为 X、Y、Z，如图 3-1 所示。

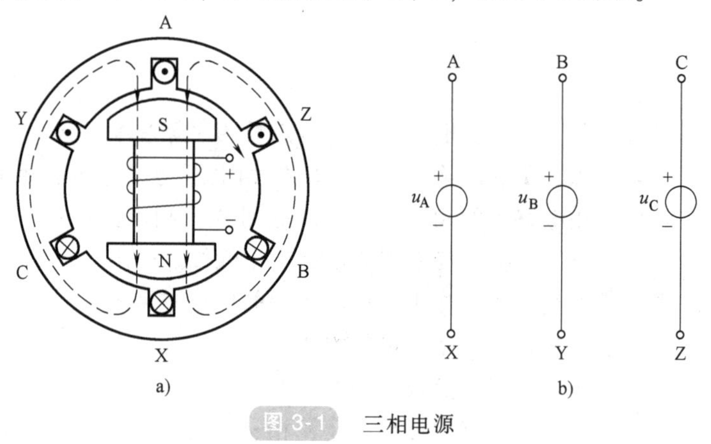

图 3-1 三相电源

对称三相电源电压的三角函数表达式为

$$
\begin{aligned}
u_A &= \sqrt{2}U\sin\omega t \\
u_B &= \sqrt{2}U\sin(\omega t-120°) \\
u_C &= \sqrt{2}U\sin(\omega t-240°) \\
&= \sqrt{2}U\sin(\omega t+120°)
\end{aligned}
\tag{3-1}
$$

对应的相量表示为

$$
\begin{aligned}
\dot{U}_A &= U\angle 0° \\
\dot{U}_B &= U\angle -120° \\
\dot{U}_C &= U\angle 120°
\end{aligned}
\tag{3-2}
$$

其波形图和相量图分别如图 3-2a、b 所示。

对称三相正弦电压瞬时值之和恒为零，这是对称三相正弦电压的特点，即

$$u_A+u_B+u_C=0$$

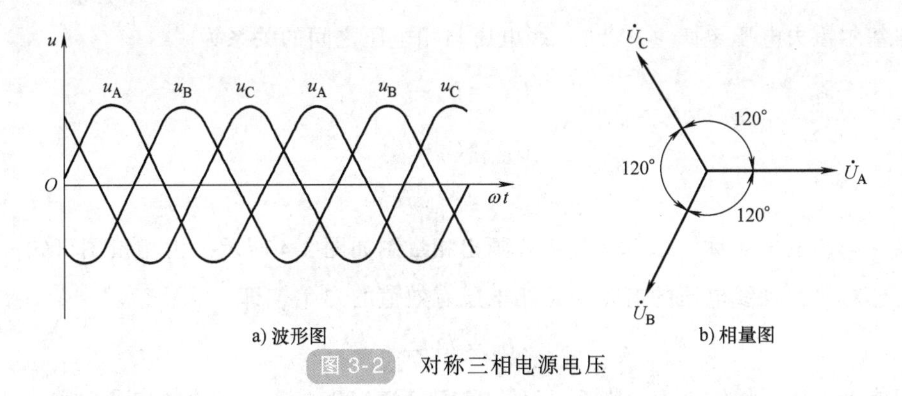

a) 波形图　　b) 相量图

图 3-2　对称三相电源电压

从相量图上可以看出，对称三相正弦电压的相量和为零，即

$$\dot{U}_A+\dot{U}_B+\dot{U}_C=U\angle 0°+U\angle -120°+U\angle 120°=0$$

对称的三相正弦电压各相之间的唯一区别是相位不同。相位不同表明各相电压到达零值或峰值的时间不同，这种先后次序称为相序。在图 3-2a 中，三相电压到达正峰值的顺序为 u_A、u_B、u_C，其相序为 A→B→C→A，这样的相序称为正序。与此相反，把相序为 A→C→B→A 的称为负序。一般来说指的是正序。通常在三相发电机或配电装置的三相母线上涂以黄、绿、红三种颜色，以表示 A、B、C 三相。

在运行三相电动机或三相变压器时，一定要注意相序。改变三相电源相序，将改变电动机旋转磁场方向，电动机转子将反向旋转。当三相变压器并联运行时，如果它们的相序不同，就会发生短路的严重后果。在三相不对称负载中，如果将电源的相序改变，电路的工作状态可能有很大的不同，中性线电流的大小差别很大。如砂轮机、泵机等对电源相序的要求是很严格的，搞错相序会造成严重的事故。

3.1.2　三相电源的星形（Y）联结

把三相电源绕组的末端 X、Y、Z 联在一起的连接方式称为星形联结，如图 3-3 所示。该连接点称为电源的中性点，用 N 表示。从中性点引出的导线称为中性线，俗称零线。自始端引出的三根导线称为相线，俗称火线。

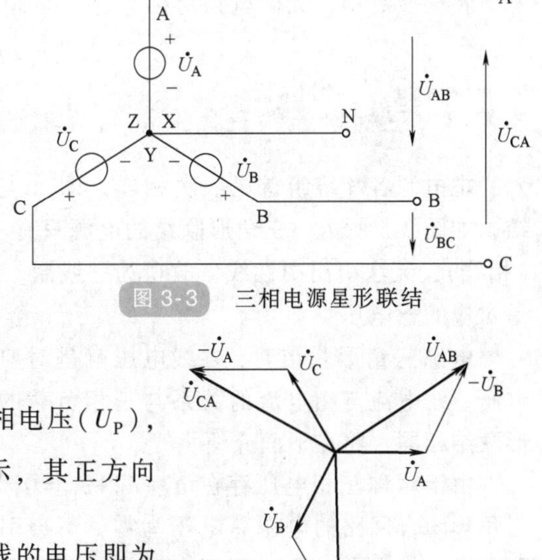

图 3-3　三相电源星形联结

当三相电源的绕组连接成星形时有两种形式：引出中性线的为三相四线制；不引出中性线的为三相三线制。

三相电源各相绕组两端的电压称为电源的相电压（U_P），A、B、C 三相的相电压分别用 $\dot{U}_A$、$\dot{U}_B$、$\dot{U}_C$表示，其正方向规定为由始端指向末端。

对于三相四线制电源来说，各相线到中性线的电压即为相电压，两根相线之间的电压称为线电压（U_L）。三个线电压的参考方向规定为由 A 到 B、由 B 到 C、由 C 到 A，分别用 $\dot{U}_{AB}$、$\dot{U}_{BC}$、$\dot{U}_{CA}$表示，如图 3-4 所示。

图 3-4　星形联结相电压与线电压相量图

根据基尔霍夫电压定律（KVL），线电压与相电压之间的关系为

$$\dot{U}_{AB}=\dot{U}_{A}-\dot{U}_{B}$$

$$\dot{U}_{BC}=\dot{U}_{B}-\dot{U}_{C}$$

$$\dot{U}_{CA}=\dot{U}_{C}-\dot{U}_{A}$$

如果三个相电压对称，按上述关系式画出相量图如图 3-4 所示。由相量图可知，这时三个线电压也对称，且线电压的有效值是相电压有效值的$\sqrt{3}$倍，即

$$U_{L}=\sqrt{3}\,U_{P} \tag{3-3}$$

在相位上，$\dot{U}_{AB}$比$\dot{U}_{A}$、$\dot{U}_{BC}$比$\dot{U}_{B}$、$\dot{U}_{CA}$比$\dot{U}_{C}$超前 30°。由于三个线电压对称，所以

$$\dot{U}_{AB}+\dot{U}_{BC}+\dot{U}_{CA}=0$$

现在我国电网的低压供电系统就采用这种方式，常写作“AC 380V/220V”，频率为 50Hz。而美、日等国的入户电压为 60Hz，110V。

流过电源各相绕组的电流称为相电流，用$\dot{I}_{A}$、$\dot{I}_{B}$、$\dot{I}_{C}$表示，规定从电源的末端流向始端。各相线中流过的电流称为线电流，也用$\dot{I}_{A}$、$\dot{I}_{B}$、$\dot{I}_{C}$表示，规定从电源流向负载。中性线上流过的电流称为中性线电流$\dot{I}_{N}$，规定从负载中性点N'流向电源中性点N。由图 3-3 可知，星形联结的线电流与对应的电源相电流相等。

在三相四线制中，由 KCL 可知

$$\dot{I}_{N}=\dot{I}_{A}+\dot{I}_{B}+\dot{I}_{C}$$

对于不引出中性线的三相三线制电源来说，只能提供 380V 线电压；只有线（相）电流，没有中性线电流。

在三线制中，无论电路对称与否，都有

$$\dot{I}_{A}+\dot{I}_{B}+\dot{I}_{C}=0$$

3.1.3 三相电源的三角形（△）联结

把电源各相绕组首尾依次相连，即 X 与 B、Y 与 C、Z 与 A 相连的方式称为三角形联结，如图 3-5 所示。三角形联结的电源只有三个端点，没有中性点，因而只能引出三根端线（相线），无法引出中性线，故也为三线制。由图 3-5 可知，电源三角形联结时，各线电压就是对应的相电压。

电源三角形联结时，各线电压就是对应的相电压。线电流与相电流的关系与三相负载的三角形联结相同，将在下面介绍。

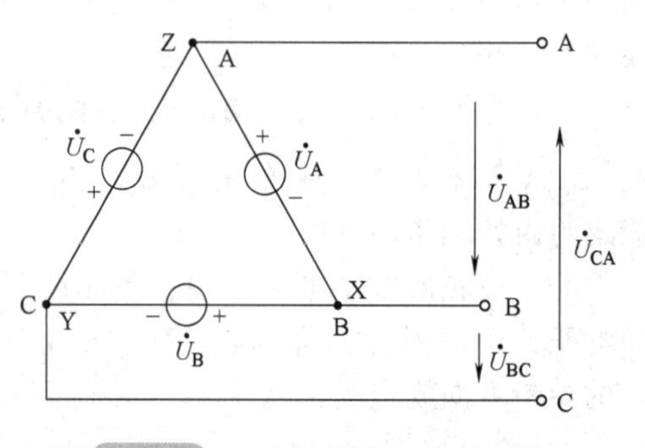

图 3-5 三相电源的三角形联结

由于对称三相电压存在$u_{A}+u_{B}+u_{C}=0$，所以三角形闭合回路的电源总电压为零，不会引起环路电流。如果有一相或两相电源接反，闭合回路中的电源总电压就是相电压的两倍，由于每相绕组的阻抗很小，会产生很大的环流而烧毁电源。因此，为了保证连接正确，先把三相绕组联成开

口三角形，再用电压表检测一下开口电压，如果电压表读数很小，说明连接正确；如果电压表的读数是电源电压的两倍，说明有接反的，应予改正。

知识与小技能测试

1. 当三相电动机反转时，如何才能使电动机正转？
2. 当三相电源三角形联结时，如果有一相或两相电源接反，会有什么后果？

3.2　三相负载的连接

三相电路中的负载也有星形（Y）和三角形（△）两种连接方式。

3.2.1　三相负载的星形联结

图3-6为三相负载的星形联结，其中N′点为负载中性点。三相电源星形联结的结论也适用于星形联结的三相负载。

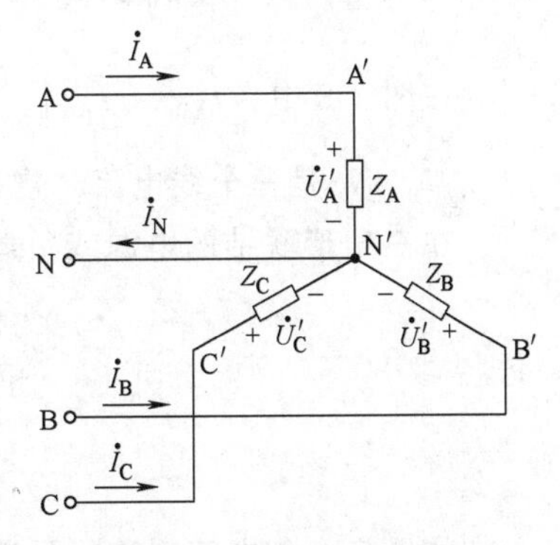

图3-6　三相负载的星形联结

在负载对称的条件下，因为各相电流间的相位彼此相差120°，所以，在每一时刻流过中性线的电流之和为零，把中性线去掉，用三相三线制供电是可以的。

像电动机这样的三相对称负载，使用的就是三相制供电，不必连接中性线。有学生要问，根据图3-6三个电流均流向负载，那么电流从哪里流回去呢？因为导线中流动的电流是看不见的，所以这是困扰很多初学者的问题，下面用一例题给大家解惑。

【例3-1】　在图3-7a规定的参考方向下，已知i_A、i_B、i_C构成一组正序对称三相正弦电流，电流有效值为1.41A。(1) 若取i_A为参考正弦量，试写出它们的表示式；(2) 当i_A的相位为90°时，求各电流。

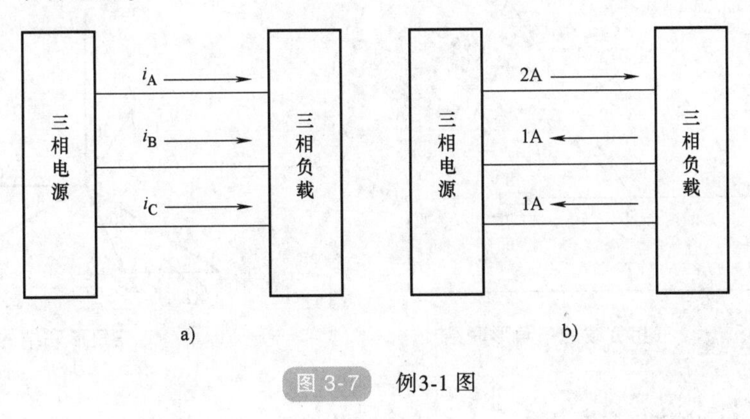

图3-7　例3-1图

解：(1)

$$i_A = 1.41\sqrt{2}\sin\omega t\,\text{A}$$

$$i_B = 1.41\sqrt{2}\sin(\omega t-120°)\,\text{A}$$

$$i_C = 1.41\sqrt{2}\sin(\omega t+120°)\,\text{A}$$

（2）当 $\omega t=90°$时，

$$i_A=1.41\sqrt{2}\sin 90°\text{A}\approx 2\text{A}$$

$$i_B=1.41\sqrt{2}\sin(90°-120°)\text{A}\approx 2\sin(-30°)\text{A}=-1\text{A}$$

$$i_C=1.41\sqrt{2}\sin(90°+120°)\text{A}\approx 2\sin 210°\text{A}=-1\text{A}$$

$$i_A+i_B+i_C=2\text{A}+(-1\text{A})+(-1\text{A})=0$$

这说明，在 $\omega t=90°$对应的时刻，i_A 的瞬时值是正的，因此它与参考方向相同；而 i_B、i_C 的瞬时值为负，说明它的实际流向与图中所标的参考方向相反。这时，A 相的电流从 C 相和 B 相流回电源。

实际上，在交流电的一个周期内，各相电流的大小和方向均发生着周期性的变化，但它们三相内部都能形成回路，因此不用担心电流流不回去了。

3.2.2 三相负载的三角形联结

在图 3-8 中，$\dot{I}_{A'B'}$、$\dot{I}_{B'C'}$、$\dot{I}_{C'A'}$是三个相电流，规定相电流与相电压为关联参考方向。$\dot{I}_A$、$\dot{I}_B$、$\dot{I}_C$是三个线电流，规定它们的参考方向由电源流向负载。

在三角形联结的电源或负载中，根据基尔霍夫电流定律，线电流与相电流之间的关系为

$$\dot{I}_A=\dot{I}_{A'B'}-\dot{I}_{C'A'}$$

$$\dot{I}_B=\dot{I}_{B'C'}-\dot{I}_{A'B'}$$

$$\dot{I}_C=\dot{I}_{C'A'}-\dot{I}_{B'C'}$$

如果三个相电流对称，设其有效值为 I_P，画出相量图（见图 3-9），由相量图可知。这三个线电流也必然对称，且线电流的有效值 I_L 是 I_P 的$\sqrt{3}$倍，即

$$I_L=\sqrt{3}I_P \tag{3-4}$$

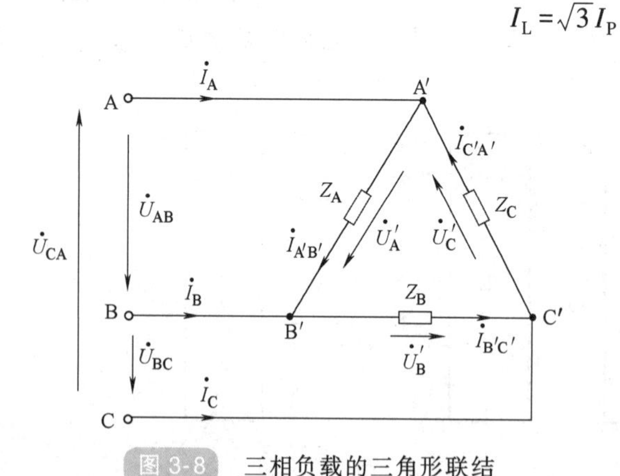

图 3-8　三相负载的三角形联结

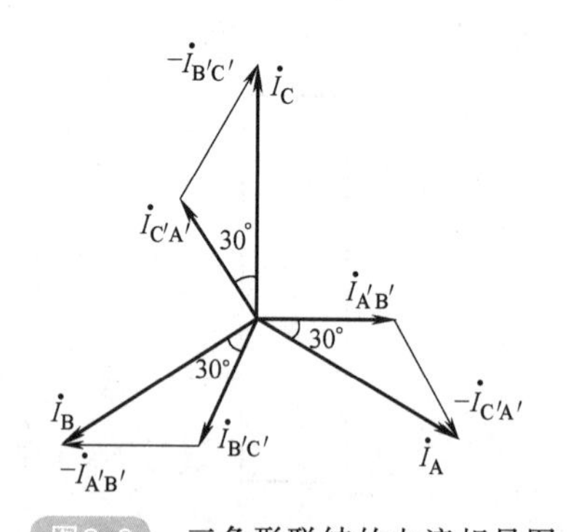

图3-9　三角形联结的电流相量图

在相位上，$\dot{I}_A$ 比 $\dot{I}_{A'B'}$、$\dot{I}_B$ 比 $\dot{I}_{B'C'}$、$\dot{I}_C$ 比 $\dot{I}_{C'A'}$均滞后 30°相位角。

若负载不对称，则各线电流应由顶点的 KCL 方程式联立求得，与相电流并无固定的$\sqrt{3}$倍关系。同样在三线制中，无论电路对称与否，都有 $\dot{I}_A+\dot{I}_B+\dot{I}_C=0$。

【例 3-2】 一组星形联结的对称三相负载接于对称三相电源上，如图 3-10 所示。已知

$Z=20^\circ\angle 30^\circ\Omega$，电源线电压 $U_L=380V$，试求相电流、线电流和中性线电流。若将此负载改为三角形联结，接入同样的三相电源上，如图 3-11 所示，试计算各电流。

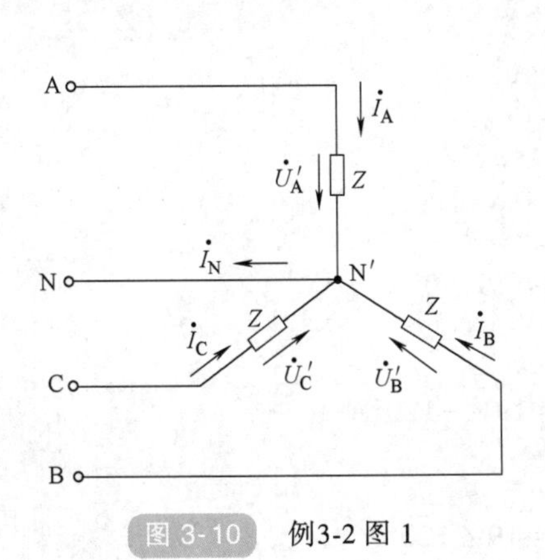

图 3-10　例3-2 图 1

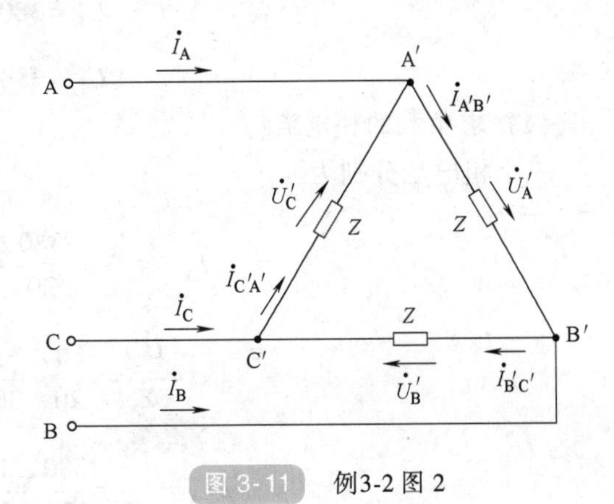

图 3-11　例3-2 图 2

解：星形联结

（1）求负载各相电压

由式（3-3）计算得　$U_P=\dfrac{U_L}{\sqrt{3}}=\dfrac{380}{\sqrt{3}}V=220V$

以 A 相电压为参考相量，电源为正序，则得

$$\dot{U}'_A=220\angle 0^\circ V$$

$$\dot{U}'_B=220\angle -120^\circ V$$

$$\dot{U}'_C=220\angle 120^\circ V$$

（2）求相电流

$$\dot{I}_A=\frac{\dot{U}'_A}{Z}=\frac{220\angle 0^\circ}{20\angle 30^\circ}A=11\angle -30^\circ A$$

$$\dot{I}_B=\frac{\dot{U}'_B}{Z}=\frac{220\angle -120^\circ}{20\angle 30^\circ}A=11\angle -150^\circ A$$

$$\dot{I}_C=\frac{\dot{U}'_C}{Z}=\frac{220\angle 120^\circ}{20\angle 30^\circ}A=11\angle 90^\circ A$$

可见，三个相电流是对称的，且其有效值都为 $I_P=11A$。

（3）求线电流

星形联结时，线电流就是相电流，线电流有效值为 $I_L=I_P=11A$。

（4）求中性线电流

$$\dot{I}_N=\dot{I}_A+\dot{I}_B+\dot{I}_C=(11\angle -30^\circ+11\angle -150^\circ+11\angle 90^\circ)A=0$$

三角形联结

（1）求负载的相电压

三角形联结时，相电压就是线电压。各负载的相电压分别为

$$\dot{U}'_{A}=380\angle 30°\text{V}$$

$$\dot{U}'_{B}=380\angle -90°\text{V}$$

$$\dot{U}'_{C}=380\angle 150°\text{V}$$

（2）求负载的相电流

三个相电流分别为

$$\dot{I}_{A'B'}=\frac{\dot{U}'_{A}}{Z}=\frac{380\angle 30°}{20\angle 30°}\text{A}=19\angle 0°\text{A}$$

$$\dot{I}_{B'C'}=\frac{\dot{U}'_{B}}{Z}=\frac{380\angle -90°}{20\angle 30°}\text{A}=19\angle -120°\text{A}$$

$$\dot{I}_{C'A'}=\frac{\dot{U}'_{C}}{Z}=\frac{380\angle 150°}{20\angle 30°}\text{A}=19\angle 120°\text{A}$$

可见，三个相电流是对称的，且其有效值都为 $I_P=19\text{A}$。

（3）求线电流

三角形联结时，线电流与相电流是不一样的。线电流有效值按式（3-4）计算得

$$I_L=\sqrt{3}I_P=\sqrt{3}\times 19\text{A}=33\text{A}$$

比较可见：相同的电源，相同的负载，负载接法不同，线电流就不同。同一对称负载由星形联结改为三角形联结后，负载的相电压增加到原来的$\sqrt{3}$倍，使得相电流也增加到原来的$\sqrt{3}$倍，又由于线电流是相电流的$\sqrt{3}$倍，因此，线电流增加到$\sqrt{3}\times\sqrt{3}=3$ 倍。实际上功率也增加到原来的 3 倍。

知识与小技能测试

1. 你能把三相电路内部电流自成回路的现象给别的同学讲清楚吗？

2. 在三相照明系统中，试分析下列情况：

（1）A 相短路：中性线未断时，另两相负载电压是否正常？中性线断开时，另两相负载电压又如何？

（2）A 相断路：中性线未断时，另两相负载电压是否正常？中性线断开时，另两相负载电压又如何？

3.3　三相交流电路的功率

不论负载是星形联结还是三角形联结，三相交流电路的有功功率等于每相有功功率之和，即

$$P=P_A+P_B+P_C$$

每相负载的有功功率为

$$P_P=U_PI_P\cos\varphi$$

式中，φ 为同一相负载中相电压与相电流的相位差，即负载的阻抗角。在对称三相电路中，

各相负载的功率相同，因此，三相负载的总的有功功率为

$$P=3U_{P}I_{P}\cos\varphi \tag{3-5}$$

当对称负载星形联结时

$$U_{L}=\sqrt{3}U_{P},I_{L}=I_{P}$$

当对称负载三角形联结时

$$U_{L}=U_{P},I_{L}=\sqrt{3}I_{P}$$

将以上两种联结的关系式带入式（3-5）中，得到相同的结果，即

$$P=\sqrt{3}U_{L}I_{L}\cos\varphi \tag{3-6}$$

值得注意的是，式中 φ 仍是同一相负载中相电压与相电流的相位差，而不是线电压与线电流的相位差。

同理，对称三相电路的无功功率为

$$Q=3U_{P}I_{P}\sin\varphi=\sqrt{3}U_{L}I_{L}\sin\varphi \tag{3-7}$$

对称三相电路的视在功率为

$$S=\sqrt{P^{2}+Q^{2}}=3U_{P}I_{P}=\sqrt{3}U_{L}I_{L} \tag{3-8}$$

一般情况下，三相负载的视在功率不等于各相视在功率之和，只有当负载对称时才可以相加。

【例 3-3】 某电动机的额定功率 P_{N} 为 2.5kW，三相绕组为三角形联结。当 $\cos\varphi=0.866$，线电压为 380V 时，求图 3-12 中两个功率表的读数（这也是用两个功率表测三相电路功率的方法）。

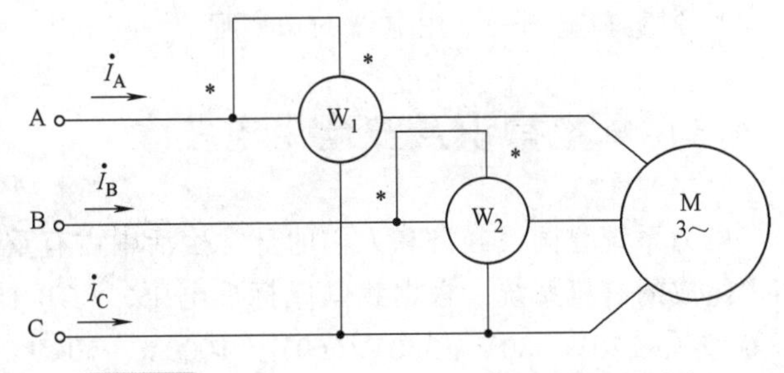

图 3-12　例3-3 图（两个功率表测量三相功率）

解：在三相三线制电路中，不论对称与否，都可以用两个功率表来测量三相功率。两个功率表的连接电路如图 3-12 所示。可以证明图中两个功率表的读数之和就等于三相电路吸收的有功功率，其中功率表 W_{1} 的读数

$$P_{1}=U_{AC}I_{A}\cos(\varphi-30°)$$

功率表 W_{2} 的读数

$$P_{2}=U_{BC}I_{B}\cos(\varphi+30°)$$

其中线电流为

$$I_{L}=\frac{P_{N}}{\sqrt{3}U_{L}\cos\varphi}=\frac{2.5\times10^{3}}{1.732\times380\times0.866}\text{A}\approx4.39\text{A}$$

$$\varphi=\arccos0.866=30°$$

电动机为对称三相负载，三个线电流的有效值相同，电源的三个线电压总是对称的。所以两个功率表的读数分别为

$$P_{1}=U_{AC}I_{A}\cos(\varphi-30°)=380\times4.39\times\cos(30°-30°)\text{W}\approx1668\text{W}$$

$$P_{2}=U_{BC}I_{B}\cos(\varphi+30°)=380\times4.39\times\cos60°\text{W}\approx834\text{W}$$

电路的三相总有功功率为

$$P=P_1+P_2=(1668+834)\,W=2502W\approx 2.5kW$$

二瓦计法只适合于三相制电路功率的测量。三相四线制电路的功率需要用三瓦计法测量，即用功率表分别测量各相的功率，最后将所测量结果相加。

三相三线制的功率测量时，有下面几种情况：

1）对于 $\varphi=0$ 的电阻性负载，两功率表读数相等，三相有功功率 $P=P_1+P_2$。

2）对于 $\varphi=\pm60°$的感性或容性负载，$\cos\varphi=0.5$，两功率表中有一只表的读数为零，则三相有功功率 $P=P_1$ 或 $P=P_2$。

3）对于$|\varphi|>60°$的负载，$\cos\varphi<0.5$，两表中有一只表的读数为负值，即功率表反向偏转。为了得到读数，将此功率表的电流线圈两个接头调换一下即可。此时三相有功功率等于两表读数之差，即 $P=P_1-P_2$。因此三相电路的总功率等于这两个功率表读数的代数和。显然在二瓦计法测量中，单独一个功率表的读数是无意义的。

在三相四线制供电体系中，除对称运行外，不能用二瓦计法来测量三相功率。这是因为在一般情况下，$\dot{I}_A+\dot{I}_B+\dot{I}_C\neq0$。

知识与小技能测试

1. 一台三相电炉（对称负载），每相负载的电阻为 10Ω，试求在 380V 线电压作用下，电炉分别接成三角形和星形时，各从电网取用多少功率？

2. 到实验室测一下用电器的功率吧。

3.4 供配电常识及安全用电技术

电力系统在国民经济和人们的日常生活中占有重要的地位，它是由发电厂、电力网以及用户组成的有机系统。根据我国《标准电压》（GB 156—2017）规定，交流电力网的额定电压等级有 220V/380V、380V/660V、1000V、10kV、20kV、35kV、66kV、110kV、220kV、330kV、500kV、750kV、1000kV。一次侧电源进线为 10kV，从变压器二次侧到用户的用电设备，二次电压一般为 380V 或 220V，这通常称为低压供电系统。

3.4.1 低压配电系统的接地形式

我国供电使用的基本供电系统有三相三线制、三相四线制和三相五线制，我国 220V/380V 低压配电系统广泛采用中性点直接接地的运行方式，而且引出有中性线（neutral wire，代号 N）、保护线（protective wire，代号 PE）或保护中性线（PEN wire，代号 PEN）。

中性线(N) 的功能：一是用来接用额定电压为系统相电压的单相用电设备；二是用来传导三相系统中的不平衡电流和单相电流；三是用来减小负荷中性点的电位偏移。中性线的颜色为蓝色。

保护线（PE）的功能：它是用来保障人身安全、防止发生触电事故用的接地线。系统中所有设备的外露可导电部分（指正常不带电压但故障时可能带电压的易被触及的导电部分，例如设备的金属外壳、金属构架等）通过保护线接地，可在设备发生接地故障时减少触电危险。

保护中性线（PEN）的功能：它兼有中性线（N）和保护线（PE）的功能。这种 PEN

线在我国通称为“零线”，俗称“地线”，导线为黄绿色条纹。

按低压配电系统接地形式，国际电工委员会（IEC）做了统一规定，分别称为TN系统、TT系统和IT系统。第一个字母表示电力（电源）系统对地关系。如T表示是中性点直接接地；I表示所有带电部分绝缘。第二个字母表示用电装置外露的可导电部分对地的关系。如T表示设备外壳接地，它与系统中的其他任何接地点无直接关系；N表示负载采用接零保护。第三个字母表示中性线与保护线的组合关系。如C表示中性线与保护线是合一的，如TN-C；S表示中性线与保护线是严格分开的，所以PE线称为专用保护线，如TN-S。

1. TN系统

如图3-13所示，TN系统的中性点直接接地，所有设备的外露可导电部分均接公共的保护线（PE线）或公共的保护中性线（PEN线）。这种接公共PE线或PEN线的方式，通称“保护接零”。TN系统又分TN-C系统、TN-S系统和TN-C-S系统。

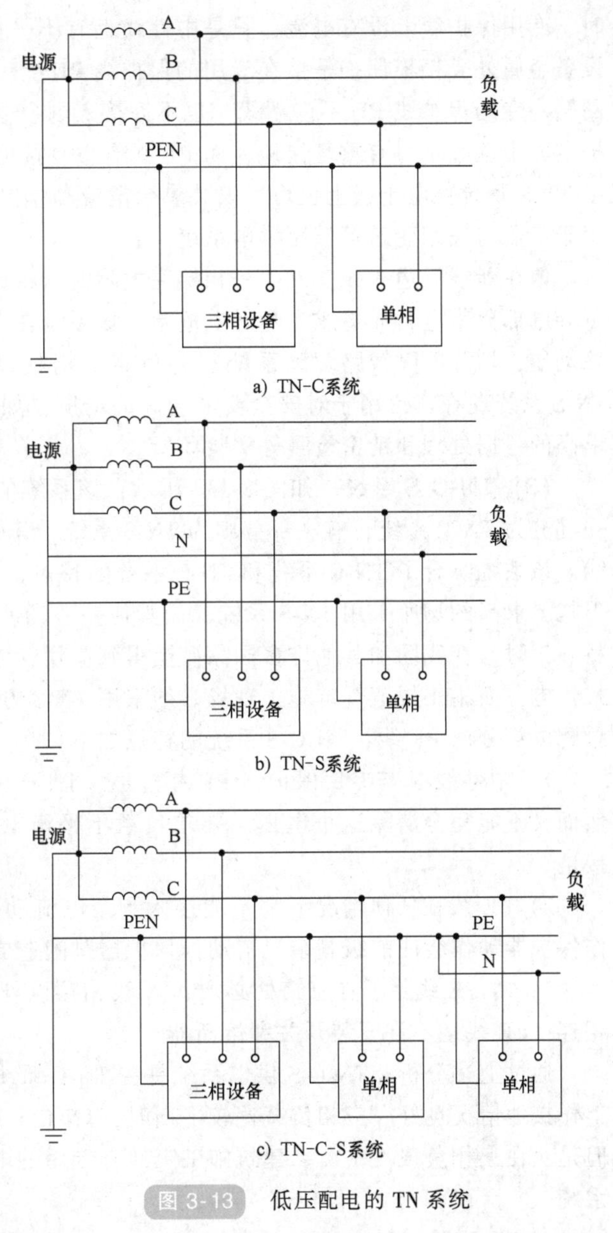

图3-13　低压配电的TN系统

(1) TN-C系统　如图3-13a所示，其中的N线与PE线全部合并为一根PEN线。PEN线中可有电流通过，因此对其接PEN线的设备相互间会产生电磁干扰。如果PEN线断线，还可使断线后边接PEN线的设备外露可导电部分带电而造成人身触电危险。该系统由于PE线与N线合为一根PEN线，从而节约了有色金属和投资。一旦设备出现外壳带电，接地保护系统能将故障电流上升为短路电流，这个电流很大，实际上就是单相对地短路故障，熔断器的熔丝会熔断，低压断路器的脱扣器会立即动作而跳闸，使故障设备断电，比较安全。TN-C系统在我国低压配电系统中应用最为普遍，但不适用于对人身安全和抗电磁干扰要求高的场所。

(2) TN-S系统　如图3-13b所示，其中的N线与PE线全部分开，设备的外露可导电部分均接PE线。由于PE线中没有电流通过，因此设备之间不会产生电磁干扰。PE线断线时，正常情况下，也不会使断线后边接PE线的设备外露可导电部分带电；系统正常运行时，专用保护线上没有电流，只是中性线上有不平衡电流。PE 线对地没有电压，所以电气设备金属外壳接零保护是接在专用的保护线 PE 上，安全可靠。中性线只用作单相照明负载回路。专用保护线 PE 不许断线，也不许接入剩余电流断路器。干线上使用剩余电流动作保护器，中性线不得有重复接地，而 PE 线有重复接地，但是不经过剩余电流动作保护器，所以 TN-S 系统供电干线上也可以安装剩余电流动作保护器。TN-S 方式供电系统安全可靠，适用于工业与民用建筑等低压供电系统。

但在断线后边有设备发生一相接壳故障时，将使断线后边其他所有接 PE 线的设备外露可导电部分带电，而造成人身触电危险。该系统在发生单相接地故障时，线路的保护装置应该动作，切除故障线路。该系统在有色金属消耗量和投资方面较之 TN-C 系统有所增加。TN-S 系统现在广泛用于对安全要求较高的场所，如浴室和居民住宅等处及对抗电磁干扰要求高的数据处理和精密检测等实验场所。

（3）TN-C-S 系统 如图 3-13c 所示，该系统的前一部分全部为 TN-C 系统，而后边有一部分为 TN-C 系统，有一部分则为 TN-S 系统，其中设备的外露可导电部分接 PEN 线或 PE 线。该系统综合了 TN-C 系统和 TN-S 系统的特点，因此比较灵活，对安全要求和对抗电磁干扰要求高的场所采用 TN-S 系统，而其他一般场所则采用 TN-C 系统。TN-C-S 系统节省材料、工时，在我国和其他许多国家广泛得到应用，施工临时供电中，如果前部分是 TN-C 方式供电，而施工规范规定施工现场必须采用 TN-S 方式供电系统，则可以在系统后部分现场总配电箱分出 PE 线，TN-C-S 系统的特点如下：

1）中性线 N 与专用保护线 PE 相连通，TN-C-S 系统可以降低电动机外壳对地的电压，然而又不能完全消除这个电压。要求负载不平衡电流不能太大，而且在 PE 线上应做重复接地。

2）PE 线在任何情况下都不能接入剩余电流动作保护器，因为线路末端的剩余电流动作保护器动作会使前级剩余电流动作保护器跳闸造成大范围停电。

3）对 PE 线除了在总箱处必须和 N 线相接以外，其他各分箱处均不得把 N 线和 PE 线相连，PE 线上不许安装开关和熔断器。

通过上述分析，TN-C-S 供电系统是在 TN-C 系统上临时变通的做法。当三相电力变压器工作接地情况良好、三相负载比较平衡时，TN-C-S 系统在施工用电实践中效果还是可行的。但是，在三相负载不平衡、建筑施工工地有专用的电力变压器时，必须采用 TN-S 方式供电系统。

2. TT 系统

如图 3-14 所示，TT 系统的中性点直接接地，而其中设备的外露可导电部分均各自经 PE 线单独接地，也称为保护接地系统，第一个字母 T 表示电力系统中性点直接接地；第二个字母 T 表示负载设备外露不与带电体相接的金属导电部分与大地直接连接，而与系统如何接地无关。TT 方式供电系统在供电距离不是很长时，供电的可靠性高、安全性好；一般用于不允许

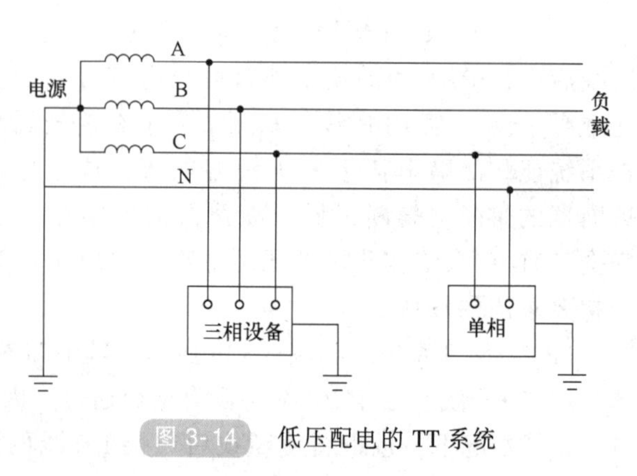

图 3-14 低压配电的 TT 系统

停电的场所，或者是要求严格连续供电的地方，例如电力炼钢、医院的手术室、地下矿井等处。地下矿井内供电条件比较差，电缆易受潮，运用TT方式供电系统，即使电源中性点不接地，一旦设备漏电，单相对地故障电流仍小，不会破坏电源电压的平衡，所以比电源中性点接地的系统还安全。但是，如果用在供电距离很长时，供电线路对大地的分布电容就不能忽视了。在负载发生短路故障或漏电使设备外壳带电时，故障电流经大地形成回路，保护设备不一定动作，这是危险的。只有在供电距离不太长时才比较安全。这种供电方式在工地上很少见。

由于TT系统中各设备的外露可导电部分的接地PE线彼此是分开的，互无电气联系，因此相互之间不会发生电磁干扰问题。该系统如发生单相接地故障，则形成单相短路，线路的保护装置应动作跳闸，切除故障线路。该系统适用于安全要求及对抗干扰要求较高的场所。这种供电系统的特点如下：

1）当电气设备的金属外壳带电（相线碰壳或设备绝缘损坏而漏电）时，由于有接地保护，可以大大减少触电的危险性。但是，低压断路器不一定能跳闸，造成漏电设备的外壳对地电压高于安全电压，属于危险电压。

2）当故障电流比较小时，即使有熔断器也不一定能熔断，所以还需要漏电保护器做保护，因此TT系统难以推广。

3）TT系统接地装置耗用钢材多，而且难以回收、费工时、费料。现在有的单位采用TT系统，施工单位借用其电源作临时用电时，应用一条专用保护线，以减少需接地装置钢材用量。把新增加的专用保护线PE线和中性线N分开，其特点是：①共用接地线与中性线没有电的联系；②正常运行时，中性线可以有电流，而专用保护线没有电流；③TT系统主要应用在一些很难做等电位联结㊀的户外位压装置。这种配电系统在国外应用较为普遍，现在我国也开始推广应用。《住宅设计规范》（GB 50096—2011）就规定：住宅供电系统“应采用TT、TN-C-S或TN-S接地方式”。

3. IT系统

如图3-15所示，IT系统的中性点不接地，或经高阻抗（约1000Ω）接地。第一个字母I表示电源侧没有工作接地，或经过高阻抗接地；第二个字母T表示负载侧电气设备进行接地保护。该系统没有N线，因此不适用于接额定电压为系统相电压的单相设备，只能接额定电压为系统线电压的单相设备和三相设备。该系统中所有设备的外露可导电部分均经各自的PE线单独接地，由于IT系统中设备外露可导电部分的接地PE线也是彼此分开的，互无电气联系，因此相互之间也不会发生电磁干扰问题。

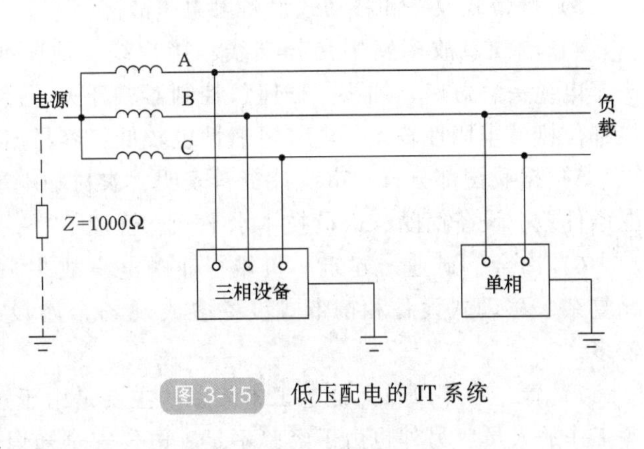

图3-15 低压配电的IT系统

㊀等电位联结是将建筑物中各电气装置和其他装置外露的金属和可导电部分与人工或自然接地体同导体连接起来，以达到减少电位差的目的，确保人身安全。

由于IT系统中性点不接地或经高阻抗接地，因此当系统发生单相接地故障时，三相设备及接线电压的单相设备仍能照常运行。但是在发生单相接地故障时，应发出报警信号，以便供电值班人员及时处理，消除故障。

IT系统主要用于对连续供电要求较高及有易燃易爆危险的场所，特别是矿山、井下等场所的供电。

3.4.2 安全用电技术

案例1：2018年8月，编者的一个同乡在建筑工地维修电焊时，把刀开关闸刀拉下，当时没有挂上警示牌或找人看管。殊不知这刀开关控制着两路电。另一路的操作人员发现没了电，沿线找到刀开关处，直接合上了闸，结果造成同乡当场死亡。

案例2：2013年7月14日下午3点半左右，天津市河北区渤海游泳池内，由于断裂的电线掉入泳池，致使三人在事故中被电身亡，多人被电伤。

1. 触电事故分类

触电事故分电击和电伤两种。

1）电击又分为直接接触电击和间接接触电击。绝缘、屏护、间距等属于防止直接接触电击的安全措施。接地、接零等属于防止间接接触电击的安全措施。

2）电伤按照电流转换成作用于人体的不同能量形式，分为电弧烧伤、电流灼伤、皮肤金属化、电烙印、机械性损、电光眼等伤害。

2. 触电事故的规律

1）统计资料表明：每年6~9月的触电事故最多。主要是由于这段时间天气炎热、人体衣衫单薄且汗多，触电危险性较大；还由于这段时间多雨、潮湿、电气设备绝缘性能降低等。

2）统计资料表明，低压触电事故远多于高压触电事故。

3）携带式设备和移动式设备触电事故多。

4）电气事故多发生在分支线、接户线、地爬线、接线端、压线头、焊接头、电线接头、电缆头、灯座、插头、插座、控制器、开关、接触器、熔断器等处，主要是由于这些连接部位机械牢固性较差，电气可靠性也较低，容易出现故障。

5）据我国部分省、市统计资料表明，农村触电事故为城市的6倍，主要是由于农村用电条件差、设备简陋、人员技术水平低、管理不严、电气安全知识缺乏。

6）冶金、矿业、建筑、机械行业触电事故多，由于这些行业有潮湿、高温、现场情况复杂、移动式设备和携带式设备多或现场金属设备多等不利因素存在，因此触电事故较多。

7）青、中年以及无证电工事故多，主要是由于这些人多是操作者，即多是接触电气设备工作的人员，另外也由于经验不足，电气安全知识也不足。

8）误操作和违章作业造成的事故多，主要是由于教育不够及安全措施不完备。

3. 触电急救

（1）脱离电源 首先应使触电者脱离电源，分脱离低压电源和高压电源两类情况。

1）对于低压触电事故，如果触电者触及带电设备，救护人员应设法迅速拉开电源开关或电源插头，或者使用带有绝缘柄的电工钳切断电源。当电线搭接在触电者身上或被压在身下时，可用干燥的衣服、手套、木棒等绝缘物作为工具，拉开触电者或挑开电线，使触电者脱离电源。

2）对于高压触电事故，救护人员应戴上绝缘手套，穿上绝缘靴，使用相应电压等级的绝缘工具拉开电压开关；或者抛掷金属线使线路短路、接地，迫使保护装置动作，切断电源。对于没有救护条件的，应该立即通知有关部门停电。

救护人员可站在绝缘垫上或干木板上进行救护。触电者未脱离电源之前，不得直接用手触及触电者，而且最好用一只手进行救护。当触电者处在高处的情况下，应考虑触电者解脱电源后可能会从高处坠落，所以要同时做好防摔措施。

（2）急救处理 当触电者脱离电源以后，必须迅速判断触电程度的轻重，立即对症救治，同时通知医生前来抢救。

1）如果触电者神志清醒，则应使之就地平躺，严密观察，暂时不要站立或走动，同时也要注意保暖和保持空气新鲜。

2）如果触电者已神志不清，则应使之就地平躺，确保呼吸道通畅，特别要注意他的呼吸、心跳状况，注意不要摇动触电者的头部。

3）如果触电者失去知觉，停止呼吸，但心脏微有跳动，应在通畅呼吸道后立即施行口对口（或鼻）人工呼吸急救法。

4）如果触电者伤势非常严重，呼吸和心跳都已停止，通常对触电者立即就地采用口对口（或鼻）人工呼吸法和胸外心脏按压法进行抢救，有时应根据具体情况采用摇臂压胸呼吸法或俯卧压背呼吸法进行抢救。

5）口对口人工呼吸法的具体操作步骤如下：

① 迅速松开触电者的上衣、裤带或其他妨碍呼吸的装饰物，使其胸部能自由扩张。

② 使触电者仰卧，清除触电者口腔中的血块、痰唾或口沫，取下义齿等物，然后将其头部尽量往后仰（最好用一只手托在触电者颈后），鼻孔朝天，使其呼吸道畅通。

③ 救护人员捏紧触电者鼻子，深深吸气后再大口向触电者口中吹气，为时约 2s。吹气完毕后救护人员应立即离开触电者的嘴巴，放松触电者的鼻子，使之自身呼气，为时约 3s。如果触电者是儿童，只可小口吹气以防肺泡破裂。

6）胸外心脏按压法的具体操作步骤如下：

① 首先要解开触电者的衣服和腰带，清除口腔内异物，使呼吸道通畅。

② 触电者仰天平卧，头部往后仰，后背着地处的地面必须平整牢固，如硬地或木板之类。

③ 救护人员位于触电者的一侧，最好是跪跨在触电者臀部位置，两手相叠，右手掌放在触电者的剑突上 2.5~5cm 处或两乳头连线中点，左手掌压在右手背上。

④ 救护人员向触电者的胸部垂直用力向下挤压，压出心脏里的血液。对成人应压陷 3~4cm。

⑤ 按压后，掌根迅速放松，但手掌不要离开胸部，让触电者胸部自动复原，心脏扩张，血液又回到心脏来。

按照上述要求反复地对触电者的心脏进行按压和放松。按压与放松的动作要有节奏，每秒钟进行一次，每分钟 80 次效果最好。按压时切忌用力过猛，以防造成触电者内伤，但也不可用力过小，而使按压无效。如果触电者是儿童，则可用一只手按压，用力要轻，以免损伤胸骨。

注意对心跳和呼吸都停止的触电者的急救要同时采用人工呼吸法和胸外心脏按压法。如果现场只有一人，可采用单人操作。单人进行抢救时，先给触电者吹气 3~4 次，然后再按压 7~8 次，接着交替重复进行。如果由两人合作进行抢救则更为适宜，方法是上述两种方法的组合，但在吹气时应将其胸部放松，按压只可在换气时进行。

7）急救时应注意下列事项：

① 任何药物都不能替代口对口人工呼吸和胸外心脏按压法抢救触电者，这是对触电者最基本的两种急救方法。

② 抢救触电者应迅速而持久地进行抢救，在没有确定触电者已死亡的情况下，不要轻易放弃，以免错过机会。

③ 要慎重使用肾上腺素。只有经过心电图仪鉴定心脏确已停止跳动且配备有心脏除颤装置时，才允许使用肾上腺素。

4. 安全作业常识

电工安全操作基本要求如下：

1）严格禁止带电操作。应遵守停电操作的规定，操作前要断开电源，然后检查电器、线路是否已停电，未经检查的都应视为有电。

2）切断电源后，应及时挂上“禁止合闸，有人工作”的警告示牌，必要时应加锁，带走电源开关内的熔断器，然后才能工作。

3）低压线路带电操作时，应设专人监护，使用有绝缘柄的工具，必须穿长袖衣服和长裤，扣紧袖口，穿绝缘鞋，戴绝缘手套，工作时站在绝缘垫上。

4）工作结束后应遵守停电、送电制度，禁止约定时间送电。

5. 预防触电事故的措施

（1）绝缘、屏护和间距

1）绝缘就是用瓷、玻璃、云母、橡胶、木材、胶木、塑料、布、纸和矿物油等绝缘材料把带电体封闭起来。

2）屏护是指采用遮栏、护罩、护盖、箱匣等把带电体同外界隔绝开来。在我国边远农村，常听到小孩因接触变压器高压线而造成截肢的事情，实在让人痛心。

3）间距就是指保证人体与带电体之间安全的距离。例如，10kV 架空线路经过居民区时与地面（或水面）的最小距离为 6.5m；常用开关设备安装高度为 1.3~1.5m；明装插座离地面高度应为 1.3~1.5m；暗装插座离地距离可取 0.2~0.3m；在低压操作中，人体或其携带工具与带电体之间的最小距离不应小于 0.1m。

（2）接地和接零　接地就是把电源或用电设备的某一部分，通常是其金属外壳，用接地装置同大地进行电的紧密连接。接地装置由埋入地下的金属接地体和接地线组成。接地分为正常接地和故障接地。正常接地有工作接地和安全接地之分。安全接地主要包括防止触电的保护接地、防雷接地、防静电接地及屏蔽接地等。

1）工作接地就是在三相交流电力系统中，作为供电电源的变压器低压中性点接地。工作接地有如下作用：其一是减轻高压窜入低压的危险。其二是减低低压一相接地时的触电危险。

我国的 380V/220V 低压配电系统，都采用了中性点直接接地的运行方式。工作接地是低压电网运行的主要安全设施，工作接地电阻必须不大于 4Ω。

2）保护接地就是为了防止电气设备外露的不带电导体意外带电造成危险，将该电气设备经保护接地线与深埋在地下的接地体紧密连接起来，保护接地电阻应小于4Ω。保护接地是中性点不接地低压系统的主要安全措施。

3）保护接零就是把电气设备在正常情况下不带电的金属部分与电网的中性线紧密地连接起来。

（3）安装剩余电流动作保护装置　剩余电流动作保护器可以在设备及线路漏电时通过保护装置的检测机构取得异常信号，经中间机构转换和传递，然后促使执行机构动作，自动切断电源来起保护作用。当漏电保护装置与低压断路器组装在一起时，就成为剩余电流断路器。这种开关同时具备短路、过载、欠电压、失电压和漏电等多种保护功能。以防止人身触电为目的的剩余电流动作保护装置，应该选用高灵敏度快速型的（动作电流为30mA）。

（4）采用安全电压　干燥的条件下，人体本身的耐电压能力为交流33V和直流70V；在环境湿润的条件下，人能承受的电压会降低，为交流16V和直流35V。凡金属容器内、隧道内、矿井内等工作地点狭窄、行动不便，以及周围有大面积接地导体的环境，使用手提照明灯时应采用12V安全电压。

知识与小技能测试

1. 画图比较TN-C与TN-C-S接地系统的区别。
2. 说明安全用电的措施。
3. 说明工作接地与保护接地的区别。
4. 阐述触电急救的步骤。
5. 有一次某幢三层大楼电灯发生故障，第二层和第三层楼的所有电灯突然都暗下来，而第一层的电灯亮度未变，试问这是什么原因？这幢楼的电灯是如何连接的？同时又发现第三层楼的电灯比第二层的还要暗些，这又是什么原因？请画出电路图。

技能训练

技能训练一　三相照明电路的连接、测量与分析

1. 实验目的

1）掌握三相负载的星形及三角形联结方式。

2）掌握两种联结方式的线电压与相电压、线电流与相电流的关系及测量方法。

3）理解三相四线制供电系统中中性线的作用。

2. 实验仪器及设备

三相交流电源、三相自耦调压器、交流电压表、交流电流表、三相灯组负载。

3. 预习要求

1）三相负载根据什么条件进行星形或三角形联结？

2）试分析三相星形联结不对称负载在无中性线情况下，当某相负载开路或短路时会有什么情况？如果接上中性线，情况又如何？

3）本次实验为什么要通过三相调压器将380V市电压降为220V（150V）线电压使用？

4. 实验原理

三相交流电路中，负载的连接方式分为星形联结和三角形联结两种。

1）当负载为星形联结时，相电流恒等于线电流，即 $I_L = I_P$。

2）当负载为三角形联结时，线电压等于相电压。

5. 实验内容及步骤

（1）三相负载星形联结

1）三相负载星形联结电路如图 3-16 所示。按图 3-16 连接实验电路。

2）测量有中性线时，三相负载对称情况下各线电压、相电压、相电流和中性线电流的数值，并记入表 3-1。

3）测量无中性线时，三相负载对称情况下各线电压、相电压、相电流及负载中性点及电源中性点之间的电压的数值，记入表 3-1，观察此时三相灯的亮度是否有不同。各相亮度是指各相灯泡亮度的比较（强、中、弱）。

4）测量有中性线时，三相负载不对称情况下各线电压、相电压、相电流及中性线电流的数值，记入表 3-1，并观察一下三相灯的亮度有否不同。

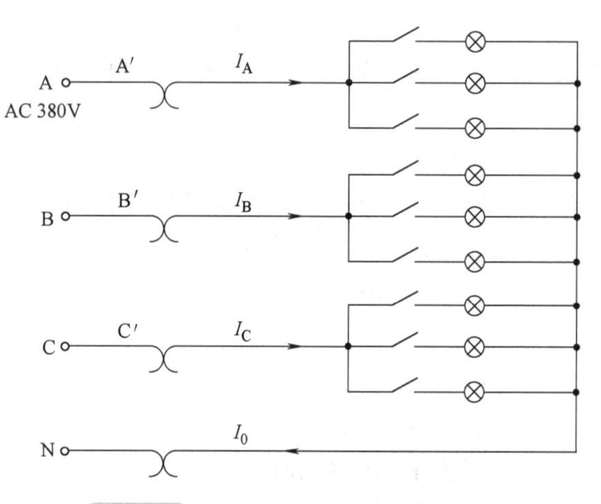

图 3-16 模块三技能训练一电路图1

5）测量无中性线时，三相负载不对称情况下各线电压、相电压、相电流、负载中性点与电源中性点间电压的数值，记入表 3-1，观察此时三相电灯亮度是否不同，分析中性线的作用。

表 3-1 星形联结的数据记录表 （电压单位：V；电流单位：A）

负载情况 \ 测量数据		开灯数			各相亮度			线电流			线电压			相电压			中性线电流	中性点电压
		A	B	C	A	B	C	I_A	I_B	I_C	U_{AB}	U_{BC}	U_{CA}	U_A	U_B	U_C	I_N	$U_{N'N}$
对称负载	有中性线	3	3	3														
	无中性线	3	3	3														
不对称负载	有中性线	1	2	3														
	无中性线	1	2	3														

（2）三相负载三角形联结

1）三相负载三角形联结电路如图 3-17 所示。按图 3-17 连接实验电路。

2）三相负载对称时，测量各线电压、相电流、线电流，并记入表 3-2。

3）三相负载不对称时，再按上述方法测各线电压、线电流、相电流，记入表 3-2。

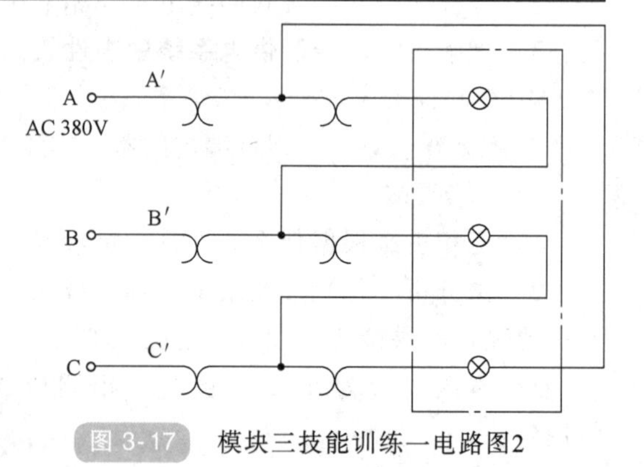

图 3-17 模块三技能训练一电路图2

6. 实验报告要求

1）完成表 3-1、表 3-2 中的各项测量和计算任务。

2）根据实验数据验证对称三相电路中的关系。

3）总结星形联结中性线的作用。

表 3-2　**三角形联结的数据记录表**　（电压单位：V；电流单位：A）

负载情况 \ 测量数据		开灯数			各相亮度			线电流			相电流			线(相)电压		
		A	B	C	A	B	C	I_A	I_B	I_C	I_{AB}	I_{BC}	I_{CA}	U_{AB}	U_{BC}	U_{CA}
负载	对称	3	3	3												
	不对称	1	2	3												

4）根据实验结果说明本应三角形联结的负载如误接成星形联结会产生什么后果？本应星形联结的负载如误接成三角形联结又会产生什么后果？

7. 实验注意事项

1）接通电源前，将电路检查无误后，方可进行测试。

2）测量的电压、电流均为负载的，而不是电源的。

技能训练二　电气维修基本方法和技能

三相交流电在工业上应用广泛。在此，学生将学会诊断电气故障的基本方法，初步掌握一定的电气维修基本技能，以便在日后工作中快速进入角色。电气故障诊断与维修和医生看病一样，需要扎实的理论知识、正确有效的方法和精湛的技艺，下面的“六诊”“九法”“三先后”无疑将为学生的成长打一个很好的基础。

1. “六诊”

“六诊”指口问、眼看、耳听、鼻闻、手摸、表测。前五诊是感官诊断，与个人经验有关，为了减少误差，可采用多人会诊。表测可用验电器、万用表、兆欧表、钳形电流表等查找电气故障。常用的测量方法有：

1）测量电压法，有分阶测量法和分段测量法。

2）测电阻法。

3）测电流法。

4）测绝缘电阻法。

2. “九法”

“九法”指分析法、短路法、开路法、切割法、替代法、菜单法、对比法、扰动法、再现故障法。

（1）分析法　分析法是根据电气设备的工作原理、控制原理和线路，结合初步感官诊断故障和特征，弄清故障所属的系统，分析故障原因，确定故障范围。

故障 1：某施工单位新买一台交流弧焊机和 50m 电焊线，由于当时焊接工作地点就在弧焊机附近，施工人员认为没必要把整盘的电焊线打开，只抽出一个头接在弧焊机的二次侧上。一试结果电流很小不能起弧。经检查都正常完好，弧焊机的二次侧电压表指示空载电压为 70V。后请来有经验的电工，他把整盘的电焊线打开弄直，再试，一切正常。原来没打开的整盘电焊线会产生很大的电感，使弧焊机的输出电压减小，不能起弧。

故障 2：卷扬机按提升按钮却下降。在卷扬机正常运行中突然发现，无论按提升按钮还是下降按钮均下降。经电工仔细检查发现，提升接触器 KM_1 中间相触头接触不良，使电动机实际得到的只是两相电。三相异步电动机断掉一相后是不能起动的。但在卷扬机中，料斗和钢丝绳总要给电动机一个向下的外力矩（此时制动电磁铁接在另外两相上不受影响），在按动提升按钮时，电磁铁能够吸合而松开制动器，卷扬机却是下降的。当然，按下降按钮卷扬机也下降。

（2）短路法 短路法是把电气通路的某处短路或某一中间环节用导线跨接。具体做法是用短接线或旁路电容跨接，如能恢复正常，则说明故障就在该环节。为防止接错线引起电源回路短路，可在连接线上加装熔断器。

故障：继电器-接触器控制电路触点开路。触点故障是这类电路最常见的故障，可以用短路法快速、准确地找到开路故障点。

图 3-18 中，SB 是装在绝缘盒里的试验按钮（耐压交流 500V，电流 5A），它有两根引线，引线端头可分别采用黑色和红色鳄鱼夹。在切断主电路电源的情况下，黑色鳄鱼夹固定在接触器 2KM 线圈靠相线 A 的一端接线柱上，红色鳄鱼夹移动。红色鳄鱼夹在控制电路中间位置（二分法）任一触点的任意一端接线柱上，若按下试验按钮 SB 时，接触器 2KM 不吸合，说明故障点位于红色鳄鱼夹与相线之间，红色鳄鱼夹应往相线方向一侧移动继续查找。如夹在停止按钮 $2SB_2$ 左侧触点，按下试验按钮 SB 时，2KM 仍不吸合；而改在 $2SB_2$ 右侧一端，按下 SB 时，2KM 立即吸合，说明该触点即为开路故障点。切记：采用短路法查找故障时，只能短接控制电路中压降极小的导线和触点，绝对不允许短接控制电路中压降较大的电阻和线圈，否则会发生短路或触电事故。

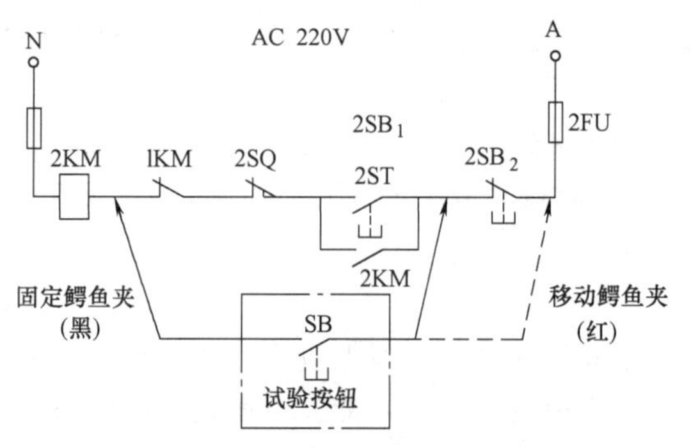

图 3-18 模块三技能训练二图1（短路法）

（3）开路法 开路法即甩开与故障疑点连接的后级负载，使其空载或临时接上假负载。对于多级连接的电路，可逐级甩开或有选择地甩开后级。甩开负载后可先检查本级，如电路工作正常，则故障可能出在后级；如电路工作仍不正常，则故障在开路点之前。

（4）切割法 切割法就是把电气上相连接的有关部分进行切割分区，以逐步缩小可疑范围。最常用的是对分法。下面介绍一例用钳形电流表查找短路故障，此方法无须断开负载和线路便能方便快捷查找出故障所在。

如图 3-19 所示，某车间厂房照明线路发生短路故障，共有 16 盏灯用绝缘子在屋顶布线装设。当线路发生短路故障后，拔下熔断器的插盖放在一边，在其熔断器两侧接线柱并接一盏 1kW 碘钨灯。合闸后碘钨灯正常照明（还可做临时照明用），屋顶上的灯都不亮。这时到 1 号灯架用钳形电流表测得 A 处电流微小，几乎没

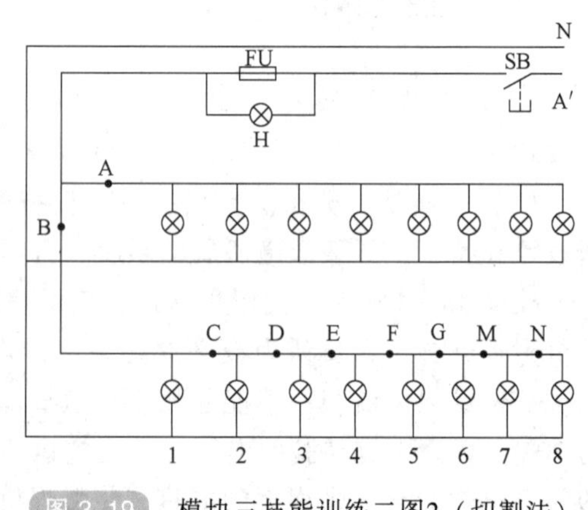

图 3-19 模块三技能训练二图2（切割法）

有；B 处有电流，说明 B 处分支有故障。再测得 C 处有电流。开动行车到 3 号灯架，用钳形表测量。可能有三种情况：①D 处无电流，则为 2 号灯故障；②D 处有电流、E 处无电流，则为 3 号灯故障；③D、E 两处都有电流，则为 4~8 号灯的故障。按此法依次查找，是 6 号灯有故障。断开控制开关 SB，查得 6 号灯座内接线短路，处理后恢复正常。

（5）替代法　替代法即对怀疑的电器元件或零部件用正常完好的替换，以确定故障原因和故障部位。

（6）菜单法　菜单法是根据故障现象和特征，将可能引起这种故障的各种原因顺序罗列出来，然后一个个地查找和验证，直到查找出真正的故障原因和故障部位。此法最适合初学者使用。

（7）对比法　对比法是把故障设备的有关参数或运行工况和正常设备进行比较，参照正常设备进行调整或更换。

（8）扰动法　扰动法是对运行中的电气设备人为地加以扰动，观察设备运行工况的变化，捕抓故障发生的现象。电气设备的某些故障并不是永久性的，而是短时间内偶然出现的随机性故障。扰动法可采取突然升压或降压，增加负荷或减少负荷，外加干扰信号等。

（9）再现故障法　再现故障法指接通电源，按下起动按钮，让故障现象再次出现，以找出故障所在。此时主要观察有关继电器和接触器是否按控制顺序进行工作，若发现某一个电器的工作不正常，则说明该电器所在回路或相关回路有故障，再对此回路做进一步检查，便可发现故障原因和故障点。注意，实施此法时，必须确认不会发生事故，或在做好安全措施的情况下进行。

3. “三先后”

“三先后”指先易后难、先动后静、先电源后负载，实质是先想后做。应在初步感官查找的基础上，熟悉故障设备的电路原理，结合自身技术水平和经验，经过周密思考，确定一个科学的、行之有效的检查故障原因和部位的方法。

先易后难也可理解为先简单、后复杂，用最简单易行、自己最拿手的方法去处理，再用复杂、精确的方法。排除故障时，先排除直观、显而易见、简单常见的故障，后排除难度较高，没有处理过的疑难故障。通常是先做直观检查和了解（感官诊断），其次才考虑采用仪器仪表检查（表测才能有的放矢）。

电气设备的活动部分比静止部分在使用中的故障概率要高得多，所以首先要怀疑如开关、闸刀、熔丝、接头、插接件、机械运动部分。在具体检测操作时，却要“先静态测试，后动态测试”。静态是指发生故障后，在不通电的情况下，对电气设备进行检测；动态是指通电后对电气设备的检测。

电源侧的故障势必会影响到负载，而负载侧的故障则未必会影响到电源，也可以理解为“先公用电路，后专用电路”。

技能训练三　维修实例

1. 测量三相交流电的技巧

钳形电流表在测量三相交流电流时，钳口套一根相线，读数为本相线的电流；钳口套入两根相线时，读数则是第三根相线的电流，此方法用于不易测量导线电流的情况；钳口套入三根相线时，如果读数为零，则表示三相负荷平衡；如果读数不是零，则说明被测三相负荷不平衡，读数是中性线的电流值。

2. 判别“虚电压”

在进行交流控制回路的操作试验时，往往发现有的回路已通过触点或开关同电源断开，但用验电器一测却显示有电，用万用表也可量得一定电压，有时甚至使高阻抗的继电器误动作。检查电气原理图、配线情况、导线及设备又都正常，因而往往使调试者感到困惑。其实，这种情况大多是处于同一电缆中带电与不带电的各导线间的分布电容及绝缘电阻的现象所致，这就是通常说的“虚电压”。根据它的特点，可以用万用表迅速判别：用万用表测量电压时，每换一档，测得的电压值有相当大的变化，这就是“虚电压”；如果换档以后，电压值基本不变，则该电压是通过控制系统中某些寄生回路（如通过信号灯、线圈）窜过来的电压。以电源为220V的控制系统为例，其中某回路带有可疑电压，用万用表500V档量得为115V，换250V档量得为75V，用100V档量得为40V，用50V档量得为20V左右，则可判定为虚电压。

3. 三相电压谁最大，下相一定有故障

在中性点不接地的三相系统中，正常运行时，三块电压表都应指示正常相电压。如果出现一相电压表指示为零，而另外两相电压表指示为线电压，这时判别指示为零的那一相接地，而且是金属性接地。因为在正常情况下，中性点是处于大地电位的，而当一相金属性接地，由于中性点位移，该相电压表就指示为零而另外两相的对地电压指示为线电压。

当单相接地故障不属于金属性接地而是电阻性接地时，则理论实践证实：以三相电压中最高相为依据，按相序顺序往下推移一相就是故障相。

4. 看熔丝断像，知故障真情

熔丝几乎全部熔化，说明有短路大电流通过；熔丝在金属帽附件烧断，说明通电时的冲击电流引起的；熔丝中间部分被烧断，但不伸长，熔丝汽化后附着在玻璃上，说明长时间通过略大于额定值的电流；熔丝在中间部分烧断并汽化，但无附着现象，说明有2~3倍的额定电流反复通过和断开；熔丝烧断并伸长，说明有1.6倍的额定电流反复通过和断开。

5. 用熔丝诊断电动机的故障

1）合上开关，熔丝就熔断，多数属于电动机外部故障。原因除熔丝选得太细、熔丝两端紧固螺钉没有拧紧外，还可能是供电电路有短路现象。

2）熔丝选择适当、安装正确。电动机起动正常，带上负荷时熔丝从中间熔断，一般为电动机超载运行。

3）当电动机正常运行时，熔丝突然熔断，换上新熔丝后又熔断。这种现象如电源没有问题，则为电动机内部短路。这时如果电动机冒黑烟并有焦臭味，停机后电动机过热不能起动，属于相间短路；如果电动机能勉强起动，但起动电流增大，三相电流又不平衡，起动转矩明显减小，声音异常，则是电动机定子绕组内匝间短路。

4）熔丝熔断一相以上，换上新熔丝不再熔断，但电动机不能起动，一般为电动机定子绕组断路。

练习与思考

3-1　三相电源电压到达________的先后顺序称为相序。三相电源正序为________。

3-2　三相四线电路：负载对称时，中性线电流________；负载不对称时，中性线电流________。

3-3　三相电路总的有功功率等于________；总的无功功率等于________；总的视在功率________________；总的瞬时功率等于________，若三相电路参数确定，则总的瞬时功率就是一个________。

3-4　三相功率测量：一表法一般适用于________电路；二表法一般适用于________电路；三表法一般适用于________________电路。

3-5　安全电压一般为________V，在潮湿情况下为________V或________V。

3-6　保护接地是电器设备外壳接地，适用于中性点________系统。保护接零是电器设备外壳________，适用于中性点________系统。

3-7　保护接地和保护接零是两种________系统，不能搞错，绝不允许在同一供电系统中两种方式________。

3-8　（多选）三相四线不对称负载电路，对中性线的要求是（　　）。

A. 安装牢固　　B. 安装开关　　C. 安装熔断器

D. $Z_N \to 0$　　E. $Z_N \to \infty$　　F. 不安装开关

G. 不安装熔断器

3-9　有一三相星形联结负载电路，每相灯泡额定功率相同，且端线中均接有熔断器。若有中性线时，A相断开，则另两相灯泡（　　）；A相短路，则另两相灯泡（　　）。若无中性线时，A相断开，则另两相灯泡（　　）；A相短路，则另两相灯泡（　　）。

A. 正常发光

B. 灯光变亮

C. 灯光很亮，然后很快熄灭

D. 突然亮了一下，随后恢复正常发光

E. 灯光变暗

3-10　（多选或单选）适用于中性点不接地系统的是（　　）；适用于中性点接地系统的是（　　）。

A. 保护接地

B. 保护接零

C. 工作接地

D. 重复接地

3-11　已知三相电源B相电压为$u_B = 220\sqrt{2}U\sin(\omega t - 100°)$V，试求另两相电压正弦表达式，并画出相量图。若该三相电源分别进行星形和三角形联结时，试求线电压表达式。

3-12　有一三相对称电路，线电压为380V，负载$Z=(30+j40)\Omega$，试求：（1）负载进行星形联结时的相电流和中性线电流；（2）若负载改为三角形联结，再求负载的相电流和线电流。

3-13　有一三相四线对称星形负载电路，线电压$U_1=380$V，$Z=(8+j6)\Omega$。试求下面两种情况下的B相、C相负载电流和电压：（1）若A相负载开路；（2）若A相负载与中性线同时开路。

3-14　已知功率3kW的三相电动机绕组为星形联结，接在$U_1=380$V三相电源上，功率因数为0.8，试求负载相电流。

3-15　一台星形联结的三相电动机总功率$P=3.5$kW，线电压$U_1=380$V，线电流$I_1=6$A，试求它的功率因数$\cos\varphi$和每相复阻抗。

3-16　某三相变压器线电压为6600V，线电流为40A，功率因数为0.9，试求其有功功率、无功功率和视在功率。

3-17 已知三相电动机，每相绕组 $Z=(30+j40)\Omega$，接线电压 $U_1=380V$，试求电动机绕组在下列情况下电动机吸收的功率和功率因数：(1) 星形联结；(2) 三角形联结。

3-18 某高压传输线路，线电压为220kV，输送功率为240kW，若输送线路每相电阻为10Ω，试计算负载功率因数为0.9时线路上的电压降及一天中输电线损耗的电能；若负载功率因数降为0.6，再求线路上的电压降及一天中输电线损耗的电能。

3-19 某三相负载，额定相电压为220V，每相负载 $Z=(4+j3)\Omega$，接入线电压为380V的对称三相电源中，试问该负载应采用什么联结方式？负载的有功功率、无功功率和视在功率各是多少？

3-20 某三相对称负载为三角形联结，已知电源的线电压为380V，测得线电流为15A，三相功率为8.5kW，则该三相对称负载的功率因数为多少？

模块四 磁路、变压器及异步电动机

知识点

1. 磁路的基本概念、物理量及分析方法。
2. 变压器的基本知识。
3. 三相异步电动机的基础知识。

教学目标

知识目标：1. 掌握磁场的基本物理量，磁性材料及其性能，磁路及其基本定律。

2. 理解铁心线圈电路中的电磁关系、电压电流关系以及功率与能量问题。

能力目标：1. 能够分析变压器的工作原理，掌握变压器的额定参数，阻抗变换公式。

2. 能够掌握异步电动机的基本知识。

案例导入

前几章介绍了电路的基本概念、基本定律和基本分析方法以及在生产中常用的一些电工设备，如变压器、电动机、控制电器、电工仪表等。这些设备都是利用电与磁的相互作用来实现能量的传输和转换的，它们的工作原理既有电路的问题，也有磁路的问题。

变压器是一种常见的电气设备，在电气控制系统、电力系统以及电子线路中应用广泛，工业安全生产很大一部分取决于变压器的稳定运行，掌握基本的变压器原理与使用分析方法是技术人员的基本要求。图 4-1 是三种变压器的示意图。

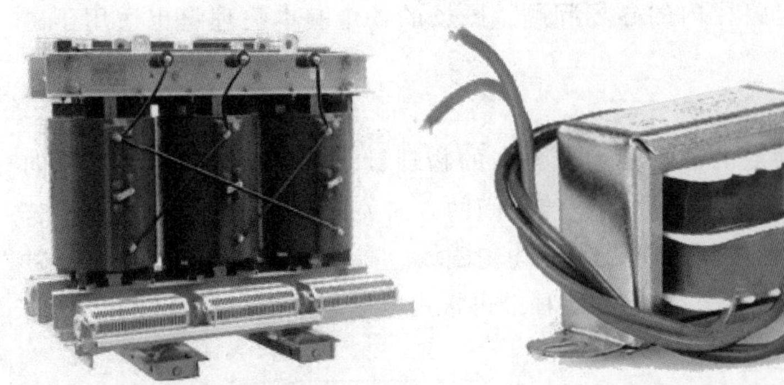

a) 三相电力变压器　b) 单相电源变压器

c) 单相自耦变压器

图 4-1　变压器示意图

相关知识

变压器是一种利用磁路传送电能，实现电压、电流和阻抗变换的重要设备，它的工作原理和分析方法是学习各种交流电机和电器的理论基础。

本章首先介绍磁路的基本概念及铁心线圈的电路和磁路，然后讨论变压器的基本结构、工作原理和运行特性等。

4.1 磁路的基本知识

在“物理”课程中已讲过，通有电流的线圈内部及周围有磁场存在。在变压器、电动机等电工设备中，为了用较小的电流产生较强的磁场，通常把线圈绕在由铁磁性材料制成的铁心上。由于铁磁性材料的导磁性能比非磁性材料好得多，因此，当线圈中有电流流过时，产生的磁通绝大部分将集中在铁心中，沿铁心而闭合，这部分磁通称为主磁通，用字母 Φ 表示。只有很少一部分磁通沿铁心以外的空间而闭合，这称为漏磁通，用 Φ_σ 表示。由于 Φ_σ 很小，在工程上常将它忽略不计。

主磁通所通过的闭合路径称为磁路，图 4-2 所示是几种常见的电工设备的磁路。

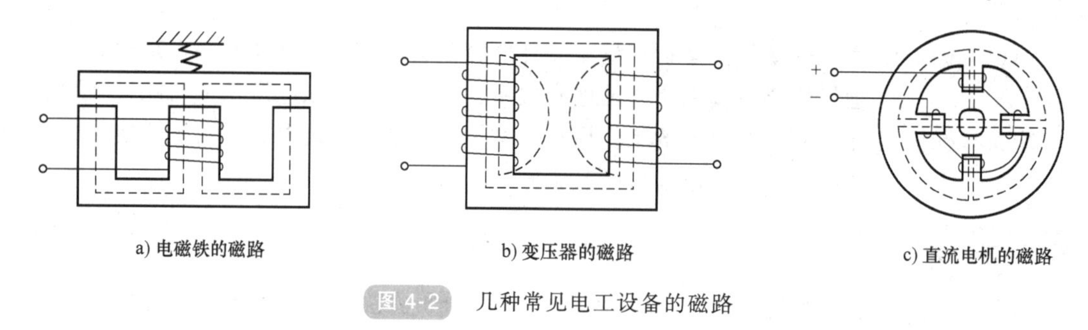

a) 电磁铁的磁路　b) 变压器的磁路　c) 直流电机的磁路

图 4-2　几种常见电工设备的磁路

电路有直流和交流之分，磁路也可分为直流磁路和交流磁路，它们各具有不同的特点，这将在下节中介绍。

4.1.1 磁路的基本物理量

磁路问题实质上是局限于一定路径内的磁场问题，磁场的各个基本物理量也适用于磁路，现简要介绍如下。

1. 磁感应强度 B

磁感应强度 B 是表示磁场内某点的磁场强弱及方向的物理量。它是一个矢量，其方向与该点磁力线的切线方向一致，与产生该磁场的电流之间的方向关系符合右手螺旋法则。若磁场内各点的磁感应强度大小相等、方向相同，则为均匀磁场。在我国法定计量单位中，磁感应强度的单位是特斯拉（T），简称特，以前在工程上也常用电磁制单位高斯（Gs），它们的关系是 $1\text{T}=10^4\ \text{Gs}$。

2. 磁通 Φ

在均匀磁场中，磁感应强度 B 与垂直于磁场方向的面积 S 的乘积，称为通过该面积的

磁通 Φ，即

$$\Phi = B \cdot S \qquad \text{或} \; B = \frac{\Phi}{S} \tag{4-1}$$

如果不是均匀磁场，则 B 取平均值。

由式（4-1）可见：磁感应强度 B 在数值上等于与磁场方向垂直的单位面积上通过的磁通，故 B 又称为磁通密度。在我国法定计量单位中，磁通 Φ 的单位是韦伯（Wb），简称韦，以前在工程上有时用电磁制单位麦克斯韦（Mx），其关系是 $1\text{Wb} = 10^8\text{Mx}$。

3. 磁导率 μ

磁导率 μ 是表示物质导磁性能的物理量。它的单位是亨/米（H/m）。由实验测出，真空的磁导率 $\mu_0 = 4\pi \times 10^{-7}\text{H/m}$。其他任意一种物质的导磁性能用该物质的相对磁导率 μ_r 来表示，某物质的相对磁导率 μ_r 是其磁导率 μ 与 μ_0 的比值。即

$$\mu_r = \frac{\mu}{\mu_0} \tag{4-2}$$

凡是 $\mu_r \approx 1$ 即 $\mu \approx \mu_0$ 的物质称为非磁性材料；$\mu_r \gg 1$ 的物质称为铁磁性材料。

4. 磁场强度 H

磁场强度 H 是进行磁场计算时引用的一个物理量，也是矢量，它与磁感应强度的关系是

$$H = \frac{B}{\mu} \quad \text{或} \quad B = \mu H \tag{4-3}$$

磁场强度只与产生磁场的电流以及这些电流的分布情况有关，而与磁介质的磁导率无关，它的单位是安/米（A/m）。

4.1.2　铁磁性材料的磁性能

铁磁性材料包括铁、钢、镍、钴及其合金以及铁氧体等材料，它们的磁导率很高，$\mu \gg 1$，是制造变压器、电机、电器等各种电工设备的主要材料。

铁磁性材料的磁性能如下。

1. 高导磁性

铁磁性材料的磁导率很高，μ_r 可达 $10^2 \sim 10^4$ 数量级。在外磁场的作用下，其内部的磁感应强度大大增强，这种现象称为磁化。铁磁性材料的磁化现象与其内部的分子电流有关。所谓分子电流是指物质内部电子绕原子核旋转及电子本身自转所形成的回路电流，这个电流会产生磁场。同时，铁磁性材料内部的分子之间有一种相互作用力，使得若干个原子的磁场具有相同的方向，组成许多小磁体，具有磁性，这些小磁体称为磁畴。在没有外磁场作用时，这些磁畴的排列是不规则的，它们所产生磁场的平均值等于零，或者非常微弱，对外不显示磁性，如图 4-3a 所示。在一定强度的外磁场作用下，这些磁畴将顺着外磁场的方向转动，做有规则的排列，显示出很强的磁性，如图 4-3b 所示，这就是铁磁性材料的磁化现象。

非磁性材料没有磁畴结构，所以不具有磁化特性。

2. 磁饱和性

铁磁性材料的磁饱和性表现在其磁感应强度 B 不会随外磁场（或励磁电流）增强而无限地增强。因为当外磁场（或励磁电流）增大到一定值时，其内部所有的磁畴已基本上均转向与外磁场方向一致的方向。因而，再增大励磁电流其磁性不能继续增强。

材料的磁化特性可用磁化曲线，即 $B=f(H)$ 曲线来表示。铁磁性材料的磁化曲线如图 4-4①所示，它不是直线。在 Oa 段，B 随 H 线性增大；在 ab 段，B 增大缓慢，开始进入饱和；b 点以后，B 基本不变，为饱和状态。由图可见，铁磁性材料的 $\mu\left(\mu=\dfrac{B}{H}\right)$ 不是常数，如图 4-4②所示，其 B 和 H 的关系是非线性的。非磁性材料的磁化曲线是通过坐标原点的直线，如图 4-4③所示。

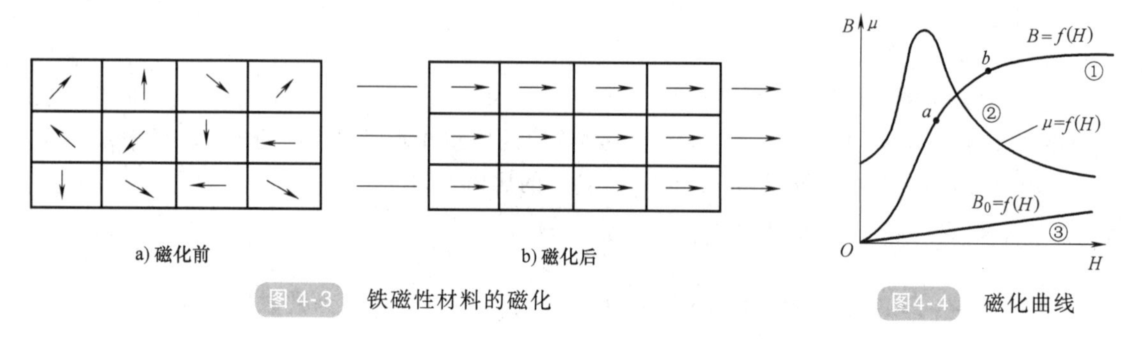

图 4-3　铁磁性材料的磁化

图4-4　磁化曲线

3. 磁滞性

磁滞性表现在铁磁性材料在交变磁场中反复磁化时，磁感应强度 B 的变化滞后于磁场强度 H 的变化的特性，其磁滞回线如图 4-5 所示。由图可见，当 H 减小时，B 也随之减小，但当 $H=0$ 时，B 并未回到零值，而是 $B=B_r$，B_r 称为剩磁感应强度，简称剩磁。若要使 $B=0$，则应使铁磁材料反向磁化，即使磁场强度为 $-H_c$，H_c 称为矫顽力。图 4-5 所示 $B=f(H)$ 回线表现了铁磁材料的磁滞性，故称为磁滞回线。

铁磁性材料的磁滞性是由于其分子热运动所产生的。在交变磁化过程中，其磁畴在外磁场作用下不断转向，但它的分子热运动又阻止它转向，因此，磁畴的转向跟不上外加磁场的变化，从而产生磁滞现象。

根据铁磁性材料磁滞性的不同，即其磁滞回线的不同，它又分为软磁材料和硬磁材料两种，如图 4-6 所示。软磁材料的剩磁及矫顽力小，磁滞回线窄，它所包围的面积小，如图 4-6a 所示。它比较容易磁化，但去掉外磁场后，磁性大部分消失，如硅钢、坡莫合金、铁氧体等都属于软磁材料，常用来制造变压器、交流电机等各种交流电工设备。硬磁材料如碳钢、钴钢、铝镍钴合金等，其特点是剩磁及矫顽力大，磁滞回线较宽，曲线所包围的面积大，如图 4-6b 所示。它需有较强的外磁场才能磁化，但去掉外磁场后，磁性不易消失，适用于制造永久磁铁、电信仪表、永磁式扬声器及小型直流电机中的永磁铁心等。

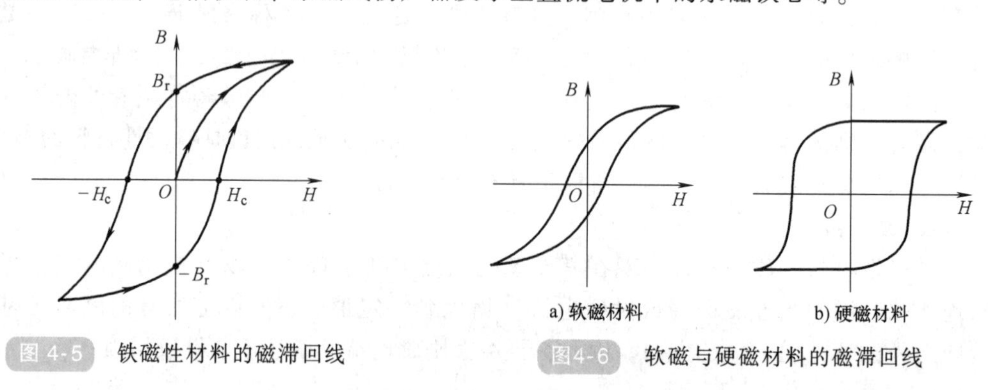

图 4-5　铁磁性材料的磁滞回线

图4-6　软磁与硬磁材料的磁滞回线

图4-7 所示是理想磁路，图 4-8 所示是带有空气隙的磁路。由于空气隙这段磁路的存在，整个磁路的磁阻大大增加。若磁动势 $F_m = NI$ 不变，则磁路中空气隙越大，磁通就越小；反之，如线圈的匝数 N 一定，要保持磁通不变，则空气隙越大，所需的励磁电流 I 也越大。

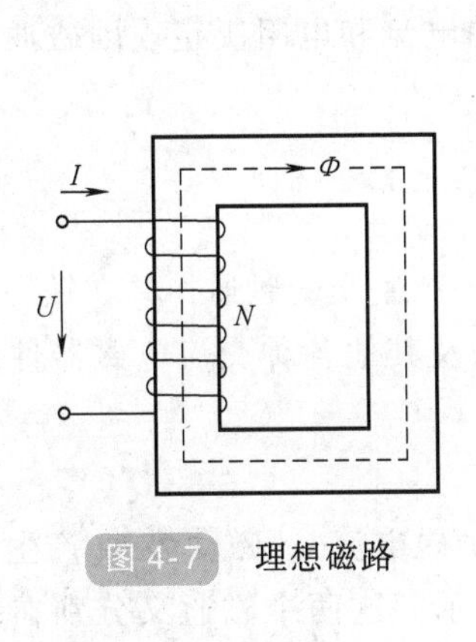

图 4-7　理想磁路

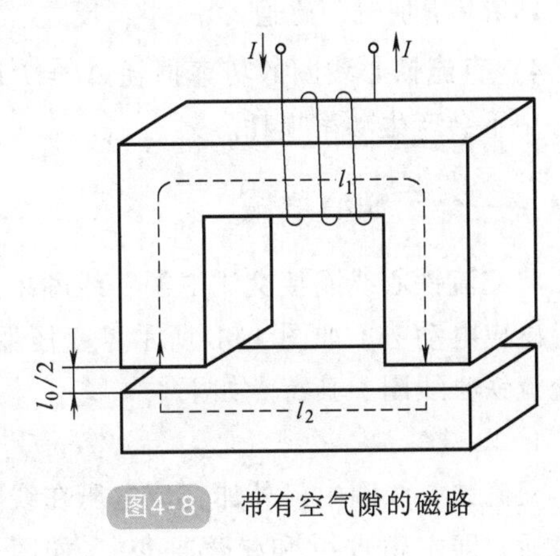

图4-8　带有空气隙的磁路

知识与小技能测试

1. 常用铁磁性材料包括哪些？它们有什么特点？
2. 软磁材料和硬磁材料各有什么特性？用在什么场合？

4.2　铁心线圈

将线圈绕制在铁心上便构成了铁心线圈。根据线圈所接电源的不同，铁心线圈分为两类：即直流铁心线圈和交流铁心线圈，它的磁路即为直流磁路和交流磁路。

4.2.1　直流铁心线圈

将直流铁心线圈接到直流电源，线圈中通过直流电流，在铁心及空气中会产生主磁通 Φ 和漏磁通 Φ_σ，如图 4-9a 所示。工程中直流电机、直流电磁铁及其他各种直流电磁器件的线圈都是直流铁心线圈，其特点是：

1）励磁电流 $I=\dfrac{U}{R}$，I 由外加电压 U 及励磁绕组的电阻 R 决定，与磁路特性无关。

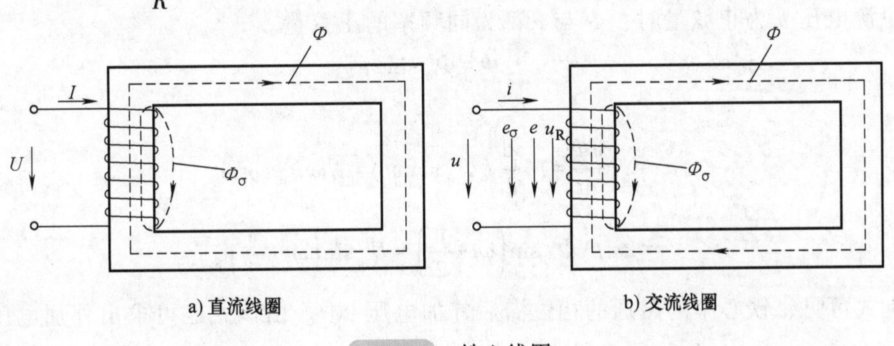

a) 直流线圈　　b) 交流线圈

图 4-9　铁心线圈

2）励磁电流 I 产生的磁通是恒定磁通，不会在线圈和铁心中产生感应电动势。

3）直流铁心线圈中磁通 Φ 的大小不仅与线圈的电流 I（即磁动势 NI）有关，还取决于磁路中的磁阻 R_m。例如，对有空气隙的铁心磁路，在 $F_m=NI$ 一定的条件下，当空气隙增大，即 R_m 增加时，磁通 Φ 减小；反之，当空气隙减小，即 R_m 减小时，Φ 增大。

4）直流铁心线圈的功率损耗 $\Delta P=I^2R$，由线圈中的电流和电阻决定。因磁通恒定，在铁心中不会产生功率损耗。

4.2.2 交流铁心线圈

将交流铁心线圈接交流电源，线圈中通过交流电流，产生交变磁通，并在铁心和线圈中产生感应电动势，如图 4-9b 所示。变压器、交流电机以及其他各种交流电磁器件的线圈都是交流铁心线圈，其特点如下。

1. 电磁关系

交流铁心线圈中，外加交流电压在线圈中产生交流励磁电流 i。磁动势 Ni 产生两部分交变磁通，即主磁通 Φ 和漏磁通 Φ_σ，如图 4-9b 中虚线所示。这两个磁通又分别在线圈中产生两个感应电动势，即主磁电动势 e 和漏磁电动势 e_σ，其参考方向根据图中主磁通 Φ 的方向，由右手螺旋法则决定，其电磁关系可表示为

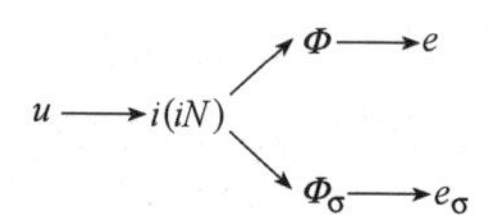

设线圈电阻为 R，根据基尔霍夫电压定律，铁心线圈中的电压、电流与电动势之间的关系为

$$u=Ri-e_\sigma-e \tag{4-4}$$

由于线圈电阻上的电压降 $Ri(u_R)$ 和漏磁电动势 e_σ 都很小，与主磁电动势 e 比较，均可忽略不计，故式（4-4）可写成

$$u\approx -e \tag{4-5}$$

由电磁感应定律，在规定的参考方向下，有

$$e=-N\frac{\mathrm{d}\Phi}{\mathrm{d}t} \tag{4-6}$$

故

$$u\approx N\frac{\mathrm{d}\Phi}{\mathrm{d}t} \tag{4-7}$$

当电源电压 u 为正弦量时，Φ 与 e 都为同频率的正弦量。

令

$$\Phi=\Phi_m\sin\omega t$$

则

$$\begin{aligned}u&\approx N\frac{\mathrm{d}\Phi}{\mathrm{d}t}=N\frac{\mathrm{d}}{\mathrm{d}t}(\Phi_m\sin\omega t)=N\omega\Phi_m\cos\omega t\\&=2\pi fN\Phi_m\sin\left(\omega t+\frac{\pi}{2}\right)=U_m\sin\left(\omega t+\frac{\pi}{2}\right)\end{aligned}$$

由上式可见，铁心中的磁通的相位滞后外加电压 90°。由该式还可求出外加电压的有效值为

$$U=\frac{U_{\mathrm{m}}}{\sqrt{2}}\approx\frac{2\pi fN\Phi_{\mathrm{m}}}{\sqrt{2}}=4.44fN\Phi_{\mathrm{m}}=4.44fNB_{\mathrm{m}}S \tag{4-8}$$

式中，U 的单位为伏特（V），f 的单位为赫兹（Hz），Φ_{m} 的单位为韦伯（Wb），B_{m} 的单位为特斯拉（T），S 的单位为平方米（m^2）。式（4-8）表明，在忽略线圈电阻及漏磁通的条件下，当线圈匝数 N 及电源频率 f 一定时，主磁通的幅值 Φ_{m} 决定于励磁线圈外加电压的有效值，而与铁心的材料及尺寸无关，也就是说：当外加电压 U 和频率 f 一定时，主磁通的最大值 Φ_{m} 几乎是不变的，与磁路的磁阻 R_{m} 无关。这是交流磁路的一个重要特点，式（4-8）是分析、计算交流电磁器件的重要公式。

2. 功率损耗

在交流铁心线圈中的功率损耗包括两部分，一方面是线圈电阻 R 通电流后所产生的发热损耗，称为铜损，用 ΔP_{Cu} 表示（$\Delta P_{\mathrm{Cu}}=I^2R$），另一方面是铁心在交变磁通作用下产生的磁滞损耗和涡流损耗，两者合称为铁损，用 ΔP_{Fe} 表示，铁损将使铁心发热，从而影响设备绝缘材料的使用寿命。

（1）磁滞损耗　磁滞损耗是因铁磁性物质在交变磁化时，磁畴来回翻转，克服彼此间的阻力而产生的发热损耗，常用 ΔP_{h} 表示。可以证明，铁心中的磁滞损耗与该铁心磁滞回线所包围的面积成正比，同时励磁电流频率 f 越高，磁滞损耗也越大。当电流频率一定时，磁滞损耗与铁心磁感应强度最大值的二次方成正比。

应采用磁滞回线窄小的铁磁材料以减少磁滞损耗，例如变压器、交流电机中的硅钢片，磁滞损耗就较小。

（2）涡流损耗　如图 4-10a 所示，当线圈中通入交变电流时，铁心中的交变磁通将在铁心中产生感应电动势和感应电流，这种电流就称为涡流。因铁心有一定的电阻，故涡流将在铁心中产生发热损耗，称为涡流损耗，常用 ΔP_{e} 表示。

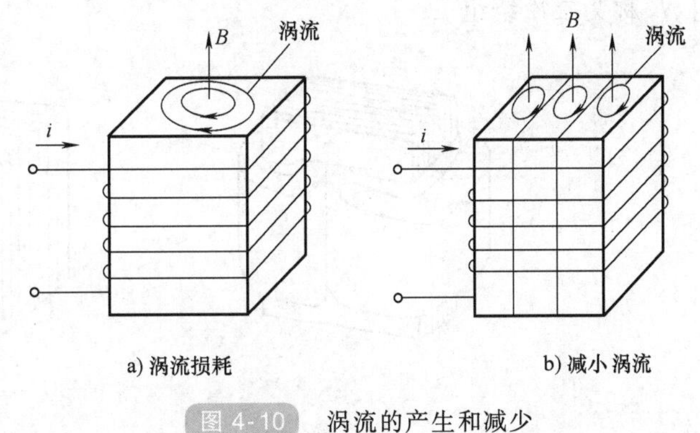

图 4-10　涡流的产生和减少

为了减小涡流损耗，当线圈用于一般工频交流时，可采用由彼此绝缘且顺着磁场方向的硅钢片叠成铁心，如图 4-10b 所示，这样将涡流限制在较小的截面内流通；因铁心含硅，电阻率较大，也使涡流及其损耗大为减小。一般电机和变压器的铁心常采用厚度为 0. 35~0. 5mm 的硅钢片叠成。对高频铁心线圈，常采用铁氧体铁心，其电阻率很高，可大大降低涡流损耗。

涡流也有其有利的一面，可利用其热效应来冶炼金属，如中频感应炉便是。可以证明，涡流损耗与电源频率的二次方及铁心磁感应强度最大值的二次方成正比。

知识与小技能测试

1. 什么是涡流？举例说明它有什么用途，有什么危害。
2. 涡流是如何产生的？怎么减小涡流。
3. 电磁炉没有明火，为什么能做熟饭、烧开水呢？

4.3 变压器的基本结构和工作原理

4.3.1 铁心、绕组

变压器的一般结构如图 4-11 所示，它由铁心和绕组两部分组成。

变压器铁心用磁滞损耗很小的硅钢片（厚度为 0.35~0.5mm）叠装而成，片间相互绝缘，以减少涡流损失。

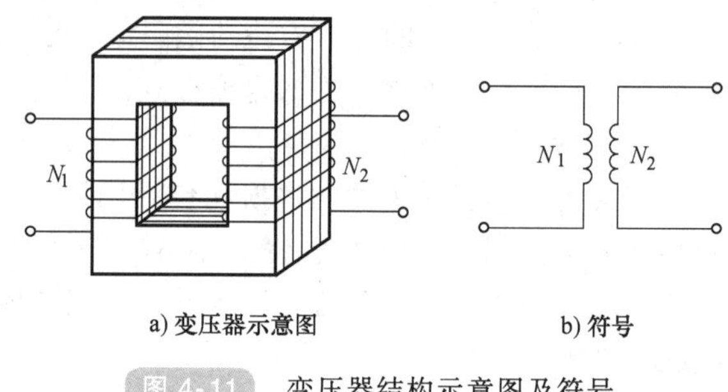

图 4-11 变压器结构示意图及符号

按绕组与铁心的安装位置，变压器可分为心式和壳式两种。心式变压器的绕组套在各铁心柱上，壳式变压器的绕组则只套在中间的铁柱上，绕组两侧被外围铁心柱包围，如图 4-12 所示。电力变压器多使用心式，小型变压器多采用壳式。

绕在变压器铁心上的线圈，称为变压器的绕组。变压器绕组可分为同心式和交叠式两类。同心式绕组的高、低压绕组同心地套在铁心柱上，为便于绝缘，一般低压绕组靠近铁心。国产变压器均采用这种结构。交叠式绕组都制成饼形，高、低压绕组上下交叠放置，主要用于电焊、电炉等变压器中。与交流电源相连的绕组 N_1 称为一次绕组，与负载相连的绕组 N_2 称为二次绕组。

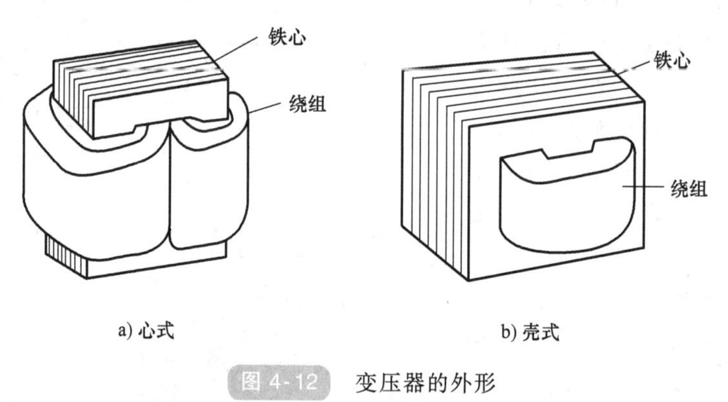

图 4-12 变压器的外形

如果一次电压高于二次电压，称为降压变压器，反之称为升压变压器。

4.3.2 空载运行

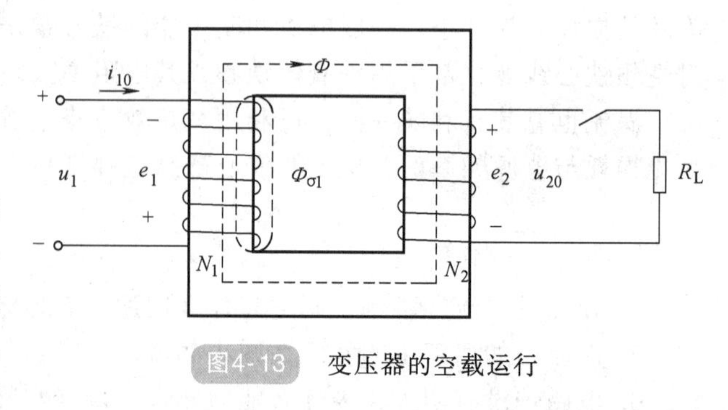

图 4-13 变压器的空载运行

变压器的空载运行就是一次绕组加额定电压而二次绕组开路（不接负载）时的工作情况，如图 4-13 所示。变压器空载运行时一次绕组中流过的交变电流称为空载电流。大、中型变压器的空载电流为一次侧额定电流的3%～8%。

变压器二次侧开路时，一次绕组内有电流 i_{10}，电流 i_{10} 称为励磁电流。在励磁电流作用下，铁心中产生磁通，这个磁通的绝大部分通过铁心环链着 N_1 和 N_2 绕组，这部分磁通 Φ 称为变压器的主磁通。此外还有少部分磁通只环链着一次绕组 N_1 并经空气隙闭合，这部分磁通 $\Phi_{\sigma1}$ 称为漏磁通，一般变压器的漏磁通很小。

变压器的主磁通 Φ、漏磁通 $\Phi_{\sigma1}$ 都随着励磁电流 i_{10} 的变化而变化，在变压器的 N_1、N_2 绕组内产生感应电动势。

当变压器一次侧外接正弦交流电压时，励磁电流 i_{10} 和变压器的主磁通 Φ 也是按照正弦规律变化。设变压器的主磁通 $\Phi=\Phi_m\sin\omega t$，则一、二次侧的感应电动势 e_1、e_2 分别是为

$$e_1=-N_1\frac{\mathrm{d}\Phi}{\mathrm{d}t}=-N_1\frac{\mathrm{d}(\Phi_m\sin\omega t)}{\mathrm{d}t}=2\pi fN_1\Phi_m\sin(\omega t-90°)=E_{1m}\sin(\omega t-90°)$$

$$e_2=-N_2\frac{\mathrm{d}\Phi}{\mathrm{d}t}=-N_2\frac{\mathrm{d}(\Phi_m\sin\omega t)}{\mathrm{d}t}=2\pi fN_2\Phi_m\sin(\omega t-90°)=E_{2m}\sin(\omega t-90°)$$

变压器一、二次绕组内产生的感应电动势 e_1、e_2 的有效值分别为

$$E_1=\frac{2\pi fN_1\Phi_m}{\sqrt{2}}=4.44fN_1\Phi_m \tag{4-9}$$

$$E_2=\frac{2\pi fN_2\Phi_m}{\sqrt{2}}=4.44fN_2\Phi_m \tag{4-10}$$

在忽略漏磁通及一次绕组导线的电阻影响后，一次绕组的电压 u_1 与感应电动势 e_1 的有效值之间的关系为

$$U_1\approx E_1=4.44fN_1\Phi_m \tag{4-11}$$

变压器二次绕组开路时，二次侧的开路电压有效值与感应电动势的关系为

$$U_{20}=E_2=4.44fN_2\Phi_m \tag{4-12}$$

变压器一次电压 U_1 与二次侧开路电压 U_{20} 之比称为变压器的电压比，用字母 k 表示，即

$$k=\frac{U_1}{U_{20}}\approx\frac{N_1}{N_2} \tag{4-13}$$

显然，变压器的电压比等于变压器的匝数比。式（4-13）表明：当电源电压 U_1 一定时，只要改变一、二次绕组的匝数，就可以得到不同的输出电压 U_{20}，达到了变换电压的目的。

当 $k>1$，即 $N_1>N_2$，$U_1>U_{20}$ 时，是降压变压器，可以用来降压；当 $k<1$，即 $N_1<N_2$，$U_1<U_{20}$ 时，是升压变压器，可以用来升压。

4.3.3　负载运行

变压器的负载运行是指一次绕组加额定电压，二次绕组与负载接通时的运行状态，如图4-14所示。

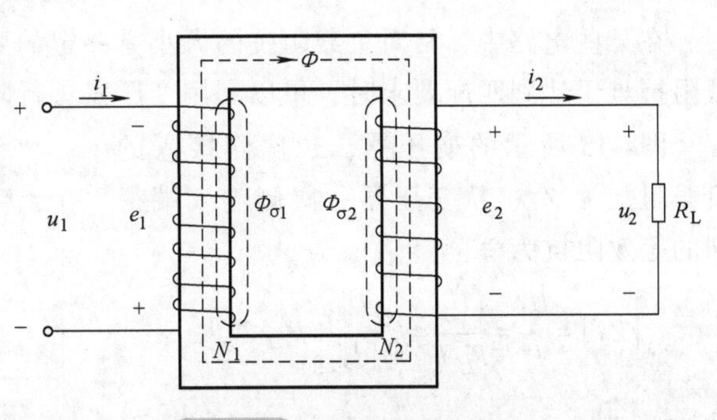

图4-14　变压器的负载运行

变压器二次绕组接入负载后，变压器一次绕组电流将从空载电流 i_0 变为 i_1，二次绕组有电流 i_2，变压器铁心内的主磁通 Φ_m 将由一次电流 i_1 与二次电流 i_2 共同产生。在忽略变压器一次绕组导线电阻上的电压与漏磁时，变压器在空载或负载下，磁通 Φ_m 基本不变，因此，空载时的磁动势 N_1i_0 和负载状态下铁心中的合成磁动势（$N_1i_1+N_2i_2$）应近似相等，即

$$N_1i_0 \approx N_1i_1+N_2i_2 \tag{4-14}$$

用相量式表示为

$$N_1\dot{I}_0=N_1\dot{I}_1+N_2\dot{I}_2 \tag{4-15}$$

式（4-14）、式（4-15）称为变压器的磁动势平衡方程式。它是分析变压器工作原理的一个十分重要的基本关系式。因变压器一、二次绕组之间并没有电的直接联系，而是通过磁场耦合联系起来的，磁动势平衡方程式就明确表示了一、二次绕组电流之间的关系。

将磁动势平衡方程改写为如下形式：

$$\dot{I}_1=\dot{I}_0+\left(-\frac{N_2}{N_1}\dot{I}_2\right)=\dot{I}_0+\dot{I}_2' \tag{4-16}$$

式（4-16）表明：在负载工作状态下，一次电流由两部分组成：一部分是产生主磁通 Φ_m 的励磁分量 $\dot{I}_0$；另一部分是补偿二次电流 $\dot{I}_2$ 对主磁通产生影响的分量，称为负载分量 $\dot{I}_2'$。$\dot{I}_2'=-\frac{N_2}{N_1}\dot{I}_2$，即 $\dot{I}_2'$ 与 $\dot{I}_2$ 在数值上成正比，但相位相反。

由于励磁电流分量 I_0 很小，它只占一次额定电流的百分之几，所以在额定状态下可以将 I_0 忽略不计，则有

$$\dot{I}_1=\dot{I}_2'=-\frac{N_2}{N_1}\dot{I}_2 \tag{4-17}$$

其有效值表示式有

$$I_1 \approx \frac{N_2}{N_1}I_2 \approx \frac{1}{k}I_2 \tag{4-18}$$

式（4-18）也是变压器的基本公式之一，它表明：变压器具有变电流的作用，且在额定状态下，一、二次绕组电流之比等于电压比 k 的倒数。电流互感器是一种测量交流电流的仪器，它就是利用变压器的变电流作用原理做成的。

4.3.4 阻抗变换

在某些电路中，常对负载阻抗的大小有一定的要求，以便使负载获得较大的功率。当负载阻抗难于达到匹配要求时，可以利用变压器进行阻抗变换。

图4-15 所示的变压器，二次侧接入的负载阻抗为 Z_L，从变压器一次侧输入端得到的等效阻抗为

$$|Z_1|=\frac{U_1}{I_1}=\frac{kU_2}{I_2/k}=k^2\frac{U_2}{I_2}=k^2|Z_L| \tag{4-19}$$

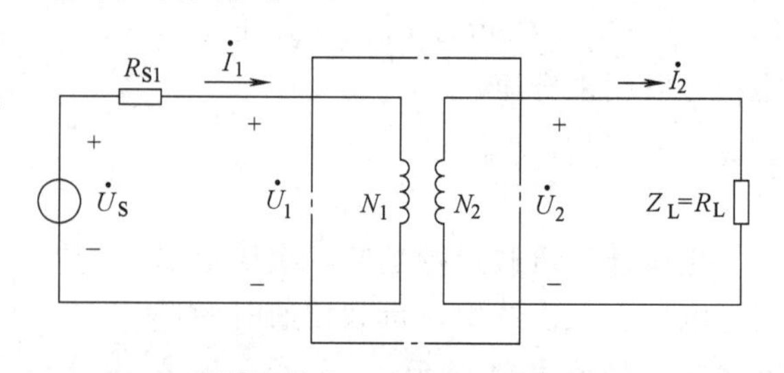

图 4-15 变压器的阻抗变换

式（4-19）表明，若变压器二次侧负载

阻抗为 Z_L 时，一次侧的等效阻抗值变为 $k^2|Z_L|$。因此，只要改变变压器的电压比就可以获得所需的匹配阻抗值。

【例 4-1】 有一台变压器，一次侧额定电压 $U_{1N}=220V$，二次侧额定电压 $U_{2N}=36V$，铁心内磁通最大值 $\Phi_m=10\times10^{-4}Wb$，电源频率 $f=50Hz$。

（1）求变压器一、二次绕组的匝数。

（2）如果二次侧负载阻抗 $|Z_L|=30\Omega$，变压器一、二次电流各是多少安？（励磁电流 I_{10} 忽略不计）。

解：（1）由式（4-11）可知变压器一次绕组的匝数

$$N_1\approx\frac{U_{1N}}{4.44f\Phi_m}=1000$$

二次绕组的匝数

$$N_2=\frac{U_{2N}}{U_{1N}}N_1=164$$

（2）负载阻抗 $|Z_L|=30\Omega$，所以二次电流

$$I_2=\frac{U_{2N}}{|Z_L|}=1.2A$$

一次电流

$$I_1\approx\frac{I_2}{k}=\frac{I_2N_2}{N_1}=0.196A$$

知识与小技能测试

1. 变压器由哪几部分构成？它是靠什么进行能量传递的？
2. 变压器具有什么作用？
3. 简述测单相变压器的电压比的方法。现有单相变压器 6V/12V，在教师指导下画出测试电路，到实训室测一测它的电压比。

4.4　变压器的运行特性和额定值

4.4.1　变压器的外特性和电压调整率

在 4.3 节中对变压器的工作原理进行了分析，但忽略了变压器一、二次绕组中的电阻及漏磁通感应电动势对变压器工作情况的影响。实际上，在变压器负载运行时，随着输出电流 I_2 的增大，变压器绕组本身的电阻压降及漏磁通感应电动势都将增大，从而使变压器的输出电压 U_2 降低。

在电源电压 U_1 及负载功率因数 $\cos\varphi_2$ 不变的条件下，二次绕组的端电压 U_2 随二次绕组输出电流 I_2 变化的曲线 $U_2=f(I_2)$ 称为变压器的外特性。对电阻性或电感性负载而言，变压器的外特性是一条稍微向下降低的曲线，如图 4-16 所示。负载功率因数越低，输出电压 U_2 下降越大。

变压器外特性的变化程度，可以用电压调整率 $\Delta U\%$ 来表示。电压调整率定义为变压器由空载到满载（额定负载 I_{2N}），二次绕组电压 U_2 的变化程度，即

$$\Delta U\% = \frac{U_{2N} - U_2}{U_{2N}} \times 100\% \tag{4-20}$$

变压器的电压调整率表征了变压器运行时输出电压的稳定性，是变压器的主要性能指标。在一般电力变压器中，由于变压器二次绕组电阻和漏磁感抗均较小，电压调整率 $\Delta U\%$ 不大，一般为 5%左右。

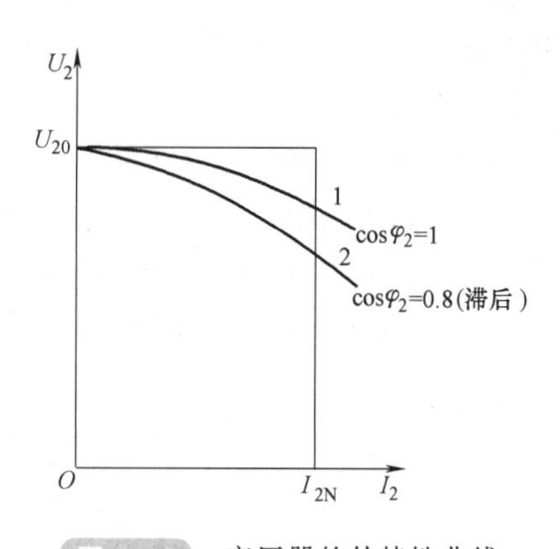

图 4-16　变压器的外特性曲线

1—纯电阻负载　2—感性负载

4.4.2　变压器的额定值

为了正确合理地使用变压器，必须了解变压器的额定值。变压器在额定工作状态下可以保证变压器长期可靠地工作，并且具有良好的性能。

变压器的主要额定值有：

1. 额定电压 U_N

变压器的额定电压是指变压器在额定运行情况下，根据变压器绕组的绝缘强度和容许温升所规定的电压值，用符号 U_{1N} 表示。二次绕组的额定电压是指变压器空载、一次绕组上加额定电压 U_{1N} 时，二次绕组两端的电压，用 U_{2N} 表示。U_{1N}、U_{2N} 对单相变压器是电压的有效值，对三相变压器是线电压的有效值。

由于变压器运行时其绕组及线路上有电压降存在，常规定 U_{2N} 比线路及负载的额定电压高 5%或 10%。例如，我国低压配电线路额定电压一般为 380V/220V，则变压器二次绕组的 U_{2N} 应为 400V/230V。

2. 额定电流 I_N

变压器的额定电流是指变压器在额定运行情况下，根据变压器容许温升所规定的电流值，用 I_{1N} 和 I_{2N} 来表示。对于三相变压器，额定电流是指线电流。使变压器一次绕组电流达到额定值的负载称为变压器的额定负载。

3. 额定容量 S_N

额定容量是指变压器二次绕组输出的额定视在功率，单位为 V·A 或 kV·A，用符号 S_N 表示。

单相变压器
$$S_N = U_{1N}I_{1N} = U_{2N}I_{2N} \tag{4-21}$$

三相变压器
$$S_N = \sqrt{3}\,U_{1N}I_{1N} = \sqrt{3}\,U_{2N}I_{2N} \tag{4-22}$$

变压器的额定值除上述之外，还有额定频率 f_N（我国的电力变压器的频率是 50Hz，国外有的为 60Hz）、相数 m 等，这些数据通常都标注在变压器的铭牌上，又称为铭牌值。

4.4.3　变压器的损耗与效率

变压器工作时是有损耗的，变压器的损耗包括绕组电阻产生的铜损耗 P_{Cu} 和铁心的铁损耗 P_{Fe} 两部分。

1. 铜损耗

变压器一、二次绕组导线存在有电阻，有电流时就会有损耗，这部分损耗称为变压器的铜损耗。变压器的铜损耗 P_{Cu} 的大小与导线通过的电流大小有关，额定电流下铜损耗最大。

2. 铁损耗

变压器的铁损耗 P_{Fe} 由磁滞损耗 P_h 和涡流损耗 P_e 两部分构成，其大小与铁心内磁感应强度的最大值 B_m 有关，与负载大小无关。

3. 变压器的效率

变压器工作时有损耗，因此一次侧输入电功率 P_1 比二次侧输出电功率 P_2 大，变压器的效率通常用下式确定：

$$\eta=\frac{P_2}{P_1}\times 100\%=\left[1-\frac{(P_{Fe}+P_{Cu})}{P_2+(P_{Fe}+P_{Cu})}\right]\times 100\% \tag{4-23}$$

一般变压器的功率损耗很小，所以效率很高，通常在95%以上。在一般电力变压器中，当负载为额定负载的50%~75%时，效率达到最大值。

知识与小技能测试

1. 如何测量变压器绕组的直流电阻和各绕组之间的绝缘电阻？
2. 简述变压器的主要技术参数。

4.5　特殊变压器及其应用

4.5.1　自耦变压器

图4-17所示的是一种自耦变压器，它只有一个绕组。这个绕组的总匝数为 N_1，接电源；绕组的一部分为 N_2，接负载。电路中各电压、电流用相量表示，方向如图4-17所示。这样，一、二次绕组不仅有磁耦合，而且还有电的直接联系。自耦变压器的一、二次绕组电压之比和电流之比为

$$\frac{U_1}{U_2}=\frac{N_1}{N_2}=k \tag{4-24}$$

$$\frac{I_1}{I_2}=\frac{N_2}{N_1}=\frac{1}{k} \tag{4-25}$$

实验室中常用的单相调压器就是一种可改变二次绕组匝数的自耦变压器，其外形和等效电路如图4-18所示。

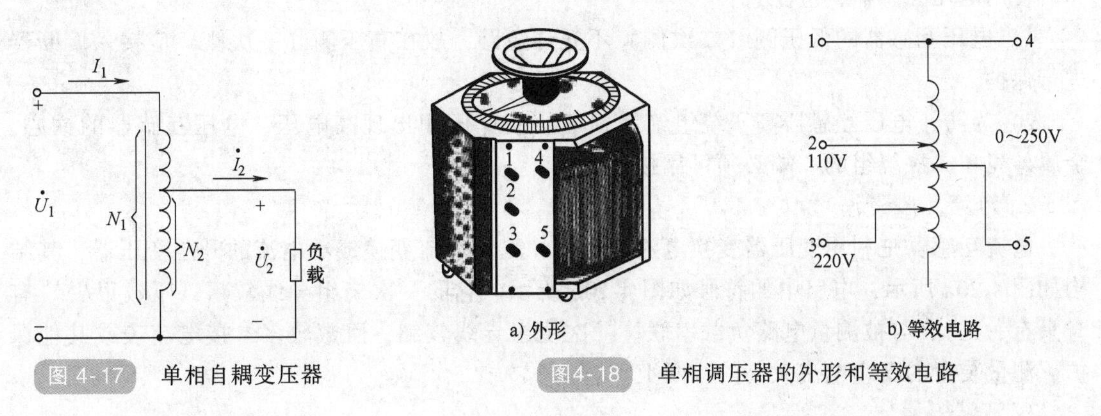

a) 外形　　b) 等效电路

图4-17　单相自耦变压器

图4-18　单相调压器的外形和等效电路

自耦调压器有单相和三相之分。三相调压器的原理和单相调压器一样，其区别就是三相调压器有三个绕组，一般都接成星形，一次绕组接于三相电源上，三个抽头接负载。

使用自耦变压器时应注意以下几点：

1）一、二次绕组不能对调使用，如果把电源接到二次绕组上，可能烧坏调压器或使电源短路。一般输入端有三个接线头，如图 4-18 所示，在接线时一定要注意。如果使用电源电压为 220V 的单相交流电，接入时应连接 1 号端和 3 号端。

2）连接电源时，1 号端必须接中性线，因为一、二次绕组有电的直接联系。否则，即使滑动触头旋在低电压位置时，当人触及输出端的任一端时，都有触电的危险。因此规定，自耦变压器不允许用作安全变压器，安全变压器一定要用双绕组的。

3）接通电源时，先将滑动触头旋至零位，接通电源后再逐渐转动手柄，将输出电压调到所需的数值。使用结束后，还应将滑动触头再调回到零位。

4.5.2 仪用互感器

仪用互感器是在交流电路中，专供电工测量和自动保护装置使用的变压器。它的作用是扩大测量仪器的作用量程；为高电压电路的控制、保护装置设备提供所需的低电压、小电流，同时可使仪表、设备与高压电路相隔离，保证仪表、设备和工作人员的安全，并可使仪表、设备的结构简单，价格低廉。

根据仪用互感器的用途不同，可分为电压互感器和电流互感器两种。

1. 电压互感器

电压互感器是一种小容量的降压变压器，其结构原理如图 4-19a 所示，电路中的符号如图 4-19b 所示。它的一次绕组 AX 匝数较多，并联在被测量的电路上；二次绕组 ax 匝数较少，接到电压表或其他保护、测量装置的反应电压大小的线圈上。根据变压器的工作原理，电压互感器一次绕组和二次绕组的电压和匝数成正比，即

$$\frac{U_1}{U_2}=\frac{N_1}{N_2}=k \tag{4-26}$$

式中，k 是电压互感器的电压比。通常电压互感器低压侧的额定电压均设计为 100V。

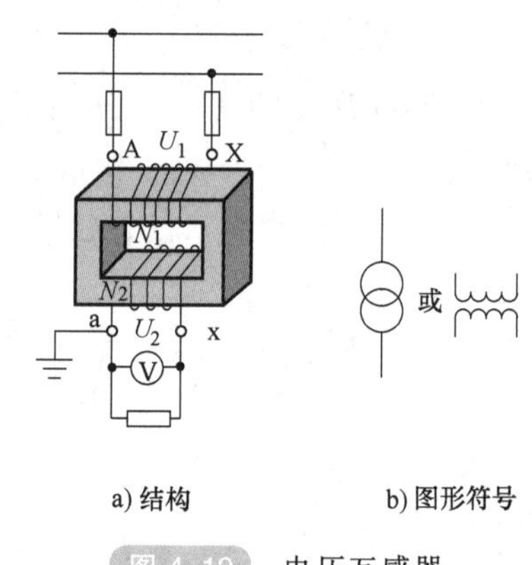

图 4-19 电压互感器

使用电压互感器，应注意：

1）电压互感器的低压侧（二次侧）不允许短路，故在高压侧（一次侧）应接入熔断器进行保护。

2）为防止电压互感器高压绕组绝缘损坏，使低压侧出现高电压，电压互感器的铁心、金属外壳和二次绕组的一端必须可靠接地。

2. 电流互感器

电流互感器是利用变压器变换电流的作用，将大电流变换成小电流的升压变压器，其结构如图 4-20a 所示，电路中的符号如图 4-20b 所示。它的一次绕组导线较粗，匝数很少（有时只有一匝），与被测量电路负载串联。二次绕组导线较细，匝数较多，接电流表或其他保护、测量装置的反应电流大小的线圈上。

根据变压器的工作原理，电流互感器的一次电流和二次电流与其匝数成反比，即

$$\frac{I_1}{I_2}=\frac{N_2}{N_1}=k_i \tag{4-27}$$

式中，k_i 称为电流互感器的电流比。通常，电流互感器二次额定电流设计成标准值5A或1A。

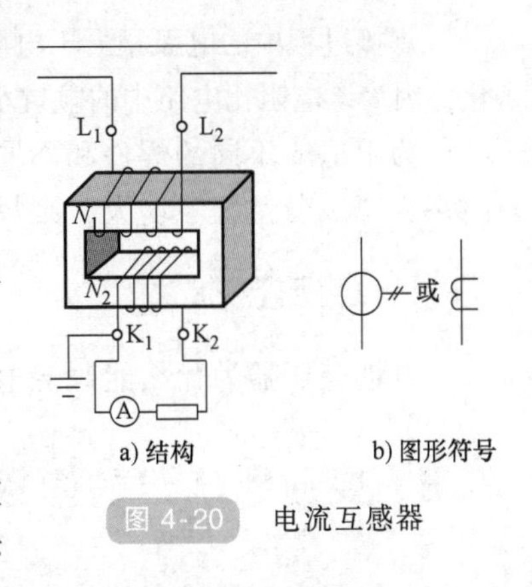

图4-20　电流互感器

由于电流表的内阻抗很小，所以电流互感器正常工作时，其二次侧是处于短路状态。使用电流互感器，应注意：

1）电流互感器工作时二次绕组不允许开路。为此，在电流互感器二次电路中不允许装设熔断器，在二次电路中拆装仪表时，必须先将二次绕组短路。

2）为了安全，电流互感器的铁心、金属外壳和二次绕组的一端也必须接地。

在工程实际中，常用钳形电流表测量线路中的电流，其外形、结构如图4-21所示。它是由一个铁心可以开、闭的电流互感器和一只电流表组装而成的。测量时按下压块，把可移动铁心张开，将被测电流的导线套进钳形电流表内，这根被测量的导线就是电流互感器的一次绕组（一匝）。电流表接在二次绕组的两端，其刻度是乘以电流比的换算值，即可读出被测电流的大小。钳形电流表用来测量正在运行中设备的电流，不需断开电路就可以进行测量电流的大小，使用非常方便。

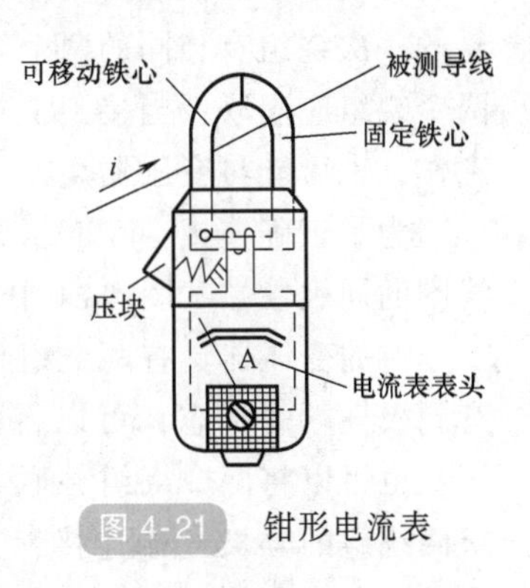

图4-21　钳形电流表

4.5.3　电焊变压器

交流电焊机（交流弧焊机）在生产中应用很广。它主要由电焊变压器串接一个可变电抗器组成，如图4-22所示。

为了保证焊接质量和电弧燃烧的稳定性，对电焊变压器有以下要求：空载时有60~70V的电弧点火电压；有载后二次侧的电压降和输出电流下降很快，具有陡降的外特性，如图4-23所示。这样，当焊条与焊件接触时相当于电焊变压器的输出端短路，由于电焊变压器的一、二次绕组分装在两个铁心柱上，漏抗较大，同时还串联有可变电抗器，因此，短路电流不会过大。该电流在焊条与焊件接触处产生较大的热量，当迅速提起焊条时，焊条与焊件之间产生电弧，即可进行焊接。

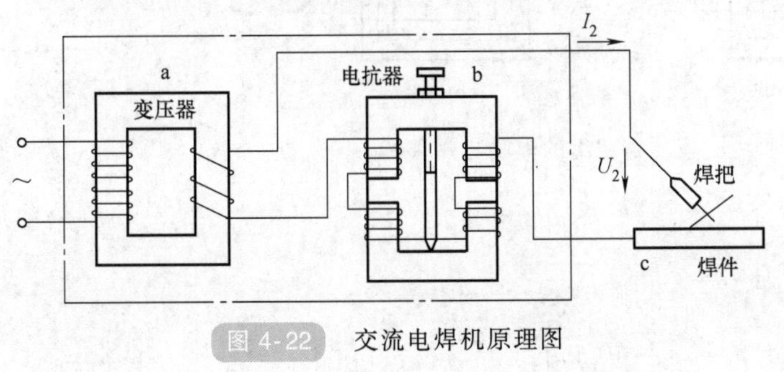

图4-22　交流电焊机原理图

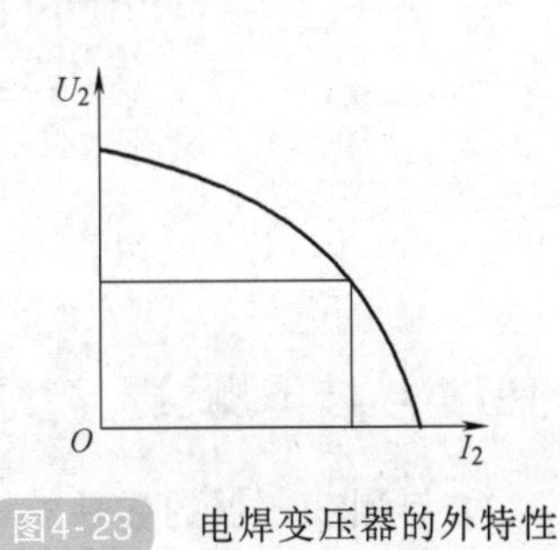

图4-23　电焊变压器的外特性

焊接过程中的电弧相当于电阻,其电压降约为 30V，当焊条与焊件距离变化时，电阻值要变化，因为该电阻比电路中的电抗小得多。所以，焊接电流变化并不明显，这对焊接是有利的。

为了适应不同的焊件和不同规格的焊条，焊接电流的大小可通过调节可变电抗器的空气隙来实现。若空气隙增大，则焊接电流增大，反之焊接电流减小。

知识与小技能测试

自耦变压器为什么能改变电压？它有什么特点？使用时应注意什么？

4.6 变压器绕组的同极性端

在使用变压器或者其他磁耦合的互感线圈时，要注意线圈的正确连接。例如，一台变压器的一次绕组有相同的两个绕组，如图 4-24 中的 1-2 端和 3-4 端。当接到 220V 的电源上时，两个绕组应串联；当接到 110V 的电源上时，两个绕组应并联。如果接错，变压器不能正常工作，也可能将变压器烧毁。

为了正确连接，在变压器的线圈上标以记号“·”。标有“·”符号的两端称为变压器线圈的同极性端。图 4-24 中的 1 端和 3 端是同极性端，当然 2 端和 4 端也是同极性端。

有的变压器具有两个相同的二次绕组,如图 4-25 所示。如果有同极性端的标志，可以将两个绕组串联起来，以提高输出电压；也可以将两个绕组并联起来，以提高输出电流。串联时要求两绕组的异极性端连接，另外的两个异极性端作为输出；并联时要求两个绕组的同极性端相接，然后接负载。如图 4-25a 和 b 所示，即为变压器二次绕组的串联与并联。

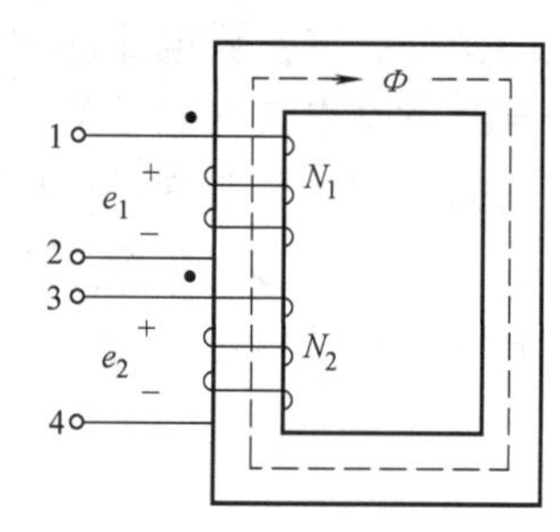

图 4-24 变压器同极性端标志

使用多绕组变压器，若同极性端已确定，连接起来就非常方便。在实际工作中，有时同极性端标记不清，绕组多经浸漆处理，且安装在铁壳之中，这时可用实验的方法测定变压器的同极性端，本书从略。

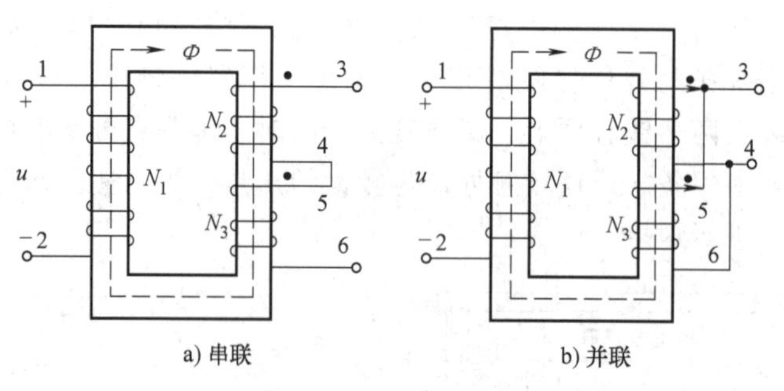

图 4-25 变压器绕组的串联与并联

知识与小技能测试

如何测变压器的极性？

4.7　三相异步电动机

4.7.1　三相异步电动机的结构及工作原理

实现电能与机械能相互转换的电工设备总称为电机。电机利用电磁感应原理实现电能与机械能的相互转换。把机械能转换成电能的设备称为发电机，而把电能转换成机械能的设备称为电动机。

1. 三相异步电动机的结构

三相异步电动机的两个基本组成部分为定子（固定部分）和转子（旋转部分）。此外还有端盖、风扇等附属部分，如图 4-26 所示。

a) 外观图

吊环
后端盖
转子部分
定子铁心
转子铁心
转子绕组
风扇
风罩
定子绕组
机座
出线盒
前端盖

b) 主要部件拆分图

图 4-26　三相异步电动机的结构

(1) 定子　三相异步电动机的定子由三部分组成，见表 4-1。

(2) 转子　三相异步电动机的转子由三部分组成，见表 4-2。

为了保证转子能够自由旋转，在定子与转子之间必须留有一定的空气隙，定子和转子之间气隙大小，对电动机性能影响很大。中小型异步电动机的气隙大小一般为 0. 2~1. 5mm。

表 4-1　三相异步电动机定子的组成

定子	定子铁心	由厚度为 0.5mm 相互绝缘的硅钢片叠成，硅钢片内圆上有均匀分布的槽，其作用是嵌放定子三相绕组 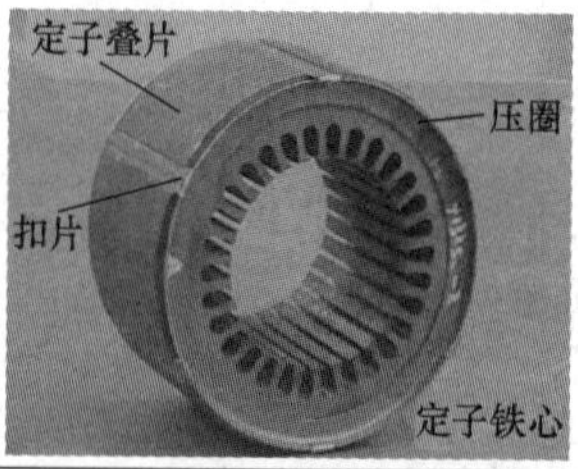
	定子绕组	三组用漆包线绕制好的，对称地嵌入定子铁心槽内的相同的线圈。这三相绕组可接成星形或三角形 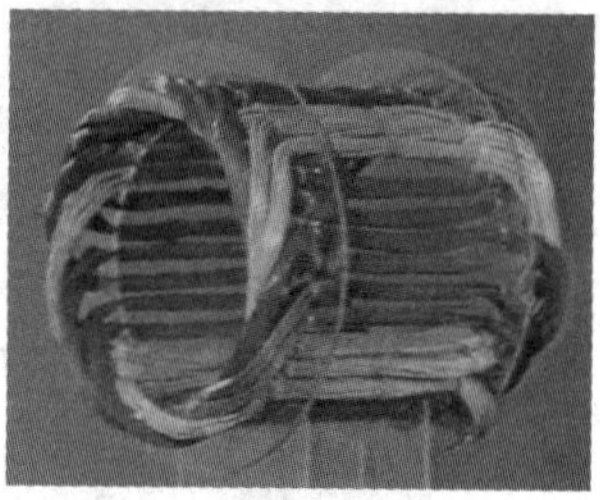
	机座	机座用铸铁或铸钢制成，其作用是固定铁心和绕组

表 4-2　三相异步电动机转子的组成

转子	转子铁心	由厚度为 0.5mm 的相互绝缘的硅钢片叠成，硅钢片外圆上有均匀分布的槽，其作用是嵌放转子三相绕组 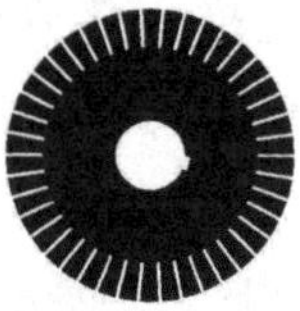
	转子绕组	转子绕组有两种形式：笼型（笼型异步电动机）和绕线式（绕线转子异步电动机） 1. 笼型转子每个槽中有一根导条，在铁心两端用短路环短接，形成一个多相对称短路绕组（一个槽为一相）。如去掉转子铁心，整个绕组犹如一个“松鼠笼子”  2. 绕线式是三相对称绕组，一般采用星形联结 三相绕组的出线端分别接在三个集电环上，经电刷引出，再经串联电阻后短接起来。转子回路串电阻，可以改善电动机的起动性能或实现电动机调速 
	转轴	转轴上加机械负载，转子铁心固定在转轴上

2. 三相异步电动机的转动原理

1）定子产生旋转磁场。定子三相对称绕组通入三相对称电流会产生一个旋转的磁场。定子磁场的转速称为同步转速，大小为

$$n_1=\frac{60f_1}{p} \tag{4-28}$$

式中，f_1 为电网频率；p 为磁极对数。

定子磁场的转向由三相电流相序决定：由超前相向滞后相旋转，即沿着 U1→V1→W1 方向旋转。图 4-27 所示瞬间，磁场向下。

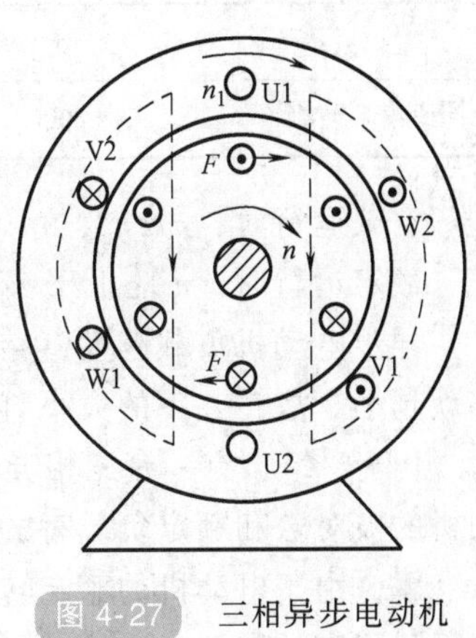

图 4-27　三相异步电动机旋转原理图

2）转子导体产生感应电流。定子磁场顺时针旋转时，转子导体逆时针切割定子磁场，转子导体中将有感应电动势，并在闭合的转子绕组内产生感应电流，在图 4-27 所示瞬间，转子上半周导体中的电流流出纸面，下半周流入纸面。

3）转子导体受到电磁转矩作用而使转子旋转。载有电流的转子导体在定子磁场中将受到电磁力作用，并形成电磁转矩，电磁转矩的方向与定子旋转磁场方向一致，在电磁转矩作用下转子将顺着定子磁场方向旋转起来。

基本工作原理可归纳以下三个关键点：

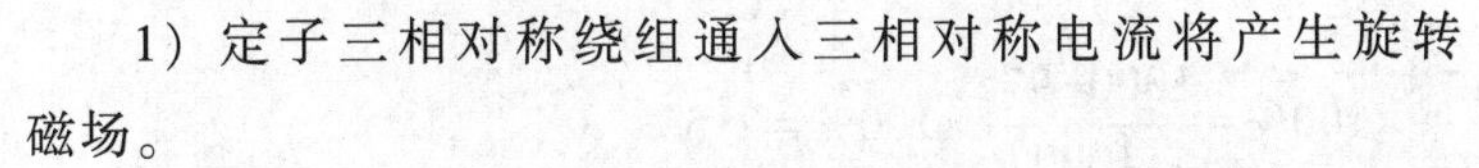

1）定子三相对称绕组通入三相对称电流将产生旋转磁场。

2）转子导体切割定子旋转磁场产生感应电动势，并产生感应电流。

3）载流转子导体在定子磁场中受到电磁力及电磁转矩，使转子旋转。

由基本工作原理分析，可得出以下两个知识点：

1）改变电源相序，可改变电动机的转向。

旋转磁场的旋转方向是由三相绕组中电流相序决定的，若想改变旋转磁场的旋转方向，只要改变通入定子绕组的电流相序，即将三根电源线中的任意两根对调即可。这时，转子的旋转方向也跟着改变。因此，任意对调三相异步电动机的两根电源线，便可使电动机反转。

2）异步电动机的转速 n 恒小于同步转速 n_1。

当 $n<n_1$ 时，转子与定子磁场间有相对运动，转子才会受到电磁转矩作用。

当 $n=n_1$ 时，转子与定子磁场间无相对运动，转子不感应电流不产生转矩。

由于电动机转速 n 与旋转磁场转速 n_1 不同步，故称为异步电动机。因为电动机转子电流是通过电磁感应作用产生的，所以又称为感应电动机。

转差率 s 是用来表示转子转速 n 与磁场转速 n_1 相差的程度的物理量，即

$$s=\frac{n_1-n}{n_1}=\frac{\Delta n}{n_1} \tag{4-29}$$

转差率是异步电动机一个重要的物理量。转差率的大小直接反映转速的快慢，即 $n=$

$(1-s)n_1$。

当旋转磁场以同步转速 n_1 开始旋转时，转子则因机械惯性尚未转动，转子的瞬间转速 $n=0$，这时转差率 $s=1$。转子转动起来之后，$n>0$，n_1-n 差值减小，电动机的转差率 $s<1$。

同步转速与极对数之间对应关系见表 4-3。

表 4-3　同步转速与极对数之间对应关系（$f_1=50\text{Hz}$）

极对数 p	1	2	3	4	5	6
同步转速 n_1/(r/min)	3000	1500	1000	750	600	500

空载运行时，$n\approx n_1$，$s\approx0$，即空载运行时，可以近似认为转子转速等于同步转速。

额定运行时，n 略低于 n_1，$s=0.01\sim0.06$。

异步电动机负载越大，转速就越慢，其转差率就越大；负载越小，转速就越快，其转差率就越小。故转差率的大小直接反映转速的快慢或电动机负载的大小。

【例 4-2】　有一台三相异步电动机，其额定转速 $n=975\text{r/min}$，电源频率 $f=50\text{Hz}$，求电动机的极对数和额定负载时的转差率 s。

解：由于电动机的额定转速接近而略小于同步转速，而同步转速对应于不同的极对数有一系列固定的数值。显然，与 975r/min 最相近的同步转速 $n_1=1000\text{r/min}$，与此相应的磁极对数 $p=3$。因此，额定负载时的转差率为

$$s=\frac{n_1-n}{n_1}\times100\%=\frac{1000-975}{1000}\times100\%=2.5\%$$

4.7.2　三相异步电动机的铭牌

每台电动机的机座上都装有一块铭牌。铭牌上标注有该电动机的主要性能和技术数据。如：

三相异步电动机					
型　　号	Y132M-4	功　　率	7.5kW	频　　率	50Hz
电　　压	380V	电　　流	15.4A	接　　法	△
转　　速	1440r/min	绝缘等级	E	工作方式	连续
温　　升	80℃	防护等级	IP44	重　　量	55kg
	年　月　编号				××电机厂

1. 型号

为不同用途和不同工作环境的需要，电机制造厂把电动机制成各种系列，每个系列的不同电动机用不同的型号表示。如：

Y	315	S	6
三相异步电动机	机座中心高	机座长度代号	磁极数
	单位：mm	S：短铁心	
		M：中铁心	
		L：长铁心	

2. 电压

铭牌上所标的电压值是指电动机在额定运行时定子绕组上应加的线电压值。一般规定电动机的电压不应高于或低于额定值的5%。

必须注意：在低于额定电压下运行时，最大转矩 T_{max} 和起动转矩 T_{st} 会显著地降低，这对电动机的运行是不利的。

3. 电流

铭牌上所标的电流值是指电动机在额定运行时定子绕组的最大线电流允许值。

当电动机空载时，转子转速接近于旋转磁场的转速，两者之间相对转速很小，所以转子电流近似为零，这时定子电流几乎全为建立旋转磁场的励磁电流。当输出功率增大时，转子电流和定子电流都随着相应增大。

4. 功率

铭牌上所标的功率值是指电动机在规定的环境温度下，在额定运行时电动机轴上输出的机械功率值。输出功率与输入功率不等，其差值等于电动机本身的损耗功率，包括铜损、铁损及机械损耗等。

所谓效率 η 就是输出功率与输入功率的比值。一般笼型电动机在额定运行时的效率为72%~93%。

5. 转速

铭牌上所标的转速是电动机额定运行时的转子转速，单位为转/分（r/min）。不同的磁极数对应有不同的转速等级。最常用的是四个磁极的（n=1500r/min）。

6. 绝缘等级

绝缘等级是按电动机绕组所用的绝缘材料在使用时容许的极限温度来分级的，见表4-4。所谓极限温度是指电动机绝缘结构中最热点的最高容许温度。

表4-4 电动机绝缘等级

绝缘等级	环境温度40℃时的容许温升	极限允许温度
A	65℃	105℃
E	80℃	120℃
B	90℃	130℃

7. 接法

接法指电动机三相定子绕组的连接方式。一般笼型电动机的接线盒中有6根引出线，标有 U_1、V_1、W_1、U_2、V_2、W_2，其中：U_1、V_1、W_1 是每一相绕组的始端；U_2、V_2、W_2 是每一相绕组的末端。三相异步电动机的连接方法有两种：星形（Y）联结和三角形（△）联结。通常三相异步电动机功率在 4kW 以下者接成星形；在 4kW（不含）以上者，接成三角形，如图 4-28 所示。

8. 三相异步电动机主要系列简介

Y 系列：一般用途小型笼型转子三相异步电动机。额定电压为 380V，功率为 5.5～132kW，3kW 及以下为星形联结，4kW 及以上为三角形联结。目前发展成 Y2、Y3 系列。

YR 系列：一般用途小型绕线转子三相异步电动机。定子为三角形联结，转子为星形联结。

YD 系列：变极多速三相异步电动机。

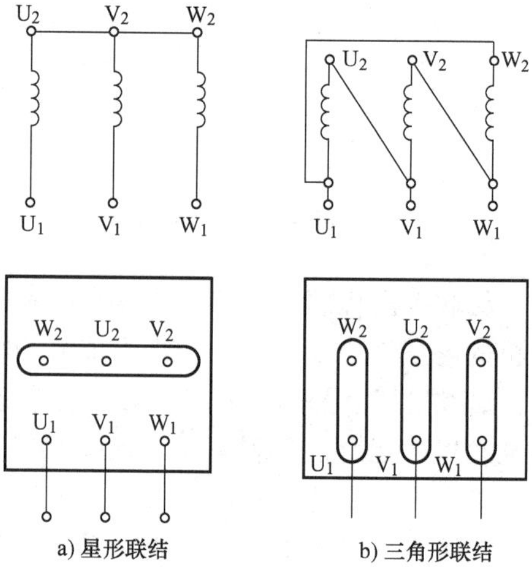

a) 星形联结　　b) 三角形联结

图 4-28　三相异步电动机定子接法

4.7.3　三相异步电动机的控制

1. 起动控制

为了使电动机能够按照设备的要求运转，需要对电动机进行控制。电动机的控制电路通常由电动机、控制电器、保护电器与生产机械及传动装置组成。传统的电动机控制系统主要由各种低压电器组成，称为继电器—接触器控制系统。图 4-29 所示为一个最简单的三相电动机控制电路。用一个刀开关控制电动机的起动和停机，用三相熔断器对电动机进行短路保护，这个简单的电路就具有对电动机进行控制和保护的基本功能，但只能进行手动控制。自动控制电路由各种开关、继电器、接触器等电器组成，它能够根据人所发出的控制指令信号，实现对电动机的自动控制、保护和监测等功能。

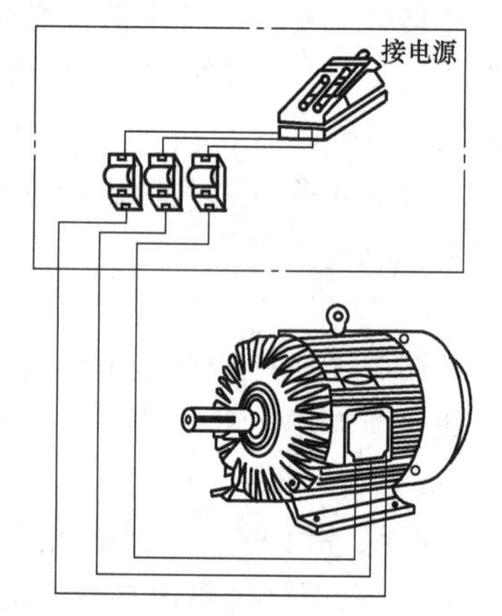

图 4-29　最简单的三相电动机控制示意图

所谓“起动”，是指电动机通电后转速从零开始逐渐加速到正常运转的过程。

异步电动机在开始起动的瞬间，定子绕组已接通电源，而转子因惯性仍未转动起来，此刻 $n=0$，$s=1$，转子绕组感应出很大的电流，定子绕组的起动电流也可达到额定电流的 5～7 倍。虽然起动时转子电流很大，但因为转子功率因数最低，所以起动转矩并不大，最大也只有额定转矩的 2 倍左右。因此，异步电动机起动的主要问题是：起动电流大而起动转矩并不大。

在正常情况下，异步电动机的起动时间很短（一般为几秒到十几秒），短时间的起动大电流一般不会对电动机造成损害（但对于频繁起动的电动机则需要注意起动电流对电动机工作寿命的影响），但它会在电网上造成较大的电压降从而使供电电压下降，影响在同一电网上其他用电设备的正常工作，同时又会造成正在起动的电动机起动转矩减小、起动时间延长甚至无法起动。

另一方面，由于异步电动机的起动转矩不大，因此有的用异步电动机拖动的机械可让电动机先空载或轻载起动，待升速后再用机械离合器加上负载。但有的设备（如起重机械）要求电动机能带负载起动，因此要求电动机有较大的起动转矩。但过大的起动转矩又可能会使电动机加速过猛，使机械传动机构受到冲击而容易损坏，所以有时又要求电动机在起动时先减小其起动转矩，以消除转动间隙，然后再过渡到所需的起动转矩有载起动。

综上所述，对异步电动机起动的基本要求是：在保证有足够的起动转矩的前提下尽量减小起动电流，并尽可能采取简单易行的起动方法。

在一般情况下，如果电动机的功率不超过供电变压器容量的20%～30%，则可以把电动机直接接到电网上进行起动，称为“直接起动”。直接起动方法简单易行、工作可靠且起动时间短，但要求能够将电动机起动所造成的电网电压降控制在许可范围以内（一般不超过线路额定电压的5%）。一般7.5kW以下的电动机允许直接起动。

如果电动机的功率相对于供电变压器的容量较大，就不能采取直接起动，而需要降压起动。所谓“降压起动”，就是起动时采用各种方法先降低电动机定子绕组的电压，以减小起动电流，待电动机升速后再加上额定电压运行。降压起动的主要问题是造成起动转矩减小，所以应保证有足够的起动转矩。

(1) 三相异步电动机直接起动控制　对于小功率电动机的起动，在控制条件要求不高的场合，可以使用开启式开关熔断器组、封闭式开关熔断器组等简单控制装置直接起动。图4-30所示为用刀开关控制的三相异步电动机直接起动电路的原理图。

电路的工作原理如下：

起动：合上电源开关QS→三相异步电动机通电→电动机起动。

停止：断开QS→电动机断电停转。

该电路除电动机外，使用的电器有刀开关和熔断器两种。

(2) 三相异步电动机点动控制　点动控制电路是用最简单的控制电路（又称为二次电路）控制主电路，完成电动机的全压起动，其电路结构如图4-31所示。三相电源经过隔离开关QS、主电路熔断器FU1、交流接触器主触点KM到电动机M构成主电路。由二次电路熔断器FU2、动合（常开）按钮SB和接触器线圈KM组成二次电路。二次电路除具有控制功能外，还具有保护和信号指示功能。

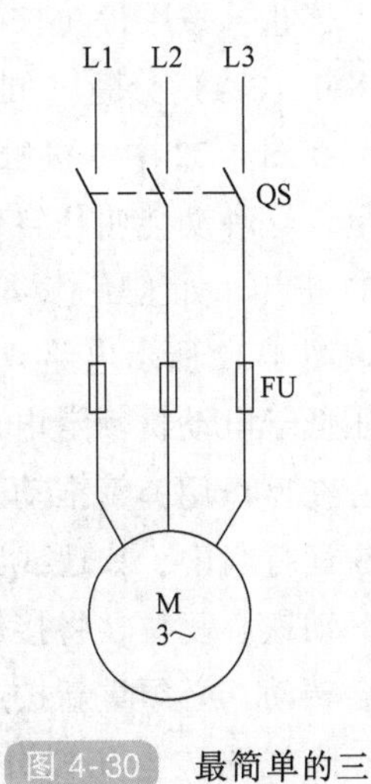

图4-30　最简单的三相电动机控制电路

电路工作原理如下：

起动：闭合QS，接通电源→按下动合按钮SB→控制电路通电→接触器线圈KM通电→接触器动合主触点闭合→主电路接通→电动机M通电起动。

停止：松开动合按钮SB→控制电路分断→接触器线圈KM断电→接触器动合触点KM分断→主电路分断→电动机M断电停转。

该电路只要按下按钮SB电动机即转动，松开按钮SB即停止转动，因此称为点动控制。

(3) 三相异步电动机连续运转控制　对于需要较长时间运行的电动机，用点动控制是不方便的。因为一旦松开按钮SB，电动机立即停转。因此，对于连续运行的电动机，可在点动控制的基础上，保持主电路不变，在控制电路中串联动断（常闭）按钮SB1（2-3），并在起动按钮 SB2 上并联一副接触器动合辅助触点 KM（3-4），即可成为电动机连续运转控制电路，如图 4-32 所示。

从图 4-32 可见，主电路与点动控制电路相同。只要 SB2 或与之并联的接触器辅助触点 KM（3-4）任意一处接通，控制电路即可通电，使接触器线圈通电动作。

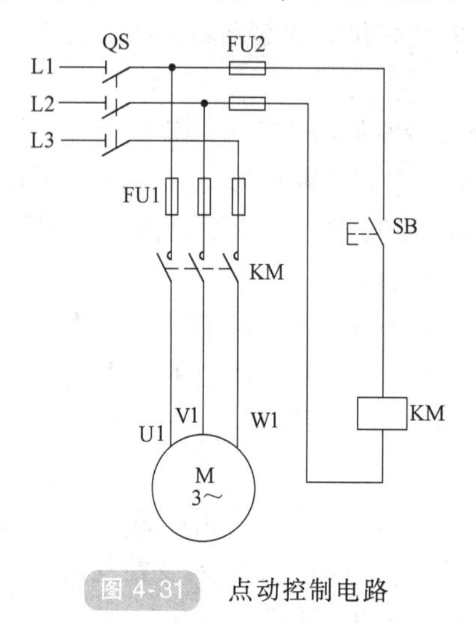

图 4-31 点动控制电路

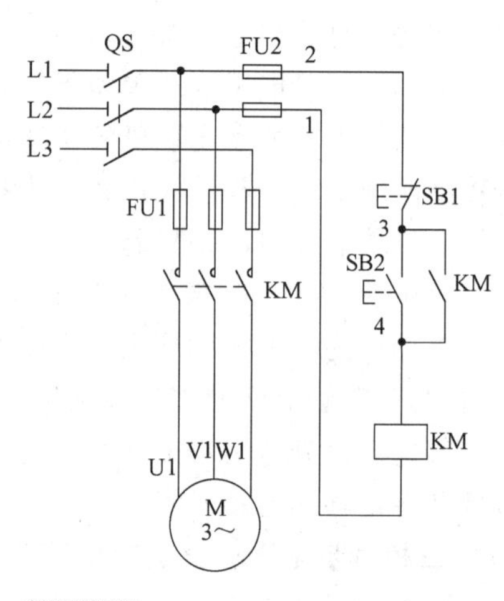

图 4-32 电动机连续运转控制电路

电路工作原理是如下：

起动：闭合 QS，接通电源→按下起动按钮 SB2→控制电路（3-4）闭合→接触器线圈 KM（4-1）通电→接触器动合辅助触点 KM（3-4）闭合自锁（SB2 释放后 KM（4-1）仍然通电）→接触器动合主触点闭合→电动机 M 通电持续运转。

停止：按下停止按钮 SB1→控制电路分断→接触器线圈 KM（4-1）断电→接触器自锁触点 KM（3-4）分断（同时接触器主触点分断）→主电路分断→电动机 M 停转。

在图 4-32 中，接触器动合辅助触点 KM（3-4）在起动按钮 SB2 松开后，仍能保持闭合通电，这种功能叫作自锁。这种具有自锁功能的控制电路叫作自锁电路。接触器中起自锁作用的触点（如 KM（3-4））叫作自锁触点。

图 4-32 所示电路只具有简单的欠电压和失电压保护功能。所谓欠电压保护，指的是当电压低于电动机额定电压的 85%时，接触器线圈的电流减小，磁场减弱，电磁力不足，动铁心在反作用弹簧推动下释放，分断主电路，使电动机停止转动。失电压保护则是指当电动机在运行当中，如遇线路故障或突然停电，控制电路失去电压，接触器线圈断电，电磁力消失，动铁心复位，将接触器动合主触点、辅助触点全部分断。即使电路恢复供电，电动机也不会转动，必须重新按起动按钮，才能使电动机恢复工作。

除线路欠电压以外，电动机在运行中如果负载过重，频繁起动或频繁正、反转，电源断相，都将使电动机的电流增大而使其过热，导致绝缘老化甚至烧毁电动机。所以电动机只有欠电压、失电压保护是不够的，在使用中还需加接专门的过载保护装置。在众多过载保护装置中，应用最多的是热继电器，装有热继电器的保护电路如图 4-33 所示。图中热电器的热元件 FR 串联在主电路中，它的动断触点 FR（2-3）串联在控制电路中。

电路保护原理是：电动机在运行过程中，由于过载或其他原因使线路供电电流超过允许值，热元件因通过大电流而温度升高，烘烤热继电器内的双金属片使其弯曲，将串联在控制电路中的动断触点 FR（2-3）分断，接触器线圈断电，释放主触点，切断主电路，电动机停止转动，从而起到过载保护作用。

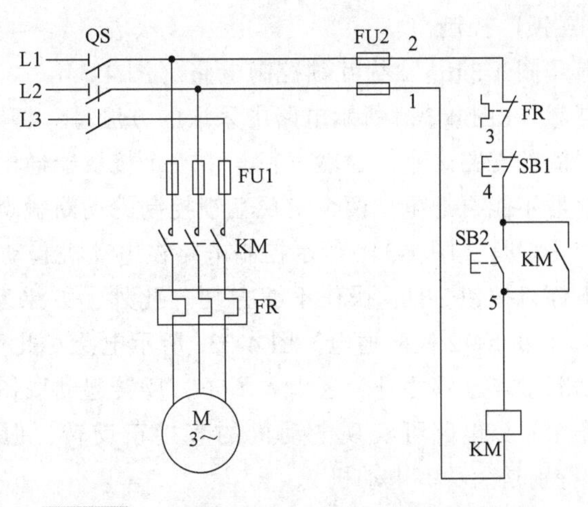

图 4-33　带热继电器保护的连续运转控制电路

2. 正反转控制

上述电路只能控制电动机朝一个方向旋转，而许多机械设备要求实现正反两个方向的转动，如机床主轴的正反转、工作台的前进与后退、提升机构的上升与下降、机械装置的夹紧与放松等，因此要求拖动电动机能够正反转，所以电动机的正反转控制电路是经常用到的。根据三相异步电动机的工作原理，只要将电动机主电路三根电源线的其中两根对调就可以实现电动机的正反转。图 4-34 所示为使用两个交流接触器控制电动机正反转的电路。

图 4-34a 所示电路中，接触器 KM1 和 KM2 的主触点使三相电源的其中两相调换，因此，KM1 和 KM2 分别控制电动机的正、反转，SB2 和 SB3 分别为正、反转起动控制按钮，SB1 为停止按钮。

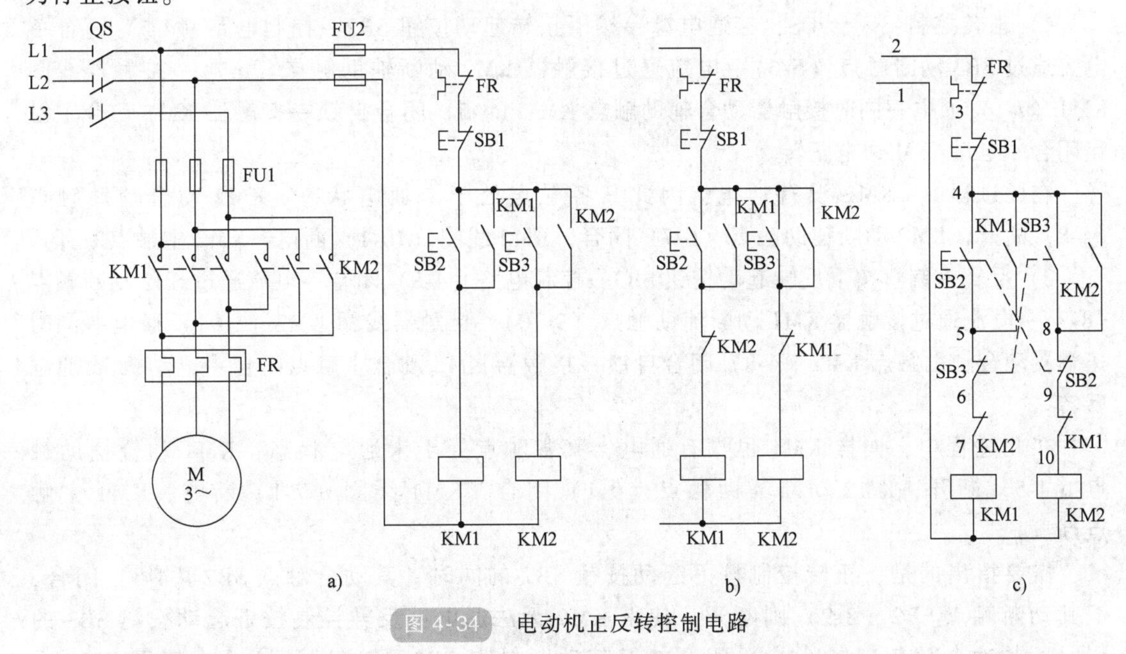

图 4-34　电动机正反转控制电路

图 4-34a 所示电路存在的问题是：按下正转按钮 SB2，电动机正转后，如需要电动机反转，若未按停止按钮 SB1 而直接按反转按钮 SB3，则将使 KM1 和 KM2 同时接通，造成电动机主电路两相电源短路。也就是说，KM1 和 KM2 两个接触器在任何时候只能接通其中一个，因此在接通其中一个之后就要设法保证另一个不能接通。这种相互制约的控制称为

"互锁"控制。

图 4-34b、c 为互锁控制电路（图 4-34b、c 中只画出控制电路，其主电路与图 4-33a 相同），在图 4-34b 所示电路中采取的方法是：将 KM1、KM2 的辅助动断触点分别串联在对方线圈的支路之中。显然，在其中一个接触器通电后，由于其动断触点断开，保证了另一个接触器不能再通电。两个实现互锁控制的动断触点称为"互锁触点"。

但是，图 4-34b 所示控制电路在电动机起动运行后，若要改变电动机的转向，必须先按下停机按钮 SB1，操作不够方便。此外，如果互锁触点损坏而无法断开，同样可能会造成 KM1 和 KM2 同时通电。图 4-33c 所示电路对此作了进一步改进，除了用 KM1、KM2 的辅助动断触点互锁之外，还串入了正、反转起动按钮 SB2、SB3 的各一对动断触点，起双重保险作用。该电路可实现电动机的直接正反转，但在操作时注意不要使电动机反转过于频繁（特别是大功率电动机）。

图 4-34c 所示电路的工作原理如下：

（1）控制电路电流流向　L1→FU2（上）→FR（2-3）→SB1（3-4）→

┌SB2 并联 KM1 动合触点（4-5）→ SB3 动断触点（5-6）→
└→SB3 并联 KM2 动合触点（4-8）→ SB2 动断触点（8-9）→

→ KM2 动断辅助触点（6-7）→ KM1 线圈（7-1）┐
→ KM1 动断辅助触点（9-10）→ KM2 线圈（10-1）┘→ FU2（下）→ L2

（2）电路工作原理

1）正转控制：闭合 QS，接通电源→按下正转起动按钮 SB2→控制电路（4-5）闭合→电流通过 SB3 动断触点（5-6）→电流通过接触器 KM2 动断辅助触点（6-7）→接触器线圈 KM1（7-1）通电→同时接触器动合辅助触点 KM1（4-5）闭合自锁→接触器 KM1 动合主触点闭合→电动机 M 通电正转。

在此过程中，KM2 没有通电，因此其各触点处于未通电状态：KM2 动合辅助触点（4-8）断开，KM2 动断辅助触点（6-7）闭合，KM2 线圈（10-1）断电，KM2 主触点断开。

2）反转控制：按下反转起动按钮 SB3→控制电路（4-8）闭合→电流通过 SB2 动断触点（8-9）→电流通过接触器 KM1 动断辅助触点（9-10）→接触器线圈 KM2（10-1）通电→同时接触器动合辅助触点 KM2（4-8）闭合自锁→接触器 KM2 动合主触点闭合→电动机 M 通电反转。

在此过程中，同样 KM1 也没有通电，其各触点处于未通电状态：KM1 动合辅助触点（4-5）断开，KM2 动断辅助触点（9-1）闭合，KM1 线圈（7-1）断电，KM1 主触点断开。

需要指出的是，正转控制按下起动按钮 SB2 的同时，其动合触点 SB2（4-5）闭合，但其动断触点 SB2（8-9）则断开，使得 KM2 无法通电；反转控制按下起动按钮 SB3 的同时，其动合触点 SB3（4-8）闭合，但其动断触点 SB2（5-6）则断开，使得 KM1 无法通电。

3）正转直接到反转控制：在正转过程中，若直接按下反转按钮 SB3→控制电路（4-8）闭合，其动断触点（5-6）断开→KM1 线圈（7-1）断电→KM1 主触点断开，切断主电路→电动机正转停止→与此同时 KM1 动断辅助触点（9-10）复位接通→KM2 线圈（10-1）通电→KM2 主触点接通→电动机 M 通电反转。

4）反转直接到正转控制：在反转过程中，若直接按下正转按钮 SB2→控制电路（4-5）闭合，其动断触点（8-9）断开→KM2 线圈（10-1）断电→KM2 主触点断开，切断主电路→电动机反转停止→与此同时 KM2 动断辅助触点（6-7）复位接通→KM1 线圈（7-1）通电→KM1 主触点接通→电动机 M 通电正转。

5）停止：任何时候按下动断按钮 SB1→控制电路分断→接触器线圈 KM1 或 KM2 断电→主触点分断→电动机 M 停转。

知识与小技能测试

1. 简述用万用表识别电动机定子绕组首尾端的方法。
2. 说明三相异步电动机型号 Y132M-4 各部分的含义。
3. 画出三相异步电动机点动控制电路图并简述原理。

技能训练

技能训练一　单相变压器的空载和短路实验

1. 实验目的

通过空载和短路实验，测定变压器的电压比和参数。

2. 实验仪器和设备

电源控制屏、数/模交流电压表、数/模交流电流表、三相组式变压器、智能型功率/功率因数表。

3. 实验内容及操作步骤

（1）变压器空载实验

1）在三相调压交流电源断电的条件下，按图 4-35 接线。被测变压器选用三相组式变压器 DJ11 中的一只作为单相变压器，其额定容量 $S_N = 77V \cdot A$，$U_{1N}/U_{2N} = 220V/55V$，$I_{1N}/I_{2N} = 0.35A/1.4A$。变压器的低压线圈 a、x 接电源，高压线圈 A、X 开路。

2）选好所有测量仪表量程（电压表 V_1 量程为 100V，V_2 量程为 300V，电流表 A 量程为 0.3A）。将控制屏左侧调压器旋钮向逆时针方向旋转到底，即将其调到输出电压为零的位置。

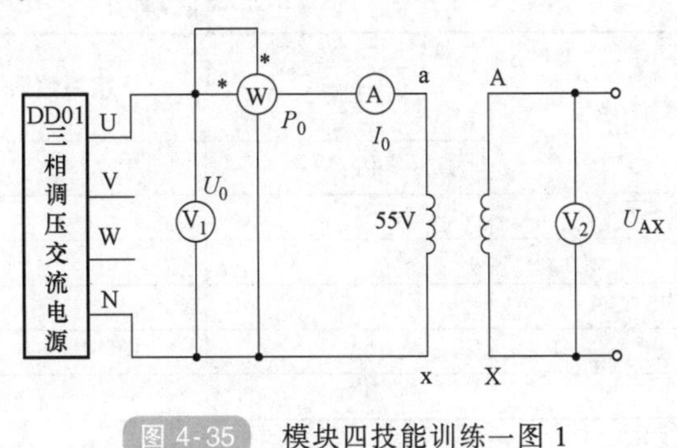

图 4-35　模块四技能训练一图 1

3）合上交流电源总开关，按下“启动”按钮，便接通了三相交流电源。调节三相调压器旋钮，使变压器空载电压 $U_0 = 1.2U_N = 66V$，然后逐次降低电源电压，在（1.2～0.3）U_N（66～16.5V）的范围内，测取变压器的 U_0、I_0、P_0、U_{AX}。

4）测取数据时，$U = U_N$ 点必须测，并在该点附近测的点较密，共测取数据 7～8 组，记录于表 4-5 中。

5）关闭电源，调压器调回到最小。

表 4-5　变压器空载实验数据

序号	实验数据				计算数据	
					功率因数	电压比
	U_0/V	I_0/A	P_0/W	U_{AX}/V	$\cos\varphi_0$	k
平均值						

注：$\cos\varphi_0=\dfrac{P_0}{U_0I_0}$，$k=\dfrac{U_{AX}}{U_0}$。

（2）变压器短路实验

1）按下控制屏上的“停止”按钮，切断三相调压交流电源，按图 4-36 接线。将变压器的高压线圈接电源，低压线圈直接短路。

2）选好所有测量仪表量程（电压表 30V，电流表 1A），将交流调压器旋钮调到输出电压为零的位置。

3）接通交流电源，逐次缓慢增加输入电压，直到短路电流等于 $1.1I_N$（0.385A）为止，在（1.1～0.2）I_N（0.385～0.07A）范围内测取变压器的 U_K、I_K、P_K。

4）测取数据时，$I_K=I_N$ 点必须测，共测取数据 6～7 组，记录于表 4-6 中。

5）按下停止按钮，钥匙开关拨到“关”位置，左侧调压器旋钮调回到最小。

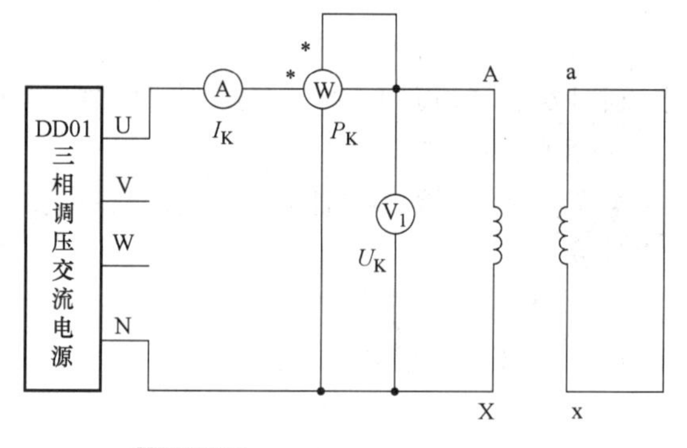

图 4-36　模块四技能训练一图 2

表 4-6　变压器短路实验数据

序号	实验数据			计算数据
				功率因数
	U_K/V	I_K/A	P_K/W	$\cos\varphi_K$

注：$\cos\varphi_K=\dfrac{P_K}{U_KI_K}$。

4. 注意事项

1）在变压器实验中，应注意电压表、电流表、功率表的合理布置及量程选择。

2）短路实验操作要快，否则线圈发热引起电阻变化。

技能训练二　三相异步电动机点动控制、连续控制电路连接

1. 实训目的

1）了解交流接触器、热继电器和按钮的结构及其在控制电路中的应用。

2）学习异步电动机基本控制电路的连接。

3）学习按钮、熔断器、热继电器的使用方法。

2. 实训仪器和设备

交流接触器、热继电器、二位（或三位）按钮、三相电动机、熔断器（5个）、三相刀开关、电工工具。

3. 实训原理

1）继电器、接触器控制大量应用于对电动机的起动、停止、正反转、调速、制动等控制，从而使生产机械按规定的要求动作；同时，也能对电动机和生产机械进行保护。

2）图4-37是三相异步电动机直接起动的控制电路。

4. 实训内容和步骤

1）在实验板上找到交流接触器等，了解其结构及动作原理。

2）通过实验，掌握基本电路的接线方法。

3）异步电动机直接起动电路按图4-37a、b、c连接，经教师检查允许后再送电。

4）图4-37d是既具有点动又能连续运转控制的电路（选做）。

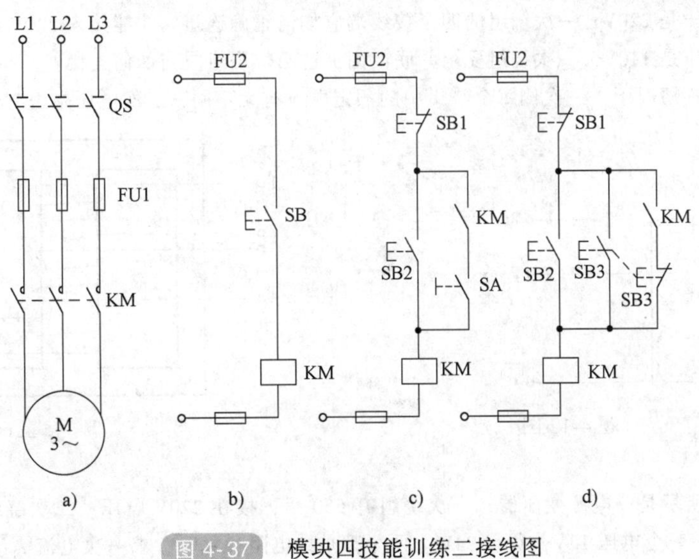

图4-37　模块四技能训练二接线图

5. 实训总结

1）电路中的自锁触点起什么作用？

2）什么叫零电压保护？电路的零电压保护是如何实现的？

练习与思考

4-1 有一空载变压器，一次侧加额定电压 220V，并测得一次绕组电阻 $R_1 = 10\Omega$，试问一次电流是否等于 22A？

4-2 如果变压器一次绕组的匝数增加一倍，而所加电压不变，试问励磁电流将有何变化？

4-3 有一台电压为 220V/110V 的变压器，$N_1 = 2000$，$N_2 = 1000$。有人想省些铜线，将匝数减为 400 和 200，是否也可以？

4-4 变压器的额定电压为 220V/110V，如果不慎将低压绕组接到 220V 电源上，试问励磁电流有何变化？后果如何？

4-5 变压器铭牌上标出的额定容量是“kV·A”而不是“kW”，为什么？额定容量指的是什么？

4-6 某变压器的额定频率是 50Hz，用于 25Hz 的交流电路中，能否正常工作？

4-7 如错误地把电源电压 220V 接到调压器的 4、5 两端（见图 4-18b），试分析会出现什么问题。

4-8 调压器用毕后为什么必须转到零位？

4-9 有一单相照明变压器，容量为 10kV·A，电压 3300V/220V。今欲在二次绕组接上 60W、220V 的白炽灯，如果要变压器在额定情况下运行，这种白炽灯可接多少个？并求一、二次绕组的额定电流。

4-10 三相变压器的铭牌数据如下：$S_N = 180\text{kV}\cdot\text{A}$，$U_{1N} = 400\text{V}$，$f = 50\text{Hz}$，连接方式为 Yy0。已知每匝线圈感应电动势为 5.133V，铁心截面积为 160cm^2。试求：（1）一、二次绕组每相匝数；（2）电压比；（3）一、二次绕组的额定电流；（4）铁心中磁感应强度 B_m。

4-11 在图 4-14 中，将 $R_L = 8\Omega$ 的扬声器接在输出变压器的二次绕组，已知 $N_1 = 300$，$N_2 = 100$，信号源电动势 $E = 6\text{V}$，内阻 $R_{S1} = 100\Omega$，试求信号源输出的功率。

4-12 在图 4-38 中，输出变压器的二次绕组有中间抽头，以便接 8Ω 或 3.5Ω 的扬声器，两者都能达到阻抗匹配。试求二次绕组两部分匝数之比。

4-13 图 4-39 所示的变压器，一次侧有两个额定电压为 110V 的绕组，二次绕组的电压为 6.3V。

（1）若电源电压是 220V，一次绕组的四个接线端应如何正确连接，才能接入 220V 的电源上？

（2）若电源电压是 110V，一次绕组要求并联使用，这两个绕组应当如何连接？

（3）在上述两种情况下，一次侧每个绕组中的额定电流有无不同，二次电压是否有改变？

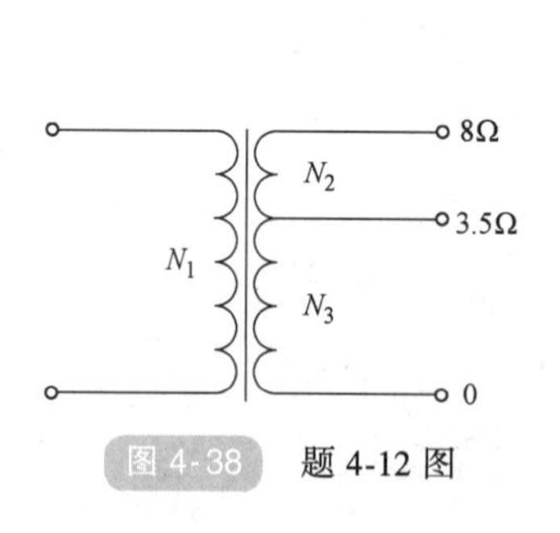

图 4-38 题 4-12 图

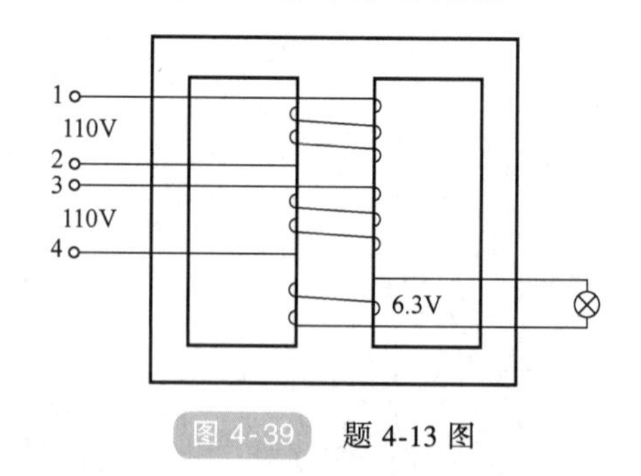

图 4-39 题 4-13 图

4-14 图 4-40 所示是一电源变压器，一次绕组有 550 匝，接在 220V 电压。二次绕组有两个：一个电压 36V，负载 36W；一个电压 12V，负载 24W。两个都是纯电阻负载时，求一次电流 I_1 和两个二次绕组的匝数。

4-15 如图 4-41 所示，当闭合 S 时，画出两回路中电流的实际方向。

4-16 图 4-42 是一个有三个二次绕组的电源变压器，试根据图中各二次绕组所标输出电压，通过不同的接法，你能得出多少种输出电压？

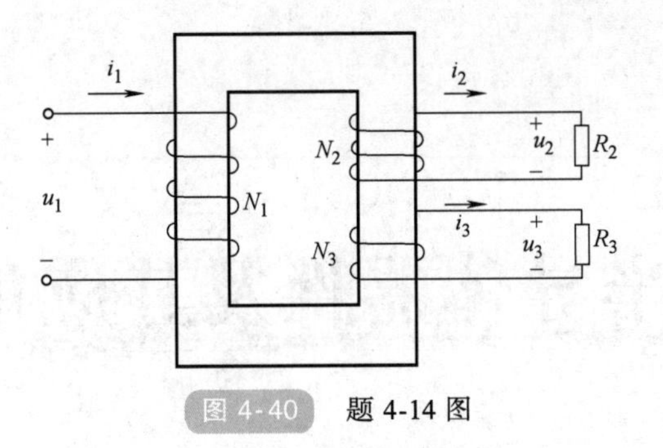

图 4-40　题 4-14 图

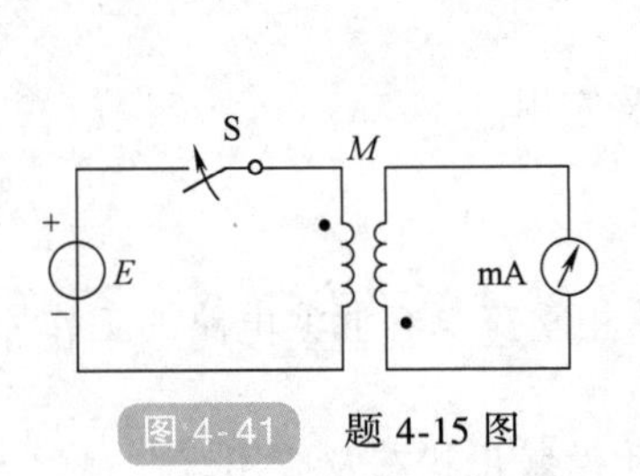

图 4-41　题 4-15 图

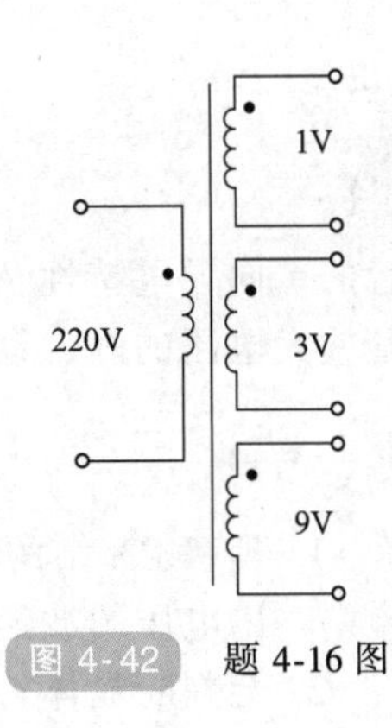

图 4-42　题 4-16 图

模块五 半导体器件及其应用

知识点

1. 二极管的单向导电特性及应用。
2. 晶体管放大电路的静、动态指标及它们的特点及应用。

教学目标

知识目标：1. 理解 PN 结的单向导电特性；掌握单相整流电容滤波电路的工作原理及输出电压的波形和数值的计算方法。
2. 会判断晶体管在电路中的放大、饱和、截止状态及应用。
3. 掌握三种基本放大电路的静态工作点、电压放大倍数、输入电阻、输出电阻等参数的计算。

能力目标：1. 会用万用表判断二极管管脚极性和质量好坏；会用万用表确定晶体管各极及管型。
2. 会分析设计单相桥式整流电容滤波电路。
3. 能够根据要求设计制作实用的晶体管放大电路。

案例导入

图 5-1 是一个声控 LED 灯电路图，电路中除熟悉的电阻、电容外，还有驻极体电容器话筒、晶体管和发光二极管等。这些元器件有什么特性？电路又是如何实现用声音来控制灯光的呢？

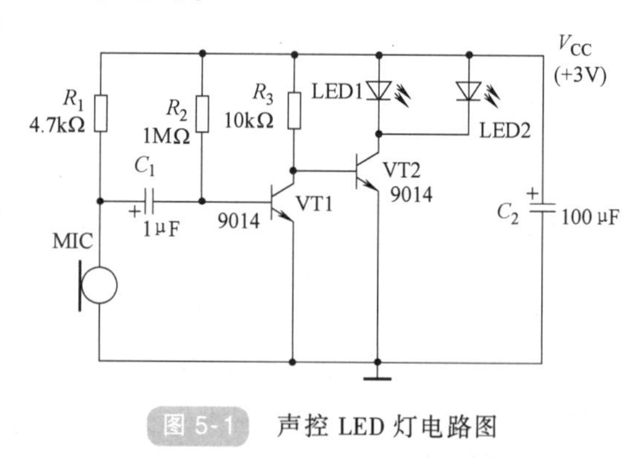

图 5-1 声控 LED 灯电路图

相关知识

5.1 二极管及其应用

电子电路中常用的元器件如二极管、晶体管、集成芯片等，都是由半导体材料制成的。纯净的、结构完整的半导体晶体称为本征半导体。在纯净的四价半导体晶体材料（主要是硅和锗）中掺入微量三价（例如硼）或五价（例如磷）元素，形成杂质半导体，其导电能力就会大大增强。这是由于杂质半导体中传导电流能力的载流子数目比本征半导体载流子数目多造成的。掺入五价元素的半导体中的多数载流子是自由电子，称为电子半导体或N型半导体；而掺入三价元素的半导体中的多数载流子是空穴，称为空穴半导体或P型半导体。杂质半导体中多数载流子（称多子）数目由掺杂浓度确定，而少数载流子（称少子）数目与温度有关，温度升高时，少数载流子数目增加。

在一块半导体基片上通过特殊的半导体工艺技术可以形成P型半导体和N型半导体的交界面。由于交界面两侧载流子浓度不同，N区的电子向P区扩散，P区的空穴向N区扩散，结果在其交界面两侧分别产生正负离子，形成空间电荷区，称为PN结。PN结具有单向导电性：当PN结加正向电压时，即P区电位高于N区，外电场与内电场作用力相反，使得PN结变窄，由多子形成的电流可以由P区向N区流通，此时PN结导通，如图5-2a所示；而当PN结加反向电压时，即N区电位高于P区，外电场与内电场作用力相同，使得PN结变宽，由少子形成的电流极小，可认为PN结截止（即不导通），如图5-2b所示。

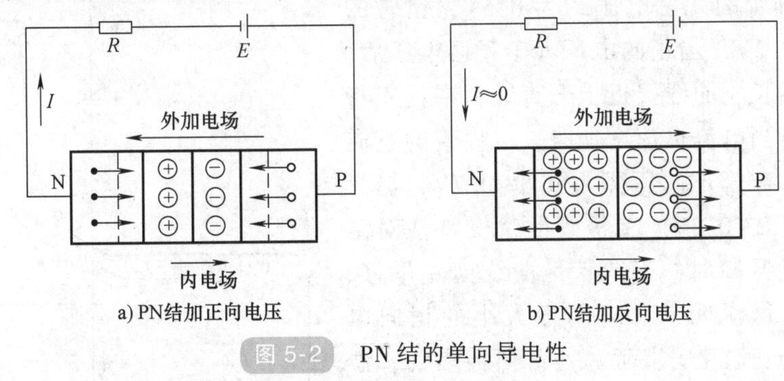

图5-2　PN结的单向导电性

5.1.1　二极管的类型及电路符号

半导体二极管就是由一个PN结加上相应的电极引线及管壳封装而成的。由P区引出的电极称为阳极，N区引出的电极称为阴极。

1. 二极管类型

二极管的种类很多，按材料来分，最常用的有硅管和锗管两种；按结构来分，有点接触型、面接触型和硅平面型等几种；按用途来分，有普通二极管、整流二极管、稳压二极管等多种。

从工艺结构来看，点接触型二极管（一般为锗管）如图5-3a所示，其特点是结面积小，因此结电容小，允许通过的电流也小，适用高频电路的检波或小电流的整流，也可用作数字电路里的开关元件；面接触型二极管（一般为硅管）如图5-3b所示，其特点是结面积大，结电容大，允许通过的电流较大，适用于低频整流；硅平面型二极管如图5-3c所示，结面积大的可用于大功率整流，结面积小的适用于脉冲数字电路作开关管用。

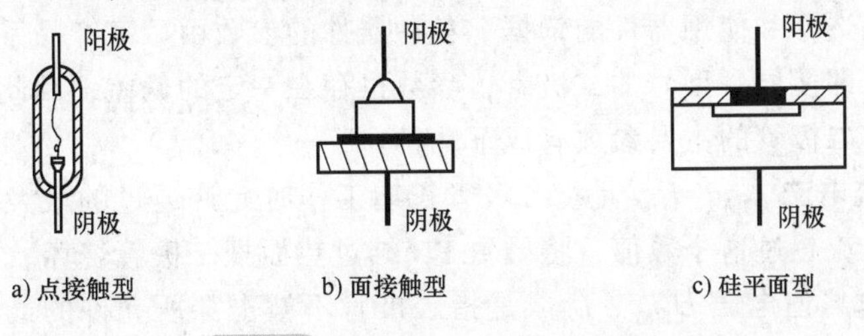

图5-3　按结构分二极管的类型

2. 二极管电路符号

二极管的电路符号如图 5-4 所示。图中，上面为正极，下面为负极。

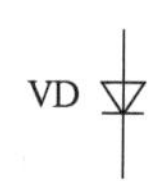

图 5-4 二极管的电路符号

5.1.2 二极管的伏安特性及主要参数

1. 二极管的伏安特性

二极管的电流与电压的关系曲线 $I=f(U)$ 称为二极管的伏安特性。其伏安特性曲线如图 5-5 所示。二极管的实质是一个 PN 结，具有单向导电性，其实际伏安特性与理论伏安特性略有区别。由图 5-5 可见，二极管的伏安特性曲线是非线性的，可分为三部分：正向特性、反向特性和反向击穿特性。

(1) 正向特性 当外加正向电压很低时，管子内多数载流子的扩散运动还没形成，故正向电流几乎为零。当正向电压超过一定数值时，才有明显的正向电流，这个电压值称为死区电压，通常硅管的死区电压约为 0.5V，锗管的死区电压约为 0.2V，当正向电压大于死区电压后，正向电流迅速增长，曲线接近上升直线，在伏安特性的这一部分，当电流迅速增加时，二极管的正向压降变化很小，硅管正向压降为 0.6~0.7V，锗管的正向压降为 0.2~0.3V。二极管的伏安特性对温度很敏感，温度升高时，正向特性曲线向左平移，如图 5-5 所示，这说明，对应同样大小的正向电流，正向压降会随温度升高而减小。研究表明，温度每升高 1℃，正向压降减小 2mV。

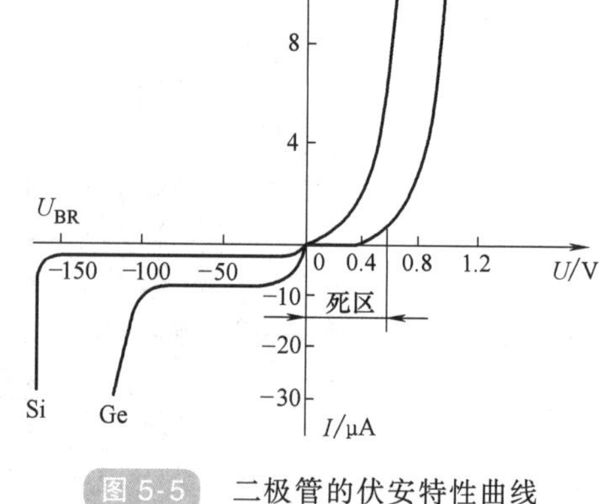

图 5-5 二极管的伏安特性曲线

(2) 反向特性 二极管加上反向电压时，形成很小的反向电流，且在一定温度下它的数值基本维持不变，因此，当反向电压在一定范围内增大时，反向电流的大小基本恒定，而与反向电压大小无关，故称为反向饱和电流，一般小功率锗管的反向电流可达几十微安，而小功率硅管的反向电流要小得多，一般在 0.1μA 以下。当温度升高时，少数载流子数目增加，使反向电流增大，特性曲线下移，研究表明，温度每升高 10℃，反向电流近似增大一倍。

(3) 反向击穿特性 当二极管的外加反向电压大于一定数值（反向击穿电压）时，反向电流突然急剧增加，此时认为二极管反向击穿。反向击穿电压一般在几十伏以上。

2. 二极管的主要参数

二极管的特性除了用伏安特性曲线表示外，同样可以用参数反映出二极管的性能，了解器件的参数是正确选择和使用器件的依据。各种器件的参数由厂家产品手册给出。由于制造工艺方面的原因，即使同一型号的二极管，参数也存在一定的偏差，因此手册常给出某个参数的范围。半导体二极管的主要参数有以下几种：

(1) 最大整流电流 I_{DM} I_{DM} 是指二极管长期工作时允许通过的最大正向平均电流。在使用时，若实际电流超过这个数值，将导致 PN 结过热而把二极管烧坏。

(2) 反向工作峰值电压 U_{RM} U_{RM} 是指二极管不被击穿所允许的最大反向电压。一般这个参数是取二极管反向击穿电压的一半，若实际工作时反向电压超过这个数值，二极管将会有击穿的危险。

（3）反向峰值电流 I_{RM}　I_{RM} 是指二极管加反向电压 U_{RM} 时对应的反向电流值，I_{RM} 越小，二极管的单向导电性越好。I_{RM} 受温度影响很大，使用时应考虑温度因素。硅管的反向电流较小，一般在几微安以下；锗管的反向电流较大，为硅管的几十到几百倍。

（4）最高工作频率 f_M　f_M 是指二极管能承受的最高频率。通过 PN 结的交流电频率高于此值，二极管将不能正常工作。二极管在外加高频交流电压时，PN 结的 P 型和 N 型半导体之间构成一个电容量很小的电容，叫作“极间电容”。由于容抗随频率的增大而减小，所以，PN 结工作于高频时，结电容对高频信号呈现低容抗，使 PN 结失去单向导电性影响 PN 结的工作。但在直流或低频下工作时，极间电容对直流和低频的阻抗很大，故一般不会影响 PN 结的工作性能。PN 结的面积越大，极间电容量越大，影响也越大，这就是面接触型二极管（如整流二极管）和低频晶体管不能用于高频工作的原因。

5.1.3　二极管的应用——整流滤波电路

电路中通常都需要稳定的直流电压源供电。小功率直流稳压电源的组成可以用图 5-6 表示，它是由电源变压器、整流电路、滤波电路和稳压电路四部分组成。

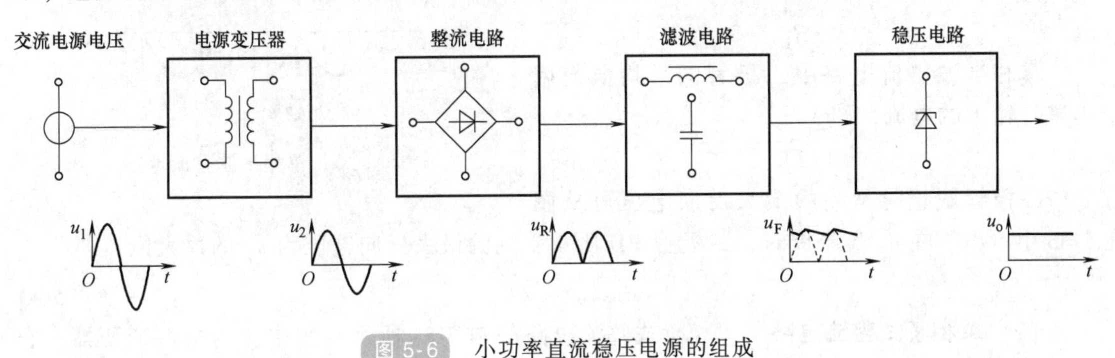

图 5-6　小功率直流稳压电源的组成

电源变压器是将交流电网电压变为所需要等级的电压值，通常由变压器来降低电网电压。然后通过整流电路将交流电压变成脉动的直流电压。由于脉动的直流电压还含有较大的纹波，必须通过滤波电路加以滤除，从而得到平滑的直流电压。可以采用整流电路输出端并联电容或串联电感的方法来实现滤波。但滤波之后的电压还会随电网电压波动、负载和温度的变化而变化，因而在整流滤波电路输出端还需要进行稳压。稳压电路的作用是当电网电压波动、负载和温度变化时，维持输出直流电压稳定。

1. 单相整流电路

整流电路是将交流电变换成直流电。完成这一任务主要靠二极管的单向导电特性，因此二极管是构成整流电路的关键元件。分析整流电路时，为了简化问题，把二极管当作理想元件来处理，认为它的正向导通电阻为零，即导通压降为零；而反向电阻为无穷大，可认为开路。

（1）单相半波整流电路　单相半波整流电路如图 5-7a 所示，图中，变压器二次电压 $u_2=\sqrt{2}U_2\sin\omega t$。下面将二极管 VD 看作理想元件，分析电路的工作原理。

当 u_2 为正半周时，a 点电位高于 b 点电位，二极管 VD 处于正向导通状态，所以有

$$u_o = u_2, \quad i_D = i_o = \frac{u_o}{R_L}$$

当 u_2 为负半周时，a 点电位低于 b 点电位，二极管 VD 处于反向截止状态，所以有

$$i_D = i_o = 0, \quad u_o = i_o R_L = 0, \quad u_D = u_2$$

根据以上分析，作出 u_D、i_D、u_o、i_o 的波形，如图 5-7b 所示。

可见输出为单向脉动电压，通常负载上的电压用一个周期的平均值来说明它的大小，单相半波整流输出平均电压为

$$U_o = \frac{1}{2\pi}\int_0^{\pi}\sqrt{2}U_2\sin\omega t\mathrm{d}\omega t = \frac{\sqrt{2}}{\pi}U_2 \approx 0.45U_2 \tag{5-1}$$

负载平均电流为

$$I_o = \frac{0.45U_2}{R_L} \tag{5-2}$$

单相半波整流电路中二极管的平均电流就是整流输出的电流，即

$$I_D = I_o \tag{5-3}$$

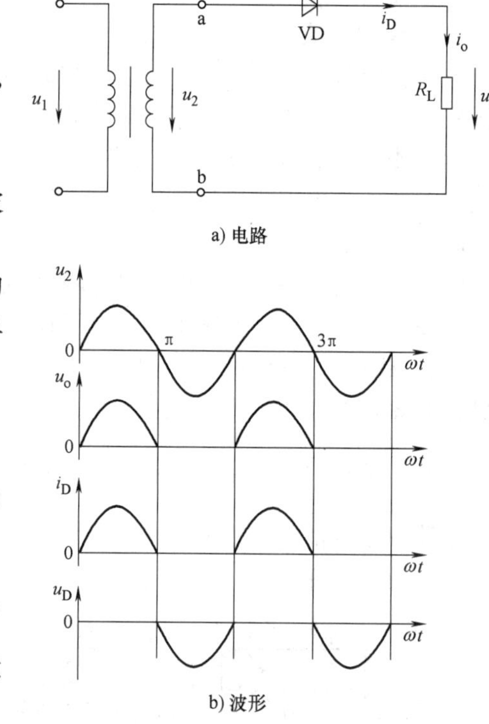

a) 电路

b) 波形

图 5-7 单相半波整流电路

二极管截止时承受的最大反向电压可从图 5-7b 中看出。在 u_2 负半周时，二极管 VD 所承受到的最大反向电压为 u_2 的最大值，即

$$U_{DRM} = \sqrt{2}U_2 \tag{5-4}$$

(2) 单相桥式整流电路 单相桥式整流电路如图 5-8a 所示，图中 T 为电源变压器，它的作用是将交流电网电压 u_1 变成整流电路要求的交流电压 $u_2 = \sqrt{2}U_2\sin\omega t$，$R_L$ 是单相桥式整流电路输出端的负载电阻，四只整流二极管 $VD_1 \sim VD_4$ 接成电桥的形式，所以此电路被称为桥式整流电路。图 5-8b 是其简化画法。

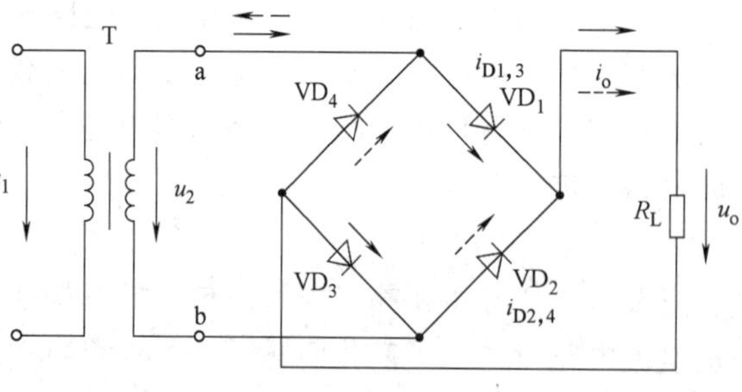

a) 单相桥式整流电路

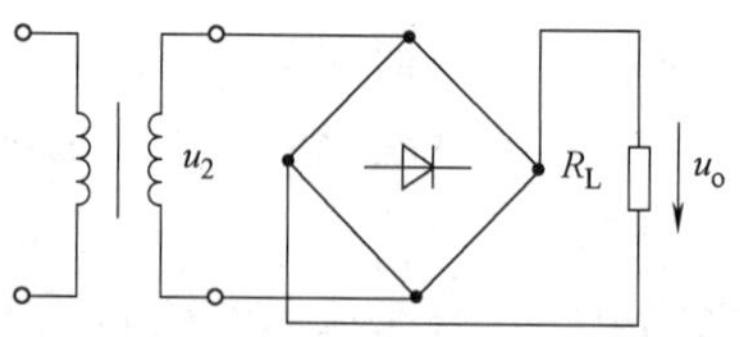

b) 简化画法

图 5-8 单相桥式整流电路图

在电源电压 u_2 的正半周，即 a 端为高电位，b 端为低电位时，由于二极管单向导电性，VD_1 和 VD_3 承受正向电压导通，VD_2 和 VD_4 承受反向电压截止。电流通路如图 5-8a 中实线

所示。在电源电压 u_2 的负半周，即 a 端为低电位，b 端为高电位时，由于二极管单向导电性，VD_1 和 VD_3 承受反向电压截止，VD_2 和 VD_4 承受正向电压导通。电流通路如图 5-8a 中虚线所示。负载 R_L 上的电压 u_o 的波形如图 5-9 所示。负载电流 i_o 的波形与负载电压 u_o 的波形相似。显然，它们都是单方向的全波脉动直流。

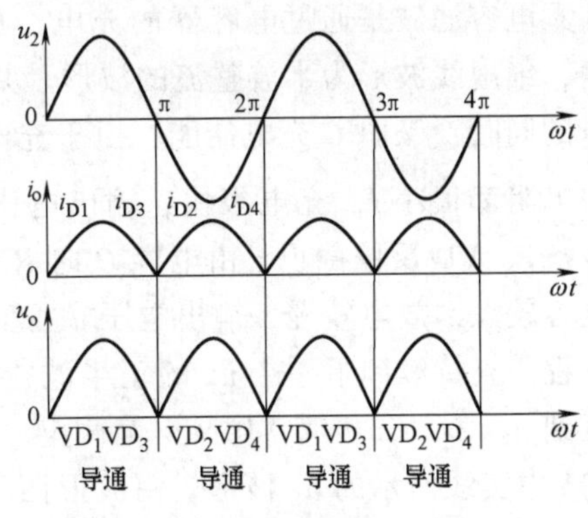

图 5-9　单相桥式整流电路波形图

单相桥式整流电压的平均值为

$$U_o = \frac{1}{\pi}\int_0^{\pi}\sqrt{2}\,U_2\sin\omega t\mathrm{d}\omega t = \frac{2\sqrt{2}}{\pi}U_2 \approx 0.9U_2 \tag{5-5}$$

直流电流为

$$I_o = \frac{0.9U_2}{R_L} \tag{5-6}$$

在桥式整流电路中，二极管 VD_1、VD_3 和 VD_2、VD_4 是两两轮流导通的，所以流经每个二极管的平均电流为

$$I_D = \frac{1}{2}I_o = \frac{0.45U_2}{R_L} \tag{5-7}$$

二极管在截止时承受的最大反向电压可从图 5-8a 看出。在 u_2 正半周时，VD_1、VD_3 导通，VD_2、VD_4 截止。此时 VD_2、VD_4 所承受到的最大反向电压均为 u_2 的最大值，即 $U_{DRM}=\sqrt{2}U_2$。

同理，在 u_2 的负半周，VD_1、VD_3 也承受同样大小的反向电压。

桥式整流电路的优点是输出电压高，纹波电压较小，二极管所承受的最大反向电压较低，同时因电源变压器在正负半周内都有电流供给负载，电源变压器得到充分的利用，效率较高。因此，这种电路在半导体整流电路中得到了广泛的应用。

2. 滤波电路

整流电路虽将交流电变为直流电，但输出的却是脉动直流电压。这种大小变化的脉动电压，除了含有直流分量外，还含有不同频率的交流分量，这就远不能满足大多数电子设备对电源的要求。为了减小整流电压的脉动性，提高其平滑性，在整流电路中都要加滤波电路。下面介绍几种常用的滤波电路。

(1) 电容滤波电路　电容滤波电路是在整流电路的输出端与负载电阻 R_L 并联一个电容 C，如图 5-10a 所示。

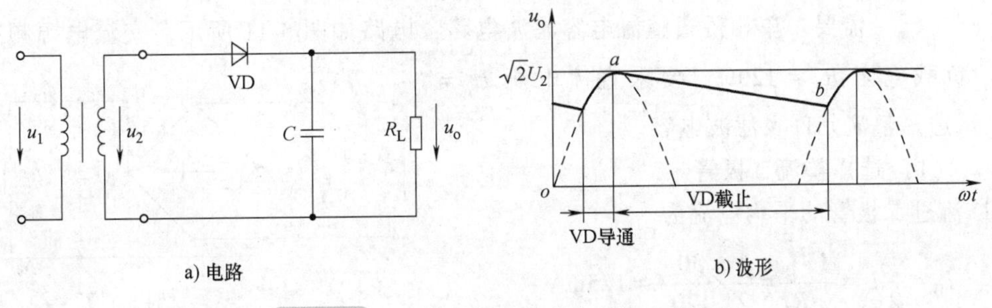

图 5-10　半波整流电容滤波电路及其波形

电容滤波是通过电容器的充电、放电过程来滤掉交流分量的。图 5-10b 所示的波形图中，细虚线波形为半波整流的波形。并入电容 C 后，在 $u_2>0$ 时，VD 导通，电源在向 R_L 供电的同时，又向 C 充电储能，由于充电时间常数很小（变压器二次绕组电阻和二极管的正向电阻都很小），充电很快，输出电压 u_o 随 u_2 迅速上升，当 $u_C=\sqrt{2}U_2$ 后，u_2 开始下降，$u_2<u_C$，VD 反偏截止，由电容 C 向 R_L 放电，放电时间常数由电容 C 和负载电阻 R_L 决定，电容较大，放电较慢，输出电压 u_o 随 u_C 按指数规律缓慢下降，如图中的 ab 实线段。放电过程一直持续到下一个 u_2 的正半波，当 $u_2>u_C$ 时，电容 C 又被充电，$u_o=u_2$ 又迅速上升。直到 $u_2<u_C$，二极管 VD 又反偏截止，C 又放电。如此不断充电、放电，使负载获得如图 5-10b 中实线所示的 u_o 波形。由波形图可见，半波整流接电容滤波后，输出电压的脉动程度大为减小，直流分量明显提高。如果 C 值一定，当 $R_L=\infty$，即空载时，$U_o=\sqrt{2}U_2\approx 1.4U_2$，在波形图中由水平细实线标出。当 $R_L\neq\infty$ 时，由于电容 C 向 R_L 放电，输出电压 U_o 将随之降低。总之，R_L 越小，输出平均电压越低。因此，电容滤波只适合在小电流且负载变动不大的电子设备中使用。

通常，输出平均电压可按下述工程估算取值：

$$U_o=U_2(\text{半波}),\quad U_o=1.2U_2(\text{全波}) \tag{5-8}$$

为了达到式（5-8）的取值关系，获得比较平直的输出电压，一般要求 $R_L\geqslant(5\sim10)\dfrac{1}{\omega C}$，

$$R_LC\geqslant(3\sim5)\frac{T}{2} \tag{5-9}$$

式中，T 为交流电源电压的周期。

此外，由于二极管的导通时间短（导通角小于 180°），而电容的平均电流为零，可见二极管导通时的平均电流和负载的平均电流相等，因此二极管的电流峰值必然较大，产生电流冲击，容易使二极管损坏。

具有电容滤波的整流电路中的二极管，其最高反向工作电压对半波和全波整流电路来说是不相等的。在半波整流电路中，要考虑到最严重的情况是输出端开路，电容器上充有 U_{2m}，而 u_2 处在负半周的最大幅值时，这时二极管承受了 $2\sqrt{2}U_2$ 的反向工作电压，与无滤波电容时相比，增大了一倍。

对于单相桥式整流电路而言，无论有无滤波电容，二极管的最高反向工作电压都是$\sqrt{2}U_2$。

滤波电容值的选取应视负载电流的大小而定，一般在几十微法到几千微法，电容器耐压值应大于输出电压的最大值。通常采用电解电容器。

【例 5-1】 需要一单相桥式整流电容滤波电路，电路如图 5-11 所示。交流电源频率 $f=$ 50Hz，负载电阻 $R_L=120\Omega$，要求直流电压 $U_o=$ 30V。试选择整流元件及滤波电容。

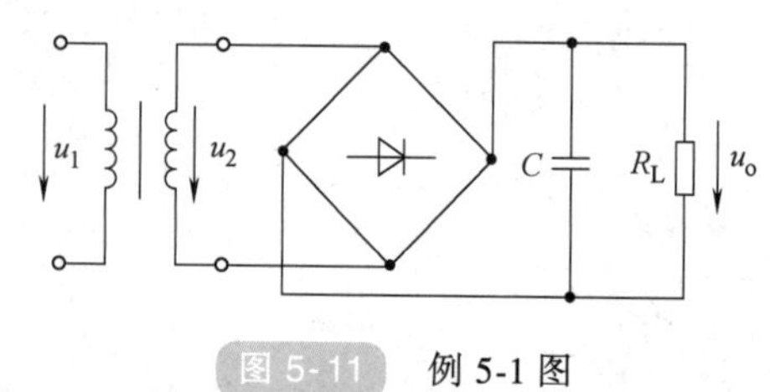

图 5-11 例 5-1 图

解：(1) 选择整流二极管

① 流过二极管的平均电流为

$$I_D=\frac{1}{2}I_o=\frac{1}{2}\frac{U_o}{R_L}=\frac{1}{2}\times\frac{30}{120}\text{A}=125\text{mA}$$

由 $U_o=1.2U_2$，所以交流电压有效值为

$$U_2=\frac{U_o}{1.2}=\frac{30}{1.2}\text{V}=25\text{V}$$

② 二极管承受的最高反向工作电压为

$$U_{DRM}=\sqrt{2}U_2=\sqrt{2}\times25\text{V}=35\text{V}$$

可以选用 $I_{RM}\geqslant I_D$，$U_{RM}\geqslant U_{DRM}$ 的二极管4个。

(2) 选择滤波电容 C

取 $R_LC=5\times\frac{T}{2}$，而 $T=\frac{1}{f}=\frac{1}{50}\text{s}=0.02\text{s}$，所以 $C=\frac{1}{R_L}\times5\times\frac{T}{2}=\frac{1}{120}\times5\times\frac{0.02}{2}\text{F}=417\mu\text{F}$

可以选用 $C=500\mu\text{F}$，耐压值为50V的电解电容器。

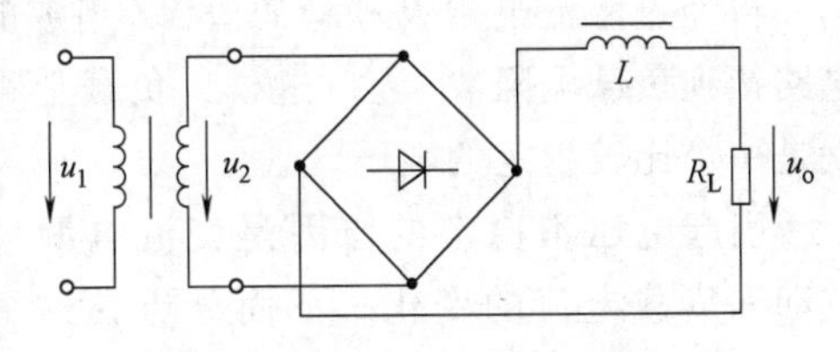

图5-12　桥式整流电感滤波电路

(2) 电感滤波电路　在桥式整流电路和负载电阻 R_L 间串入一个电感器 L，如图5-12所示。利用电感的储能作用可以减小输出电压的纹波，从而得到比较平滑的直流。当忽略电感器 L 的电阻时，负载上输出的平均电压和纯电阻（不加电感）负载相同。

电感滤波的特点是，整流二极管的导通时间较长（电感 L 的反电动势使整流管导通时间加长），从而避免了过大的冲击电流。峰值电流很小，输出特性比较平坦。其缺点是由于铁心的存在，笨重、体积大，易引起电磁干扰。电感滤波一般只适用于低电压大电流的场合。

(3) 复式滤波器　在滤波电容 C 之前串联一个电感 L 构成了 LC 滤波电路，如图5-13a所示。这样可使输出至负载 R_L 上的电压的交流成分进一步降低。该电路适用于高频或负载电流较大并要求脉动很小的电子设备中。

为了进一步提高整流输出电压的平滑性，可以在 LC 滤波电路之前再并联一个滤波电容 C_1，如图5-13b所示。这就构成了 LC π形滤波电路。

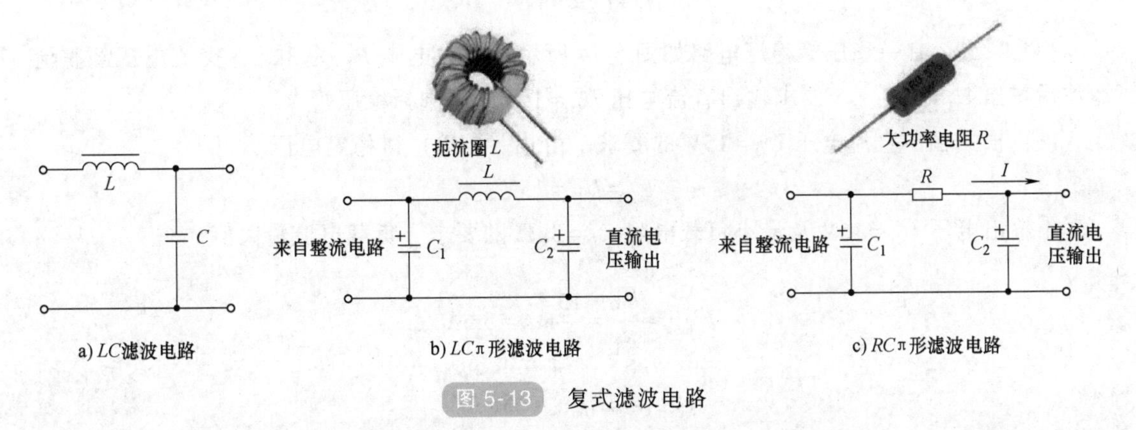

a) LC滤波电路　b) LCπ形滤波电路　c) RCπ形滤波电路

图5-13　复式滤波电路

由于带有铁心的电感线圈体积大，价格高，因此常用电阻 R 来代替电感 L 构成 RC π形滤波电路，如图5-13c所示。只要适当选择 R 和 C_2 参数，在负载两端可以获得脉动极小的

直流电压。这种电路在小功率电子设备中被广泛采用。

3. 稳压管稳压电路

经过整流和滤波后的电压往往会随交流电源电压的波动和负载的变化而变化。电压的不稳定有时会产生测量和计算的误差，引起控制装置的工作不稳定，甚至根本无法正常工作。特别是精密电子测量仪器、自动控制、计算装置及晶闸管的触发电路等，都要求有很稳定的直流电源供电。最简单的直流稳压电源是采用稳压管来稳定电压的。

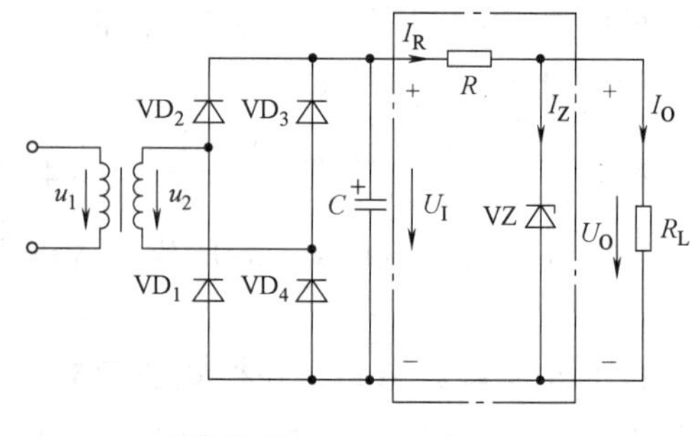

图 5-14 稳压管稳压电路

图 5-14 所示是一种稳压管稳压电路。经过桥式整流电路和电容滤波器滤波得到直流电压 U_I，再经过限流电阻 R 和稳压管 VZ 组成的稳压电路接到负载电阻 R_L 上。这样，负载上得到的就是一个比较稳定的电压。

引起电压不稳定的原因是交流电源电压的波动和负载电流的变化。下面分析在这两种情况下稳压电路的作用。例如，当交流电源电压增加而使整流输出电压 U_I 随着增加时，负载电压 U_O 也要增加。由于稳压管 VZ 与负载 R_L 并联，所以 U_O 同时也为稳压管两端的反向电压。当负载电压 U_O 稍有增加时，稳压管的电流 I_Z 就显著增加（稳压管的伏安特性），因此电阻 R 上的压降增加，以抵偿 U_I 的增加，从而使负载电压 U_O 保持近似不变。相反，如果交流电源电压降低而使 U_I 降低时，负载电压 U_O 也要降低，因而稳压管的电流 I_Z 就显著减小，电阻 R 上的压降也减小，仍然保持负载电压 U_O 保持近似不变。同理，如果当电源电压保持不变而是负载电流变化引起负载电压 U_O 改变时，上述稳压电路仍能起到稳压的作用。

选择稳压管时，一般取

$$\left.\begin{aligned} U_Z &= U_O \\ I_{Zmax} &= (1.5 \sim 3) I_{Omax} \\ U_I &= (2 \sim 3) U_O \end{aligned}\right\} \tag{5-10}$$

【例 5-2】 有一稳压管稳压电路如图 5-14 所示。负载电阻 R_L 为 3kΩ，交流电压经整流滤波后得出 $U_I = 45V$。今要求输出直流电压 $U_O = 15V$，试选择稳压管 VZ。

解：根据输出直流电压 $U_O = 15V$ 的要求，由式（5-10）得稳定电压

$$U_Z = U_O = 15V$$

由输出电压 $U_O = 15V$ 及最小负载电阻 $R_L = 3kΩ$ 的要求，负载电流最大值

$$I_{Omax} = \frac{U_O}{R_L} = \frac{15}{3}mA = 5mA$$

$$I_{Zmax} = 3I_{Omax} = 15mA$$

查半导体器件手册，选择稳压管 2CW20，其稳定电压 $U_Z = (13.5 \sim 17)V$，稳定电流 $I_Z = 5mA$，$I_{Zmax} = 15mA$。

知识与小技能测试

1. 上网或查阅书籍找出不同类型的二极管，了解其用途和使用注意事项。

2. 用干电池做电源，设计并在“面包板”上连接一个简单的二极管照明电路。

3. 怎样用指针式万用表判断电解电容的正负极？

4. 二极管的识别和检测：教师提供不同类型的二极管，学生区分二极管的类型、极性、好坏。

5. 要求获得6V的直流电压。在教师指导下，选择变压器、整流二极管和滤波电容，用“面包板”搭接图5-10所示半波整流电容滤波电路。用示波器观察u_2、u_o的波形；用万用表测量u_2的有效值及输出直流电压。

6. 要求用单相桥式整流电容滤波电路获得6V的直流电压。试选择元器件，用“面包板”搭接电路。用示波器观察u_2、u_o的波形；用万用表测量u_2的有效值及输出直流电压。

7. 根据所学知识设计一个输出电压为12V的直流稳压电源，要求能画出电路原理图，给出元器件参数表。

5.2 晶体管及其应用

晶体管全称为半导体晶体管，也称双极型晶体管。晶体管是一种电流控制电流的半导体器件，它由两个PN结组成，由于内部结构的特点，使晶体管表现出电流放大作用和开关作用。本节围绕晶体管的电流放大作用这个核心问题来讨论它的基本结构、工作原理、特性曲线及主要参数。

5.2.1 晶体管的结构、类型及电路符号

1. 晶体管的基本结构

晶体管按结构不同可分为NPN型晶体管和PNP型晶体管。无论是NPN型还是PNP型都分为三个区，分别称为发射区、基区和集电区，由三个区各引出一个电极，分别称为发射极（E、e）、基极（B、b）和集电极（C、c），发射区和基区之间的PN结称为发射结，集电区和基区之间的PN结称为集电结。其结构、符号和常见外形如图5-15所示。其中发射极

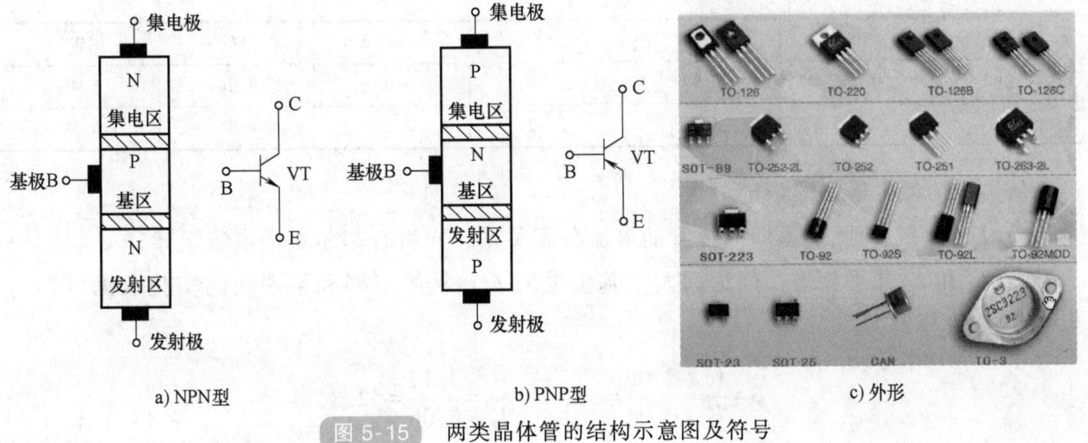

图5-15　两类晶体管的结构示意图及符号

箭头所示方向表示实际发射极电流的流向。在电路中，晶体管用字母 VT 表示。具有电流放大作用的晶体管，在内部结构上具有其特殊性，这就是：其一是发射区掺杂浓度大于集电区掺杂浓度，集电区掺杂浓度远大于基区掺杂浓度；其二是基区很薄，一般只有几微米。这些结构上的特点是晶体管具有电流放大作用的内在依据。

2. 晶体管的分类

按材质分：硅管、锗管。

按结构分：NPN 型、PNP 型。

按功能分：开关管、功率管、达林顿管、光敏管等。

按功率分：小功率管、中功率管、大功率管。

按工作频率分：低频管、高频管、超频管。

按结构工艺分：合金管、平面管。

按安装方式：插件晶体管、贴片晶体管。

5.2.2 晶体管的电流分配关系和放大作用

现以 NPN 型晶体管为例来说明晶体管各极间电流分配关系及其电流放大作用。上面介绍了晶体管具有电流放大作用的内部条件，为实现晶体管的电流放大作用还必须具有一定的外部条件，这就是要给晶体管的发射结加上正向电压，集电结加上反向电压。如图 5-16 所示，V_{BB} 为基极电源，与基极电阻 R_B 及晶体管的基极 B、发射极 E 组成基极—发射极回路（称作输入回路），V_{BB} 使发射结正偏，V_{CC} 为集电极电源，与集电极电阻 R_C 及晶体管的集电极 C、发射极 E 组成集电极—发射极回路（称作输出回路），V_{CC} 使集电结反偏。图中，发射极 E 是输入、输出回路的公共端，因此称这种接法为共发射极放大电路。改变可变电阻 R_B，测基极电流 I_B、集电极电流 I_C 和发射极电流 I_E，结果见表 5-1。

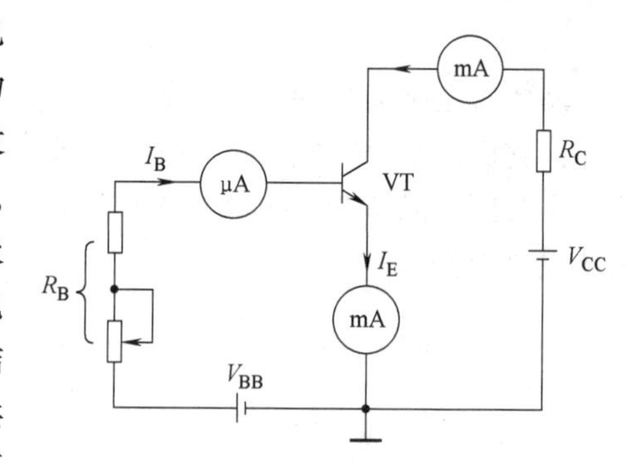

图 5-16 共发射极放大实验电路

表 5-1 晶体管电流测试数据

I_B/μA	0	20	40	60	80	100
I_C/mA	0.005	0.99	2.08	3.17	4.26	5.40
I_E/mA	0.005	10.01	2.12	3.23	4.34	5.50

从实验结果可得如下结论：

1）$I_E=I_B+I_C$。此关系即晶体管的电流分配关系，它符合基尔霍夫电流定律。

2）I_E 和 I_C 几乎相等，但远远大于基极电流 I_B，从第三列和第四列的实验数据可知 I_C 与 I_B 的比值分别为

$$\bar{\beta}=\frac{I_C}{I_B}=\frac{2.08}{0.04}=52,\ \bar{\beta}=\frac{I_C}{I_B}=\frac{3.17}{0.06}=52.8$$

I_B 的微小变化会引起 I_C 的较大变化，计算可得

$$\beta=\frac{\Delta I_C}{\Delta I_B}=\frac{I_{C4}-I_{C3}}{I_{B4}-I_{B3}}=\frac{3.17-2.08}{0.06-0.04}=\frac{1.09}{0.02}=54.5$$

计算结果表明，微小的基极电流变化，可以控制比之大数十倍至数百倍的集电极电流的变化，这就是晶体管的电流放大作用。$\bar{\beta}$、β 称为电流放大系数。

5.2.3　晶体管的特性曲线

晶体管的特性曲线是用来表示各个电极间电压和电流之间的相互关系的，它反映出晶体管的性能，是分析放大电路的重要依据。特性曲线可由实验测得，也可在晶体管图示仪上直观地显示出来。

1. 输入特性曲线

晶体管的输入特性曲线表示管压降 U_{CE} 一定时，基极电流 I_B 和发射结电压降 U_{BE} 的关系。

$$I_B=f(U_{BE})\big|_{U_{CE}=\text{常数}} \tag{5-11}$$

图 5-17 所示是晶体管的输入特性曲线，由图可见，输入特性有以下几个特点：

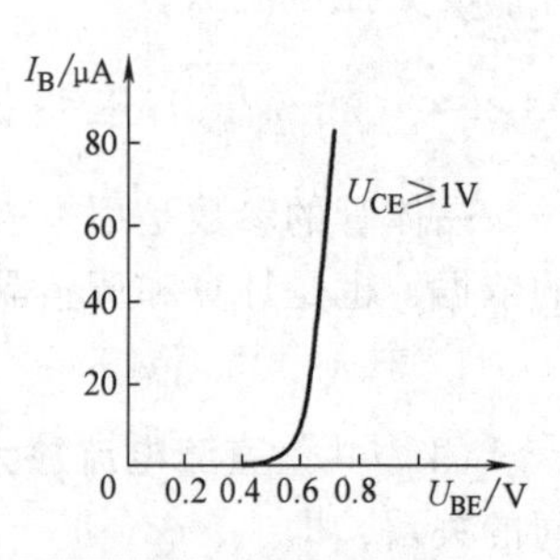

图 5-17　晶体管的输入特性曲线

1）输入特性也有一个“死区”。在“死区”内，U_{BE} 虽已大于零，但 I_B 几乎仍为零。当 U_{BE} 大于某一值后，I_B 才随 U_{BE} 增加而明显增大。和二极管一样，硅晶体管的死区电压 U_T（或称为门槛电压）约为 0.5V，发射结导通电压 $U_{BE}=0.6\sim0.7$V；锗晶体管的死区电压 U_T 约为 0.2V，导通电压为 0.2~0.3V。若为 PNP 型晶体管，则发射结导通电压 U_{BE} 分别为 $-0.7\sim-0.6$V 和 $-0.3\sim-0.2$V。

2）一般情况下，当 $U_{CE}>1$V 以后，输入特性几乎与 $U_{CE}=1$V 时的特性重合，因为 $U_{CE}>1$V 后，I_B 无明显改变了。晶体管工作在放大状态时，U_{CE} 总是大于 1V 的（集电结反偏），因此常用 $U_{CE}\geq1$V 的一条曲线来代表所有输入特性曲线。

2. 输出特性曲线

晶体管的输出特性曲线表示基极电流 I_B 一定时，集电极电流 I_C 和管压降 U_{CE} 的关系，即

$$I_C=f(U_{CE})\big|_{I_B=\text{常数}} \tag{5-12}$$

图 5-18 所示是晶体管的输出特性曲线，当 I_B 改变时，可得一组曲线族，由图可见，输出特性曲线可分放大、截止和饱和三个区域。

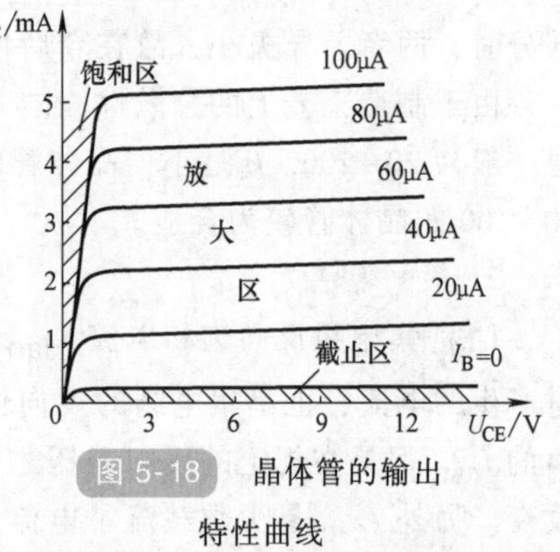

图 5-18　晶体管的输出特性曲线

(1) 截止区　$I_B=0$ 的特性曲线以下区域称为截止区。在这个区域中，集电结处于反偏，$U_{BE}\leq0$ 发射结反偏或零偏，即 $V_C>V_E\geq V_B$，电流 I_C 很小（等于反向穿透电流 I_{CEO}）。工作在截止区时，晶体管在电路中犹如一个断开的开关。

(2) 饱和区　特性曲线靠近纵轴的区域是饱和区。当 $U_{CE}<U_{BE}$ 时，发射结、集电结均

处于正偏，即 $V_B>V_C>V_E$。在饱和区 I_B 增大，I_C 几乎不再增大，晶体管失去放大作用。规定 $U_{CE}=U_{BE}$ 时的状态称为临界饱和状态，用 U_{CES} 表示，此时集电极临界饱和电流

$$I_{CS}=\frac{V_{CC}-U_{CES}}{R_C}\approx\frac{V_{CC}}{R_C} \tag{5-13}$$

基极临界饱和电流

$$I_{BS}=\frac{I_{CS}}{\beta} \tag{5-14}$$

当集电极电流 $I_C>I_{CS}$ 时，认为晶体管已处于饱和状态；当 $I_C<I_{CS}$ 时，晶体管处于放大状态。

晶体管深度饱和时，硅管的 U_{CE} 约为 0.3V，锗管约为 0.1V。由于深度饱和时 U_{CE} 约等于 0，晶体管在电路中如同一个闭合的开关。

(3) 放大区 特性曲线近似水平直线的区域为放大区。在这个区域里发射结正偏，集电结反偏，即 $V_C>V_B>V_E$。其特点是 I_C 的大小受 I_B 的控制，$\Delta I_C=\beta\Delta I_B$，晶体管具有电流放大作用。在放大区 β 约等于常数，I_C 几乎按一定比例等距离平行变化。由于 I_C 只受 I_B 的控制，几乎与 U_{CE} 的大小无关。特性曲线反映出恒流源的特点，即晶体管可看作受基极电流控制的受控恒流源。

5.2.4 晶体管的主要参数

晶体管的参数是用来表示晶体管的各种性能的指标，是评价晶体管的优劣和选用晶体管的依据，也是计算和调整晶体管电路时必不可少的根据。主要参数有以下几个。

1. 电流放大系数

(1) 共射直流电流放大系数 $\bar{\beta}$ 它表示集电极电压一定时，集电极电流和基极电流之间的关系，即

$$\bar{\beta}=\frac{I_C-I_{CEO}}{I_B}\approx\frac{I_C}{I_B} \tag{5-15}$$

(2) 共射交流电流放大系数 β 它表示在管压降 U_{CE} 保持不变的条件下，集电极电流的变化量与相应的基极电流变化量之比，即

$$\beta=\frac{\Delta I_C}{\Delta I_B}\Big|_{U_{CE}=\text{常数}} \tag{5-16}$$

上述两个电流放大系数 $\bar{\beta}$ 和 β 的含义虽不同，但工作于输出特性曲线的放大区域的平坦部分时，两者差异极小，故在今后估算时常认为 $\bar{\beta}=\beta$。

由于制造工艺上的分散性，同一类型晶体管的 β 值差异很大。常用的小功率晶体管，β 值一般为 20~200。β 过小，晶体管电流放大作用小；β 过大，工作稳定性差。一般选用 β 在 40~100 的晶体管较为合适。

2. 极间电流

(1) 集电极反向饱和电流 I_{CBO} I_{CBO} 是指发射极开路，集电极与基极之间加反向电压时产生的电流，也是集电结的反向饱和电流。可以用图 5-19a、b 所示电路测出。手册上给出的 I_{CBO} 都是在规定的反向电压之下测出的。反向电压大小改变时，I_{CBO} 的数值可能稍有改变。另外 I_{CBO} 是少数载流子电流，随温度升高而上升，影响晶体管工作的稳定性。作为晶体管的性能指标，I_{CBO} 越小越好，硅管的 I_{CBO} 比锗管的小得多，大功率管的 I_{CBO} 值较大，使用时应予以注意。

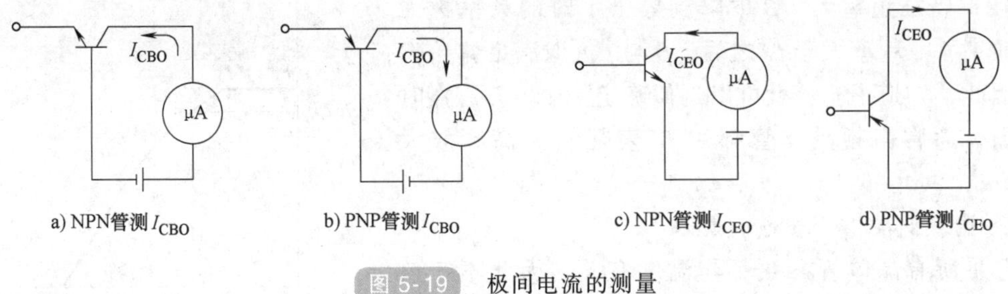

a) NPN管测 I_{CBO}　b) PNP管测 I_{CBO}　c) NPN管测 I_{CEO}　d) PNP管测 I_{CEO}

图 5-19　极间电流的测量

(2) 穿透电流 I_{CEO}　I_{CEO} 是基极开路、集电极与发射极间加电压时的集电极电流，由于这个电流由集电极穿过基区流到发射极，故称为穿透电流。测量 I_{CEO} 的电路如图 5-19c、d 所示。根据晶体管的电流分配关系可知：$I_{CEO}=(1+\beta)I_{CBO}$，故 I_{CEO} 也要受温度影响而改变，且 β 大的晶体管的温度稳定性较差。

3. 极限参数

晶体管的极限参数规定了使用时不许超过的限度。主要极限参数如下：

(1) 集电极最大允许耗散功率 P_{CM}　晶体管电流 I_C 与电压 U_{CE} 的乘积称为集电极耗散功率，这个功率导致集电结发热，温度升高。晶体管的结温是有一定限度的，一般硅管的最高结温为 100~1500℃，锗管的最高结温为 70~1000℃，超过这个限度，晶体管的性能就要变坏，甚至烧毁。如图 5-20 所示，曲线的左下方均满足 $P_C<P_{CM}$ 的条件为安全区，右上方为过损耗区。

(2) 反向击穿电压 $U_{(BR)CEO}$　反向击穿电压 $U_{(BR)CEO}$ 是指基极开路时，加于集电极—发射极之间的最大允许电压。使用时如果超出这个电压，将导致集电极电流 I_C 急剧增大，这种现象称为击穿，从而造成晶体管永久性损坏。一般取电源 $V_{CC}<U_{(BR)CEO}$。

(3) 集电极最大允许电流 I_{CM}　由于结面积和管脚引线的关系，还要限制晶体管的集电极最大电流，如果超过这个电流使用，晶体管的 β 就要显著下降，甚至可能损坏。I_{CM} 表示 β 值下降到正常值 2/3 时的集电极电流。通常 I_C 不应超过 I_{CM}。

P_{CM}、$U_{(BR)CEO}$ 和 I_{CM} 这三个极限参数决定了晶体管的安全工作区。图 5-20 根据 3DG4 管的三个极限参数：$P_{CM}=300\text{mW}$，$I_{CM}=30\text{mA}$，$U_{(BR)CEO}=30\text{V}$，画出了它的安全工作区。

4. 频率参数

由于发射结和集电结的电容效应，晶体管在高频工作时放大性能下降。频率参数是用来评价晶体管高频放大性能的参数。

(1) 共射截止频率 f_β　晶体管的 β 值随信号频率升高而下降的特性曲线如图 5-21 所示。当频率较低时，β 基本保持常数，用 β_0 表示低频时的 β 值。当频率升到较高值时，β 开始下降，下降到 β_0 的 $\frac{\sqrt{2}}{2}$（即 0.707）时的频率称为共射极截止频率，也叫作 β 的截止频率。应当说明，对于频率为 f_β 或高于 f_β 的信号，晶体管仍然有放大作用。

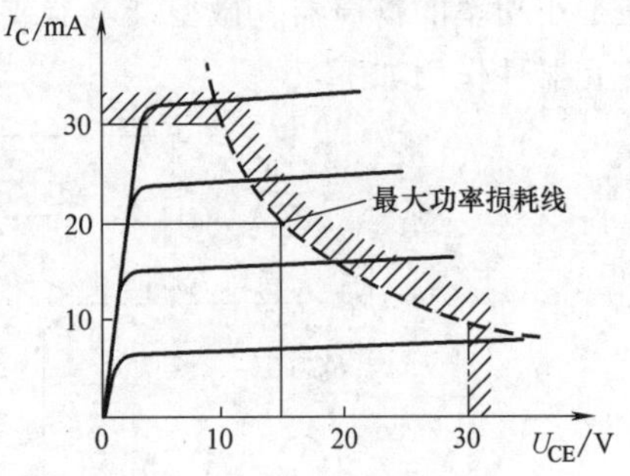

图 5-20　3DG4 的安全工作区

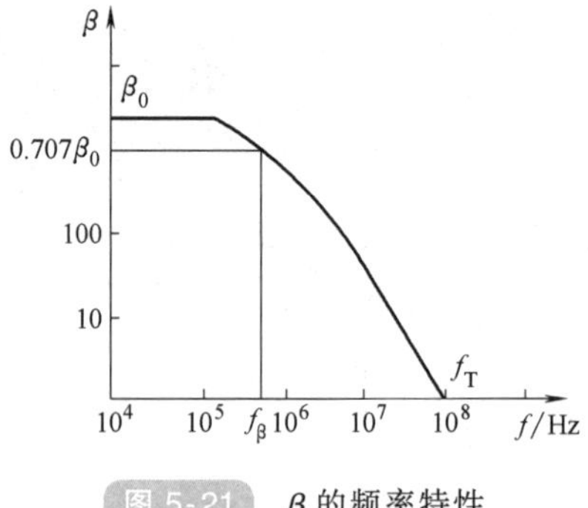

图 5-21 β 的频率特性

(2) 特征频率 f_T β 下降到等于 1 时的频率称为特征频率 f_T。频率大于 f_T 之后，β 与 f 近似满足 $f_T=βf$。

因此，知道了 f_T，就可以近似确定一个 $f(f>f_β)$ 时的 β 值。通常高频晶体管都用 f_T 表征它的高频放大特性。

5. 温度对晶体管参数的影响

几乎所有晶体管参数都与温度有关，因此不容忽视。温度对下列三个参数的影响最大。

(1) 温度对 I_{CBO} 的影响 I_{CBO} 是少数载流子形成，与 PN 结的反向饱和电流一样，受温度影很大。无论硅管或锗管，作为工程上的估算，一般都按温度每升高 10℃，I_{CBO} 增大一倍来考虑。

(2) 温度对 β 的影响 温度升高时 β 随之增大。实验表明，对于不同类型的晶体管，β 随温度增长的情况是不同的，一般认为，以 25℃ 时测得的 β 值为基数，温度每升高 1℃，β 增加 0.5%~1%。

(3) 温度对发射结电压 U_{BE} 的影响 和二极管的正向特性一样，温度每升高 1℃，$|U_{BE}|$ 减小 2~2.5mV。

因为，$I_{CEO}=(1+β)I_{CBO}$，而 $I_C=βI_B+(1+β)I_{CBO}$，所以温度升高使集电极电流 I_C 升高。换言之，集电极电流 I_C 随温度变化而变化。

5.2.5 晶体管的应用——晶体管放大电路

模拟电子电路中的晶体管通常都工作在放大状态，它和电路中的其他元器件构成各种用途的放大电路，而基本放大电路又是构成各种复杂放大电路和线性集成电路的基本单元。晶体管基本放大电路按结构有共发射极（简称共射）、共集电极（简称共集）和共基极三种，本书重点讨论前两种放大电路。

1. 共发射极放大电路

(1) 共发射极放大电路的组成 在图 5-22a 所示的共发射极交流基本放大电路中，输入端接低频交流电压信号 u_i（如音频信号，频率为 20Hz~20kHz），输出端接负载电阻 R_L（可能是小功率的扬声器、微型继电器或者接下一级放大电路等），输出电压用 u_o 表示。电路中各元器件作用如下：

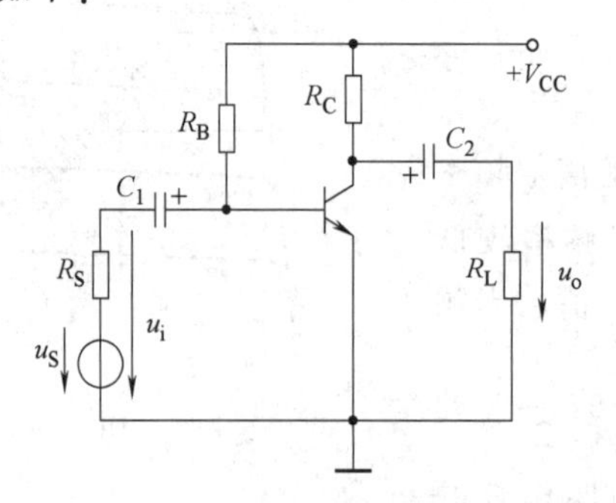

a) 共发射极交流基本放大电路

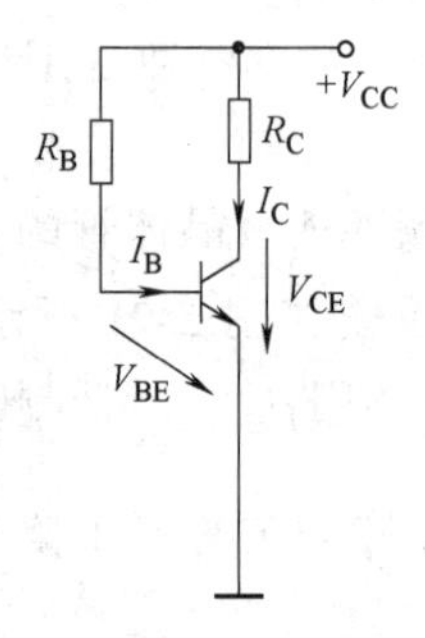

b) 共发射极放大电路的直流通路

图 5-22 共发射极基本放大电路

集电极电源 V_{CC} 是放大电路的能源，为输出信号提供能量，并保证发射结处于正向偏置、集电结处于反向偏置，使晶体管工作在放大区。V_{CC} 取值一般为几伏到几十伏。

晶体管 VT 是放大电路的核心器件。利用晶体管在放大区的电流控制作用，即 $i_c=\beta i_b$ 的电流放大作用，将微弱的电信号进行放大。

集电极电阻 R_C 是晶体管的集电极负载电阻，它将集电极电流的变化转换为电压的变化，实现电路的电压放大作用。R_C 一般为几千欧到几十千欧。

基极电阻 R_B 以保证工作在放大状态。改变 R_B 使晶体管有合适的静态工作点。R_B 一般取几十千欧到几百千欧。

耦合电容 C_1、C_2 起隔直流通交流的作用。在信号频率范围内，认为容抗近似为零。所以分析电路时，在直流通路中电容视为开路，在交流通路中电容视为短路。C_1、C_2 一般为十几微法到几十微法的有极性的电解电容。电解电容有正负极，正极要与直流电源正极连接，负极接直流电源负极。

(2) 静态分析　放大电路未接入 u_i 前称为静态。静态分析就是确定静态值，即直流分量，电路中用 I_B、I_C 和 U_{CE} 一组数据来表示。这组数据是晶体管输入、输出特性曲线上的某个工作点，习惯上称静态工作点，用 Q（I_{BQ}、I_{CQ}、U_{CEQ}）表示。放大电路的性能与静态工作点的选择是否合适关系密切。

动态则指加入 u_i 后的工作状态。动态分析则是在已设置了合适的静态工作点的前提下，讨论放大电路的电压放大倍数、输入电阻、输出电阻等动态技术指标。

首先，由放大电路的直流通路确定静态工作点。

将耦合电容 C_1、C_2 视为开路，画出共发射极放大电路的直流通路如图 5-22b 所示，由电路得

$$I_B=\frac{V_{CC}-U_{BE}}{R_B}\approx\frac{V_{CC}}{R_B} \tag{5-17}$$

$$I_C=\beta I_B \tag{5-18}$$

$$U_{CE}=V_{CC}-I_CR_C \tag{5-19}$$

用式（5-17）~式（5-19）可以近似估算此放大电路的静态工作点。晶体管导通后硅管 U_{BE} 的大小在 0.6~0.7V 之间（锗管 U_{BE} 的大小在 0.2~0.3V 之间）。当 V_{CC} 较大时，U_{BE} 可以忽略不计。

由图解法用晶体管特性曲线也可确定 I_{BQ}、U_{BEQ} 和 U_{CEQ} 等静态工作点 Q。在此不再赘述。

基极电流的大小影响静态工作点的位置。若 I_{BQ} 偏低，则静态工作点 Q 靠近截止区；若 I_{BQ} 偏高，则 Q 靠近饱和区。因此，在已确定直流电源 V_{CC}、集电极电阻 R_C 的情况下，静态工作点设置的合适与否取决于 I_B 的大小。调节基极电阻 R_B，改变电流 I_B，可以调整静态工作点。

(3) 动态分析　静态工作点确定以后，放大电路在输入电压信号 u_i 的作用下，若晶体管能始终工作在特性曲线的放大区，则放大电路输出端就能获得基本上不失真的放大的输出电压信号 u_o。放大电路的动态分析，就是要对放大电路中信号的传输过程、放大电路的性能指标等问题进行分析讨论，这也是模拟电子电路所要讨论的主要问题。微变等效电路法和图解法是动态分析的基本方法。

以图 5-23a 为例来讨论，图中，I_B、I_C、U_{CE} 表示直流分量（静态值），i_b、i_c、u_{ce} 表示输入信号作用下的交流分量（有效值用 I_b、I_c、U_{ce} 表示），i_B、i_C、u_{CE} 表示总电流或总电压，这点务必搞清。

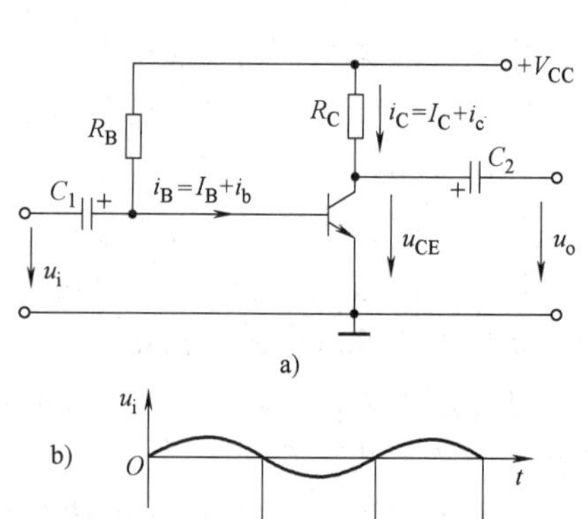

设输入信号 u_i 为正弦信号，通过耦合电容 C_1 加到晶体管的基—射极，产生电流 i_b，因而基极电流 $i_B=I_B+i_b$。集电极电流受基极电流的控制，$i_C=I_C+i_c=\beta(I_B+i_b)$。电阻 R_C 上的压降为 i_CR_C，它随 i_C 成比例地变化。而集—射极的管压降 $u_{CE}=V_{CC}-i_CR_C=V_{CC}-(I_C+i_c)R_C=U_{CE}-i_cR_C$，它却随 i_CR_C 的增大而减小。耦合电容 C_2 阻隔直流分量 U_{CE}，将交流分量 $u_{ce}=-i_cR_C$ 送至输出端，这就是放大后的信号电压 $u_o=u_{ce}=-i_cR_C$。u_o 为负，说明 u_i、i_b、i_c 为正半周时，u_o 为负半周，它与输入信号电压 u_i 在相位上反相。图 5-23b～f 为放大电路中各有关电压和电流的信号波形。

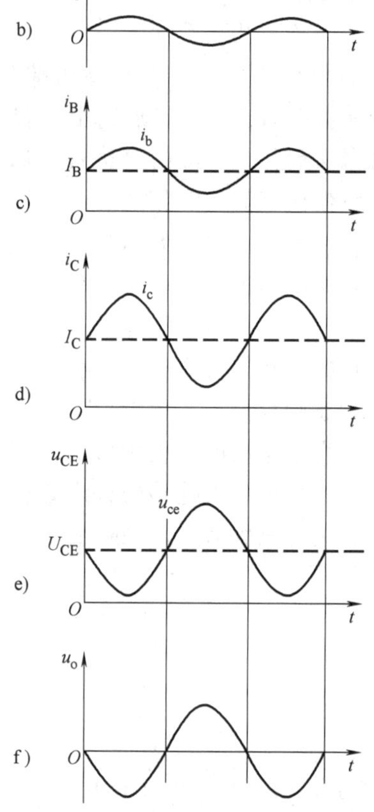

图 5-23　放大电路中电压、电流的波形

(4) 晶体管的微变等效电路　所谓晶体管的微变等效电路，就是晶体管在小信号（微变量）的情况下工作在特性曲线直线段时，将晶体管（非线性器件）用一个线性电路代替。

由图 5-24a 所示晶体管的输入特性曲线可知，在小信号作用下的静态工作点 Q 邻近的 Q_1～Q_2 工作范围内的曲线可视为直线，其斜率不变。两变量的比值称为晶体管的输入电阻，即

$$r_{be}=\left.\frac{\Delta U_{BE}}{\Delta I_B}\right|_{U_{CE}=常数}=\frac{u_{be}}{i_b} \tag{5-20}$$

式（5-20）表示晶体管的输入回路可用晶体管的输入电阻 r_{be} 来等效代替，其等效电路如图 5-25b 所示。根据半导体理论及文献资料，小信号低频下工作时的晶体管的 r_{be} 一般为几百到几千欧。工程中低频小信号下的 r_{be} 可用下式估算：

$$r_{be}=\left[300+(1+\beta)\frac{26(\mathrm{mV})}{I_{EQ}(\mathrm{mA})}\right](\Omega) \tag{5-21}$$

由图 5-24b 所示晶体管的输出特性曲线可知，在小信号作用下的静态工作点 Q 邻近的 Q_1～Q_2 工作范围内，放大区的曲线是一组近似等距的水平线，它反映了集电极电流 I_C 只受基极电流 I_B 控制而与晶体管两端电压 U_{CE} 基本无关，因而晶体管的输出回路可等效为一个受控的恒流源，即

$$\Delta I_C=\Delta\beta I_B \text{ 及 } i_c=\beta i_b \tag{5-22}$$

实际晶体管的输出特性并非与横轴绝对平行。当 I_B 为常数时，ΔU_{CE} 变化会引起 $\Delta I'_C$ 变化，这个线性关系就是晶体管的输出电阻 r_{ce}，即

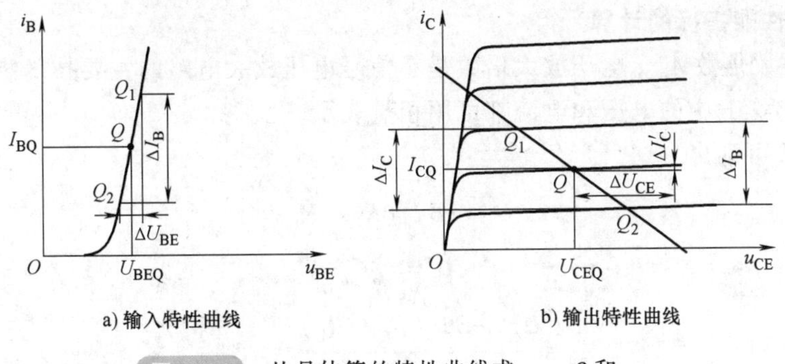

图 5-24　从晶体管的特性曲线求 r_{be}、β 和 r_{ce}

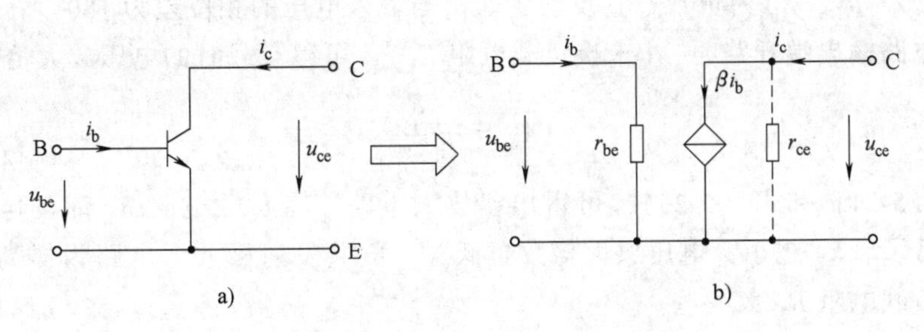

图 5-25　晶体管的微变等效电路

$$r_{ce}=\left.\frac{\Delta U_{CE}}{\Delta I'_C}\right|_{I_B=\text{常数}}=\frac{u_{ce}}{i_c} \tag{5-23}$$

r_{ce} 和受控恒流源 βi_b 并联。由于输出特性近似为水平线，r_{ce} 又高达几十千欧到几百千欧，在微变等效电路中可视为开路而不予考虑。

（5）共发射极放大电路的微变等效电路　放大电路的直流通路确定静态工作点。交流通路则反映了信号的传输过程并通过它可以分析计算放大电路的性能指标。图 5-26a 是图 5-22a 所示共射放大电路的交流通路。

C_1、C_2 的容抗对交流信号而言可忽略不计，在交流通路中视作短路，直流电源 V_{CC} 为恒压源两端电压，无交流压降也可视作短路。据此画出图 5-26a 所示的交流通路。将交流通路中的晶体管用微变等效电路来取代，可得如图 5-26b 所示共发射极放大电路的微变等效电路。

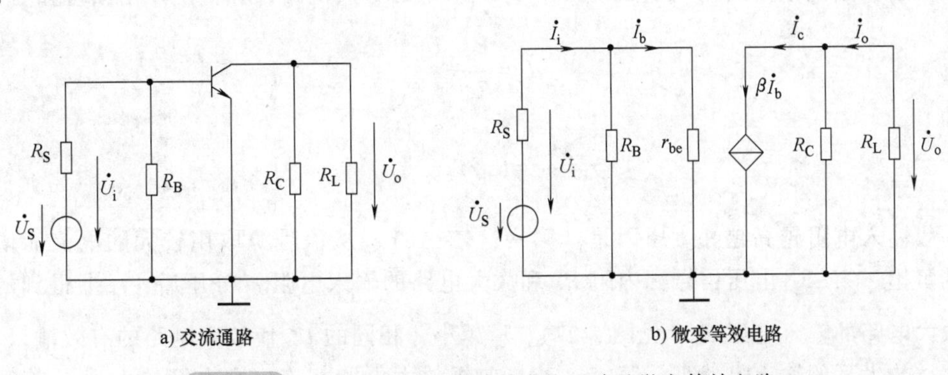

图 5-26　共发射极放大电路的交流通路及微变等效电路

(6) 动态性能指标的计算

1) 电压放大倍数 A_u。电压放大倍数是小信号电压放大电路的主要技术指标。设输入为正弦信号，图 5-25b 中的电压和电流都可用相量表示。

由图 5-26b 可列出

$$\dot{U}_o = -\beta \dot{I}_b (R_C // R_L)$$

$$\dot{U}_i = \dot{I}_b r_{be}$$

$$A_u = \frac{\dot{U}_o}{\dot{U}_i} = \frac{-\beta \dot{I}_b (R_C // R_L)}{\dot{I}_b r_{be}} = -\beta \frac{R'_L}{r_{be}} \tag{5-24}$$

式中，$R'_L = R_C // R_L$；A_u 为负数，它反映了输出与输入电压的相位差为 180°。

当放大电路输出端开路时，(未接负载电阻 R_L)，可得空载时的电压放大倍数（A_{uo}）为

$$A_{uo} = -\beta \frac{R_C}{r_{be}} \tag{5-25}$$

比较式（5-24）和式（5-25），可得出：放大电路接有负载电阻 R_L 时的电压放大倍数比空载时降低了。R_L 越小，电压放大倍数越低。一般共发射极放大电路为提高电压放大倍数，总希望负载电阻 R_L 大一些。

输出电压 $\dot{U}_o$ 与输入信号源电压 $\dot{U}_S$ 之比，称为源电压放大倍数（A_{uS}），则

$$A_{uS} = \frac{\dot{U}_o}{\dot{U}_S} = \frac{\dot{U}_o}{\dot{U}_i} \cdot \frac{\dot{U}_i}{\dot{U}_S} = A_u \cdot \frac{r_i}{R_S + r_i} \approx \frac{-\beta R'_L}{R_S + r_{be}} \tag{5-26}$$

式中，$r_i = R_B // r_{be} \approx r_{be}$（通常 $R_B \gg r_{be}$）。可见 R_S 越大，电压放大倍数越低。一般共发射极放大电路为提高电压放大倍数，总希望信号源内阻 R_S 小一些。

2) 放大电路的输入电阻 r_i。输入电阻 r_i 也是放大电路的一个主要的性能指标。

放大电路是信号源（或前一级放大电路）的负载，其输入端的等效电阻就是信号源（或前一级放大电路）的负载电阻，也就是放大电路的输入电阻 r_i。其定义为输入电压与输入电流之比，即

$$r_i = \frac{\dot{U}_i}{\dot{I}_i} \tag{5-27}$$

共发射极放大电路的输入电阻可由图 5-27 所示的等效电路计算得出。由图可知

$$\dot{I}_i = \frac{\dot{U}_i}{R_B} + \frac{\dot{U}_i}{r_{be}}$$

$$r_i = \frac{\dot{U}_i}{\dot{I}_i} = R_B // r_{be} \approx r_{be} \tag{5-28}$$

一般输入电阻越高越好。原因是：第一，较小的 r_i 从信号源取用较大的电流而增加信号源的负担。第二，电压信号源内阻 R_S 和放大电路的输入电阻 r_i 分压后，r_i 上得到的电压才是放大电路的输入电压 $\dot{U}_i$（见图 5-27），r_i 越小，相同的 $\dot{U}_S$ 使放大电路的有效输入 $\dot{U}_i$ 减小，那么放大后的输出也就小。第三，若与前级放大电路相连，则本级的 r_i 就是前级的负

载电阻 R_L，若 r_i 较小，则前级放大电路的电压放大倍数也就越小。所以，要求放大电路要有较高的输入电阻。

3）输出电阻 r_o。放大电路是负载（或后级放大电路）的等效信号源，其等效内阻就是放大电路的输出电阻 r_o，它是放大电路的性能参数。它的大小影响本级和后级的工作情况。放大电路的输出电阻 r_o，即从放大电路输出端看进去的戴维宁等效电路的等效内阻，实际中采用如下方法计算输出电阻：

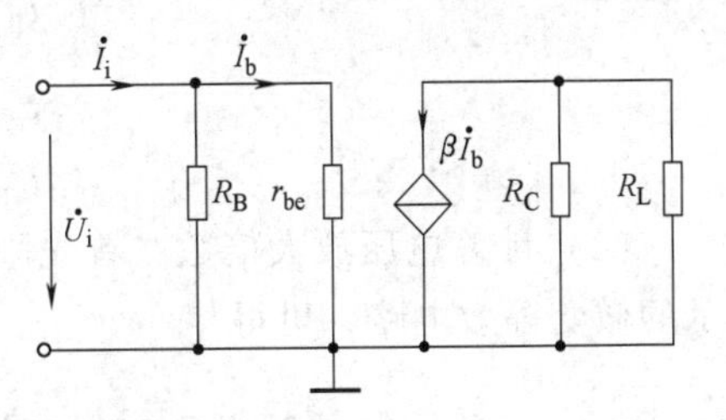

图 5-27　放大电路的输入电阻

将输入信号源短路，但保留信号源内阻，在输出端加一信号 U'_o，以产生一个电流 I'_o，则放大电路的输出电阻为

$$r_o=\left.\frac{\dot{U}'_o}{\dot{I}'_o}\right|_{\dot{U}_S=0} \tag{5-29}$$

共发射极放大电路的输出电阻可由图 5-28 所示的等效电路计算得出。由图可知，当 $\dot{U}_S=0$ 时，$\dot{I}_b=0$，$\beta\dot{I}_b=0$，而在输出端加一信号 $\dot{U}'_o$，产生的电流 $\dot{I}'_o$就是电阻 R_C 中的电流，取电压与电流之比为输出电阻。

$$r_o=\left.\frac{\dot{U}'_o}{\dot{I}'_o}\right|_{\dot{U}_S=0,R_L=\infty}=R_C \tag{5-30}$$

计算输出电阻的另一种方法是，假设放大电路负载开路（空载）时输出电压为 $\dot{U}'_o$，接上负载后输出端电压为$\dot{U}_o$，则

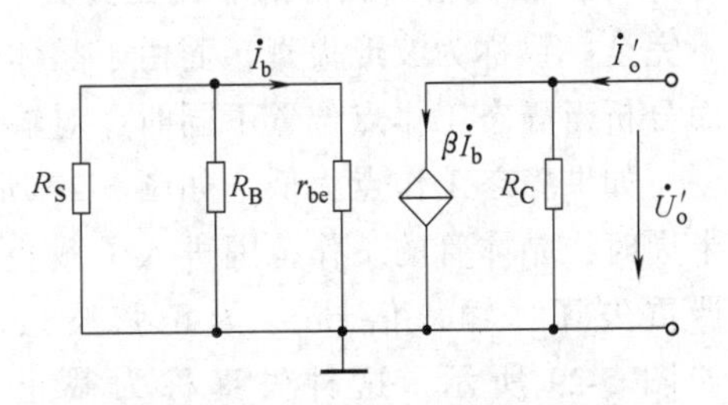

图 5-28　放大电路的输出电阻

$$\dot{U}_o=\frac{R_L}{r_o+R_L}\dot{U}'_o$$

$$r_o=\left(\frac{\dot{U}'_o}{\dot{U}_o}-1\right)R_L \tag{5-31}$$

由此可见，输出电阻越小，负载得到的输出电压越接近于输出信号，或者说输出电阻越小，负载大小变化对输出电压的影响越小，带载能力就越强。

一般输出电阻越小越好。原因是：第一，放大电路对后一级放大电路来说，相当于信号源的内阻，若 r_o 较高，则使后一级放大电路的有效输入信号降低，使后一级放大电路的 A_{us} 降低。第二，放大电路的负载发生变动，若 r_o 较高，必然引起放大电路输出电压有较大的变动，也即放大电路带负载能力较差。

【例 5-3】　图 5-22a 所示的共发射极放大电路，已知 $V_{CC}=12\text{V}$，$R_B=300\text{k}\Omega$，$R_C=4\text{k}\Omega$，$R_L=4\text{k}\Omega$，$R_S=100\Omega$，晶体管 $\beta=40$。求解以下问题：

（1）估算静态工作点；

（2）计算电压放大倍数；

（3）计算输入电阻和输出电阻。

解：(1) 估算静态工作点。由图 5-22b 所示直流通路得

$$I_B \approx \frac{V_{CC}}{R_B} = \frac{12V}{300k\Omega} = 40\mu A$$

$$I_C = \beta I_B = 40 \times 40\mu A = 1.6mA$$

$$U_{CE} = V_{CC} - I_C R_C = 12V - 1.6 \times 4V = 5.6V$$

(2) 计算电压放大倍数。首先画出如图 5-26a 所示的交流通路，然后画出如图 5-26b 所示的微变等效电路，可得

$$r_{be} = 300(\Omega) + (1+\beta)\frac{26(mV)}{I_E(mA)} = \left(300 + 41 \times \frac{26}{1.6}\right)\Omega = 0.966k\Omega$$

$$\dot{U}_o = -\beta \dot{I}_b (R_C // R_L)$$

$$\dot{U}_i = \dot{I}_b r_{be}$$

$$A_u = \frac{\dot{U}_o}{\dot{U}_i} = \frac{-\beta \dot{I}_b (R_C // R_L)}{\dot{I}_b r_{be}} = -40 \times \frac{2}{0.966} = -82.8$$

(3) 计算输入电阻和输出电阻。根据式 (5-28) 和式 (5-30) 得

$$r_i = \frac{\dot{U}_i}{I_i} = R_B // r_{be} \approx 0.966k\Omega$$

$$r_o = R_C = 4k\Omega$$

(7) 放大电路波形的非线性失真　输入信号经放大电路放大后，输出波形与输入波形不完全一致称为波形失真，而由于晶体管特性曲线的非线性引起的失真称为非线性失真。下面分析当静态工作点位置不同时，对输出波形的影响。

如果静态工作点太低，如图 5-29 所示 Q'点，从输出特性可以看到，当输入信号 u_i 在负半周时，晶体管的工作范围进入了截止区。这样就使 i_c'的负半周波形和 u_o'的正半周波形都严重失真（输入信号 u_i 为正弦波），如图 5-29 所示。这种失真称为截止失真。

消除截止失真的方法是提高静态工作点的位置，适当减小输入信号 u_i 的幅值。对于图 5-22 所示共射极放大电路，可以减小 R_B 阻值，增大 I_{BQ}，使静态工作点上移来消除截止失真。

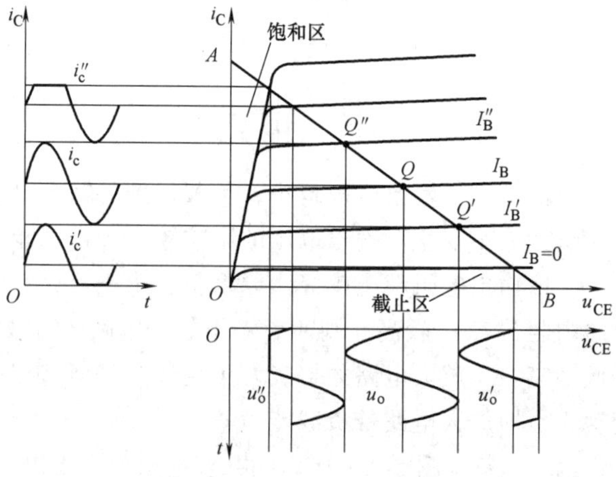

如果静态工作点太高，如图 5-29 所示 Q''点，从输出特性可以看到，当输入信号 u_i 在正半周时，晶体管的工作范围进入了饱和区。这样就使 i_c''的正半周波形和 u_o''的负半周波形都严重失真，如图 5-29 所示。这种失真称为饱和失真。

图 5-29　静态工作点与非线性失真的关系

消除饱和失真的方法是降低静态工作点的位置，适当减小输入信号 u_i 的幅值。对于

图 5-22 所示共发射极放大电路，可以增大 R_B 阻值，减小 I_{BQ}，使静态工作点下移来消除饱和失真。

总之，设置合适的静态工作点，可避免放大电路产生非线性失真。如图 5-29 所示 Q 点选在放大区的中间，相应的 i_c 和 u_o 都没有失真。但是，还应注意到即使 Q 点设置合适，若输入 u_i 的信号幅度过大，则可能既产生饱和失真又产生截止失真。

2. 典型的静态工作点稳定的共射放大电路（分压偏置共射电路）

(1) 电路及原理　图 5-30a 所示为分压偏置共射放大电路。通过前面的分析知道：晶体管的参数 I_{CEO} 随温度升高对工作点的影响，最终都表现在使静态工作点电流 I_C 的增加，流过 R_C 后静态工作点电压 U_{CE} 下降。所以设法使 I_C 在温度变化时能维持恒定，则静态工作点就可以得到稳定了。正是基于这一思想，首先利用 R_{B1}、R_{B2} 的分压为基极提供一个固定电压。当 $I_1 \gg I_B$（5 倍以上），则认为 I_B 不影响 V_B，基极电位为

$$V_B = \frac{R_{B2}}{R_{B1}+R_{B2}} V_{CC} \tag{5-32}$$

其次在发射极串接一个电阻 R_E，使得温度 $T\uparrow \rightarrow I_C\uparrow \rightarrow I_E\uparrow \rightarrow V_E\uparrow \rightarrow U_{BE}\downarrow \rightarrow I_B\downarrow \rightarrow I_C\downarrow$。

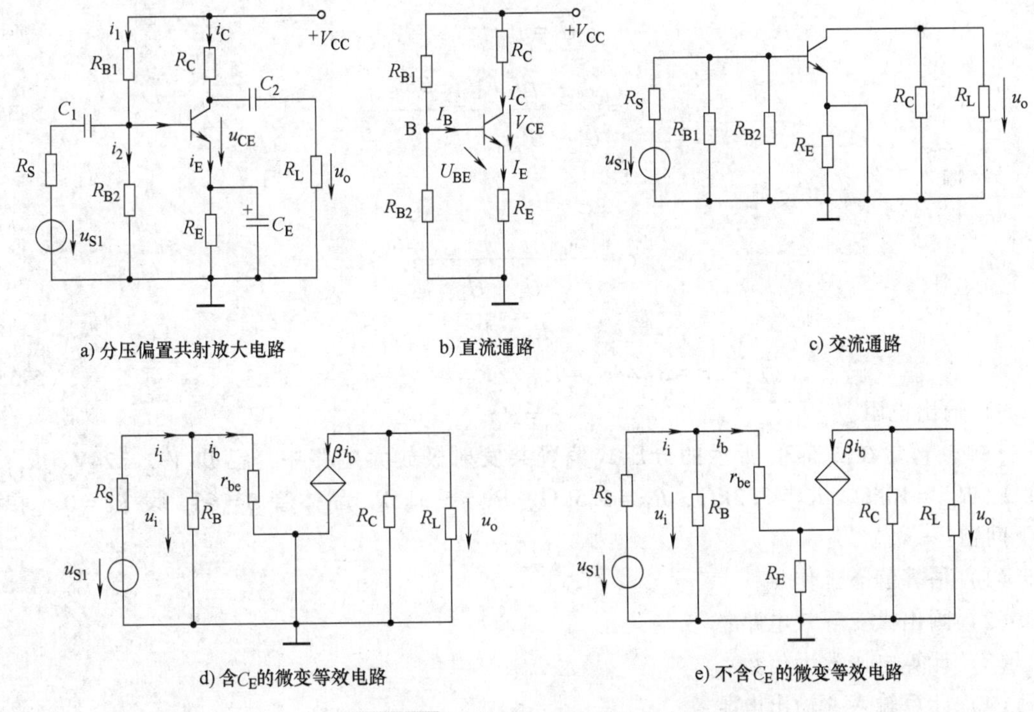

图 5-30　分压偏置共射放大电路

当温度升高使 I_C 增加，电阻 R_E 上的压降 $I_E R_E$ 增加，也即发射极电位 V_E 升高，而基极电位 V_B 固定，所以净输入电压 $U_{BE}=V_B-V_E$ 减小，从而使输入电流 I_B 减小，最终导致集电极电流 I_C 也减小，这样在温度变化时静态工作点便得到了稳定。但是由于 R_E 的存在使得输入电压 u_i 不能全部加在 B、E 两端，使 u_o 减小，造成了 A_u 的减小。为了克服这一不足，在 R_E 两端再并联一个旁路电容 C_E，使得对于直流 C_E 相当于开路，仍能稳定工作点，而对于交流信号，C_E 相当于短路，这使输入信号不受损失，电路的放大倍数不至于因为稳定了工

作点而下降。一般旁路电容 C_E 取几十微法到几百微法。图中 R_E 越大，稳定性越好。但过大的 R_E 会使 U_{CE} 下降，影响输出 u_o 的幅度，通常小信号放大电路中 R_E 取几百欧到几千欧。

（2）静态工作点分析 图 5-30b 为分压式偏置放大电路的直流通路，由直流通路得

$$V_B=\frac{R_{B2}}{R_{B1}+R_{B2}}V_{CC}$$

$$I_C\approx I_E=\frac{V_B-U_{BE}}{R_E}\approx\frac{V_B}{R_E}$$

$$U_{CE}=V_{CC}-I_CR_C-I_ER_E\approx V_{CC}-I_C(R_C+R_E) \tag{5-33}$$

（3）动态分析 首先，画出微变等效电路如图 5-30d 所示，电路中的电容对于交流信号可视为短路，R_E 被 C_E 交流旁路掉了。图 5-30d 中，$R_B=R_{B1}//R_{B2}$。

1）电压放大倍数

$$\dot{U}_o=-\beta\dot{I}_bR'_L$$

$$R'_L=R_C//R_L$$

$$\dot{U}_i=\dot{I}_br_{be}$$

$$A_u=\frac{\dot{U}_o}{\dot{U}_i}=\frac{-\beta\dot{I}_bR'_L}{\dot{I}_br_{be}}=\frac{-\beta R'_L}{r_{be}} \tag{5-34}$$

2）输入电阻

$$r_i=\frac{\dot{U}_i}{\dot{I}_i}=\frac{\dot{U}_i}{\dfrac{\dot{U}_i}{R_{B1}}+\dfrac{\dot{U}_i}{R_{B2}}+\dfrac{\dot{U}_i}{r_{be}}}$$

$$r_i=R_B//r_{be}=R_{B1}//R_{B2}//r_{be}\approx r_{be} \tag{5-35}$$

3）输出电阻

$$r_o=R_C$$

【例 5-4】 在图 5-30 所示的分压式偏置共发射极放大电路中，已知 $V_{CC}=24\text{V}$，$R_{B1}=33\text{k}\Omega$，$R_{B2}=10\text{k}\Omega$，$R_C=3.3\text{k}\Omega$，$R_E=1.5\text{k}\Omega$，$R_L=5.1\text{k}\Omega$，晶体管 $\beta=66$，设 $R_S=0$。求解以下问题：

（1）估算静态工作点；

（2）画出微变等效电路；

（3）计算电压放大倍数；

（4）计算输入、输出电阻；

（5）分析 R_E 两端并联的旁路电容有什么作用。

解：（1）估算静态工作点

$$U_{BE}=0.7\text{V}$$

$$V_B=\frac{R_{B2}}{R_{B1}+R_{B2}}U_{CC}=\frac{10}{33+10}\times24\text{V}=5.6\text{V}$$

$$I_C\approx I_E=\frac{V_B-U_{BE}}{R_E}\approx\frac{V_B}{R_E}=\frac{5.6\text{V}}{1.5\text{k}\Omega}=3.7\text{mA}$$

$$U_{CE} \approx U_{CC} - I_C(R_C + R_E) = 24V - 3.7mA \times (3.3 + 1.5)k\Omega = 6.24V$$

（2）画出微变等效电路如图 5-30d 所示。

（3）计算电压放大倍数

由微变等效电路得

$$A_u = \frac{\dot{U}_o}{\dot{U}_i} = \frac{-\beta(R_L // R_C)}{r_{be}} = \frac{-66 \times (5.1k\Omega // 3.3k\Omega)}{300\Omega + (1+66)\dfrac{26}{3.7}\Omega} = -171$$

（4）计算输入、输出电阻

$$r_{be} = 300\Omega + (1+66) \times \frac{26}{3.7}\Omega = 0.771k\Omega$$

$$r_i = R_{B1} // R_{B2} // r_{be} = 33k\Omega // 10k\Omega // 0.771k\Omega = 0.64k\Omega$$

$$r_o = R_C = 3.3k\Omega$$

（5）当 R_E 两端未并联旁路电容时的微变等效电路如图 5-30e 所示。

电压放大倍数

$$A_u = \frac{\dot{U}_o}{\dot{U}_i} = \frac{-\beta(R_L // R_C)}{r_{be} + (1+\beta)R_E} = \frac{-66 \times (5.1 // 3.3)}{0.771 + (1+66) \times 1.5} = -1.3$$

输入、输出电阻

$$r_i = R_{B1} // R_{B2} // [r_{be} + (1+\beta)R_E] = 33k\Omega // 10k\Omega // [0.771 + (1+66) \times 1.5]k\Omega = 7.13k\Omega$$

$$r_o = R_C = 3.3k\Omega$$

从计算结果可知，去掉旁路电容后，电压放大倍数降低了，输入电阻提高了。

3. 基本共集电极放大电路

晶体管的放大电路除前面所述的共发射极放大电路外，中低频信号放大还常用共集电极放大电路。

（1）电路的结构　图 5-31a 所示是阻容耦合共集电极放大电路。由图可见，放大电路的交流信号由晶体管的发射极经耦合电容 C_2 输出，故此电路又称为射极输出器。

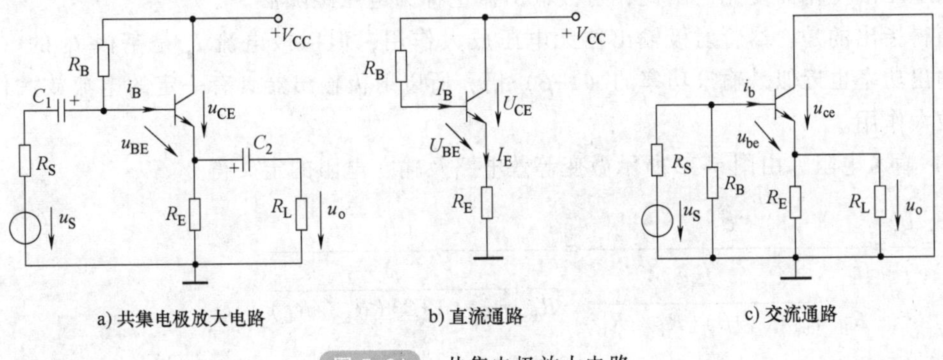

图 5-31　共集电极放大电路

由图 5-31c 所示射极输出器的交流通路可见，集电极是输入回路和输出回路的公共端。输入回路为基极到集电极的回路，输出回路为发射极到集电极的回路。所以，从电路连接特点而言，共集电极放大电路以集电极为公共端。

射极输出器与已讨论过的共发射极放大电路相比，有着明显的特点，学习时务必注意。

（2）静态分析 图 5-31b 为射极输出器的直流通路，由此确定静态值。

$$V_{CC}=I_BR_B+U_{BE}+I_ER_E,\quad I_E=I_B+I_C=(1+\beta)I_B$$

$$\left.\begin{aligned}I_B&=\frac{V_{CC}-U_{BE}}{R_B+(1+\beta)R_E}\\I_E&=\frac{V_{CC}-U_{BE}}{\dfrac{R_B}{1+\beta}+R_E}\\U_{CE}&=V_{CC}-I_ER_E\end{aligned}\right\}\tag{5-36}$$

（3）动态分析 由图 5-31c 所示的交流通路画出微变等效电路，如图 5-32 所示。

1）电压放大倍数。由微变等效电路及电压放大倍数的定义得

$$\dot{U}_o=(1+\beta)\dot{I}_b(R_E//R_L)$$

$$\dot{U}_i=\dot{I}_br_{be}+\dot{U}_o=\dot{I}_br_{be}+(1+\beta)\dot{I}_b(R_E//R_L)$$

$$A_u=\frac{\dot{U}_o}{\dot{U}_i}=\frac{(1+\beta)\dot{I}_b(R_E//R_L)}{\dot{I}_br_{be}+(1+\beta)\dot{I}_b(R_E//R_L)}=\frac{(1+\beta)(R_E//R_L)}{r_{be}+(1+\beta)(R_E//R_L)}\tag{5-37}$$

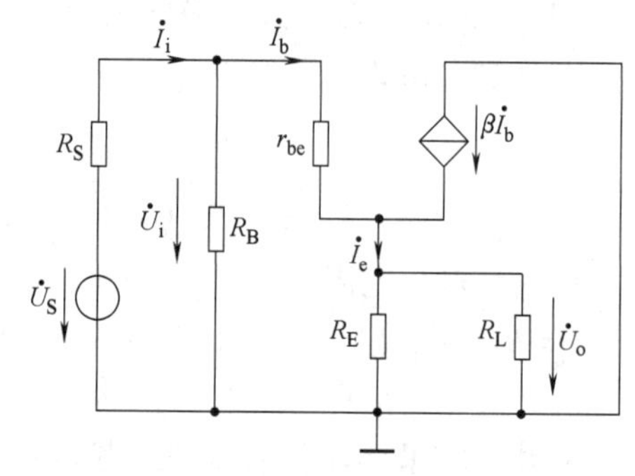

图 5-32 共集电极放大电路的微变等效电路

从式（5-37）可以看出：射极输出器的电压放大倍数恒小于 1，但接近于 1。

若 $(1+\beta)(R_E//R_L)\gg r_{be}$，则 $A_u\approx1$，输出电压 $\dot{U}_o\approx\dot{U}_i$，$A_u$ 为正数，说明 $\dot{U}_o$ 与 $\dot{U}_i$ 不但大小基本相等并且相位相同。即输出电压紧紧跟随输入电压的变化而变化。因此，射极输出器也称为电压跟随器。

值得指出的是：尽管射极输出器无电压放大作用，但射极电流 I_e 是基极 I_b 的 $(1+\beta)$ 倍，输出功率也近似是输入功率的 $(1+\beta)$ 倍，所以射极输出器具有一定的电流放大作用和功率放大作用。

2）输入电阻。由图 5-32 所示微变等效电路及输入电阻的定义得

$$r_i=\frac{\dot{U}_i}{\dot{I}_i}=\frac{\dot{U}_i}{\dfrac{\dot{U}_i}{R_B}+\dfrac{\dot{U}_i}{r_{be}+(1+\beta)(R_E//R_L)}}=\frac{1}{\dfrac{1}{R_B}+\dfrac{1}{r_{be}+(1+\beta)(R_E//R_L)}}$$

$$=R_B//[r_{be}+(1+\beta)(R_E//R_L)]\tag{5-38}$$

一般 R_B 和 $[r_{be}+(1+\beta)(R_E//R_L)]$ 都要比 r_{be} 大得多，因此射极输出器的输入电阻比共射放大电路的输入电阻要高。射极输出器的输入电阻高达几十千欧到几百千欧。

3）输出电阻。根据输出电阻的定义，由微变等效电路得

$$r_o=\frac{\dot{U}'_o}{\dot{I}'_o}=\frac{\dot{U}'_o}{\frac{(1+\beta)\dot{U}'_o}{r_{be}+(R_B//R_E)}+\frac{\dot{U}'_o}{R_E}}=R_E//\frac{r_{be}+(R_B//R_S)}{1+\beta} \tag{5-39}$$

在一般情况下，$R_B \gg R_S$，所以 $r_o \approx R_E//\frac{r_{be}+R_S}{1+\beta}$。而通常，$R_E \gg \frac{r_{be}+R_S}{1+\beta}$，因此输出电阻又可近似为 $r_o \approx \frac{r_{be}+R_S}{\beta}$。若 $r_{be} \gg R_S$，则 $r_o \approx \frac{r_{be}}{\beta}$。

射极输出器的输出电阻与共发射极放大电路相比是较低的，一般在几欧到几十欧。当 r_o 较低时，射极输出器的输出电压几乎具有恒压性。

综上所述，射极输出器具有电压放大倍数恒小于 1 并且接近于 1，输入、输出电压同相，输入电阻高，输出电阻低的特点；尤其是输入电阻高，输出电阻低的特点，使射极输出器获得了广泛的应用。

由于射极输出器输入电阻高，常被用于多级放大电路的输入级。这样，可减轻信号源的负担，又可获得较大的信号电压。这对内阻较高的电压信号来讲更有意义。在电子测量仪器的输入级采用射极输出器作为输入级，较高的输入电阻可减小对测量电路的影响。

由于射极输出器的输出电阻低，它同时常被用于多级放大电路的输出级。当负载变动时，因为射极输出器具有几乎为恒压源的特性，输出电压不随负载变动而保持稳定，具有较强的带负载能力。

射极输出器也常作为多级放大电路的中间级。射极输出器的输入电阻大，即前一级的负载电阻大，可提高前一级的电压放大倍数；射极输出器的输出电阻小，即后一级的信号源内阻小，可提高后一级的电压放大倍数。对于多级共发射极放大电路来讲，射极输出器起了阻抗变换作用，提高了多级共发射极放大电路的总的电压放大倍数，改善了多级共发射极放大电路工作性能。

4. 多级放大电路

小信号放大电路的输入信号一般为毫伏甚至微伏量级，功率在 1mW 以下。为了推动负载工作，输入信号必须经多级放大后，使其在输出端能获得一定幅度的电压和足够的功率。

多级放大电路的框图如图 5-33 所示。它通常包括输入级、中间级、推动级和输出级几个部分。

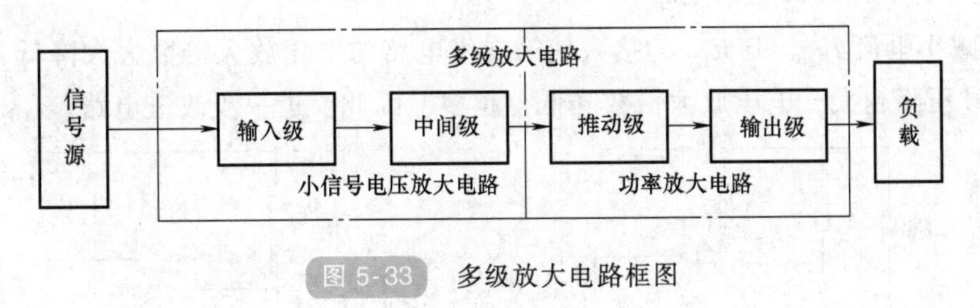

图 5-33　多级放大电路框图

多级放大电路的第一级称为输入级，对输入级的要求往往与输入信号有关。中间级的用途是进行信号放大，提供足够大的放大倍数，常由几级放大电路组成。推动级的用途是实现小信号到大信号的缓冲和转换。多级放大电路的最后一级是输出级，它与负载相接。因此对输出级的要求要考虑负载的性质。

耦合方式是指信号源和放大器之间、放大器中各级之间、放大器与负载之间的连接方式。最常用的耦合方式有三种：阻容耦合、直接耦合和变压器耦合。阻容耦合应用于分立元器件多级交流放大电路中；放大缓慢变化的信号或直流信号则采用直接耦合的方式；变压器耦合在放大电路中的应用逐渐减少。本书只讨论前两种级间耦合方式。

（1）阻容耦合放大电路 图 5-34 所示是两级阻容耦合共发射极放大电路。两级间的连接通过电容 C_2 将前级的输出电压加在后级的输入电阻上（即前级的负载电阻），故名阻容耦合放大电路。

由于电容有隔直作用，因此两级放大电路的直流通路互不相通，即每一级的静态工作点各自独立。耦合电容的选择应使信号频率在中频段时容抗视为零。多级放大电路的静态和动态分析与单级放大电路时一样。

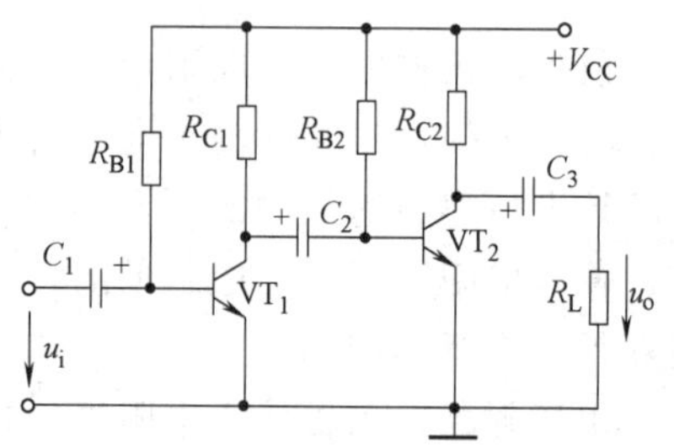

图 5-34 阻容耦合两级放大电路

（2）直接耦合放大电路 放大器各级之间、放大器与信号源或负载直接连起来，或者经电阻等能通过直流的元件连接起来，称为直接耦合方式。直接耦合方式不但能放大交流信号，而且能放大变化极其缓慢的超低频信号以及直流信号。现代集成放大电路都采用直接耦合方式，这种耦合方式得到越来越广泛的应用。然而，直接耦合方式有其特殊的问题，其中主要是前、后级静态工作点相互影响与零点漂移两个问题。

1）前、后级静态工作点相互影响。从图 5-35 可见，在静态时输入信号 $u_i=0$，由于 VT_1 的集电极和 VT_2 的基极直接相连，使得两点电位相等，即 $U_{CE1}=V_{C1}=V_{B2}=U_{BE2}=0.7V$，则晶体管 VT_1 处于临界饱和状态；另外第一级的集电极电阻也是第二级的基极偏置电阻，因阻值偏小，必定 I_{B2} 过大使 VT_2 处于饱和状态，电路无法正常工作。为了克服这个缺点，通常采用抬高 VT_2 管发射极电位的方法。有两种常用的改进方案，如图 5-36 所示。

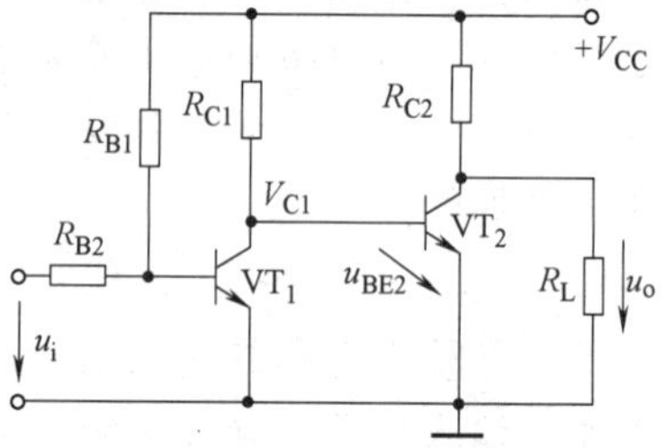

图 5-35 直接耦合两级放大电路

图 5-36a 是利用 R_{E2} 的压降来提高 VT_2 管发射极电位，从而提高 VT_1 管的集电极电位，增大了 VT_1 管的输出幅度，且减小电流 I_{B2}。但 R_{E2} 的接入使第二级电路的电压放大倍数大大降低，R_{E2} 越大，R_{E2} 上的信号压降越大，电压放大倍数降低得越多，因此要进一步改进电路。

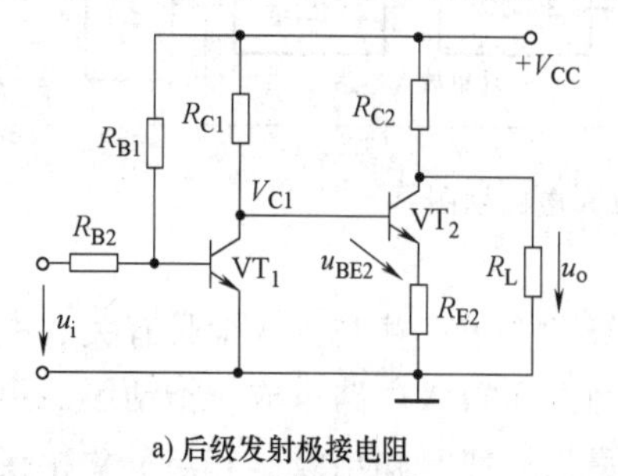

a) 后级发射极接电阻

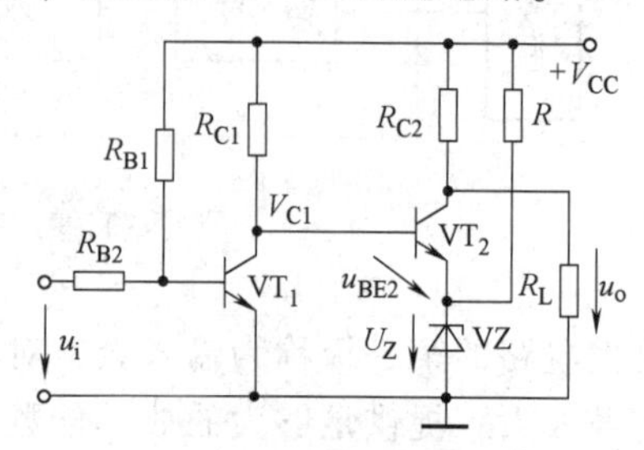

b) 后级发射极接稳压管

图 5-36 提高后级发射极电位的直接耦合电路

图 5-36b 是用稳压管 VZ（也可以用二极管 VD）的端电压 U_Z 来提高 VT_2 管的发射极电位，起到 R_{E2} 的作用。对信号而言，稳压管（或二极管）的动态电阻都比较很小，信号电流在动态电阻上产生的压降也小，因此不会引起放大倍数的明显下降。

2）零点漂移问题。在直接耦合放大电路中，若将输入端短接（让输入信号为零），在输出端接上记录仪，可发现输出端随时间仍有缓慢的无规则的信号输出，如图 5-37 所示。这种现象称为零点漂移（简称零漂）。零点漂移现象严重时，能够淹没真正的输出信号，使电路无法正常工作。所以零点漂移的大小是衡量直接耦合放大器性能的一个重要指标。

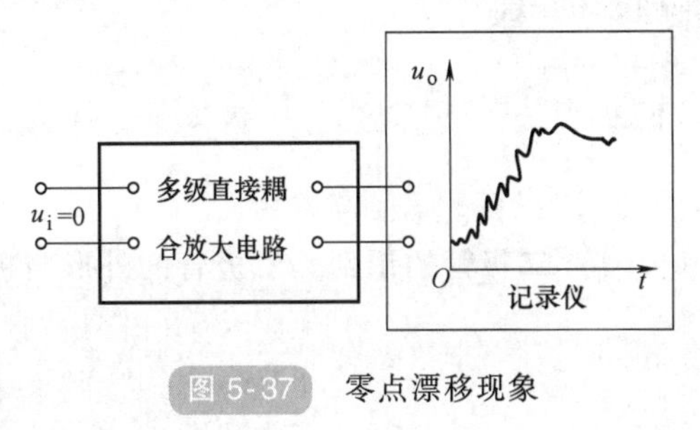

图 5-37 零点漂移现象

衡量放大器零点漂移的大小不能单纯看输出零漂电压的大小，还要看它的放大倍数。因为放大倍数越高，输出零漂电压就越大，所以零点漂移一般都用输出零点漂移电压折合到输入端来衡量，称为输入等效零漂电压。

引起零点漂移的原因很多，最主要的是温度对晶体管参数的影响所造成的静态工作点波动，而在多级直接耦合放大器中，前级静态工作点的微小波动都能像信号一样被后面逐级放大并且输出。因而，整个放大电路的零点漂移指标主要由第一级电路的零点漂移决定，所以，为了提高放大器放大微弱信号的能力，在提高放大倍数的同时，必须减小输入级的零点漂移。因温度变化对零点漂移影响最大，故常称零漂为温漂。

减小零点漂移的措施很多，但第一级采用差动放大电路是多级直接耦合放大电路的主要电路形式。差动放大电路的知识将在模块六中学习。

知识与小技能测试

1. 9012、9013、9014、8050、8550 是常用的晶体管型号，查阅资料回答以下问题：

（1）分别说出它们是 NPN 型还是 PNP 型。

（2）分别说出它们的电流放大系数。

（3）分别说出它们的集电极最大允许电流 I_{CM}。

（4）分别说出它们的集电极最大允许耗散功率 P_{CM}。

2. 图 5-38 是基极电阻可调的共发射极放大电路。怎么判断电路是否处在合适的放大状态？可调电阻 RP 的端头向上或向下滑动过度会出现什么后果？

3. 测测自己选择元器件、连接和调试放大电路的能力吧。

（1）按图 5-38 准备元器件并检测，在“面包板”或实验箱上连接电路。

（2）调节合适的静态。经教师检查无误后接通电源，调节 RP 同时用万用表测晶体管 C-E 间直流电压约等于 6V 即可，然后断电测出基极电阻 R_B（电源正极到晶体管基极间）。

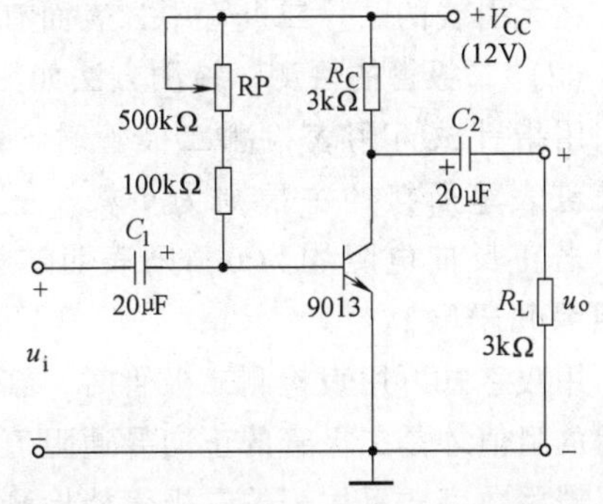

图 5-38 基极电阻可调的共发射极放大电路

(3) 计算静态值 U_{CE} 并与6V比较。

(4) 电路输入1kHz、10mV的正弦交流电，用示波器观察输入电压 u_i 和输出电压 u_o 波形。

(5) 测出电路的电压放大倍数。

4. 多级放大电路的电压放大倍数与每级电路的放大倍数是什么关系?

技能训练

技能训练一　二极管、晶体管、场效应晶体管的认识与检测

1. 二极管的识别与检测

(1) 二极管的识别　二极管的外形与极性识别如图5-39所示。

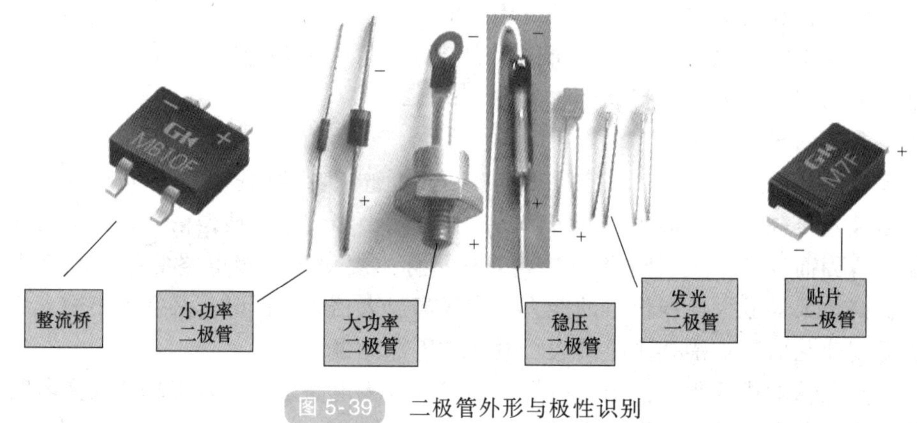

图5-39　二极管外形与极性识别

二极管的识别很简单：小功率二极管的负极通常在表面用一个色环标出；有些二极管也采用“P”“N”符号来确定二极管极性，“P”表示正极，“N”表示负极；金属封装二极管通常在表面印有与极性一致的二极管符号；发光二极管则通常用引脚长短来识别正负极，一般长脚为正，短脚为负。

整流桥的表面通常标注内部电路结构或者交流输入端以及直流输出端的名称，交流输入端通常用“AC”或者“~”表示；直流输出端通常以“+”“-”符号表示。

贴片二极管由于外形多种多样，其极性也有多种标注方法：在有引线的贴片二极管中，管体有白色色环的一端为负极；在有引线而无色环的贴片二极管中，引线较长的一端为正极；在无引线的贴片二极管中，表面有色带或者有缺口的一端为负极。

(2) 二极管的检测　检测方法如图5-40所示。

用指针式万用表检测二极管时，电阻数值较小的一次测量，黑表笔所接的一端为正极，红表笔所接的一端则为负极。正反向电阻均为无穷大，则表明二极管已经开路损坏；若正反向电阻均为0，则表明二极管已经短路损坏。正常情况下，锗二极管的正向电阻为几千欧。

用数字式万用表检测二极管时，红表笔接二极管的正极，黑表笔接二极管的负极，此时测得的阻值才是二极管的正向导通阻值，这与指针式万用表的表笔接法刚好相反。

若用数字式万用表的二极管档检测二极管，则更加方便：将数字万用表置在二极管档，然后将二极管的负极与数字万用表的黑表笔相接，正极与红表笔相接，此时显示屏上即可显

示二极管正向压降值。不同材料的二极管，其正向压降值不同：硅二极管为 0.55~0.7V，锗二极管为 0.15~0.3V。若显示屏显示“0000”，说明管子已短路；若显示“0L”或者“过载”，说明二极管内部开路或处于反向状态，此时可对调表笔再测。

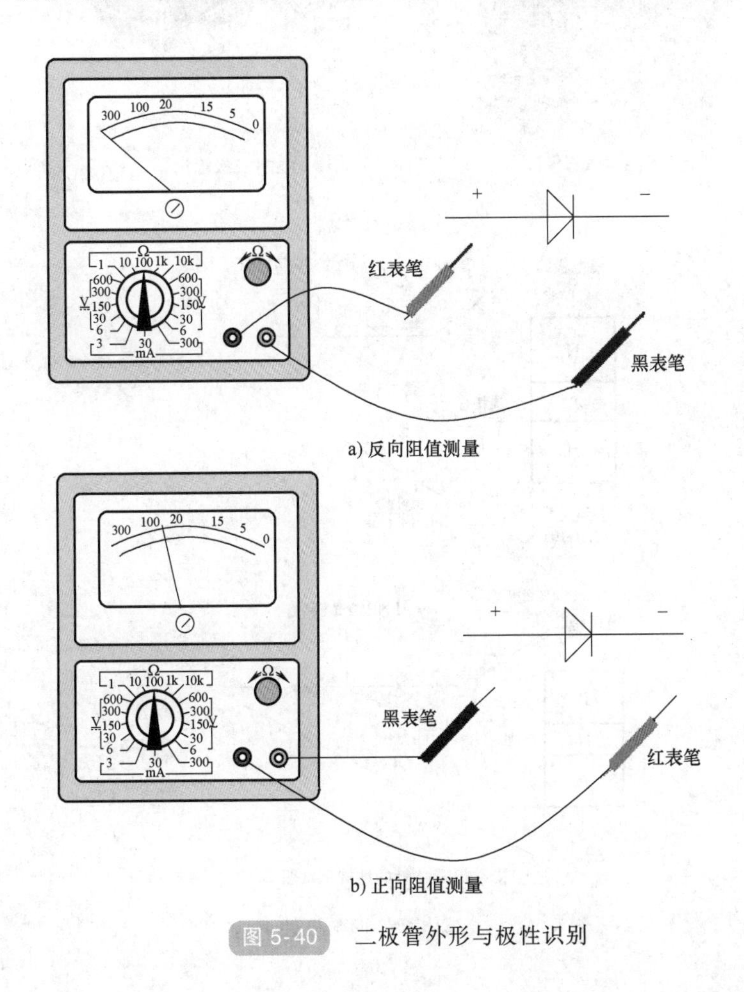

a) 反向阻值测量

b) 正向阻值测量

图 5-40　二极管外形与极性识别

2. 晶体管的识别与检测

根据晶体管工作时各个电极的电位高低，就能判别晶体管的工作状态，因此，维修人员在维修过程中，经常要用万用表测量晶体管各脚的电压，从而判别晶体管的工作情况和工作状态。

（1）用指针式万用表检测

1）晶体管基极的判别。根据晶体管的结构示意图（见图 5-41c），人们知道晶体管的基极是晶体管中两个 PN 结的公共极。因此，在判别晶体管的基极时，只要找出两个 PN 结的公共极，即为晶体管的基极。用指针式万用表判别具体方法是：将万用表调至电阻档的 $R\times1k$ 或 $R\times100$ 档，先用红表笔放在晶体管的一只管脚上，用黑表笔去碰晶体管的另两只管脚，如果两次全通，则红表笔所放的脚就是晶体管的基极。如果一次没找到，则红表笔换到晶体管的另一只管脚，再测两次；如还没找到，则红表笔再换一下，再测两次。如果还没找到，则改用黑表笔放在晶体管的一个脚上，用红表笔去测两次看是否全通，若一次没成功再换。这样最多测量 1~2 次，总可以找到基极。

a) 直插式三极管

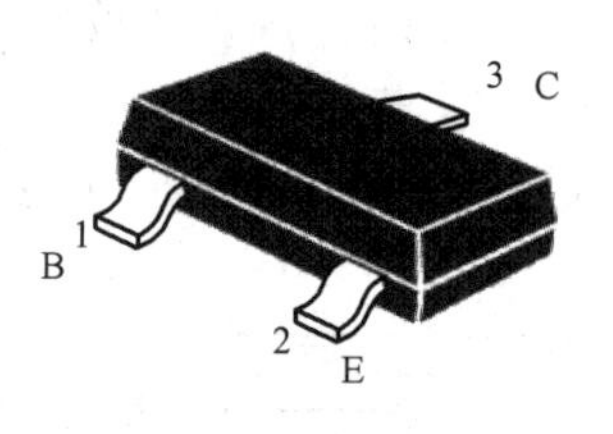

b) 贴片三极管

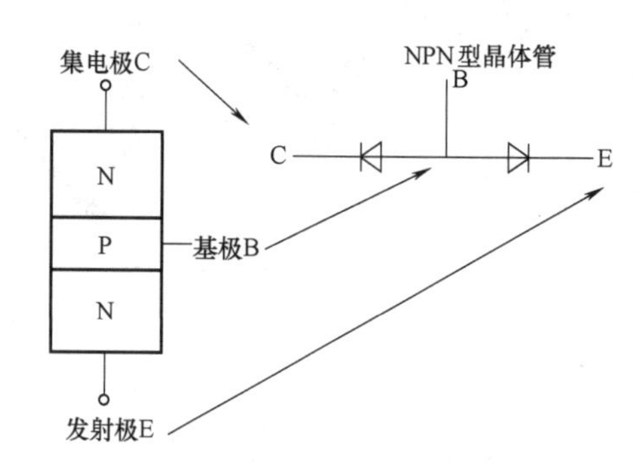

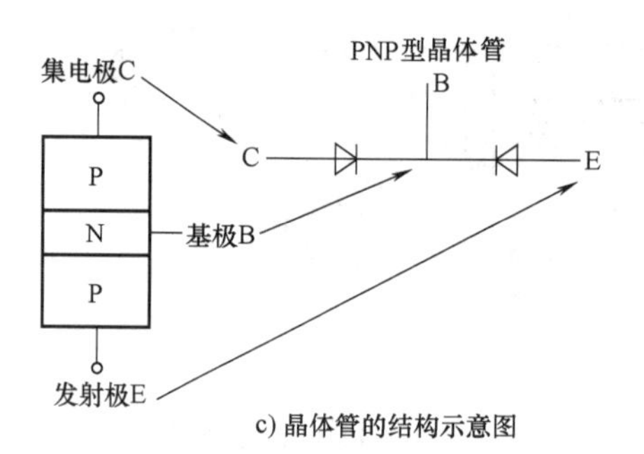

c) 晶体管的结构示意图

图 5-41　晶体管外形与极性识别

2）晶体管类型的判别。晶体管只有两种类型，即 PNP 型和 NPN 型。判别时只要知道基极是 P 型材料还 N 型材料即可。当用万用表 $R\times1\text{k}$ 档时，黑表笔代表电源正极，如果黑表笔接基极时导通，则说明晶体管的基极为 P 型材料，晶体管即为 NPN 型。如果红表笔接基极导通，则说明晶体管基极为 N 型材料，晶体管即为 PNP 型。以 PNP 型晶体管为例，判别如图 5-42 所示。

3）判断晶体管好坏的简单方法。首先看晶体管的类型，判断是硅管还是锗管，然后根据晶体管的类型的特性，利用晶体管内 PN 结的单向导电性，用万用表调至电阻档的 $R\times1\text{k}$ 或 $R\times100$ 档，检查各极间 PN 结的正反向电阻，如果相差较大说明晶体管是好的，如果正反向电阻都大，说明晶体管内部有断路或者 PN 结性能不好。如果正反向电阻都小，说明晶体管极间短路或者击穿了。

(2) 用数字式万用表检测　用数字式万用表可测出晶体管的类型、管脚及质量好坏。

1）测量晶体管基极。数字万用表旋到二极管档位（蜂鸣档），判断时可将晶体管看成是一个背靠背的 PN 结，如图 5-42 所示。按照判断二极管的方法，可以判断出其中一极为公

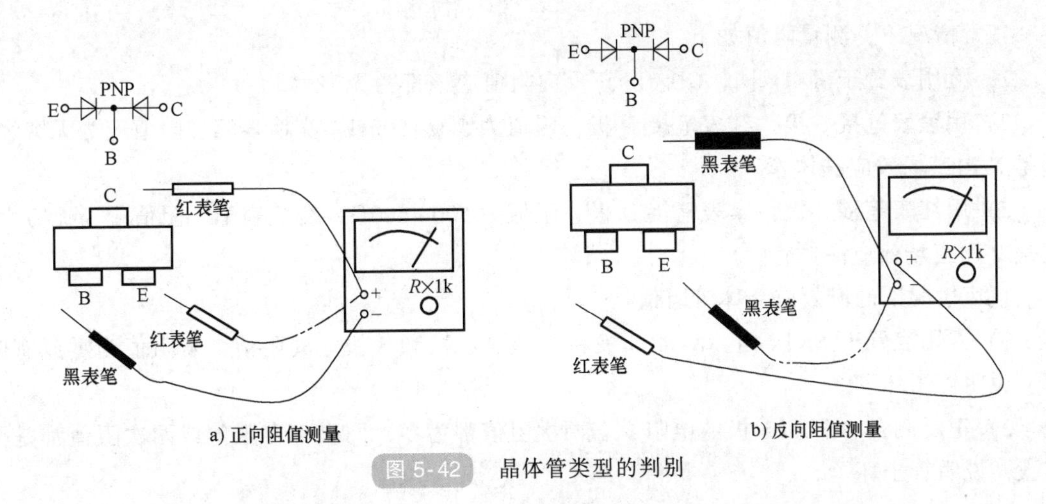

图 5-42　晶体管类型的判别

共正极或公共负极，此极即为基极 B。对 NPN 型管，基极是公共正极；对 PNP 型管则是公共负极。因此，判断出基极是公共正极还是公共负极，即可知道被测晶体管是 NPN 型还是 PNP 型。

2）发射极和集电极的判断。利用万用表测量 β（HFE）值的档位，判断发射极 E 和集电极 C。将档位旋至 HFE 档位，基极插入所对应类型的孔中，把其余管脚分别插入 C、E 孔，观察数据，再将 C、E 孔中的管脚对调再看数据，数值大的说明管脚插对了。

3）判别晶体管的好坏。分别测试晶体管发射结、集电结的正、反偏是否正常，正常的晶体管是好的，否则晶体管已损坏。如果在测量中找不到基极，该晶体管也为坏管子。

3. 场效应晶体管的检测

检测方法如图 5-43 所示。

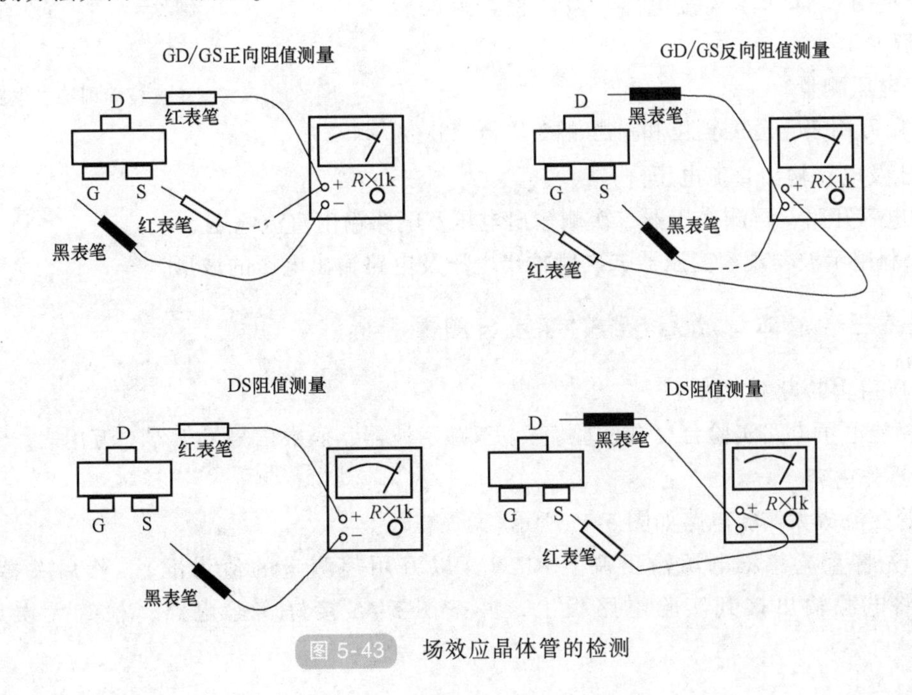

图 5-43　场效应晶体管的检测

正常情况下，测量阻值如下：

1）万用表置于 $R\times1k$ 档，GD/GS 正反向阻值应该都为无穷大。

2）用黑表笔接 S 极，红表笔接 D 极，阻值为 500~600Ω，交换表笔，阻值应为无穷大，这是 N 沟道场效应晶体管。

3）用红表笔接 S 极，黑表笔接 D 极，阻值为 500~600Ω，交换表笔，阻值应为无穷大，这是 P 沟道场效应晶体管。

损坏情况下的场效应晶体管阻值：

1）万用表置于 $R\times1k$ 档，测量 G 极和 D 极、G 极和 S 极之间阻值，若阻值为零或有阻值，说明管子坏了。

2）正反测量 D 极和 S 极的电阻，若两次阻值都为零、两次都有阻值或两次阻值都是无穷大，说明管子坏了。

技能训练二　直流稳压电源电路的连接与测量

1. 所用实验设备与器件

多功能电子电路实验台（或实验箱）、双踪示波器、函数信号发生器、万用表。

2. 操作内容

1）对照图 5-44 所示电路中所给元器件参数，在实验台（或实验箱）上选定器件：四只同型号的整流二极管（1N4001~1N4007 任一型号均可），一个 220V/18V 变压器，一只 1000μF /35V 电解电容器，一只 510Ω 电阻。

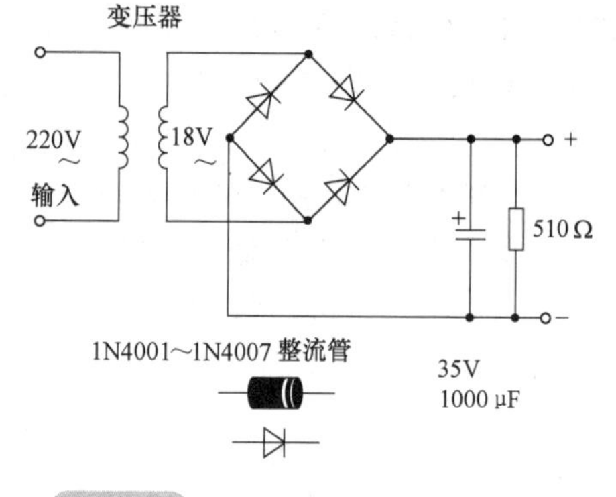

图 5-44　模块五技能训练二电路图

2）用万用表检测所用元器件和导线。

3）按图 5-44 所示连接电路，教师检查无误后接通电源。

4）电压测量

① 用万用表合适的档位和量程测变压器二次侧输出电压及电路输出直流电压。

② 电容开路，再测变压器二次侧输出电压及电路输出直流电压。

5）利用示波器观察变压器二次侧输出电压及电路输出电压的波形。

技能训练三　晶体管放大电路的连接与测量

1. 所用实验设备与器件

多功能电子电路实验台（或实验箱）、双踪示波器、函数信号发生器、万用表。

2. 操作内容

单管交流放大实验电路如图 5-45 所示。

1）先将直流稳压电源输出调至+12V（以万用表测量的值为准），然后关掉电源。用导线将电源输出接到实验电路板上，并按图 5-45 接好实验电路，检查无误后接通电源。

2）晶体管放大电路的静态研究。

① 调节 RP 使放大器的发射极电位 V_E = 2V 左右，然后分别测出 V_B、V_C，再计算出 U_{BE}、U_{CE}、I_C 的大小（已知 $\beta=90$）。

② 左右调节 RP，分别观察表 5-2 中各量的变化趋势，并记录。

3）晶体管放大电路的动态研究。

① 重新调节静态工作点 V_E = 2V 左右。

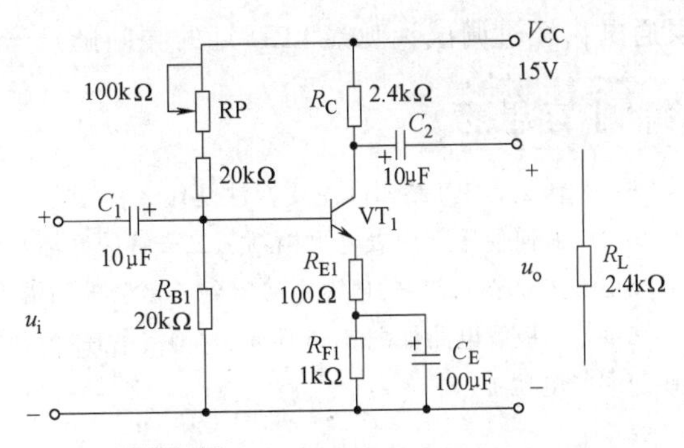

图 5-45　模块五技能训练三电路图

表 5-2　晶体管放大电路的静态研究

RP	测量值			计算值		
	V_E/V	V_B/V	V_C/V	U_{BE}/V	U_{CE}/V	I_C/mA
调节	2					
↑						
↓						

② 使信号发生器输出 1kHz、10mV 的正弦波信号，接到放大器的输入端，将放大器的输出信号（$R_L=\infty$）接至示波器，观察输出波形，使输出最大不失真，测出 u_i 和 u_o 的大小，计算出电压放大倍数，并与估算值相比较。

③ 在输出波形不失真的情况下，按表 5-3 中给定的条件，测量并记录输出电压 u_o，计算电压放大倍数。与预习结果相比较。

表 5-3　晶体管放大电路的动态研究

测试条件	u_i	u_o	A_u
$R_{E1}=0, R_L=\infty$			
$R_{E1}=0, R_L=2.4\text{k}\Omega$			
$R_{E1}=100\Omega, R_L=\infty$			
$R_{E1}=0, R_L=\infty, R_C=1.2\text{k}\Omega$			

4）思考下列问题：

① 如何测量 R_B 的数值？不断开与基极的连线行吗？为什么？

② 测量放大器静态工作点应该用交流电表还是用直流电表？

③ 图 5-45 中，电容 C_1、C_2 的极性是否可以接反？

④ 信号发生器输出端开路和带着实验线路时输出是否一样？

⑤ 当出现饱和、截止失真时，为什么要去掉信号源以后再测静态值？

⑥ 根据图 5-45 中给出的参数及 U_{CE} = 6V 的条件，估算此放大器的静态工作点和电压放大倍数。

技能训练四　声控 LED 灯电路的制作与调试

仿照技能训练三的操作步骤，在实训室用实验箱或实验台连接图 5-1 所示电路。检查无误通电，经过调试，观察 LED 灯的亮暗随声音高低变化情况。

练习与思考

5-1 什么是 PN 结？其主要特性是什么？

5-2 如何使用万用表电阻档判别二极管的好坏与极性？

5-3 把一节 1.5V 的电池直接接到二极管的两端，会发生什么情况？

5-4 二极管电路如图 5-46 所示，VD_1、VD_2 为理想二极管，判断图中的二极管是导通还是截止，并求 AO 两端的电压 U_{AO}。

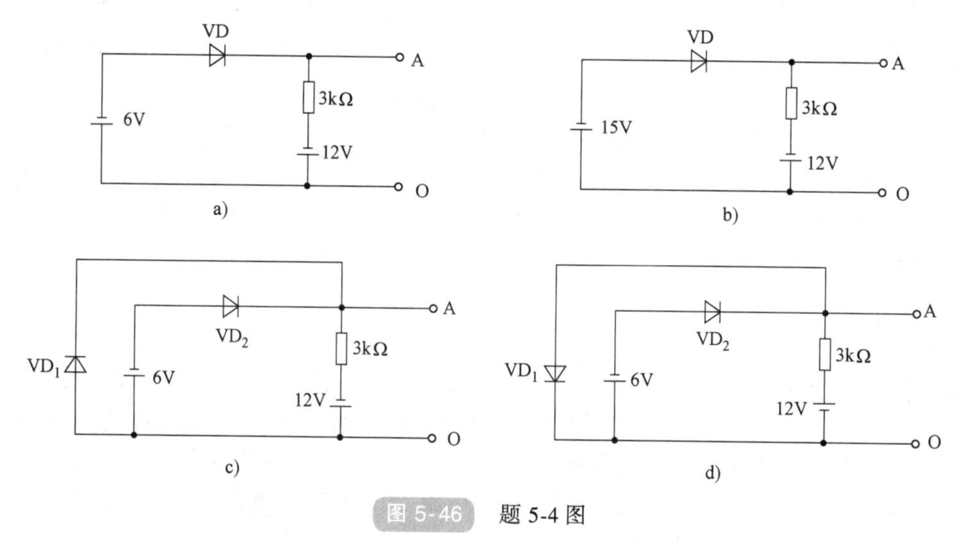

图 5-46 题 5-4 图

5-5 如图 5-47 所示的单相桥式整流、电容滤波电路。用交流电压表测得变压器二次电压 $U_2=20V$。现在用直流电压表测量 R_L 两端的电压 U_o，如果出现下列几种情况时，试分析哪些是合理的？哪些表明出了故障？并指出原因。

(1) $U_o=28V$；(2) $U_o=24V$；(3) $U_o=18V$；(4) $U_o=9V$。

5-6 晶体管工作在放大区时发射结____偏，集电结____偏。

5-7 晶体管按结构分为____和______两种类型，均具有两个 PN 结，即______和______。

5-8 放大电路中，测得晶体管三个电极电位为 $V_1=6.5V$，$V_2=7.2V$，$V_3=15V$，则该管是______类型管子，其中______极为集电极。

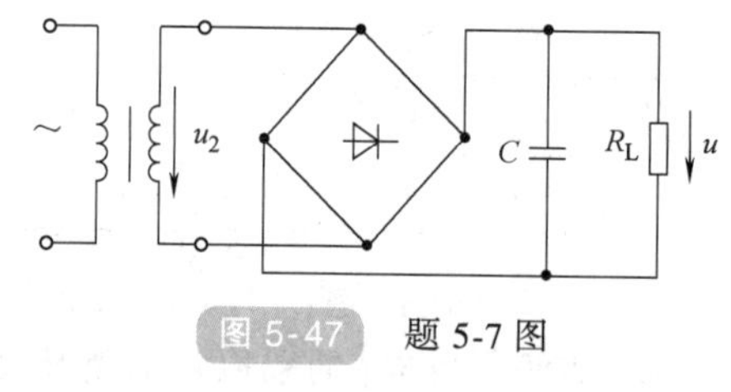

图 5-47 题 5-7 图

5-9 晶体管的发射结和集电结都正向偏置或反向偏置时，晶体管的工作状态分别是______和______。

5-10 用万用表测得 PNP 型晶体管三个电极的电位分别是 $V_C=6V$、$V_B=0.7V$、$V_E=1V$，则晶体管工作在（　　）状态。

A. 放大　　B. 截止　　C. 饱和　　D. 损坏

5-11 晶体管工作在放大区时，满足（　　）。

A. 发射结正偏，集电结正偏　　B. 发射结正偏，集电结反偏

C. 发射结反偏，集电结正偏　　D. 发射结反偏，集电结反偏

5-12 晶体管参数为 $P_{CM}=800mW$，$I_{CM}=100mA$，$U_{BR(CEO)}=30V$，在下列几种情况中，（　　）属于正常工作。

A. $U_{CE}=15V$，$I_C=150mA$　　B. $U_{CE}=20V$，$I_C=80mA$

C. $U_{CE}=35V$，$I_C=100mA$　　D. $U_{CE}=10V$，$I_C=50mA$

5-13　下列晶体管各个极的电位，处于放大状态的晶体管是（　　）。

A. $V_C=0.3V$，$V_E=0V$，$V_B=0.7V$　　B. $V_C=-4V$，$V_E=-7.4V$，$V_B=-6.7V$

C. $V_C=6V$，$V_E=0V$，$V_B=-3V$　　D. $V_C=2V$，$V_E=2V$，$V_B=2.7V$

5-14　如果晶体管工作在截止区，两个 PN 结状态（　　）。

A. 均为正偏　　B. 均为反偏

C. 发射结正偏，集电结反偏　　D. 发射结反偏，集电结正偏

5-15　工作在放大区的某晶体管，如果当 I_B 从 12μA 增大到 22μA 时，I_C 从 1mA 变为 2mA，那么它的 β 约为（　　）。

A. 83　　B. 91　　C. 100

5-16　工作于放大状态的 PNP 型晶体管，各电极必须满足（　　）。

A. $V_C>V_B>V_E$　　B. $V_C<V_B<V_E$

C. $V_B>V_C>V_E$　　D. $V_C>V_E>V_B$

5-17　判断图 5-48 所示晶体管的工作状态。

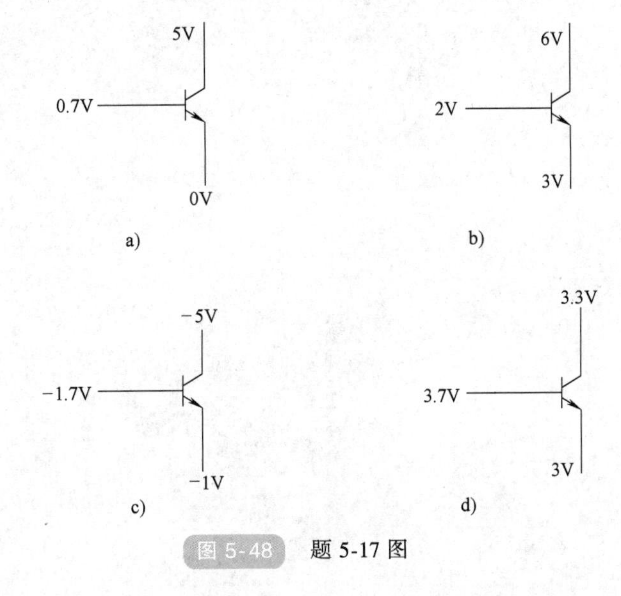

图 5-48　题 5-17 图

5-18　用万用表测的放大电路中某个晶体管两个电极的电流值如图 5-49 所示。

（1）求另一个电极的电流大小，在图上标出实际方向；

（2）判断是 PNP 还是 NPN 管；

（3）图上标出管子的 E、B、C 极；

（4）估算管子的 β 值。

5-19　电路如图 5-50 所示，晶体管的 $\beta=80$，$r_{be}=1k\Omega$。

（1）求出 Q 点；

（2）分别求出 $R_L=\infty$ 和 $R_L=3k\Omega$ 时电路的 A_u、R_i 和 R_o。

5-20　电路如图 5-51 所示，晶体管 $\beta=100$，$r_{bb'}=100\Omega$。

（1）求电路的 Q 点、A_u、R_i 和 R_o；

（2）若改用 $\beta=200$ 的晶体管，则 Q 点如何变化？

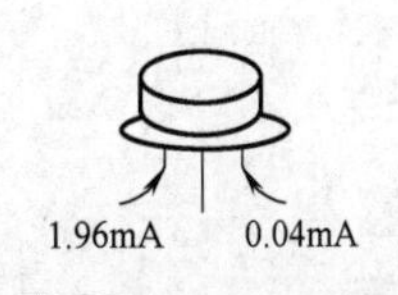

图 5-49　题 5-18 图

（3）若电容 C_E 开路，则将引起电路的哪些动态参数发生变化？如何变化？

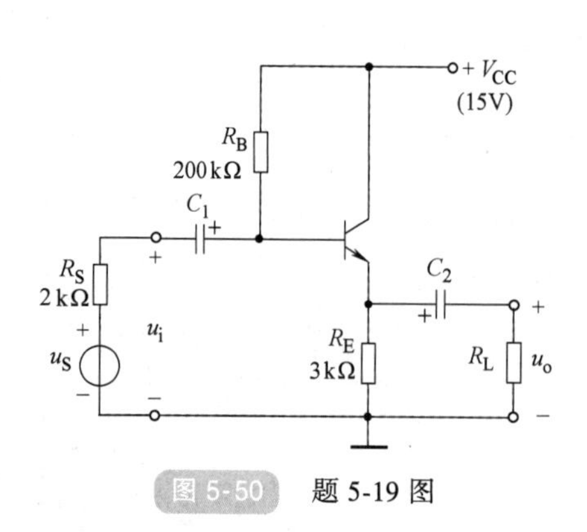

图 5-50　题 5-19 图

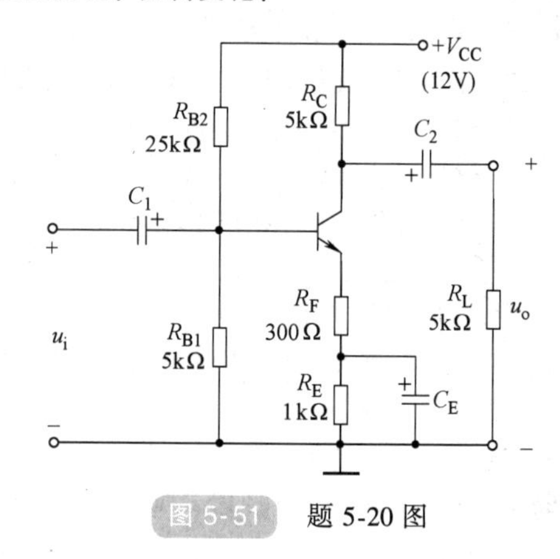

图 5-51　题 5-20 图

模块六

负反馈与集成运算放大器

知识点

1. 放大电路中反馈及类型的认识。
2. 放大电路中负反馈的作用。
3. 集成运算放大器的认识。
4. 集成运算放大器的典型应用。

教学目标

知识目标：1. 理解反馈的概念，能熟练判断各种类型的反馈。
2. 了解差分放大电路的结构及用法。
3. 理解集成运算放大器的结构、参数、特点，会分析常见应用电路。

能力目标：1. 能用“虚短”“虚断”分析集成运算放大电路。
2. 学会用集成运算放大器设计、装配、调试简单电路。

案例导入

图 6-1 是一款由电子电路控制的智能循迹小车。在白色的场地上有一条约 15mm 宽的黑色跑道，不管跑道如何弯曲，循迹小车都能沿着黑色跑道自动行驶，真是很神奇！怎么实现的呢？通过模块六的学习，你会找到答案。

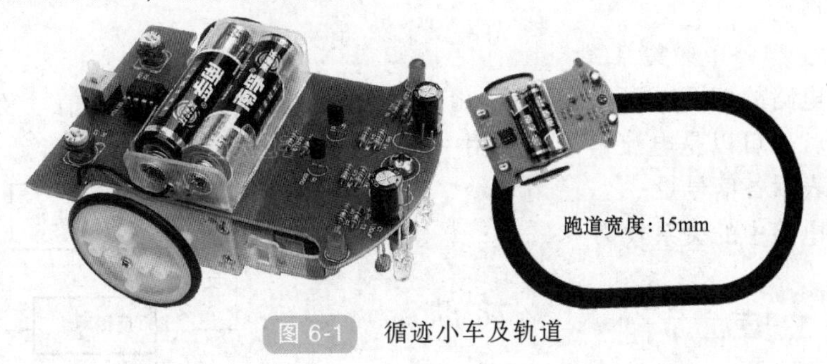

图 6-1 循迹小车及轨道

相关知识

利用负反馈能改善放大电路性能或改变放大电路的参数，所以说负反馈是放大电路适应实际需求的一种基本方法和手段。

本模块首先学习负反馈电路的知识，然后推出模拟集成电路的基础——差分放大电路（也称差动放大器），进而再学习集成运算放大器的知识和基本应用。

6.1 负反馈放大电路

负反馈在电子电路中的应用非常广泛。引入负反馈后，虽然放大倍数降低了，但是换来很多好处，在很多方面改善了放大电路的性能。例如，提高放大倍数的稳定性；改善波形失真；尤其是可通过选用不同类型的负反馈，来改变放大电路的输入电阻和输出电阻，以适应实际的需要。

6.1.1 反馈的概念

反馈是把放大电路输出端信号的一部分或全部引回到输入端的过程。反馈通路便是从放大电路的输出端引回到输入端的一条支路，这条支路通常由电阻和电容构成。放大电路有反馈称为闭环，没有反馈称为开环。

1. 反馈的分类

1）反馈有正、负之分。若引入反馈后使净输入信号 x_{id} 减小，即 x_{id} 比 x_i 小，则称为负反馈。此时闭环放大倍数（带反馈后的放大倍数）小于开环放大倍数（无反馈时的放大倍数），故负反馈使放大电路增益减小。若引入反馈后使净输入信号 x_{id} 增大，即 x_{id} 比 x_i 大，则称为正反馈。正反馈使放大电路增益提高。

2）反馈有交流、直流之分。在放大电路中既有直流分量，又有交流分量，所以必然有直流反馈和交流反馈之分。直流反馈影响放大电路的直流性能，如静态工作点；交流反馈影响放大电路的交流性能，如增益、输入电阻、输出电阻和带宽等。

3）反馈有电压、电流之分。电压、电流反馈是指反馈信号取自输出信号电压或电流的反馈。

4）反馈有串联、并联之分。反馈的串并联类型是指反馈信号影响输入信号的方式，即在输入端的连接方式。串联反馈是指净输入电压和反馈电压在输入回路中以串联的形式连接，而并联反馈是指净输入电流和反馈电流在输入回路中以并联形式连接。

负反馈放大电路分为四种组态：电压串联负反馈、电压并联负反馈、电流串联负反馈、电流并联负反馈。

2. 反馈放大电路中的关系式

反馈放大电路的框图如图 6-2 所示。由于放大电路输入信号、输出信号及反馈信号，可以是电压信号，也可以是电流信号，故用一般化符号 x 来表示各信号量。

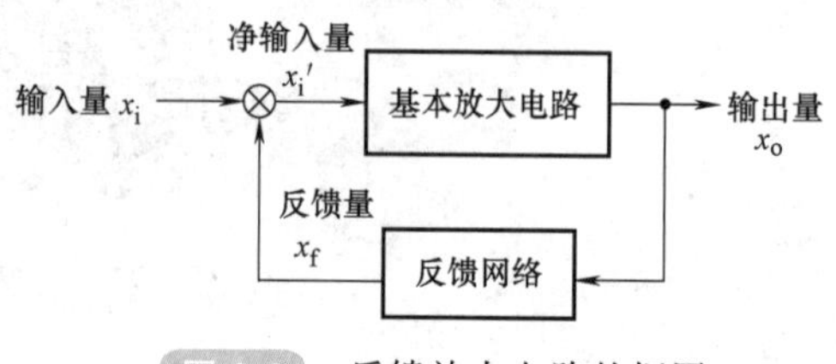

图 6-2 反馈放大电路的框图

反馈放大电路中的关系式为

$$A_f=\frac{A}{1+AF} \tag{6-1}$$

式中，A_f 为闭环放大倍数，输出量 x_o 与输入量 x_i 之比；A 为开环放大倍数，输出量 x_o 与静输入量 x_i' 之比；F 为反馈系数，反馈量 x_f 与输出量 x_o 之比。

$1+AF$ 称为反馈深度，若 $1+AF\gg1$，表明是深度负反馈，这种情况下，闭环放大倍数仅

取决于反馈网络的反馈系数，即

$$A_f \approx \frac{1}{F} \tag{6-2}$$

6.1.2　反馈类型的判断

分析放大电路中的反馈，首先要找到反馈元件，进而找到反馈网络。例如图 6-3，如果只考虑极间反馈，则放大电路的反馈通路是由 VT_2 的集电极经 R_F 至 VT_1 的发射极，即反馈元件是 R_F 和 R_{E1}。反馈信号 $u_f = v_{E1}$ 影响净输入电压信号 u_{BE1}。

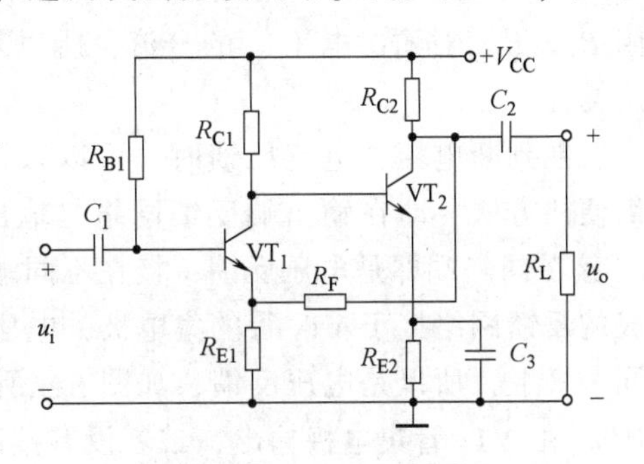

图 6-3　电压串联负反馈

1. 交直流反馈的判断

根据电容“隔直通交”的特点，可以判断出反馈的交直流特性。如果反馈回路中有电容接地，则为直流反馈；如果回路中串联电容，则为交流反馈；如果反馈回路中只有电阻或只有导线，则反馈为交直流共存。图 6-3 中的反馈即为交直流共存。

2. 正负反馈的判断

正负反馈的判断使用瞬时极性法。具体方法是：先假设输入电压信号 u_i 在某一瞬时的极性为正（相对于参考地而言），并用⊕标记，然后顺着信号的传输方向，逐步推出输出信号和反馈信号的瞬时极性（并用⊕或⊖标记），最后判定反馈信号是增强还是削弱了净输入信号。如果是削弱，则为负反馈，如果是增强，则是正反馈。在这一步要搞清楚放大电路的组态，是共发射极、共集电极还是共基极放大电路。每一种组态放大电路的信号输入点和输出点都不一样，其瞬时极性也不一样。相位差 180°则瞬时极性相反，相位差 0°则瞬时极性相同。不同组态放大电路的相位差见表 6-1。

表 6-1　不同组态放大电路的相位差

电路类型	输入极	公共极	输出极	输入输出信号相位差
共发射极放大电路	基极	发射极	集电极	180°
共集电极放大电路	基极	集电极	发射极	0°
共基极放大电路	发射极	基极	集电极	0°

图 6-3 中的瞬时极性判断顺序如下：VT_1 基极⊕→VT_1 集电极⊖→VT_2 基极⊖→VT_2 集电极⊕→经 R_F 至 VT_1 发射极⊕，此时反馈回到 VT_1 发射极的瞬时极性与 VT_1 基极的瞬时极性相同，所以电路为负反馈。

3. 串并联反馈的判断

从放大电路输入端看反馈信号与输入信号的连接方式，有串联反馈和并联反馈之分。

判断方法是：反馈信号如果引回到了输入信号同一端，即为并联反馈；如果引回到与输入信号不同端，即为串联反馈。如图 6-3 所示电路中的极间反馈为串联反馈，图 6-4 所示电路中的极间反馈为并联反馈。

4. 电压、电流反馈的判断

从放大电路输出端看有电压、电流反馈之分。如图 6-3 所示电路，反馈电压 u_{BE1} 是经 R_F、R_{E1} 组成的分压器由输出电压 u_o 取样得来。反馈电压是输出电压的一部分，所以是电压反馈；如图 6-4 所示电路，反馈电流 i_f 为电阻 R_F、R_{E2} 对输出电流 i_o 的分流，所以是电流反馈。

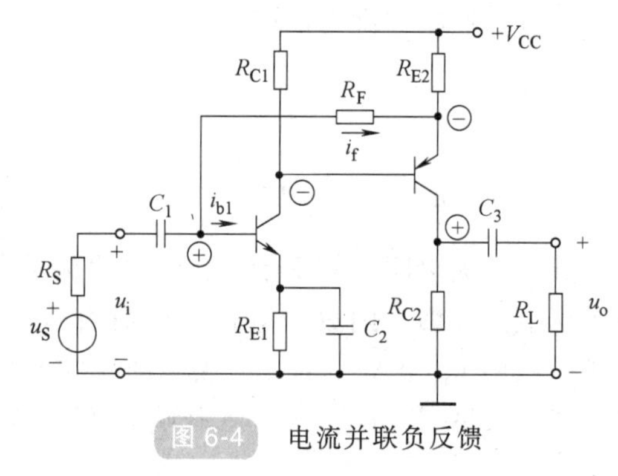

图 6-4 电流并联负反馈

在判断电压、电流反馈时，可以采用一种简便的方法，即在输出端反馈网络与输出电压 u_o 接在同一端即是电压反馈，接在不同端则为电流反馈。如图 6-3 所示电路，由 R_F、R_{E1} 构成的反馈网络接于 VT_2 管的集电极，电压 u_o 也由 VT_2 管集电极输出，二者接在了晶体管的同一极上，所以是电压反馈；如图 6-4 所示电路，图中反馈电阻 R_F 接于 VT_2 管发射极，电压 u_o 由 VT_2 管集电极输出，二者没有接于晶体管的同一极上，所以是电流反馈。

6.1.3 负反馈对放大电路的影响

前面已经指出，负反馈以损失电路的放大倍数为代价，换取一系列性能的改善。

1. 提高放大倍数的稳定性

引入负反馈以后，放大电路放大倍数稳定性的提高通常用相对变化量来衡量。可以证明：有负反馈时，增益的稳定性比无负反馈时提高了（$1+AF$）倍。

2. 减小非线性失真和抑制噪声

由于电路中存在非线性器件，会导致输出波形产生一定的非线性失真。在放大电路中引入负反馈后，其非线性失真就可以减小。引入负反馈后非线性失真的改善如图 6-5 所示。

需要指出的是：负反馈只能减小放大电路自身产生的非线性失真，而对输入信号的非线性失真，负反馈是无能为力的。

放大电路的噪声是由放大电路中各元器件内部载流子不规则的热运动引起的；干扰则来自于外界因素，如高压电网、雷电等的影响。负反馈的引入可以减小噪声和干扰的影响，但输出端的信号也将按同样规律减小，结果输出端的信号与噪声的比值（称为信噪比）并没有提高。

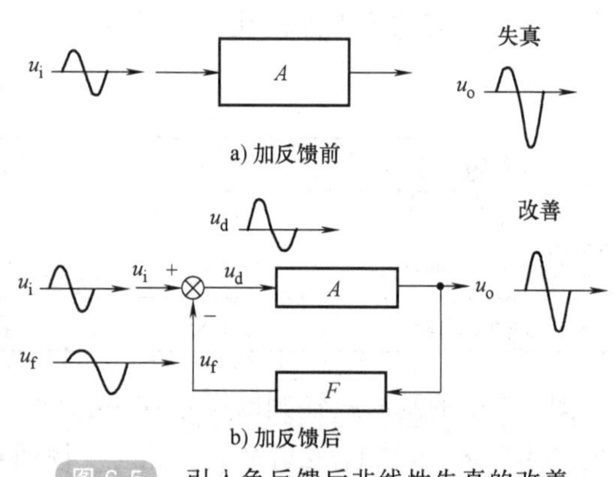

图 6-5 引入负反馈后非线性失真的改善

3. 拓宽通频带

由于电路中电容的存在，当输入等幅不同频率的信号时，高频段和低频段的输出信号比中频段的小，因此反馈信号也小，对净输入信号的削弱作用小，所以高、低频段的放大倍数减小程度比中频段的小，从而扩展了通频带。如图 6-6 所示。

可以证明，引入负反馈后可使通频带展宽约为原来的（$1+AF$）倍。

4. 负反馈对输入、输出电阻的影响

负反馈对输入电阻的影响与输入端反馈类型有关，即与串联反馈或并联反馈有关，而与电压反馈或电流反馈无关。

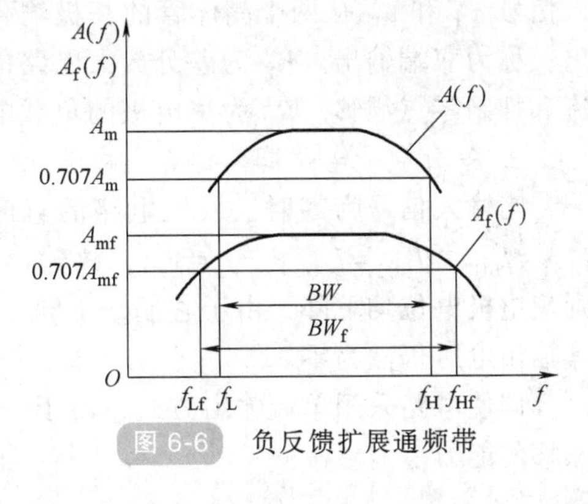

图 6-6 负反馈扩展通频带

负反馈对输出电阻的影响与输出端反馈类型有关，即与电压反馈或电流反馈有关，而与串联反馈或并联反馈无关。

1）对输入电阻的影响：串联负反馈使输入电阻增加，并联负反馈使输入电阻减小。

2）对输出电阻的影响：放大电路引入电压负反馈后，输出电压的稳定性提高了，即电路具有恒压特性。可以证明，电压负反馈使输出电阻减小到原来的 $1/(1+AF)$。

放大电路引入电流负反馈后，输出电流的稳定性提高了，即电路具有恒流特性。可以证明，引入电流负反馈后，使输出电阻增大到原来的（$1+AF$）倍。

知识与小技能测试

1. 负反馈有哪几种类型？负反馈对放大器性能有什么影响？

2. 分析如图 6-7 所示电路的反馈类型。

3. 图 6-7 中，基极电阻取 300kΩ，集电极电阻取 2kΩ，电源为 5V，静态调试完成后输入 1kHz、20mV 正弦信号，测电路的电压放大倍数。与同等参数下基本共发射极放大电路的电压放大倍数比较，负反馈使电路的电压放大倍数有何变化？

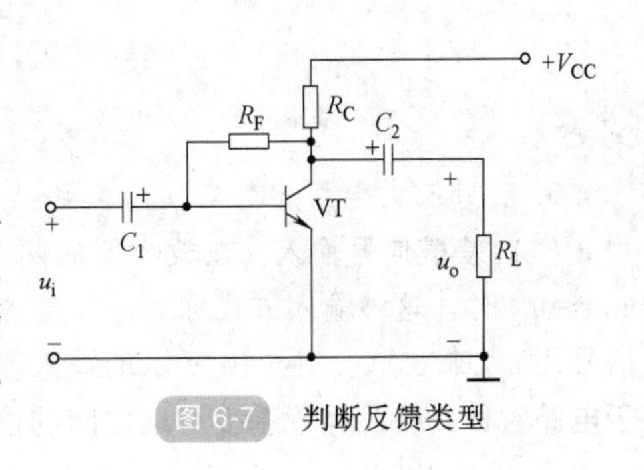

图 6-7 判断反馈类型

6.2 差分放大电路

6.2.1 差分放大电路的引出

在自动控制及测量系统中，需将温度、压力等非电量经传感器转换成电信号。这类信号变化一般极其缓慢，利用阻容耦合和变压器耦合不可能传输这种信号，必须采用直接耦合放大电路。另外，在模拟集成电路中，为了避免制作大电容，其内部电路都采用直接耦合方式。直接耦合方式的多级放大电路虽然不会造成低频信号传输中的损失，但存在着以下两个问题：①静态工作点相互影响；②零点漂移。

直接耦合放大电路的上述问题已在模块五中学习过，现在一起学习消除零点漂移最有效的方法——差分放大电路。

6.2.2 基本差分放大电路

1. 电路组成

图 6-8 所示为基本差分放大电路，它是由两个完全对称的共发射极放大电路组成的。输

入信号 u_{i1} 和 u_{i2} 从两个晶体管的基极输入，称为双端输入。输出信号从两个集电极之间取出，称为双端输出。R_E 为差分放大电路的公共发射极电阻，用来决定晶体管的静态工作电流和抑制零点漂移。R_C 为集电极的负载电阻，电路采用$+V_{CC}$ 和$-V_{EE}$ 双电源供电。

2. 差分放大电路抑制零点漂移的原理

当输入信号为零时，放大电路的直流通路如图 6-9 所示。由于电路左右对称，因此有 $I_{BQ1}=I_{BQ2}$，$I_{CQ1}=I_{CQ2}$，$V_{C1}=V_{C2}$，故输出 $u_o=V_{C1}-V_{C2}=0$。温度上升时，两管电流均增加，则集电极电位均下降，由于它们处于同一温度环境，因此两管的电流和电压变化量均相等，其输出电压仍然为零。

即使电路采用单端输出方式，由于电路中 R_E 的存在，直流负反馈仍有较强的抑制零点漂移的能力。

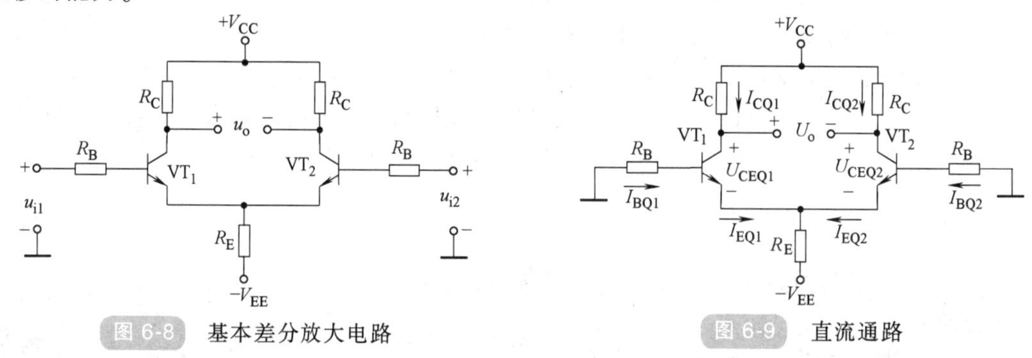

图 6-8 基本差分放大电路　　图 6-9 直流通路

3. 差分放大电路的交流放大作用

(1) 差模信号输入　在放大器的两个输入端分别输入大小相等、相位相反的信号，即 $u_{i1}=-u_{i2}$ 时，这种输入方式称为差模输入方式，所输入的信号称为差模输入信号。差模输入信号用 u_{id} 来表示。图 6-10 所示的输入就是差模输入，信号加在两个晶体管的基极之间，由于电路对称，各晶体管基极对地之间的信号，就是大小相等、相位相反的信号。

由图可知，$u_{i1}=-u_{i2}=\frac{1}{2}u_{id}$。由于两管的输入电压极性相反，因此流过两管的差模信号电流方向也是相反。若 VT_1 管的电流增加，则 VT_2 管的电流减小；VT_1 管集电极的电位下降，VT_2 管集电极的电位上升，$u_{od}\neq 0$。

在电路完全对称的条件下，i_{E1} 增加的量与 i_{E2} 减小的量相等，所以流过 R_E 的电流变化为零，即 R_E 电阻两端没有差模信号电压产生，可以认为 R_E 对差模信号呈短路状态，从而得到差模输入时的交流通路如图 6-11 所示。

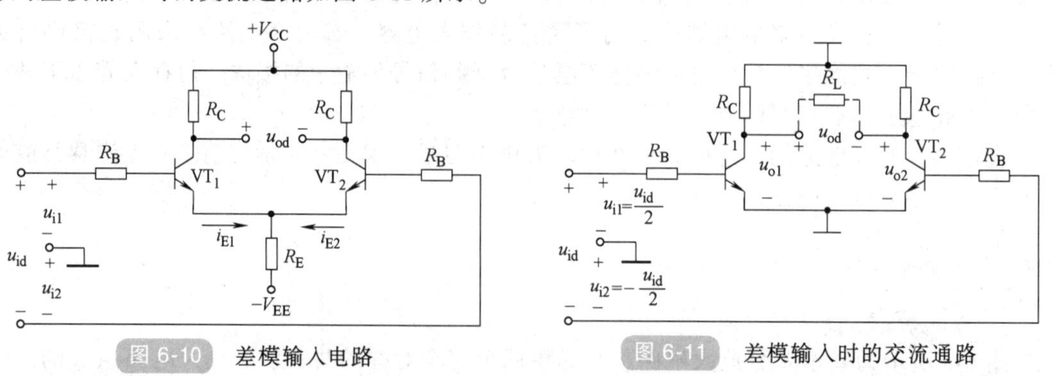

图 6-10 差模输入电路　　图 6-11 差模输入时的交流通路

当从两管集电极之间输出信号电压时，其差模电压放大倍数表示为

$$A_{ud}=\frac{u_{od}}{u_{id}}=\frac{u_{o1}-u_{o2}}{u_{i1}-u_{i2}}=\frac{2u_{o1}}{2u_{i1}}=-\beta\frac{R_C}{r_{be}+R_B} \tag{6-3}$$

当在两个晶体管的集电极之间接上负载 R_L 时，差模电压放大倍数为

$$A_{ud}=-\beta\frac{R_L'}{r_{be}+R_B} \tag{6-4}$$

式中，$R_L'=R_C//(R_L/2)$。因为当输入差模信号时，两管集电极电位的变化等值反相。可见，负载电阻 R_L 的中点是交流地电位，所以在差动输入的半边等效电路中，负载电阻是 $R_L/2$。

综上分析可知：双端输入、双端输出差分放大电路的差模电压放大倍数与单管共发射极放大电路的电压放大倍数相同。可见，差分放大电路是用增加了一个单管共发射极放大电路作为代价来换取对零点漂移的抑制能力的。

(2) 共模信号输入 在放大器的两输入端分别输入大小相等、极性相同的信号，即 $u_{i1}=u_{i2}$ 时，这种输入方式称为共模输入，所输入的信号称为共模输入信号。共模输入信号常用 u_{ic} 来表示。图 6-12 所示的输入就属于共模输入。

由图可知，因为 $u_{i1}=u_{i2}=u_{ic}$，故两管的电流同时增加或减小；由于电路对称，两管集电极的电位同时降低或同时升高，降低量或升高量也相等，则 $u_{oc}=0$，其双端输出的共模电压放大倍数为

$$A_{uc}=\frac{u_{oc}}{u_{ic}}=0 \tag{6-5}$$

在实际中，共模信号是反映温度漂移（简称温漂）干扰或噪声等无用信号的。因为温度的变化、噪声的干扰对两管的影响是相同的，可等效为输入端的共模信号，在电路对称的情况下，其共模输出电压为零。

即使电路不完全对称，也可通过发射极电阻 R_E，产生 $2R_E$ 效果的共模负反馈，使每一个晶体管的共模输出电压减小。这是因为共模信号输入时，两管电流同时增大或同时减小，即 R_E 电阻上的共模信号电压是两管发射极共模信号电流相加后产生的，故 R_E 电阻对每一个晶体管来说都将产生 $2R_E$ 的共模负反馈效果，所以其共模交流通路如图 6-13 所示。

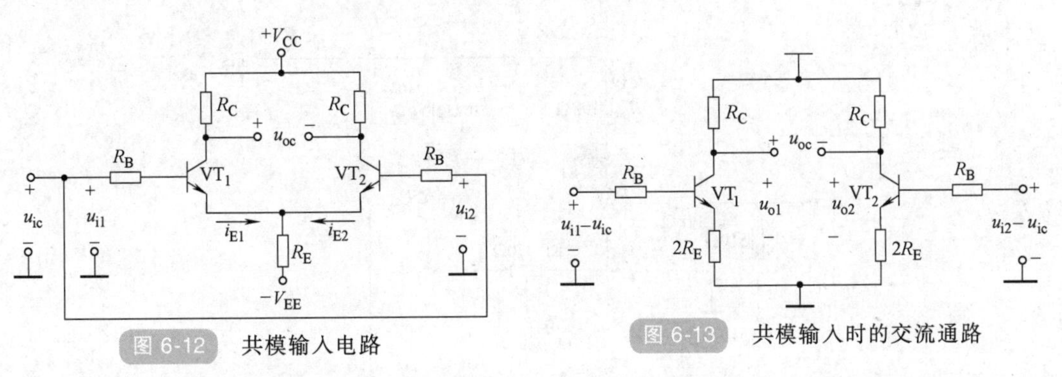

图 6-12 共模输入电路

图 6-13 共模输入时的交流通路

根据 VT_1 管或 VT_2 管的单管共模电压放大倍数的定义，有

$$A_{uc1}=\frac{u_{o1}}{u_{i1}},\ A_{uc2}=\frac{u_{o2}}{u_{i2}}$$

$$A_{uc1}=A_{uc2}=\frac{-\beta R_C}{R_B+r_{be}+2(1+\beta)R_E} \tag{6-6}$$

由 $A_{uc1}(A_{uc2})$ 的表达式可以看出，R_E 越大，$A_{uc1}(A_{uc2})$ 值就越小，共模输出电压 u_{o1} 和 u_{o2} 也小，从而使共模输出电压 u_{oc} 就更小。

(3) 一般输入 若两个输入的信号大小不等，则此时可认为差分放大电路既有差模信号输入，又有共模信号输入。

差模信号分量为两输入信号之差，用 u_{id} 表示，即

$$u_{id}=u_{i1}-u_{i2} \tag{6-7}$$

共模信号分量为两输入信号的算术平均值，用 u_{ic} 表示，即

$$u_{ic}=\frac{1}{2}(u_{i1}+u_{i2}) \tag{6-8}$$

于是，加在两输入端上的信号可分解为

$$u_{i1}=\frac{u_{id}}{2}+u_{ic} \tag{6-9}$$

$$u_{i2}=\frac{u_{id}}{2}+u_{ic} \tag{6-10}$$

知识与小技能测试

1. 什么是零点漂移？产生零点漂移的主要原因是什么？

2. 差分放大电路为什么能很好地抑制零点漂移？

3. 差分放大电路有哪几种输入、输出方式？当 $u_{i1}=20\text{mV}$、$u_{i2}=10\text{mV}$ 时，差模输入分量 u_{id} 和共模输入分量 u_{ic} 分别是多少？

4. 按图 6-14 连接电路。

1）电路调零并测静态值。将放大电路输入端 A、B 与地短接，接通±12V 直流电源，调节电位器 RP，使输出直流电压 $u=0$。测 R_E 两端电压，并求静态电流 I_E、I_{C1}、I_{C2}（提示：$I_{C1}=I_{C2}=\frac{1}{2}I_E$）。

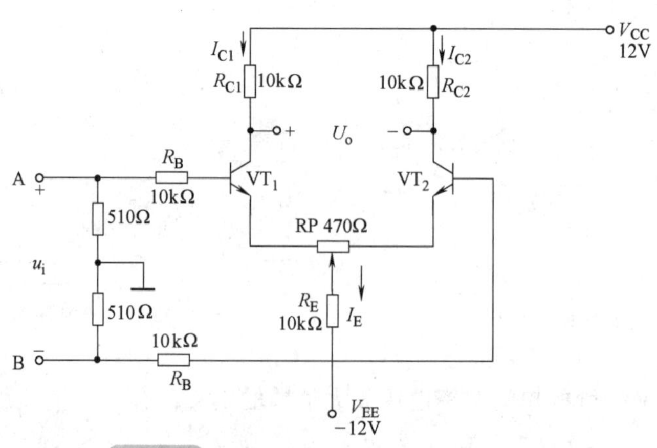

图 6-14 6.2 节知识与小技能测试题 4 图

2）动态放大情况观察。断开直流电源，将 1kHz、20mV 正弦信号接于 A、B 间，可适当调节输入正弦信号 u_i 的大小，用示波器观察输入信号 u_i 与输出 u_{C1}、u_{C2} 的相位关系。

6.3　集成运算放大器基础知识

6.3.1　集成运算放大器的种类及常用型号

1. 模拟集成电路的特点

利用常用的半导体晶体管硅平面制造工艺技术，把组成电路的电阻、二极管及晶体管等有源、无源器件及其内部连线同时制作在一块很小的硅基片上，便构成了具有特定功能的电子电路——集成电路。模拟集成电路的品种很多，有集成运算放大器（简称运放）、集成功率放大器、集成稳压电源及其他通用的和专用的模拟集成电路等，本节重点介绍集成运算放大器。

集成电路除了具有体积小、重量轻、耗电省及可靠性高等优点外，还具有下列特点：

1）因为硅片上不能制作大电容与电感，所以模拟集成电路内的电路均采用直接耦合方式。差分放大电路是最基本的电路。所需大电容和电感一般采用外接方式。

2）由于硅片上不宜制作高阻值电阻，所以模拟集成电路常以恒流源取代高阻值电阻。

3）由于增加元器件并不增加制造工序，所以集成电路内部允许采用复杂的电路形式，以提高电路的性能。

4）相邻元器件具有良好的对称性，这对采用差分放大电路有利。

2. 集成运算放大器的种类及常用型号

集成运算放大器实质上是高增益的直接耦合放大电路，它的应用十分广泛，且远远超出了运算的范围。

集成运算放大器外形封装有圆形、扁平形、双列直插式等，如图 6-15 所示。

(1) 按其用途分类

1）通用型运算放大器。这类器件的主要特点是价格低廉、产品量大、面广，其性能指标适合一般性的使用，如 μA741（单运放）、LM358（双运放）、LM324（四运放）及以场效应晶体管为输入级的 LF356。它们是目前应用最为广泛的集成运算放大器。

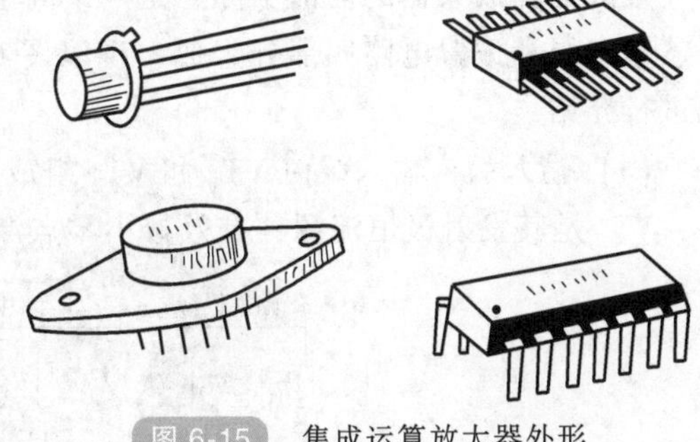

图 6-15　集成运算放大器外形

2）高阻型运算放大器。这类集成运算放大器的特点是差模输入阻抗非常高，输入偏置电流非常小，而且具有高速、宽带和低噪声等优点，但输入失调电压较大。常见的集成器件有 LF356、LF355、LF347（四运放）及更高输入阻抗的 CA3130、CA3140 等。

3）低温漂型运算放大器。在精密仪器、弱信号检测等自动控制仪表中，总希望运算放大器的失调电压较小且不随温度的变化而变化。低温漂型运算放大器就是为此而设计的。目前常用的高精度、低温漂运算放大器有 OP-07、OP-27、AD508 及由 MOSFET 组成的斩波稳零型低漂移器件 ICL7650 等。

4）高速型运算放大器。在快速 A-D 和 D-A 转换器中，要求集成运算放大器的转换速率 S_R 一定要高，单位增益带宽 BW_G 一定要足够大，像通用型集成运放是不适合高速应用的场合的。常见的运放有 LM318、μA715 等。

5）低功耗型运算放大器。由于电子电路集成化的最大优点是能使复杂电路小型轻便，因此随着便携式仪器应用范围的扩大，必须使用低电源电压供电、低功率消耗的运算放大器相适用。常用的运算放大器有 TL-022C、TL-060C 等，其工作电压为±2V~±18V，消耗电流为 50~250mA。目前有的产品功耗已达微瓦级，例如 ICL7600 的供电电源为 1.5V，功耗为 10mW，可采用单节电池供电。

6）高压大功率型运算放大器。运算放大器的输出电压主要受供电电源的限制。在普通的运算放大器中，输出电压的最大值一般仅几十伏，输出电流仅几十毫安。若要提高输出电压或增大输出电流，集成运放外部必须要加辅助电路。高压大电流集成运算放大器外部不需附加任何电路，即可输出高电压和大电流。例如，D41 集成运放的电源电压可达±150V，μA791 集成运放的输出电流可达 1A。

（2）按其供电电源分类 集成运算放大器按其供电电源分类，可分为双电源和单电源两类。绝大部分运算放大器在设计中都是正、负对称的双电源供电，以保证运算放大器的优良性能。

（3）按其制作工艺分类 集成运算放大器按其制作工艺分类，可分为双极型、单极型及双极—单极兼容型集成运算放大器三类。

（4）按单片封装中的运算放大器数量分类 按单片封装中的运算放大器数量分类，集成运算放大器可分为单运算放大器、双运算放大器、三运算放大器及四运算放大器四类。

6.3.2 集成运算放大器的内部组成及电路符号

1. 集成运算放大器的内部组成

集成运算放大器的内部实际上是一个高增益的直接耦合放大器，它一般由输入级、中间级、输出级和偏置电路四部分组成。现以图 6-16 所示的简单的集成运算放大器内部电路为例进行介绍。

（1）输入级 输入级由 VT_1 和 VT_2 组成，这是一个双端输入、单端输出的差分放大电路，VT_7 是其发射极恒流源，有效减小零点漂移和抑制共模干扰信号。

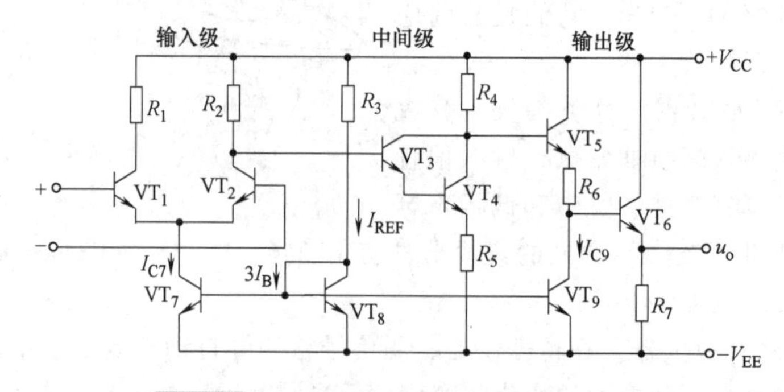

图 6-16 简单的集成运算放大器内部电路

(2) 中间级　中间级由复合管 VT_3 和 VT_4 组成。中间级通常是共发射极放大电路，其主要作用是提供足够大的电压放大倍数，故又称电压放大级。

(3) 输出级　输出级要求输出电阻小，带负载能力强。一般由射极输出器组成互补对称推挽放大电路。输出级由 VT_5 和 VT_6 组成，这是一个射极输出器，R_6 的作用是使直流电平移，即通过 R_6 对直流的降压，以实现零输入时零输出。VT_9 用作 VT_5 发射极的恒流源负载。

(4) 偏置电路　偏置电路的作用是为各级提供合适的工作电流，一般由各种恒流源电路组成。$VT_7 \sim VT_9$ 组成恒流源形式的偏置电路。

2. 集成运算放大器电路符号

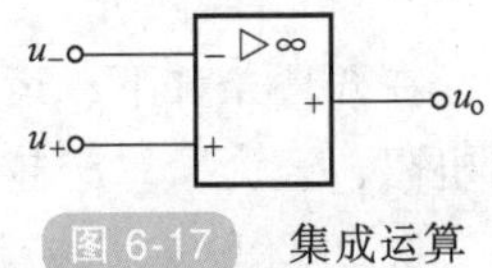

图 6-17　集成运算放大器的电路符号

集成运算放大器的电路符号如图 6-17 所示，图中“▷”表示信号的传输方向，“∞”表示放大倍数为理想条件。两个输入端中，“-”号表示反相输入端，电压用“u_-”表示；符号“+”表示同相输入端，电压用“u_+”表示。输出电压用“u_o”表示。由同相输入端输入信号，则输出信号与输入信号同相；由反相输入端输入信号，则输出信号与输入信号反相。

6.3.3　集成运算放大器的主要参数

集成运算放大器的参数是评价运算放大器性能优劣的依据。为了正确地挑选和使用集成运算放大器，必须掌握各参数的含义。

1. 差模电压增益 A_{ud}

差模电压增益 A_{ud} 是指在标称电源电压和额定负载下，开环运用时对差模信号的电压放大倍数。通常给出的是直流开环增益。

2. 共模抑制比 K_{CMR}

共模抑制比是指运算放大器的差模电压增益与共模电压增益之比，常用对数表示，即

$$K_{CMR} = 20\lg\left|\frac{A_{ud}}{A_{uc}}\right| \tag{6-11}$$

K_{CMR} 越大越好。

3. 差模输入电阻 r_{id}

差模输入电阻是从运算放大器两输入端看入的等效电阻。运算放大器的差模输入电阻一般为 $10^5 \sim 10^{11}\Omega$。当输入级采用场效应晶体管时，可达 $10^{12} \sim 10^{14}\Omega$。差模输入电阻越大越好。

4. 输入偏置电流 I_{IB}

输入偏置电流 I_{IB} 是指运算放大器在静态时，流经两个输入端的基极电流的平均值，即

$$I_{IB} = (I_{B1} + I_{B2})/2 \tag{6-12}$$

输入偏置电流越小越好，通用型集成运算放大器的输入偏置电流 I_{IB} 为几十纳安到几微安数量级。

5. 输入失调电压 U_{IO}

一个理想的集成运算放大器能实现零输入时零输出。而实际的集成运算放大器，当输入电压为零时，存在一定的输出电压，将其折算到输入端就是输入失调电压，它在数值上等于

输出电压为零，输入端应施加的直流补偿电压，它反映了差动输入级元器件的失调程度。通用型运算放大器的 U_{IO} 值在 2～10mV 之间，高性能运算放大器的 U_{IO} 小于 1mV。

6. 输入失调电流 I_{IO}

一个理想的集成运算放大器两输入端的静态电流应该完全相等。实际上，当集成运算放大器的输出电压为零时，流入两输入端的电流不相等，这个静态电流之差 $I_{IO}=I_{B1}-I_{B2}$ 就是输入失调电流。造成输入电流失调的主要原因是差分对管的 β 失调。I_{IO} 越小越好，一般为 1～10nA。

7. 输出电阻 r_o

在开环条件下，运算放大器输出端等效为电压源时的等效动态内阻称为运算放大器的输出电阻，记为 r_o。r_o 越小越好，它的理想值为零，实际值一般为 100Ω～1kΩ。

8. 开环带宽 BW（f_H）

开环带宽 BW 又称 -3dB 带宽，是指运算放大器在放大小信号时，开环差模增益下降 3dB 时所对应的频率 f_H。μA741 的 f_H 约为 7Hz，如图 6-18 所示。

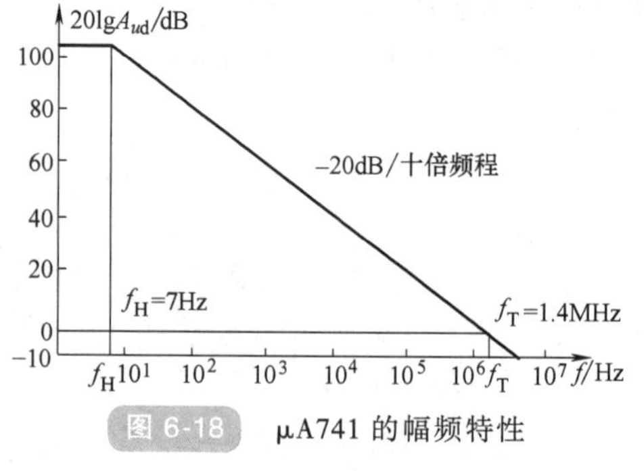

图 6-18 μA741 的幅频特性

9. 单位增益带宽 BW_G（f_T）

当信号频率增大到使运算放大器的开环增益下降到 0dB 时所对应的频率范围称为单位增益带宽。μA741 运算放大器的 $A_{ud}=2\times10^5$，它的 $f_T=2\times10^5\times7\text{Hz}=1.4\text{MHz}$，如图 6-18 所示。

10. 转换速率 S_R

转换速率又称上升速率或压摆率，通常是指运算放大器闭环状态下，输入为大信号（例如阶跃信号）时，放大电路输出电压对时间的最大变化速率，即

$$S_R=\left.\frac{\mathrm{d}u_o(t)}{\mathrm{d}t}\right|_{\max} \tag{6-13}$$

式中，S_R 的大小反映了运算放大器的输出对于高速变化的大输入信号的响应能力。S_R 越大，表示运算放大器的高频性能越好，如 μA741 的 $S_R=0.5\text{V}/\mu\text{s}$。

此外，还有最大差模输入电压 U_{idmax}、最大共模输入电压 U_{icmax}、最大输出电压 U_{omax} 及最大输出电流 I_{omax} 等参数。

知识与小技能测试

1. 模拟集成电路与分立元器件放大电路相比较有哪些特点？
2. 查阅资料写出常见单运放、双运放、四运放的型号，熟悉它们的引脚排列图。

6.4 集成运算放大器的基本应用

集成运算放大器加上一定形式的外接电路可实现各种功能，例如，能对信号进行反相放大与同相放大，对信号进行加、减、微分和积分运算。

6.4.1　理想运算放大器的特点

一般情况下，人们把在电路中的集成运算放大器看作理想集成运算放大器。

1. 理想运算放大器的主要性能指标

1）开环电压放大倍数 $A_{ud}\to\infty$。

2）输入电阻 $r_{id}\to\infty$。

3）输出电阻 $r_{od}\to 0$。

4）共模抑制比 $K_{CMR}\to\infty$。

此外，没有失调，没有失调温度漂移等。尽管理想运算放大器并不存在，但由于集成运算放大器的技术指标都比较接近于理想值，在具体分析时将其理想化是允许的，这种分析所带来的误差一般比较小，可以忽略不计。

2. “虚短”和“虚断”概念

对于理想的集成运算放大器，由于其 $A_{ud}\to\infty$，因而若两个输入端之间加无穷小电压，则输出电压将超出其线性范围。因此，只有引入负反馈，才能保证理想集成运算放大器工作在线性区。

理想集成运算放大器线性工作区的特点是存在着“虚短”和“虚断”两个概念。

(1)“虚短”概念　当集成运算放大器工作在线性区时，输出电压在有限值之间变化，而集成运算放大器的 $A_{ud}\to\infty$，则 $u_{id}=u_{od}/A_{ud}\approx 0$。由 $u_{id}=u_+-u_-\approx 0$，得

$$u_+\approx u_- \tag{6-14}$$

即反相端与同相端电压几乎相等，近似于短路又不是真正短路，人们将此称为虚短路，简称“虚短”。

另外，当同相端接地时，使 $u_+=0$，则有 $u_-\approx 0$。这说明同相端接地时，反相端电位接近于地电位，所以反相端称为“虚地”。

(2)“虚断”概念　由集成运算放大器的输入电阻 $r_{id}\to\infty$，得两个输入端的电流 $i_-=i_+\approx 0$，这表明流入集成运算放大器同相端和反相端的电流几乎为零，所以称为虚断路，简称“虚断”。

6.4.2　集成运算放大器的线性应用

线性应用是指运算放大器工作在线性状态，主要用以实现对各种模拟信号进行比例、求和、积分、微分等数学运算，以及有源滤波、采样保持等信号处理工作，分析方法是应用“虚断”和“虚短”这两条分析依据。线性应用的条件是必须引入深度负反馈。

1. 反相比例放大电路

图 6-19 所示为反相输入比例放大电路。输入信号 u_i 经过电阻 R_1 加到集成运算放大器的反相端，反馈电阻 R_F 接在输出端和反相输入端之间，构成电压并联负反馈；同相端加平衡电阻 R_2，主要是使同相端与反相端外接电阻相等，即 $R_2=R_1//R_F$，以保证运算放大器处于平衡对称的工作状态，从而消除输入偏置电流及其温度漂移的

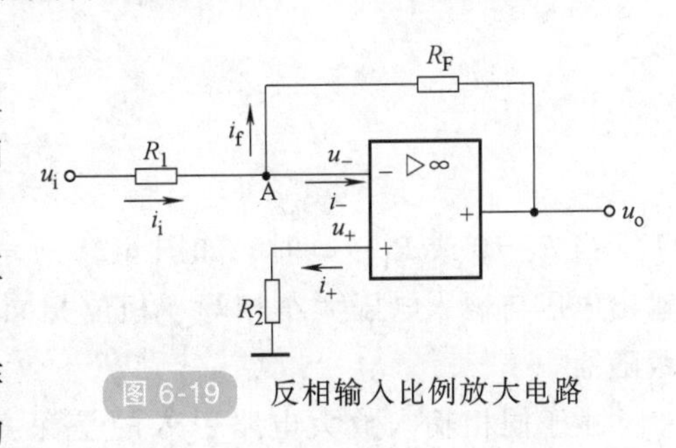

图 6-19　反相输入比例放大电路

影响。

根据虚断的概念，$i_+=i_-\approx 0$，得 $u_+=0$，$i_i=i_f$。又根据虚短的概念，$u_-\approx u_+=0$，故称 A 点为虚地点。虚地是反相输入放大电路的一个重要特点。又因为有

$$i_1=\frac{u_i}{R_1},\ i_f=-\frac{u_o}{R_F}$$

所以有

$$\frac{u_i}{R_1}=-\frac{u_o}{R_F}$$

移项后得电压放大倍数

$$A_u=\frac{u_o}{u_i}=-\frac{R_F}{R_1} \tag{6-15}$$

或

$$u_o=-\frac{R_F}{R_1}u_i \tag{6-16}$$

式（6-15）表明，电压放大倍数与 R_F 成正比，与 R_1 成反比，式中负号表明输出电压与输入电压相位相反。当 $R_1=R_F=R$ 时，$u_o=-u_i$，输入电压与输出电压大小相等、相位相反，反相放大成为反相器。

由于反相输入放大电路引入的是深度电压并联负反馈，因此它使输入和输出电阻都减小，输入和输出电阻分别为

$$R_i\approx R_1 \tag{6-17}$$

$$R_o\approx 0 \tag{6-18}$$

实际应用中需要注意：反馈电阻 R_F 不能取得太大，否则会产生较大的噪声输出。一般取几十千欧到几百千欧。R_1 的值应远大于信号源的内阻。

2. 同相比例放大电路

在图 6-20 中，输入信号 u_i 经过电阻 R_2 接到集成运算放大器的同相端，反馈电阻接到其反相端，构成了电压串联负反馈。

根据虚断概念，$i_+\approx 0$，可得 $u_+=u_i$。又根据虚短概念，有 $u_+\approx u_-$，于是有

$$u_i\approx u_-=u_o\frac{R_1}{R_1+R_F}$$

移项后得电压放大倍数

$$A_u=\frac{u_o}{u_i}=1+\frac{R_F}{R_1} \tag{6-19}$$

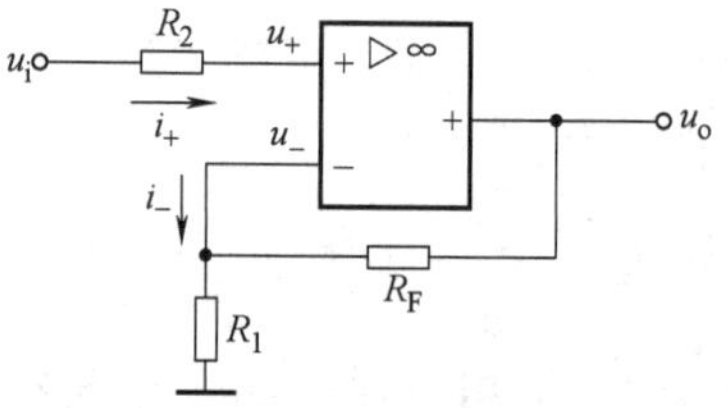

图 6-20　同相输入比例放大电路

或

$$u_o=\left(1+\frac{R_F}{R_1}\right)u_i \tag{6-20}$$

当 $R_F=0$ 或 $R_1\to\infty$ 时，如图 6-21 所示，此时 $u_o=u_i$，即输出电压与输入电压大小相等、相位相同，该电路称为电压跟随器。

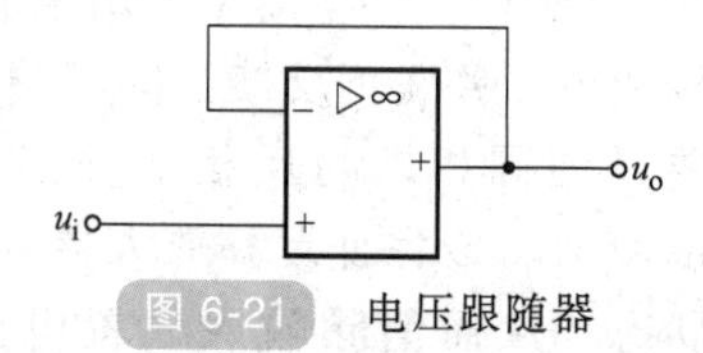

图 6-21　电压跟随器

由于同相输入放大电路引入的是深度电压串联负反馈，

因此它使输入电阻增大、输出电阻减小，输入和输出电阻分别为

$$R_i \to \infty \tag{6-21}$$

$$R_o \approx 0 \tag{6-22}$$

【例 6-1】　电路如图 6-22 所示，试求当 R_5 的阻值为多大时，才能使 $u_o=-55u_i$。

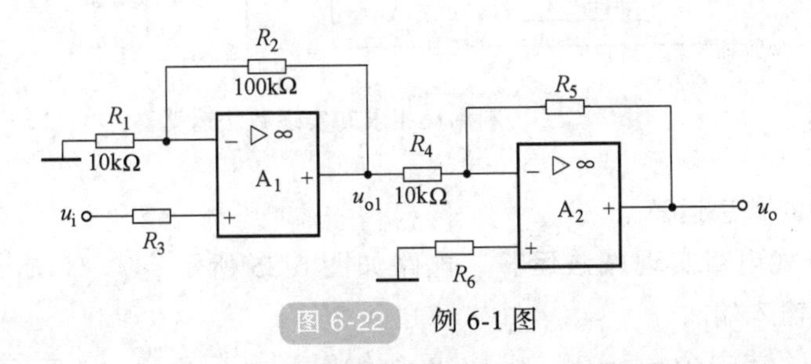

图 6-22　例 6-1 图

解：在图 6-22 所示电路中，A_1 构成同相比例放大，A_2 构成反相比例放大，因此有

$$u_{o1}=\left(1+\frac{R_2}{R_1}\right)u_i=\left(1+\frac{100}{10}\right)u_i=11u_i$$

$$u_o=-\frac{R_5}{R_4}u_{o1}=-\frac{R_5}{10}\times 11u_i=-55u_i$$

化简后得 $R_5=50\text{k}\Omega$。

3. 加法运算

在自动控制电路中，往往需要将多个采样信号按一定的比例叠加起来输入到放大电路中，这就需要用到加法运算电路，如图 6-23 所示。平衡电阻 $R=R_1/\!/R_2/\!/\cdots/\!/R_n/\!/R_F$。根据虚断的概念及节点电流定律，可得

$$i_f=i_i=i_1+i_2+\cdots+i_n$$

再根据虚短的概念可得

$$i_1=\frac{u_{i1}}{R_1},\ i_2=\frac{u_{i2}}{R_2},\cdots,i_n=\frac{u_{in}}{R_n}$$

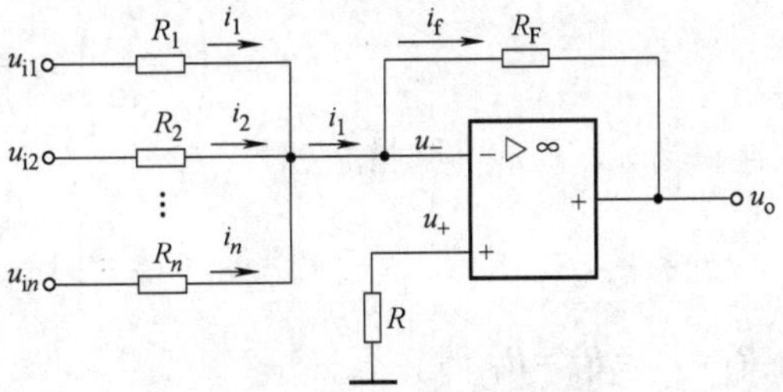

图 6-23　加法运算电路

则输出电压为

$$u_o=-R_Fi_f=-R_F\left(\frac{u_{i1}}{R_1}+\frac{u_{i2}}{R_2}+\cdots+\frac{u_{in}}{R_n}\right) \tag{6-23}$$

式（6-23）实现了各信号的比例加法运算。如取 $R_1=R_2=\cdots=R_n=R_F$，则有

$$u_o=-(u_{i1}+u_{i2}+\cdots+u_{in}) \tag{6-24}$$

4. 减法运算

(1) 利用反相求和实现减法运算　电路如图 6-24 所示。第一级为反相比例放大电路，若取 $R_{F1}=R_1$，则 $u_{o1}=-u_{i1}$。第二级为反相加法运算电路，可导出

$$u_o=-\frac{R_{F2}}{R_2}(u_{o1}+u_{i2})=\frac{R_{F2}}{R_2}(u_{i1}-u_{i2}) \tag{6-25}$$

若取 $R_2=R_{F2}$，则有

$$u_o=u_{i1}-u_{i2} \tag{6-26}$$

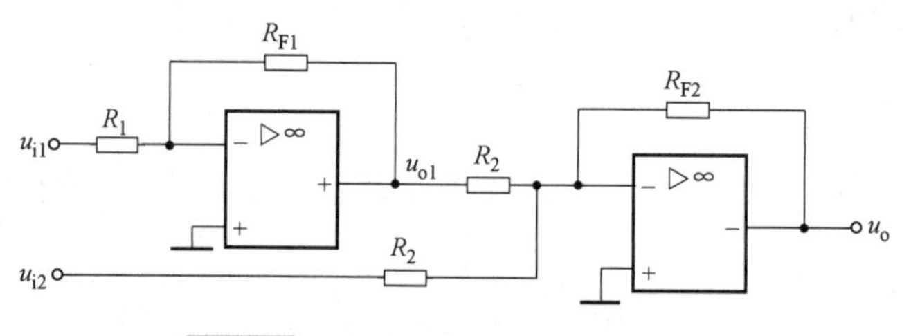

图 6-24 利用反相求和实现减法运算

于是实现了两信号的减法运算。

(2) 利用差分式电路实现减法运算 电路如图 6-25 所示。u_{i2} 经 R_1 加到反相输入端，u_{i1} 经 R_2 加到同相输入端。

根据叠加定理，首先令 $u_{i1}=0$，当 u_{i2} 单独作用时，电路成为反相比例放大电路，其输出电压为

$$u_{o2}=-\frac{R_F}{R_1}u_{i2}$$

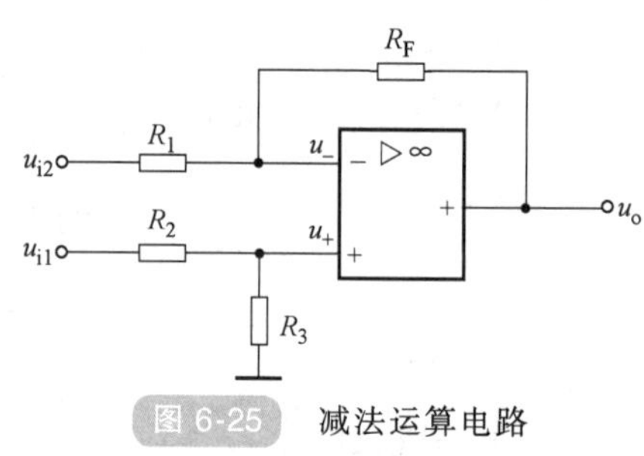

图 6-25 减法运算电路

再令 $u_{i2}=0$，u_{i1} 单独作用时，电路成为同相比例放大电路，同相端电压为

$$u_+=\frac{R_3}{R_2+R_3}u_{i1}$$

则输出电压为

$$u_{o1}=\left(1+\frac{R_F}{R_1}\right)u_+=\left(1+\frac{R_F}{R_1}\right)\left(\frac{R_3}{R_2+R_3}\right)u_{i1}$$

这样，当 u_{i1} 和 u_{i2} 同时输入时，有

$$u_o=u_{o1}+u_{o2}=\left(1+\frac{R_F}{R_1}\right)\left(\frac{R_3}{R_2+R_3}\right)u_{i1}-\frac{R_F}{R_1}u_{i2} \tag{6-27}$$

当 $R_1=R_2=R_3=R_F$ 时，有

$$u_o=u_{i1}-u_{i2} \tag{6-28}$$

于是实现了两信号的减法运算。

图 6-25 所示的减法运算电路又称差分放大电路，具有输入电阻低和增益调整难两大缺点。为满足高输入电阻及增益可调的要求，工程上常采用由多级运算放大器组成的差分放大电路。

【例 6-2】 加减法运算电路如图 6-26 所示，求输出与各输入电压之间的关系。

解：本题输入信号有四个，可利用叠加法求解。

1) 当 u_{i1} 单独输入、其他输入端接地时，有

$$u_{o1}=-\frac{R_F}{R_1}u_{i1}\approx-1.3u_{i1}$$

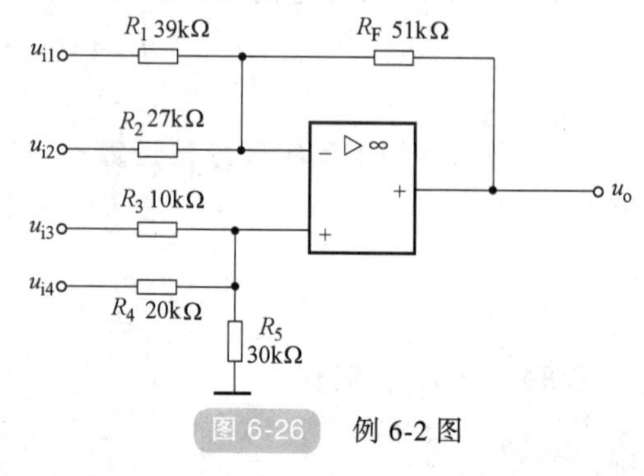

图 6-26 例 6-2 图

2）当 u_{i2} 单独输入、其他输入端接地时，有

$$u_{o2}=-\frac{R_F}{R_1}u_{i2}\approx -1.9u_{i2}$$

3）当 u_{i3} 单独输入、其他输入端接地时，有

$$u_{o3}=\left(1+\frac{R_F}{R_1//R_2}\right)\left(\frac{R_4//R_5}{R_3+R_4//R_5}\right)u_{i3}\approx 2.3u_{i3}$$

4）当 u_{i4} 单独输入、其他输入端接地时，有

$$u_{o4}=\left(1+\frac{R_F}{R_1//R_2}\right)\left(\frac{R_3//R_5}{R_4+R_3//R_5}\right)u_{i4}\approx 1.15u_{i4}$$

由此可得到 $u_o=u_{o1}+u_{o2}+u_{o3}+u_{o4}=-1.3u_{i1}-1.9u_{i2}+2.3u_{i3}+1.15u_{i4}$

5. 积分运算

图 6-27 所示为积分运算电路。

根据虚地的概念，$u_A\approx 0$，$i_R=u_i/R$。再根据虚断的概念，有 $i_C\approx i_R$，即电容 C 以 $i_C=u_i/R$ 进行充电。假设电容 C 的初始电压为零，那么

$$u_o=-\frac{1}{C}\int i_C\mathrm{d}t=-\frac{1}{C}\int\frac{u_i}{R}\mathrm{d}t=-\frac{1}{RC}\int u_i\mathrm{d}t \qquad (6\text{-}29)$$

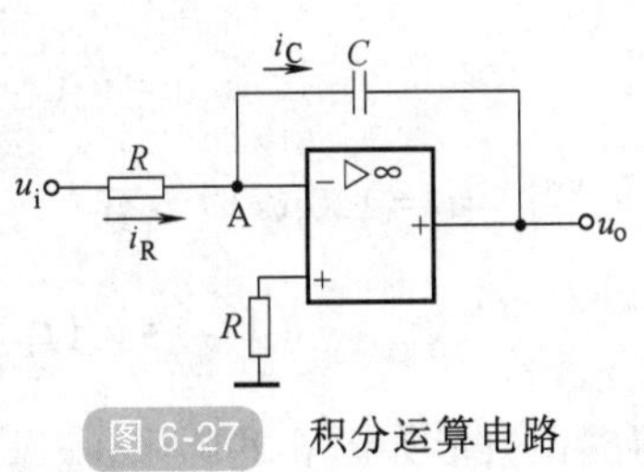

图 6-27　积分运算电路

式（6-29）表明，输出电压为输入电压对时间的积分，且相位相反。当求解 t_1 到 t_2 时间段的积分值时，有

$$u_o=-\frac{1}{RC}\int_{t_1}^{t_2}u_i\mathrm{d}t+u_o(t_1) \qquad (6\text{-}30)$$

式中，$u_o(t_1)$ 为积分起始时刻 t_1 的输出电压，即积分的起始值；积分的终值是 t_2 时刻的输出电压。当 u_i 为常量 U_i 时，有

$$u_o=-\frac{1}{RC}U_i(t_2-t_1)+u_o(t_1) \qquad (6\text{-}31)$$

积分电路的波形变换作用如图 6-28 所示。当输入为阶跃波时，若 t_0 时刻（即 $t=0$ 时）电容上的电压为零，则输出电压波形如图 6-28a 所示。当输入为方波和正弦波时，输出电压波形分别如图 6-28b、c 所示。

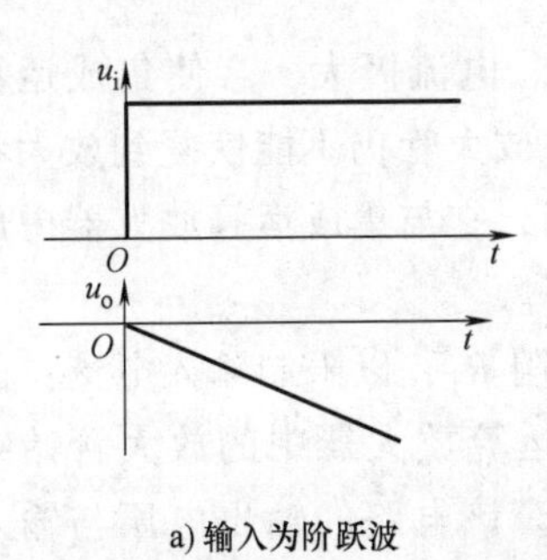

a) 输入为阶跃波

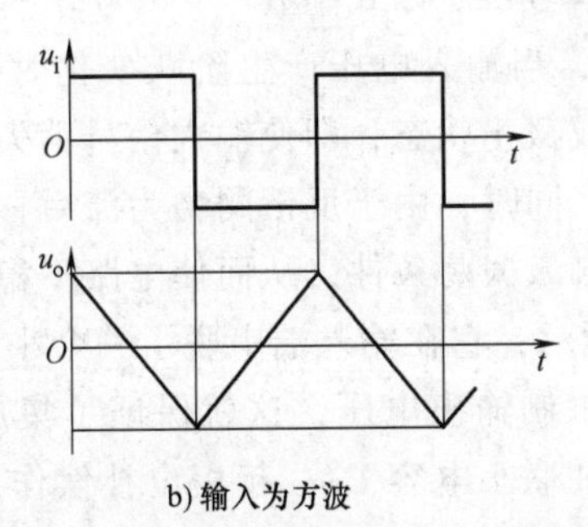

b) 输入为方波

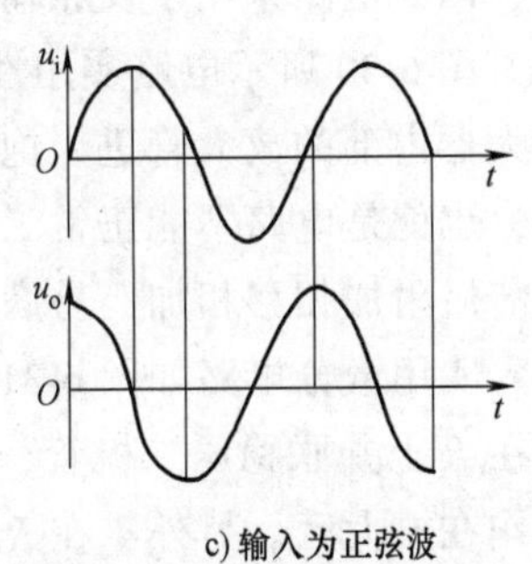

c) 输入为正弦波

图 6-28　积分运算在不同输入情况下的输出波形

【例 6-3】 电路及输入分别如图 6-29 所示，电容器 C 的初始电压 $u_C(0)=0$，试画出输出电压 u_o 稳态的波形，并标出 u_o 的幅值。

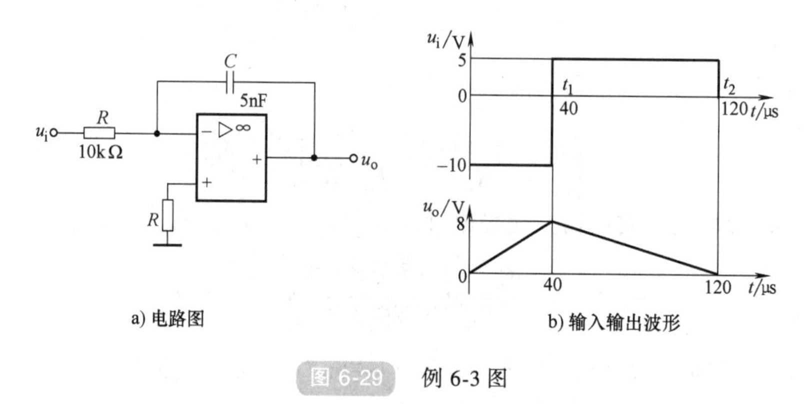

a) 电路图

b) 输入输出波形

图 6-29 例 6-3 图

解：当 $t=t_1=40\mu s$ 时，有

$$u_o(t_1)=-\frac{u_i}{RC}t_1=-\frac{-10V\times40\times10^{-6}s}{10\times10^3\Omega\times5\times10^{-9}F}=8V$$

当 $t=t_2=120\mu s$ 时，有

$$u_o(t_2)=u_o(t_1)-\frac{u_i}{RC}(t_2-t_1)=8V-\frac{5V\times(120-40)\times10^{-6}S}{10\times10^3\Omega\times5\times10^{-9}F}=0V$$

得输出波形如图 6-29b 所示。

6. 微分运算

将积分电路中的 R 和 C 位置互换，就可得到微分运算电路，如图 6-30 所示。

在这个电路中，A 点为虚地，即 $u_A\approx0$。再根据虚断的概念，则有 $i_R\approx i_C$。假设电容 C 的初始电压为零，那么有 $i_C=C\frac{du_i}{dt}$，则输出电压为

$$u_o=-i_RR=-RC\frac{du_i}{dt} \tag{6-32}$$

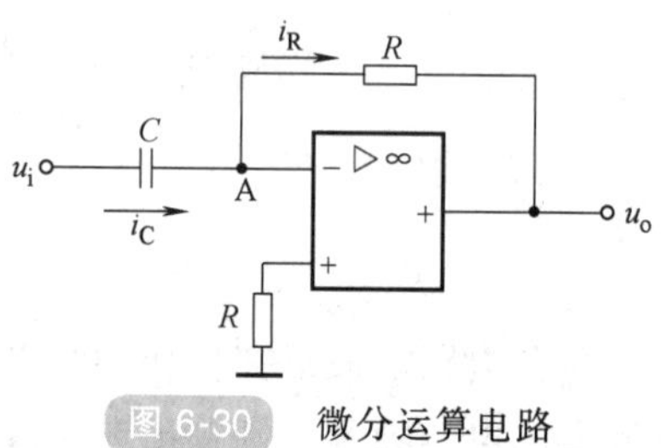

图 6-30 微分运算电路

式（6-32）表明，输出电压为输入电压对时间的微分，因为电路采用了反相输入信号，所以式中有“−”号。

图 6-30 所示电路实用性差，当输入电压产生阶跃变化时，i_C 电流极大，会使集成运算放大器内部的放大管进入饱和或截止状态，即使输入信号消失，放大管仍不能恢复到放大状态，也就是电路不能正常工作。同时，由于反馈网络为滞后移相，它与集成运算放大器内部的滞后附加相移相加，易满足自激振荡条件，从而使电路不稳定。

实用微分电路如图 6-31a 所示，它在输入端串联了一个小电阻 R_1，以限制输入电流；同时在 R 上并联稳压二极管，以限制输出电压，这就保证了集成运算放大器中的放大管始终工作在放大区。另外，在 R 上并联小电容 C_1，起相位补偿作用。该电路的输出电压与输入电压近似为微分关系，当输入为方波，且 $RC\ll T/2$ 时，则输出为尖顶波，波形如图 6-31b 所示。

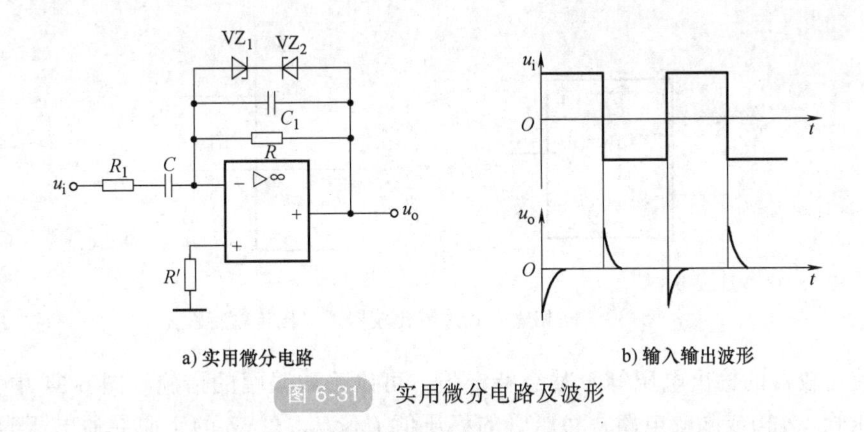

图 6-31　实用微分电路及波形

6.4.3　集成运算放大器的非线性应用

非线性应用是指运算放大器工作在饱和（非线性）状态，输出为正的饱和电压，或负的饱和电压，即输出电压与输入电压是非线性关系，主要用以实现电压比较、非正弦波发生等，非线性应用的条件是工作在开环状态或引入正反馈。

1. 过零电压比较器

电压比较器是对输入信号进行鉴别与比较的电路，在测量、控制以及波形产生等方面有着广泛的应用。在这类电路中，都要有给定的参考电压（基准电压）。通常是将一个模拟电压信号与一个参考电压比较。比较的结果（即比较器的输出），通常用两种电位分别表示被比信号的大或小。电压比较器的输出电压只有两种情况，不是$+U_{OM}$，就是$-U_{OM}$。也就是说，比较器的输入信号是连续变化的模拟量，而输出信号则是数字量，即“1”或“0”。因此，比较器可以作为模拟电路与数字电路的接口。

参考电压为零的比较器称为过零电压比较器，简称过零比较器。根据输入方式的不同，又可分为反相输入式和同相输入式两种。反相输入式过零比较器的同相输入端接地，而同相输入式过零比较器的反相输入端接地。

对于反相输入式过零比较器，当输入信号电压$u_i>0$时，输出电压u_o为$-U_{OM}$；当$u_i<0$时，u_o为$+U_{OM}$，其电路及电压传输特性如图 6-32 所示。

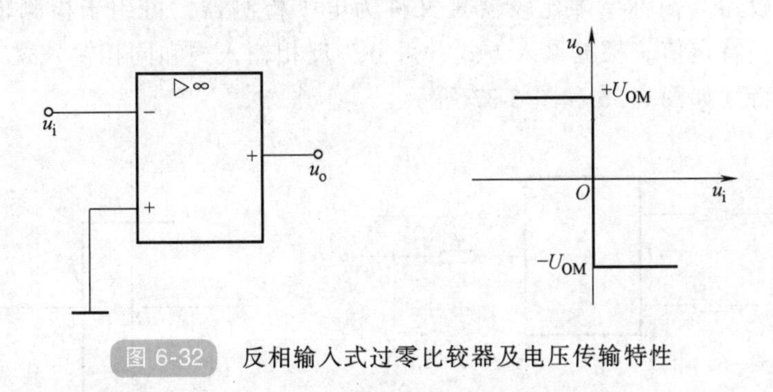

图 6-32　反相输入式过零比较器及电压传输特性

对于同相输入式过零比较器，当输入信号电压$u_i>0$时，输出电压u_o为$+U_{OM}$；当$u_i<0$时，u_o为$-U_{OM}$，其电路及电压传输特性如图 6-33 所示。

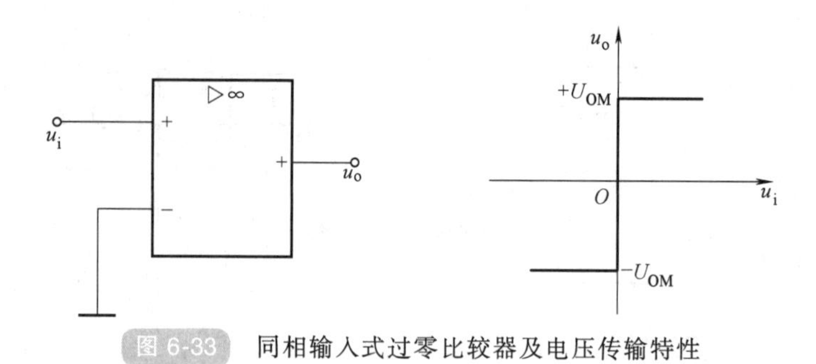

图 6-33　同相输入式过零比较器及电压传输特性

为了使比较器的输出电压等于某个特定值，可以采取限幅的措施。图 6-34 中，电阻 R 和双向稳压管 VZ 构成限幅电路，稳压管的稳压值 $U_Z<U_{OM}$，VZ 的正向导通电压为 U_D。所以输出电压 $u_o=\pm(U_Z+U_D)$。

在实用电路中常将稳压管接到集成运算放大器的反相输入端，如图 6-35 所示。假设稳压管 VZ 截止，则集成运算放大器必然工作在开环状态，其输出不是 $+U_{OM}$ 就是 $-U_{OM}$；这样，稳压管就必然一个工作在稳压状态，一个工作在正向导通状态。电路存在从 u_o 到反向输入端的负反馈通路，所以反向输入端为虚地，u_o 则仍为 $\pm(U_Z+U_D)$。这种电路的优点是集成运算放大器的净输入电压很小。电阻 R 一方面避免输入电压 u_i 直接加在反相输入端，另一方面也限制了输入电流。

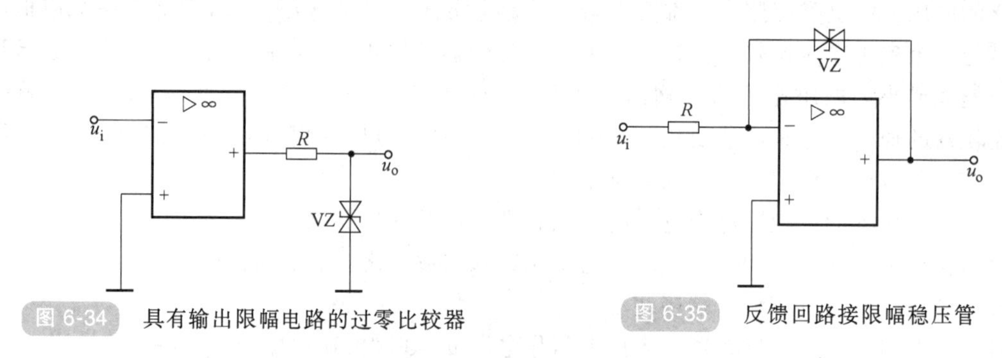

图 6-34　具有输出限幅电路的过零比较器

图 6-35　反馈回路接限幅稳压管

2. 单限电压比较器

单限电压比较器（简称单限比较器）又称为电平检测器，可用于检测输入信号电压是否大于或小于某一特定值。根据输入方式，可分为反相输入式和同相输入式。它们的电路和相应的电压传输特性如图 6-36 和图 6-37 所示。

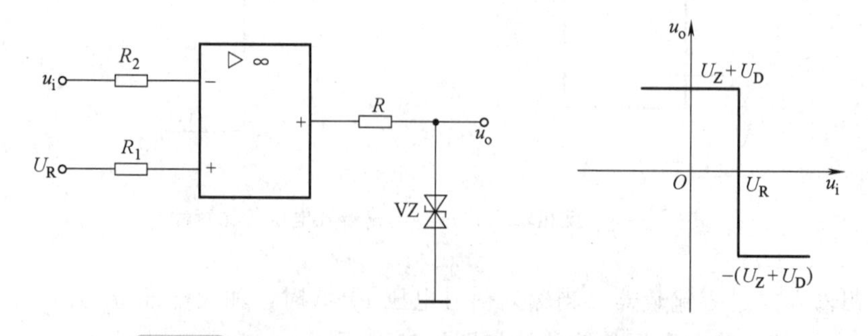

图 6-36　反相输入式单限电压比较器及其电压传输特性

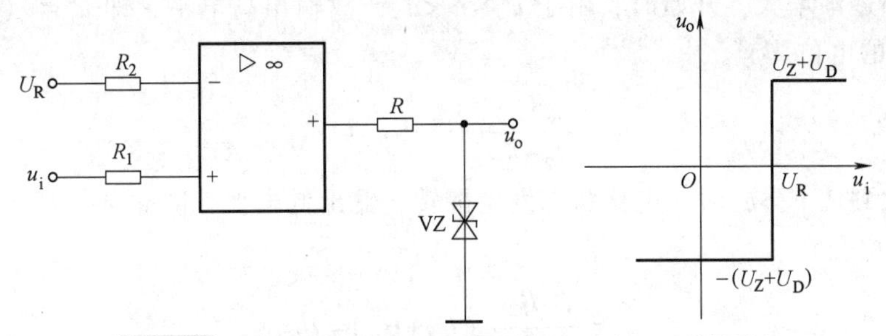

图 6-37 同相输入式单限电压比较器及其电压传输特性

图中，U_R 是一个固定的参考电压，由它们的传输特性可以看出，当输入信号 u_i 的值等于参考电压 U_R 时，输出电压 u_o 就发生跳变。传输特性图上输出电压发生转换时的输入电压称为门限电压 U_{TH}。单限比较器只有一个门限电压。其值可以为正，也可以为负。

前面讨论的过零比较器实际上是单限比较器的一种特例，它的门限电压 $U_{TH}=0$。反相输入式和同相输入式单限比较器的工作原理与过零比较器类似。只不过此时参考电压为 U_R，而不是零。

由以上讨论可以看出，只要改变参考电压 U_R 的大小和极性，就可改变门限电压 U_{TH} 的大小和极性。

【例 6-4】 在图 6-33 所示电路中，输入电压为正弦波，试对应画出 u_o 的波形。

解：由电路图得知，当输入信号电压 $u_i>0$ 时，输出电压 u_o 为$+U_{OM}$；当 $u_i<0$ 时，u_o 为$-U_{OM}$，输入和输出波形如图 6-38 所示。可见，利用电压比较器能将正弦波变为方波。

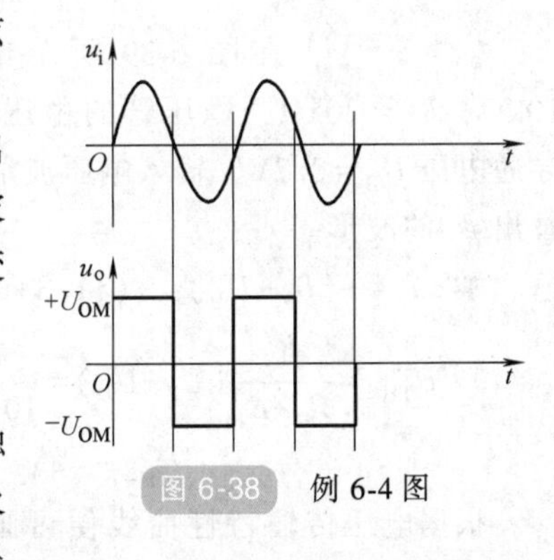

图 6-38 例 6-4 图

3. 滞回电压比较器

滞回电压比较器（简称滞回比较器）又称为施密特触发器。这种比较器的特点是当输入电压 u_i 逐渐增大以及逐渐减小时，两种情况下的门限电压不相等，传输特性呈现出“滞回”曲线的形状。滞回比较器可以采用反相输入方式，也可以采用同相输入方式。反相输入滞回比较器的电路及传输特性如图 6-39 所示。R_F、R_2 将输出电压 u_o 取出一部分反馈到同相输入端，从而引入了正反馈。电路的工作原理如下：

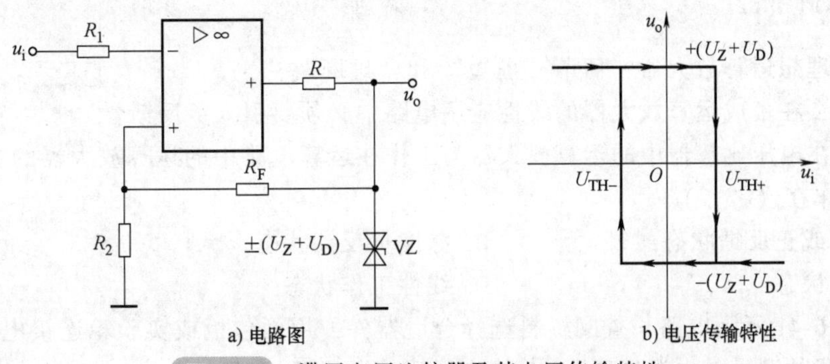

图 6-39 滞回电压比较器及其电压传输特性

当 u_i 由小逐渐增大，开始时，由于 $u_- = u_i < u_+$，故输出高电平，即 $u_o = +(U_Z + U_D)$，此时同相输入端的电位为

$$u'_+ = \frac{R_2}{R_2 + R_F}(U_Z + U_D) = U_{TH+}$$

当 u_i 增大到使 $u_- > u'_+$ 时，电路状态发生翻转，输出低电平，即 $u_o = -(U_Z + U_D)$，此时同相输入端的电位变为

$$u''_+ = -\frac{R_2}{R_2 + R_F}(U_Z + U_D) = U_{TH-}$$

在此状态下，若 u_i 减小，只要 $u_i > u''_+$，则维持输出低电平。只有 u_i 减小到 $u_i < u''_+$ 时，电路状态才发生翻转，输出高电平，其电压传输特性如图 6-39b 所示。

从曲线上可以看出，当 $U_{TH-} < u_i < U_{TH+}$ 时，输出电压既可能是 $+(U_Z + U_D)$，也可能是 $-(U_Z + U_D)$。如果 u_i 是从小于 U_{TH-} 逐渐变大到 $U_{TH-} < u_i < U_{TH+}$，则输出为高电平；如果 u_i 是从大于 U_{TH+} 逐渐变小到 $U_{TH-} < u_i < U_{TH+}$，则输出应为低电平。所以在电压传输特性曲线上应标明方向，如图 6-39b 中箭头所示。

由以上分析可以看出，滞回比较器有两个门限电压：上门限电压 U_{TH+} 和下门限电压 U_{TH-}，两者之差称为回差电压或门限宽度，即

$$\Delta U_{TH} = U_{TH+} - U_{TH-} \tag{6-33}$$

【例 6-5】 在图 6-39 所示电路中，已知：$R_2 = 10\text{k}\Omega$，$R_F = 20\text{k}\Omega$，稳压管的稳压值 $U_Z = 11.3\text{V}$，正向导通电压 $U_D = 0.7\text{V}$，输入电压波形如图 6-40a 所示，试画出 u_o 的波形。

解：$u_o = \pm(U_Z + U_D) = \pm(11.3 + 0.7)\text{V} = \pm 12\text{V}$

$$U_{TH+} = \frac{R_2}{R_2 + R_F}(U_Z + U_D) = \frac{10}{10 + 20} \times 12\text{V} = 4\text{V}$$

$$U_{TH-} = -4\text{V}$$

根据电压传输特性曲线便可画出 u_o 的波形，如图 6-40b 所示。

比较例 6-4 和例 6-5 的结果看出，滞回电压比较器抗干扰能力强。

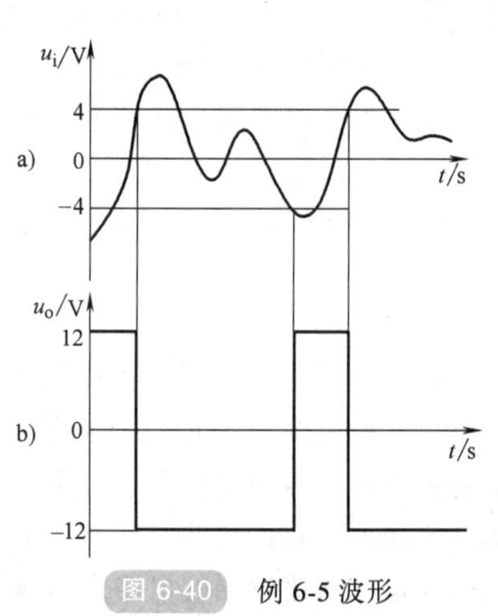

图 6-40 例 6-5 波形

知识与小技能测试

1. 何谓理想运算放大器？何谓“虚短”和“虚断”？

2. 为什么在集成运算放大器的线性应用电路中必须要引入负反馈？

3. 工作在电压比较器中的运算放大器与工作在运算电路中的运算放大器的主要区别是，前者通常工作在（　　）。

A. 开环或正反馈状态　　　B. 深度负反馈状态

C. 放大状态　　　D. 线性工作状态

4. 如图 6-41 所示电路，查阅资料选择合适器件，用面包板或实验箱连接电路（注意集成运算放大器的型号与电源的匹配），检查无误接通电源。

（1）观察 LED 灯亮灭状态；

（2）LED 灯亮有几种方案？画出电路图并连接电路，观察结果。

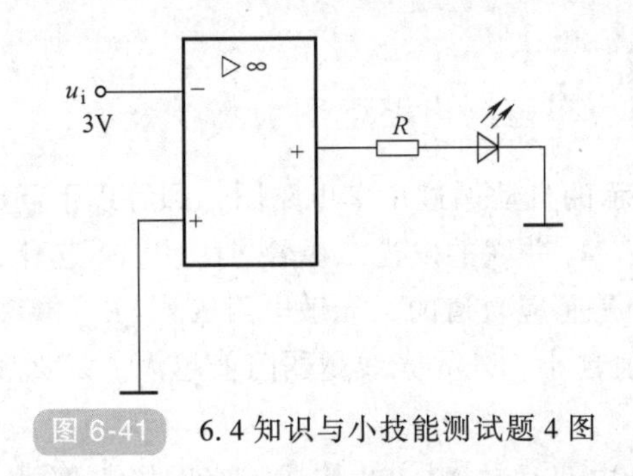

图 6-41　6.4 知识与小技能测试题 4 图

技能训练

技能训练一　电焊机中的焊缝跟踪控制电路读图训练

请认真阅读图 6-42 所示电焊机中的焊缝跟踪控制电路。这是一个光电偏差绝对值电压产生电路。VL_2 和 VD_3 ~ VD_6 组成光电跟踪传感器，VL_2 为红外发光二极管，VD_3 ~ VD_6 为光敏二极管，u_1 ~ u_4 电压分别与 VD_3 ~ VD_6 的光电流相对应。运算放大器 A_1 ~ A_7 均采用 LM324。

1）A_1 ~ A_4 是什么电路？电压放大倍数多大？

2）A_5 是什么电路？写出 A_5 输出 u_o' 与输入 u_1、u_2、u_3 及 u_4 之间的关系式。

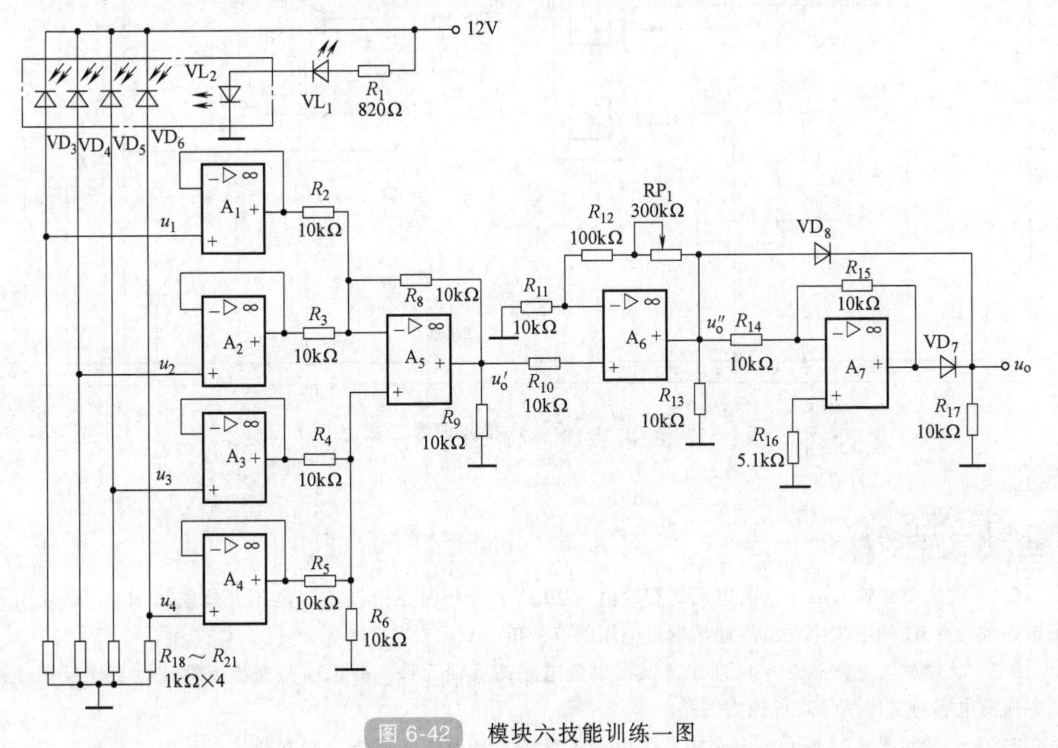

图 6-42　模块六技能训练一图

3）A_6 是什么电路？调节 RP_1 可改变什么？

4）A_7、VD_7 及 VD_8 等器件组成绝对值电路，无论 u''_o 是正或是负，u_o 均为正。试分析其原理。

技能训练二　自动循迹小车控制电路读图训练

请认真阅读图 6-43 所示的自动循迹小车电路图，回答以下问题：

1）与直流电动机 M_1、M_2 并联的发光二极管 VL_1、VL_2 起什么作用？

2）电路图中第Ⅰ部分是感应轨道的。光敏电阻 R_{13}、R_{14} 能够检测外界光线的强弱，外界光线越强光敏电阻的阻值越小，外界光线越弱阻值越大。那么发光二极管 VL_4、VL_5 起什么作用？

3）电路图中第Ⅱ部分由双运放 LM393 构成，查阅资料熟悉 LM393 的引脚和功能。图中 LM393 构成了哪种应用电路？

4）图中两个晶体管 VT_1、VT_2 起什么作用？

5）阐述整机的工作原理。

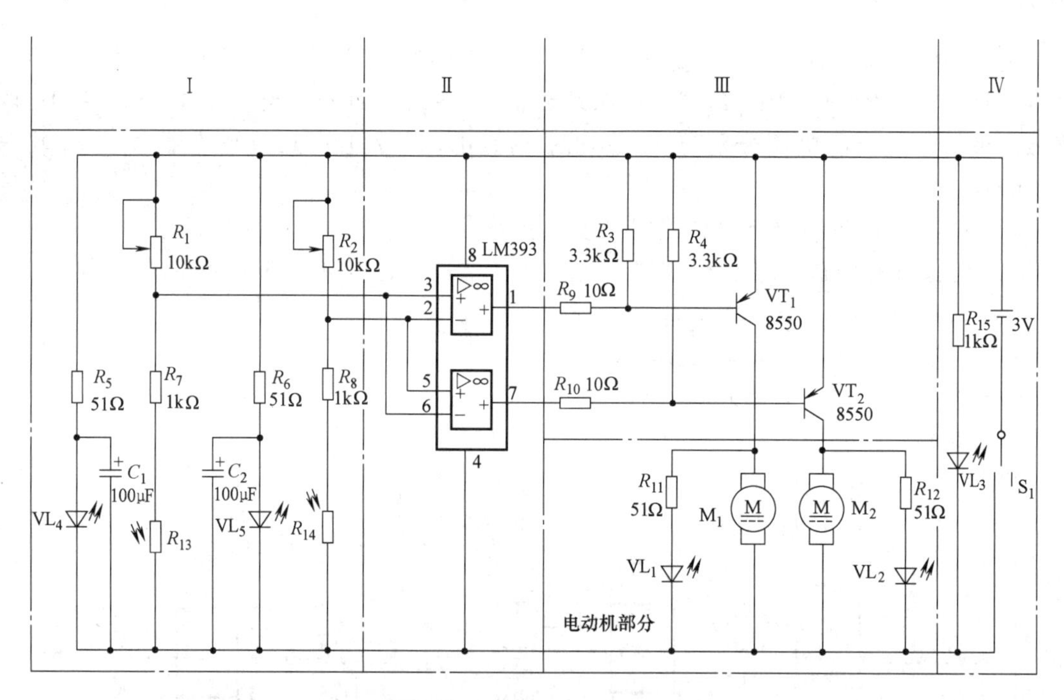

图 6-43　模块六技能训练二图

练习与思考

6-1　放大电路输入的正弦波电压的有效值为 20mV，开环时正弦波输出电压有效值为 10V，试求引入反馈系数为 0.01 的电压串联负反馈后输出电压的有效值。

6-2　反馈放大电路如图 6-44 所示，试指出各电路的反馈元件，并说明是交流反馈还是直流反馈。设图中所有电容对交流信号均可视为短路。

6-3　试判断图 6-45 所示各电路中是否引入了反馈；若引入了反馈，则判断是正反馈还是负反馈，是

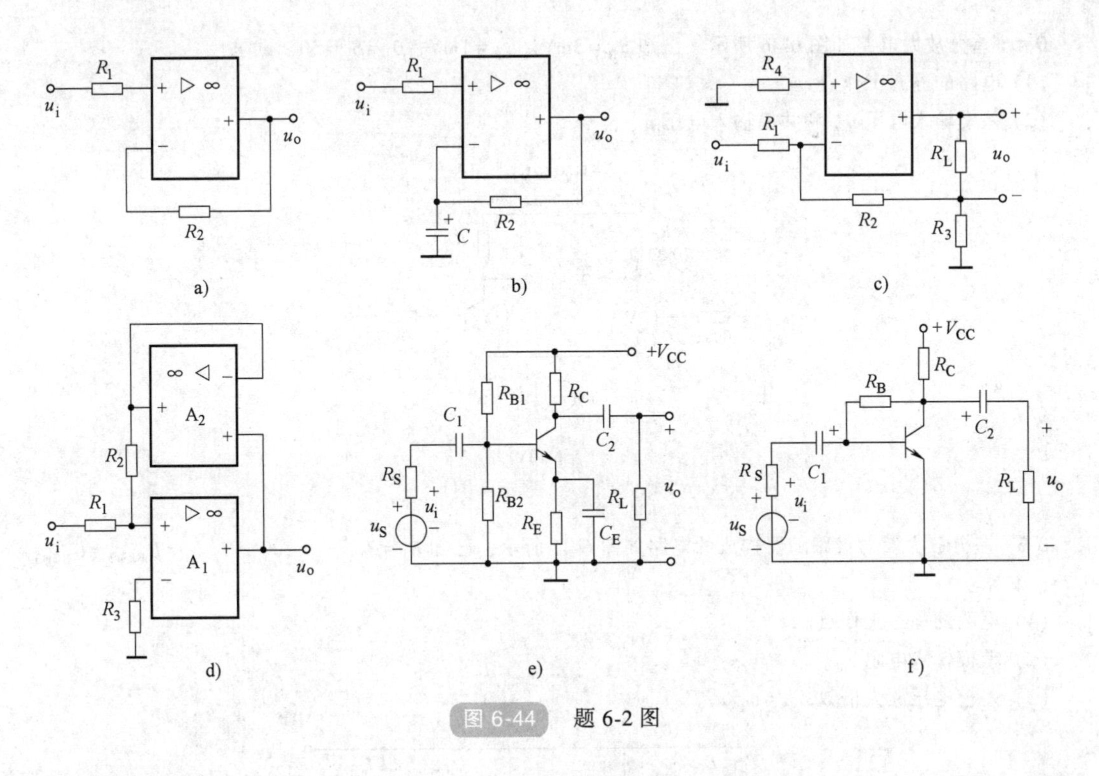

图 6-44　题 6-2 图

直流反馈还是交流反馈；若引入了交流负反馈，则判断是哪种组态的负反馈。设图中所有电容对交流信号均可视为短路。

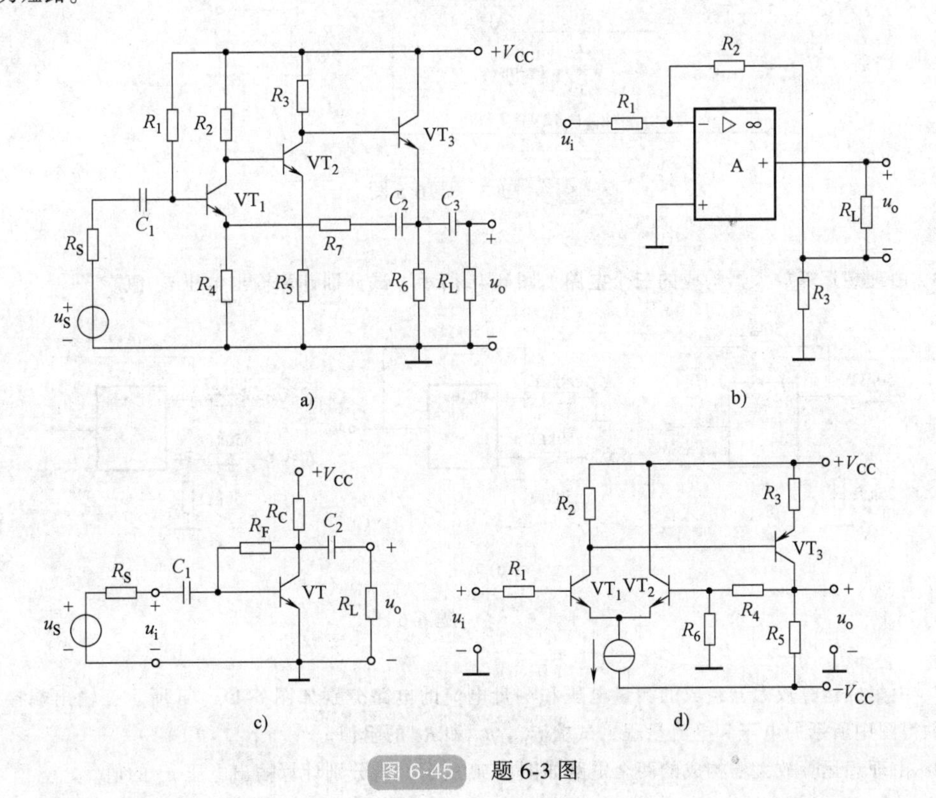

图 6-45　题 6-3 图

6-4 差分放大电路如图 6-46 所示，已知 $u_{i1}=3\text{mV}$，$u_{i2}=1\text{mV}$，$\beta_1=\beta_2=50$，试求：

（1）电路的静态工作点；

（2）差模输入电压 u_{id} 和共模输入电压 u_{ic}。

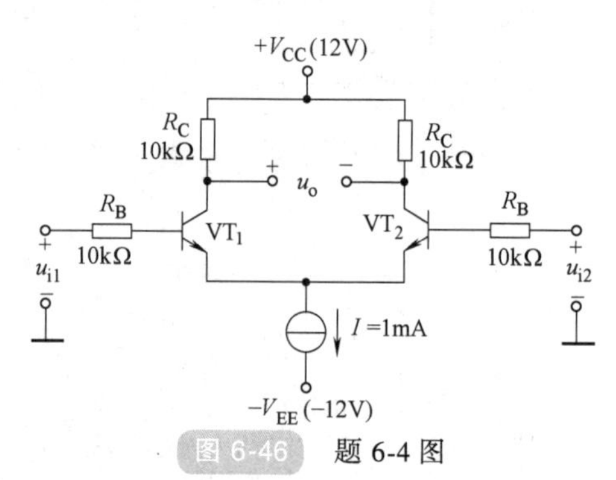

图 6-46 题 6-4 图

6-5 差分放大及射极跟随器构成的电路如图 6-47 所示，已知 $\beta_1=\beta_2=\beta_3=100$，$U_{BEQ1}=U_{BEQ2}=U_{BEQ3}=0.7\text{V}$，试求：

（1）电路的静态工作点。

（2）差模输入电阻 r_{id}。

（3）差模电压放大倍数 $A_{ud}=u_o/u_i$。

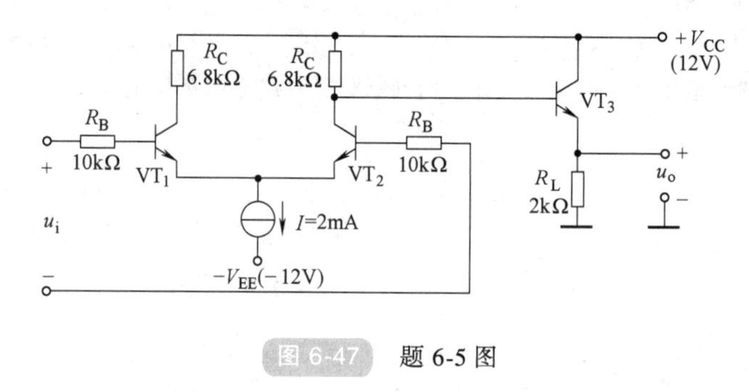

图 6-47 题 6-5 图

6-6 由理想运算放大器构成的三个电路如图 6-48 所示，试分别计算输出电压 u_o 值。

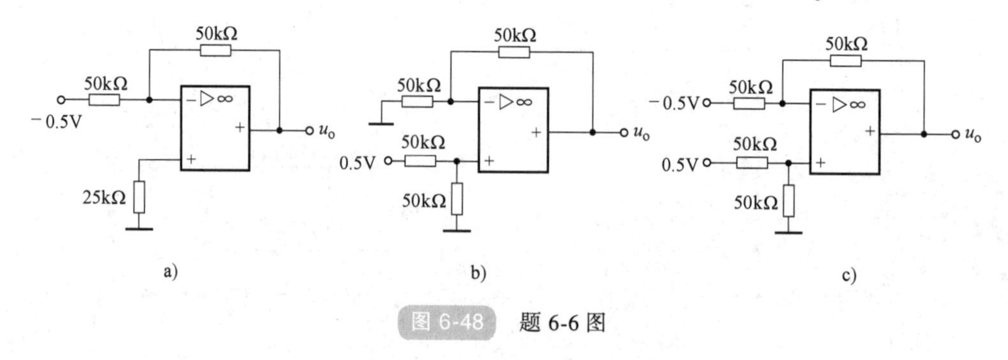

图 6-48 题 6-6 图

6-7 由集成运算放大器组成的测量电压和测量电流的电路分别如图 6-49a、b 所示，输出端接图示电压表，欲得图中所示的电压和电流量程，试求 R_1、R_2 和 R_3 的阻值。

6-8 由理想运算放大器构成的两个电路如图 6-50 所示，试分别计算输出电压 u_o 的值。

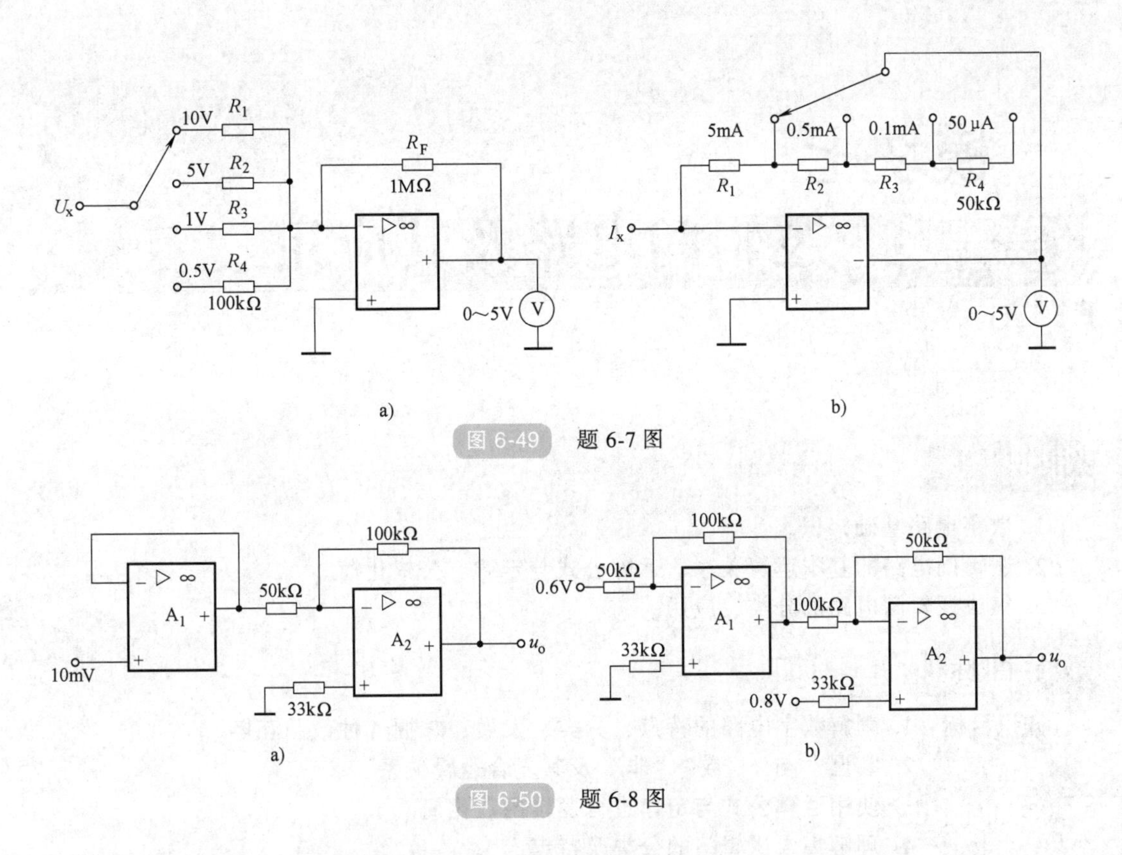

图 6-49　题 6-7 图

图 6-50　题 6-8 图

6-9　由理想运算放大器构成的电路如图 6-51 所示，试计算输出电压 u_o 的值。

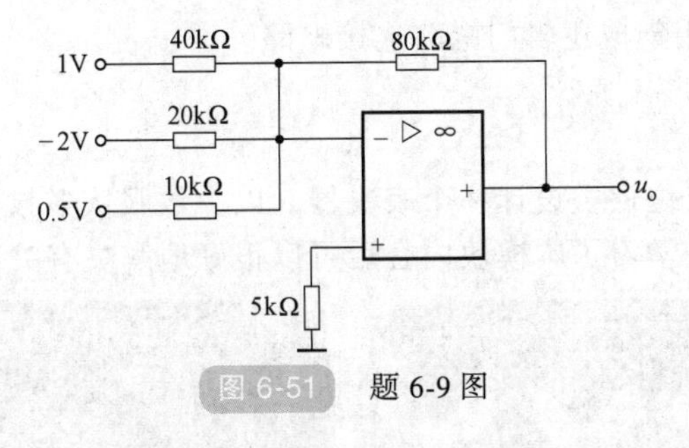

图 6-51　题 6-9 图

6-10　电路如图 6-52 所示，试写出输出电压与输入电压之间的关系式。

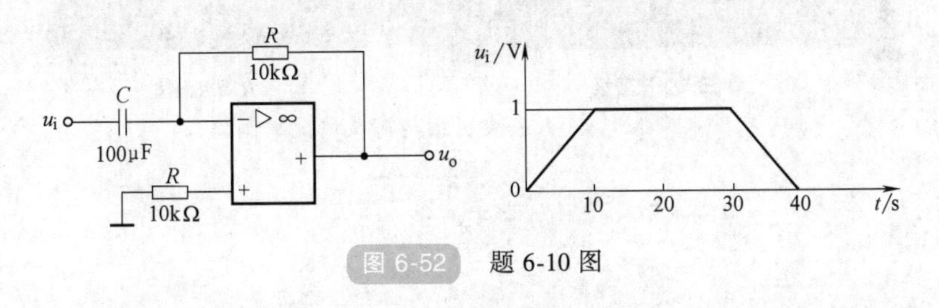

图 6-52　题 6-10 图

模块七
逻辑门电路及其应用

知识点

1. 数字电路基础知识。
2. 逻辑门电路的基本运算关系、运算公式与定律、公式化简。
3. 集成逻辑门电路的分类、应用。

教学目标

知识目标：1. 理解数字电路的特点、分类、发展；掌握各种数制互换。
2. 掌握“与”“或”“非”及其复合逻辑关系。
3. 使用运算公式与定律进行逻辑函数化简。
4. 理解集成逻辑门的分类及特点。

能力目标：1. 学会查阅集成逻辑电路手册。
2. 学会用集成逻辑门电路连接电路。

案例导入

请大家为某节目的三位评委设计一个表决器，以少数服从多数为原则。图 7-1 为三人表决晋级与淘汰情况举例。学习了本模块内容后可以很好地解决有关表决器的问题。

a) 三人表决晋级　　b) 三人表决淘汰

图 7-1　三人表决晋级与淘汰情况举例

相关知识

7.1　数字电路基础

20 世纪中期至 21 世纪初期，电子技术特别是数字电子技术得到了飞速的发展，使工业、农业、科研、医疗以及人们的日常生活发生了根本性的变革。

7.1.1　数字电路的概念及应用

1. 模拟信号及数字信号

自然界的物理量通过传感器的作用可以变成电信号，这种电信号可以分成两大类。第一类电信号在时间上、幅值上都呈连续性变化，称为模拟信号。模拟信号包括正弦波、矩形波等，如图 7-2 所示。

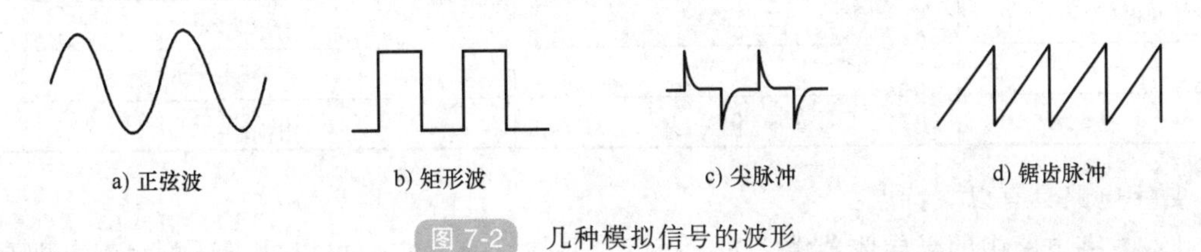

图 7-2　几种模拟信号的波形

另一类电信号在时间上、幅值上则呈断续性变化，即离散状态，称为数字信号。数字信号包括脉冲型（归 0 型）和电平型（不归 0 型），如图 7-3 所示。电平信号是一种电压信号，它的特点是某一段时间中，保持一个相对固定的值，不是周期性变化；与电平信号相比，脉冲信号则发生周期性的变化，比如电平在高低之间不断反复，而且高电平和低电平维持的时间都相对固定。

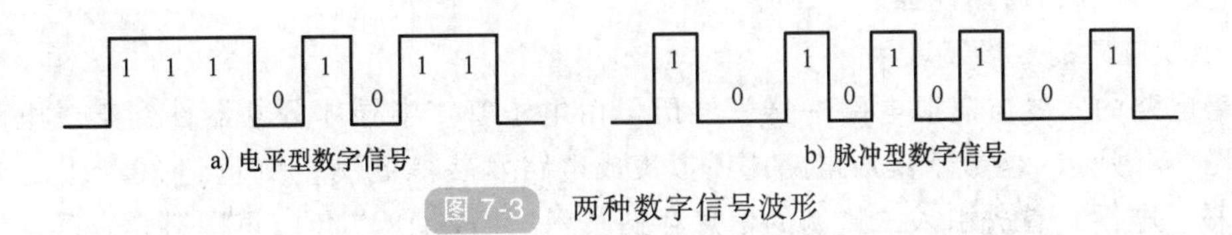

图 7-3　两种数字信号波形

用以产生、传递、加工和处理模拟信号的电路称为模拟电路，例如音频放大电路。而用于传送、存储、变换及处理数字信号的电路称为数字电路。由于数字电路的各种功能是通过逻辑运算和逻辑判断来实现的，所以数字电路又称为数字逻辑电路。因为处理信号的不同，数字电路与模拟电路有很大的不同，结合前面已经讲过的模拟电路的特点，比较数字电路与模拟电路的区别见表 7-1。

表 7-1　**数字电路与模拟电路的区别**

电路类型	数字电路	模拟电路
研究内容	输入信号与输出信号的逻辑关系	如何不失真地进行信号的处理
信号的特征	数字信号，数值上是单位量的整数倍	模拟信号，时间、数值上连续变化
分析方法	逻辑代数、真值表、时序图等	图解法、等效电路、分析计算等

2. 数字电路的特点

在数字电路中，普遍采用数字 0 和 1 来表示数字信号，这里的 0 和 1 不是数字，而是逻辑 0 和逻辑 1，称为二值数字逻辑。二值数字逻辑的产生，是基于客观世界的许多事物可以用彼此相关而又互相对立的两种状态来表示的，即表示事物的两个对立面，例如：开与关、高与低、真与假、正与反等。因此，数字电路中允许用 1 和 0 分别表示高电平与低电平，这种表示称为正逻辑；相反，用 1 表示低电平，用 0 表示高电平则称为负逻辑。只要能够正确地判断出高、低电平，则允许高、低电平有一定的可变范围，这就降低了对电路参数精度的要求。表 7-2 列出了正逻辑下，逻辑电平与数字电压值之间的对应关系。

表 7-2 逻辑电平与数字电压值之间的对应关系

电压/V	二值逻辑	电平
+5	1	H(高电平)
0	0	L(低电平)

数字电路具有以下特点：

1）数字电路中的半导体器件，如二极管、晶体管等，它们可以处于开关状态，即具备导通和截止两种稳定状态，可以采用 0 和 1 来表示。这样组成的基本单元电路结构简单。

2）抗干扰能力强、可靠性和准确性高，对元器件精度要求不高。

3）数字电路能够对输入的数字信号进行各种算术运算和逻辑运算，具有一定的“逻辑思维”能力，易于实现各种控制。

4）数字信号便于存储。

5）集成度高，通用性强。

3. 数字电路的发展及应用

数字电路的发展与模拟电路一样，经历了由电子管、半导体分立器件到集成电路的过程，如图 7-4 所示。但数字集成电路比模拟集成电路发展得更快。20 世纪 30 年代，通信技术（电报、电话）首先引入二进制的信息存储技术。而在 1847 年，英国科学家乔治 · 布尔（George Boole）创立布尔代数，在电子电路中得到应用，形成逻辑代数，并有一套完整的数字逻辑电路的分析和设计方法。

图 7-4 电子管、半导体分立器件和集成电路图片

此后它的发展及应用可分为 5 个阶段：①初级阶段：20 世纪 40 年代电子计算机中的应用，此时以电子管（真空管）作为基本器件，并在电话交换和数字通信方面也有应用。②第二阶段：20 世纪 60 年代晶体管的出现，使得数字技术有一个飞跃发展，除了计算机、通信领域应用外，在其他如测量领域也得到应用。③第三阶段：20 世纪 70 年代中期集成电路的出现，使得数字技术有了更广泛的应用，在医疗、雷达、卫星等领域都得到应用。④第

四阶段：20 世纪 70 年代中期到 80 年代中期，微电子技术的发展，使得数字技术得到迅猛的发展，产生了大规模和超大规模的集成数字芯片，应用在各行各业和人们的日常生活中。⑤20 世纪 80 年代中期以后，产生一些专用和通用的集成芯片，以及一些可编程的数字芯片，并且制作技术日益成熟，使得数字电路具备了设计模块化和可编程的特点，提高了设备的性能、适用性，并降低成本，这是数字电路今后发展的趋势。

图 7-5 展示了由数字集成电路构成的各种常用电器。

图 7-5　由数字集成电路构成的各种常用电器

目前，数字集成器件所用的材料以半导体硅为主，在高速数字集成电路中，也使用化合物半导体材料，例如砷化镓（GaAs）等。

从集成角度来说，数字集成电路可分为小规模（SSI）、中规模（MSI）、大规模（LSI）、超大规模（VLSI）四类。所谓集成度，是指每一块数字集成电路芯片所包含的晶体管的个数或晶体管所构成的逻辑门的个数，表 7-3 列出来四类数字集成电路的集成度和应用电路场合。

表 7-3　四类数字集成电路的集成度和应用电路场合

类型	集成度	应用电路场合
小规模集成电路(SSI)	TTL 系列:(1~10)门/片 MOS 系列:(10~100)门/片	通常为基本逻辑单元电路,如逻辑门电路、触发器等
中规模集成电路(MSI)	TTL 系列:(10~100)门/片 MOS 系列:(100~1000)门/片	通常为逻辑功能部件,如译码器、编码器、计数器等
大规模集成电路(LSI)	TTL 系列:(100~1000)门/片 MOS 系列:(1000~100000)门/片	通常为一个小的数字系统或子系统,如 CPU、存储器等
超大规模集成电路(VLSI)	TTL 系列:>1000 门/片 MOS 系列:>100000 门/片	通常可构成一个完整的数字系统,如单片机

7.1.2　数制与码制

1. 数制

数制：就是数的表示方法，把多位数码中每一位的构成方法以及按从低位到高位的进位规则称为进位计数制，简称数制。生活中人们最常用的是十进制，而在数字电路和计算机中常用的是二进制、八进制和十六进制。

(1) 十进制 (Decimal)　十进制的数码是 0~9，就是由十个数码组成。数制中，可将在某一进制中用到的所有数码个数称为基数，所以，十进制的基数为 10。十进制的进位规则是“逢十进一”或“借一当十”。任意一个十进制数可以用括号加下标 10 来表示，例如

$(56)_{10}$ 就表示十进制的 56。有时下标也可以用字母“D”来表示，如 $(56)_D$。

同样的数码在不同的数位上代表的数值不同，那么任意一个十进制数，都可按其权位展成多项式的形式：

$$
\begin{aligned}
(D)_{10} &= k_{n-1}k_{n-2}\cdots k_0 k_{-1}\cdots k_{-m} \\
&= k_{n-1}\times 10^{n-1}+\cdots+k_0\times 10^0+k_{-1}\times 10^{-1}+\cdots+k_{-m}\times 10^{-m} \\
&= \sum_{i=-m}^{n-1} k_i \times 10^i
\end{aligned}
$$

式中，k_i 称为数制的系数，表示第 i 位的系数，若整数部分的位数是 n，小数部分的位数是 m，则 i 取从 $(n-1)$~0 的所有正整数和从 (-1)~$(-m)$ 的所有负整数。10^i 是基数 10 的幂，称为第 i 位的权。按照按权展开公式，例如，249.56 这个数可以写成

$$(249.56)_{10}=2\times 10^2+4\times 10^1+9\times 10^0+5\times 10^{-1}+2\times 10^{-2}$$

(2) 二进制（Binary） 二进制数只有 0 和 1 两个数码，基数为 2，位权为 2^i。二进制的进位规则是“逢二进一”。二进制数字装置所用元器件少，且运算规则简单，相应的运算电路也容易实现。任意一个二进制数可以用下标 2 或 B 来表示，例如 $(1011.11)_2$ 或 $(1011.11)_B$ 就表示二进制数 1011.11。

(3) 八进制（Octal）、十六进制（Hexadecimal） 八进制是由 0~7 八个数码组成，基数为 8，位权为 8^i。进位规则是“逢八进一”。任意一个八进制数可以用下标 8 或 O 来表示。

十六进制是由 0~9、A、B、C、D、E、F 十六个字符组成，其中 10~15 分别用 A~F 来表示，基数为 16，位权为 16^i。进位规则是“逢十六进一”。任意一个十六进制数可以用下标 16 或 H 来表示。表 7-4 给出二进制、十进制、八进制、十六进制各不同数制的对照。

表 7-4 各数制对照表

十进制	二进制	八进制	十六进制	十进制	二进制	八进制	十六进制
0	0000	0	0	8	1000	10	8
1	0001	1	1	9	1001	11	9
2	0010	2	2	10	1010	12	A
3	0011	3	3	11	1011	13	B
4	0100	4	4	12	1100	14	C
5	0101	5	5	13	1101	15	D
6	0110	6	6	14	1110	16	E
7	0111	7	7	15	1111	17	F

2. 几种数制的转换

(1) 各进制转成十进制 二进制、八进制、十六进制转换成十进制时，只要将它们按权展开，求出各加权系数的和，便得到相应进制数对应的十进制数。例如：

$(10110110)_2=(1\times 2^7+0\times 2^6+1\times 2^5+1\times 2^4+0\times 2^3+1\times 2^2+1\times 2^1+0\times 2^0)_{10}=(182)_{10}$

$(172.01)_8=(1\times 8^2+7\times 8^1+2\times 8^0+1\times 8^{-2})_{10}=(122.015625)_{10}$

$(4C2)_{16}=(4\times 16^2+12\times 16^1+2\times 16^0)_{10}=(1218)_{10}$

(2) 十进制转成二进制 将十进制数的整数部分转换为二进制数采用“除 2 倒取余

法”，即：将整数部分逐次被 2 除，依次记下余数，直到商为 0，第一个余数为二进制数的最低位，最后一个余数为最高位。

将十进制数的小数部分转换为二进制数采用“乘 2 正取整法”，即：将小数部分连续乘以 2，取乘数的整数部分作为二进制数的小数。

【例 7-1】　将十进制数 $(58.625)_{10}$ 转换成二进制数。

解：

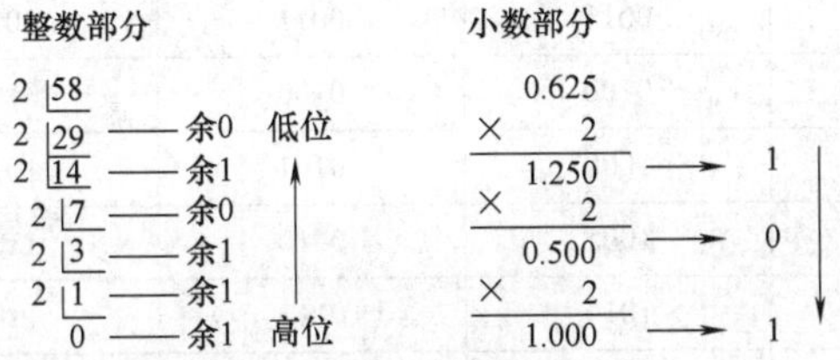

整数部分

```
2 |58
2 |29 —— 余0  低位
2 |14 —— 余1   ↑
2 |7  —— 余0
2 |3  —— 余1
2 |1  —— 余1
   0  —— 余1  高位
```

小数部分

```
   0.625
×      2
   1.250 ——→ 1  │
×      2        │
   0.500 ——→ 0  │
×      2        │
   1.000 ——→ 1  ↓
```

$(58.625)_{10}=(111010.101)_2$

(3) 二进制与八进制相互转换　二进制数转换为八进制数的方法是：整数部分从低位开始，每三位二进制数为一组，最后不足三位的，则在高位加 0 补足三位为止；小数点后的二进制数则从高位开始，每三位二进制数为一组，最后不足三位的，则在低位加 0 补足三位，然后用对应的八进制数来代替，再按顺序排列写出对应的八进制数。

反之，将每位八进制数用三位二进制数来代替，再按原来的顺序排列起来，便得到了相应的二进制数。

【例 7-2】　将二进制数 $(11100101.11101011)_2$ 转换成八进制数；将八进制数 $(745.361)_8$ 转换成二进制数。

解：$(11100101.11101011)_2=(345.726)_8$

$(745.361)_8=(111100101.011110001)_2$

(4) 二进制和十六进制相互转换　二进制数转换为十六进制数的方法是：整数部分从低位开始，每四位二进制数为一组，最后不足四位的，则在高位加 0 补足四位为止；小数部分从高位开始，每四位二进制数为一组，最后不足四位的，在低位加 0 补足四位，然后用对应的十六进制数来代替，再按顺序写出对应的十六进制数。

反之，将每位十六进制数用四位二进制数来代替，再按原来的顺序排列起来便得到了相应的二进制数。

【例 7-3】　将二进制数 $(10011111011.111011)_2$ 转换成十六进制数，将十六进制数 $(3BE5.97D)_{16}$ 转换成二进制数。

解：$(10011111011.111011)_2=(4FB.EC)_{16}$

$(3BE5.97D)_{16}=(11101111100101.100101111101)_2$

3. 码制

用数码的特定组合表示特定信息的过程称编码。将若干个二进制数码 0 和 1 按一定规则排列起来表示某种特定含义的代码称为二进制代码，简称二进制码。

(1) 二—十进制代码　将十进制数的 0~9 十个数字用二进制数表示的代码，称为二—十进制码，又称 BCD 码。4 位二进制码有 16 种组合，表示 0~9 十个数可有多种方案，所以 BCD 码有多种。将几种常见的 BCD 码列于表 7-5 中供大家参考。

表 7-5　常用二—十进制代码表

十进制数	有权码				无权码
	8421 码	5421 码	2421(A)码	2421(B)码	余 3 码
0	0000	0000	0000	0000	0011
1	0001	0001	0001	0001	0100
2	0010	0010	0010	0010	0101
3	0011	0011	0011	0011	0110
4	0100	0100	0100	0100	0111
5	0101	1000	0101	1011	1000
6	0110	1001	0110	1100	1001
7	0111	1010	0111	1101	1010
8	1000	1011	1110	1110	1011
9	1001	1100	1111	1111	1100

（2）格雷码　格雷码也是一种编码形式，又叫作循环码，见表 7-6。最低位以 0110 为循环节，次低位以 00111100 为循环节，第三位以 0000111111110000 为循环节……，依此类推。

表 7-6　格雷码与二进制码关系对照表

十进制数	二进制码	格雷码
0	0000	0000
1	0001	0001
2	0010	0011
3	0011	0010
4	0100	0110
5	0101	0111
6	0110	0101
7	0111	0100
8	1000	1100
9	1001	1101
10	1010	1111
11	1011	1110
12	1100	1010
13	1101	1011
14	1110	1001
15	1111	1000

知识与小技能测试

1. 高电平作为逻辑 0，低电平作为逻辑 1 的赋值方法称作______逻辑赋值。（填“正”

或“负”)

2. 负逻辑赋值是把低电平定义为______。

A. 1　　　　B. 0　　　　C. −1

3. 下列哪些信号属于数字信号______。

A. 正弦波信号　　B. 时钟脉冲信号　　C. 音频信号　　D. 视频图像信号

4. 在十六进制数中，E 代表第______个数码。

A. 10　　　　B. 11　　　　C. 15　　　　D. 16

5. 在二进制整数中，从右往左数第 n 位的权是______。

A. 2^n　　　　B. 2^{n-1}　　　　C. 10^n　　　　D. 10^{n-1}

6. $(11011)_2=(\_\_\_\_\_\_)_{10}$，$(21)_{10}=(\_\_\_\_\_\_)_2$。

7. $(74)_8=(\_\_\_\_\_\_)_2$，$(D7)_{16}=(\_\_\_\_\_\_)_2$

8. 你知道电机测速、智能小车测速用的码盘吗？查阅资料了解一下“4 位二进制编码盘”，简要说明它的编码原理。

7.2　逻辑门电路

英国数学家乔治·布尔（George Boole）于 1849 年首先提出了进行逻辑运算的数学方法——逻辑代数，也叫作布尔代数。这里所说的“逻辑”是指事物的因果关系。二进制两个数码代表的是不同的逻辑状态，按照它们之间存在的因果关系进行推理运算，这种运算则称为逻辑代数。

7.2.1　与、或、非

在逻辑代数中最基本的逻辑关系有三种：“与”逻辑关系、“或”逻辑关系、“非”逻辑关系。实现基本逻辑运算和常用复合逻辑运算的单元电路称为逻辑门电路。逻辑门电路是设计数字系统的最小单元。

1. 与

“与”运算是一种二元运算，它定义了两个变量 A 和 B 的一种函数关系。用语句来描述它，就是：当且仅当变量 A 和 B 都为 1 时，函数 F 为 1；或者可用另一种方式来描述它，这就是：只要变量 A 或 B 中有一个为 0，则函数 F 为 0。“与”运算又称为逻辑乘运算，也叫逻辑积运算。

“与”运算的逻辑表达式为

$$F=A\cdot B$$

式中，乘号“·”表示“与”运算，在不至于引起混淆的前提下，乘号“·”经常被省略。该式可读作：F 等于 A 乘 B，也可读作：F 等于 A 与 B。

逻辑“与”运算可用开关电路中两个开关相串联的例子来说明，如图 7-6 所示。开关 A、B 所有可能的动作方式见表 7-7a 所示，此表称为功能表。

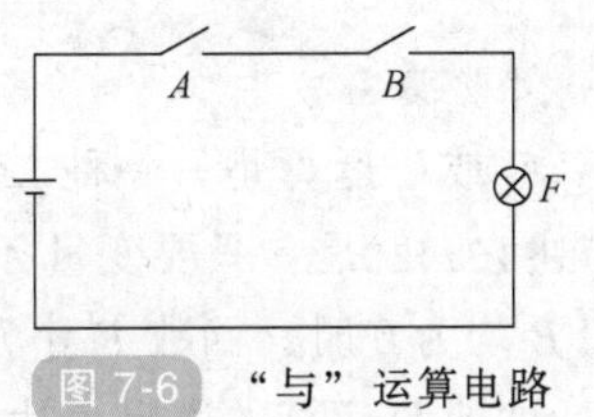

图 7-6　“与”运算电路

如果用 1 表示开关闭合，0 表示开关断开，灯亮时 $F=1$，灯灭时 $F=0$，则上述功能表可表示为表 7-7b。这种表格叫作真值表。它将输入变量所有可能的取值组合与其对应的输出变量的值逐个列举出来。它是描述逻辑功能的一种重要方法。

表 7-7a　**功能表**

开关 A	开关 B	灯 F
断开	断开	灭
断开	闭合	灭
闭合	断开	灭
闭合	闭合	亮

表 7-7b　**“与”运算真值表**

A	B	$F=A\cdot B$
0	0	0
0	1	0
1	0	0
1	1	1

运算规律为：有 0 出 0，全 1 出 1。

实现“与”逻辑运算功能的电路称为“与”门。每个“与”门有两个或两个以上的输入端和一个输出端，图 7-7 是两输入端“与”门的逻辑符号。在实际应用中，制造工艺限制了“与”门电路的输入变量数目，所以实际“与”门电路的输入个数是有限的。其他门电路中同样如此。

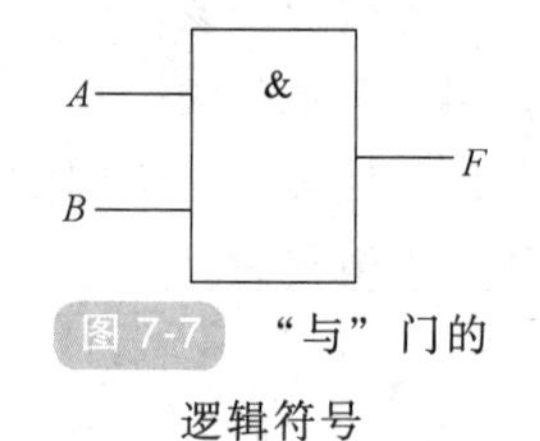

图 7-7　“与”门的逻辑符号

【例 7-4】　如图 7-8a 所示，向两输入端“与”门输入图示的波形，求其输出波形 F。

解：当输入波形 A 和 B 同时为高电平时，即对应于图 7-8b 中的阴影部分，输出波形 F 为高电平。

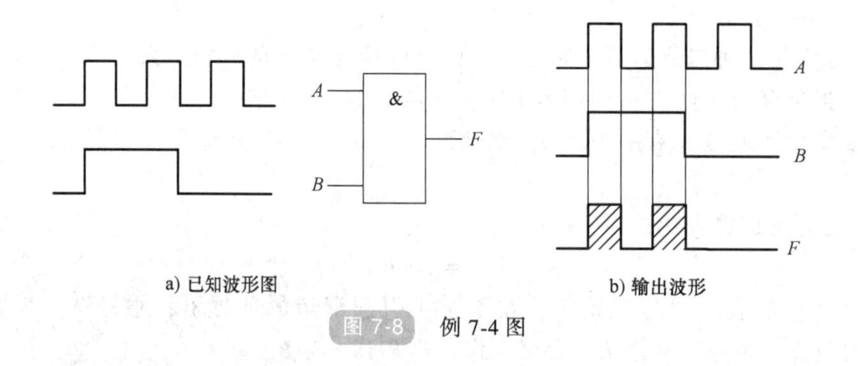

图 7-8　例 7-4 图

2. 或

“或”运算是另一种二元运算，它定义了变量 A、B 与函数 F 的另一种关系。用语句来描述它，就是：只要变量 A 和 B 中任何一个为 1，则函数 F 为 1；或者说：当且仅当变量 A 和 B 均为 0 时，函数 F 才为 0。“或”运算又称为逻辑加，也叫逻辑和。

“或”运算的逻辑表达式为

$$F=A+B$$

式中，加号“+”表示“或”运算。该式可读作：F 等于 A 加 B，也可读作：F 等于 A 或 B。

逻辑“或”运算可用开关电路中两个开关相并联的例子来说明，如图 7-9 所示。其功能表和真值表分别见表 7-8a、表 7-8b。

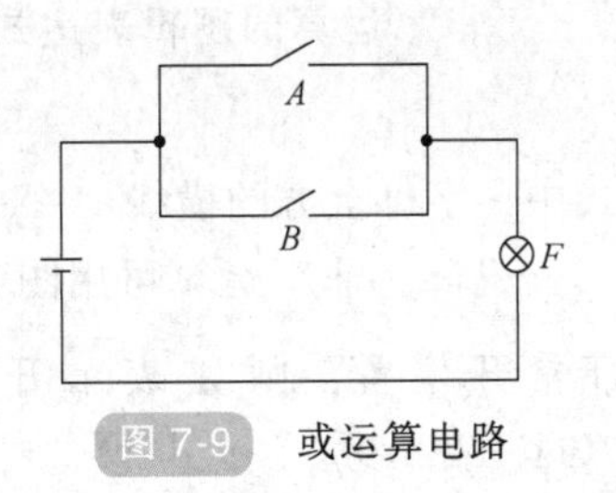

图 7-9　或运算电路

表 7-8a　**功能表**

开关 A	开关 B	灯 F
断开	断开	灭
断开	闭合	亮
闭合	断开	亮
闭合	闭合	亮

表 7-8b　**“或”运算真值表**

A	B	$F=A+B$
0	0	0
0	1	1
1	0	1
1	1	1

运算规律为：有 1 出 1，全 0 出 0。

实现“或”逻辑运算功能的电路称为“或”门。每个“或”门有两个或两个以上的输入端和一个输出端，图 7-10 是两输入端“或”门的逻辑符号。

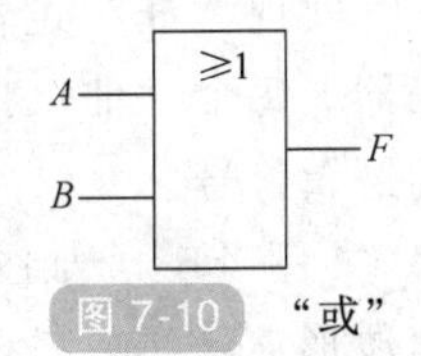

图 7-10　“或”门的逻辑符号

【例 7-5】　如图 7-11a 所示，向两输入端“或”门输入图示的波形，求其输出波形 F。

解：当输入波形 A 和 B 之一或全部为高电平时，即对应于图 7-11b 中的阴影部分，输出波形 F 为高电平。

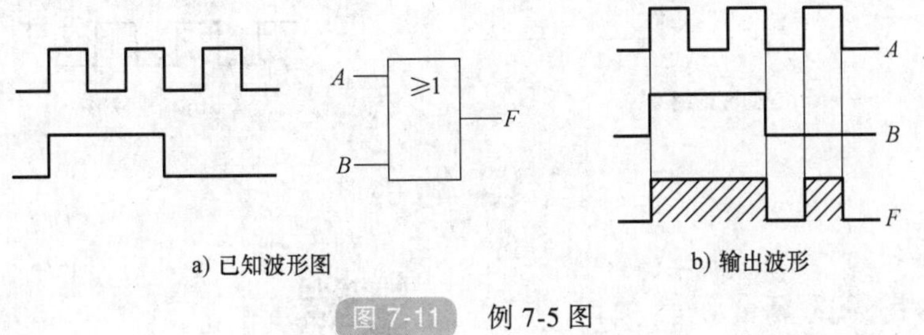

a) 已知波形图　　b) 输出波形

图 7-11　例 7-5 图

3. 非

逻辑“非”运算是一元运算，它定义了一个变量（记为 A）的函数关系。用语句来描述之，就是：当 $A=1$ 时，则函数 $F=0$；反之，当 $A=0$ 时，则函数 $F=1$。非运算亦称为“反”运算，也叫逻辑否定。

“非”运算的逻辑表达式为

$$F=\overline{A}$$

式中，字母上方的横线“-”表示“非”运算。该式可读作：F 等于 A 非，或 F 等于 A 反。

逻辑“非”运算可用图 7-12a 中的开关电路来说明。在图 7-12b 中，若令 A 表示开关处于常开位置，则 $\overline{A}$ 表示开关处于常闭位置。其功能表和真值表很简单，分别见表 7-9a、表 7-9b。

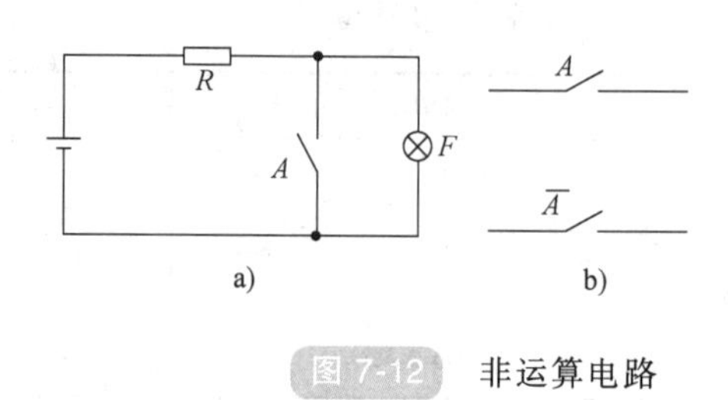

图 7-12 非运算电路

表 7-9a 功能表

A	$F=\overline{A}$
断开	1
闭合	0

表 7-9b “非”运算真值表

A	$F=\overline{A}$
0	1
1	0

运算规律为：有 0 出 1，有 1 出 0。

实现“非”逻辑运算功能的电路称为“非”门。“非”门也叫反相器。每个“非”门有一个输入端和一个输出端。图 7-13 是“非”门的逻辑符号。

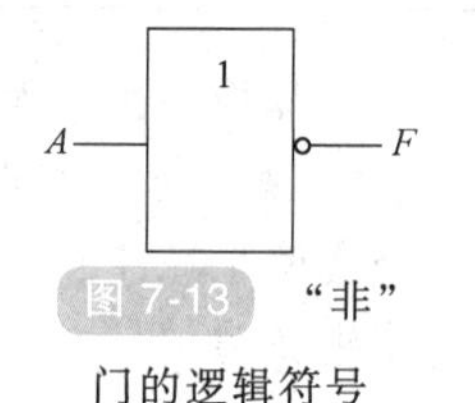

图 7-13 “非”门的逻辑符号

【例 7-6】 如图 7-14a 所示，向“非”门输入图示的波形，求其输出波形 F。

解：如图 7-14b 所示，当输入波形为高电平时，输出就为低电平；反之亦然。

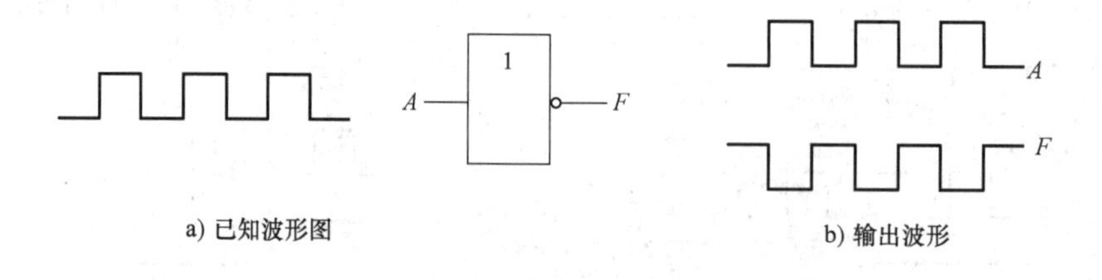

图 7-14 例 7-6 图

7.2.2 几种常见的复合逻辑关系

1. 与非（NAND）逻辑

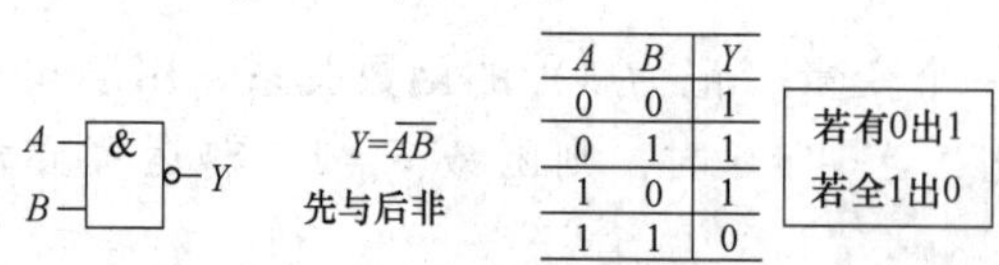

A	B	Y
0	0	1
0	1	1
1	0	1
1	1	0

2. 或非（NOR）逻辑

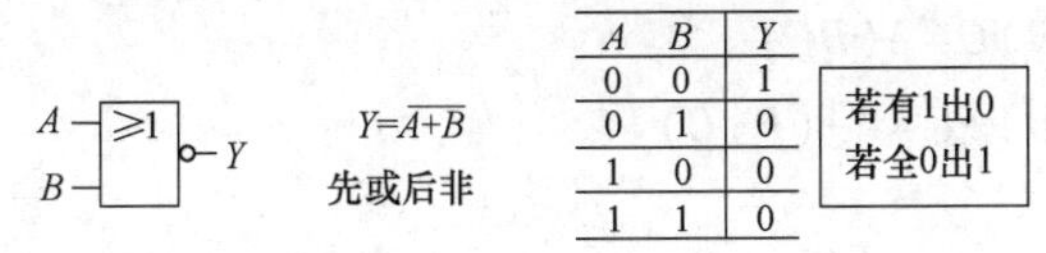

3. 与或非（AND-OR-INVERT）逻辑

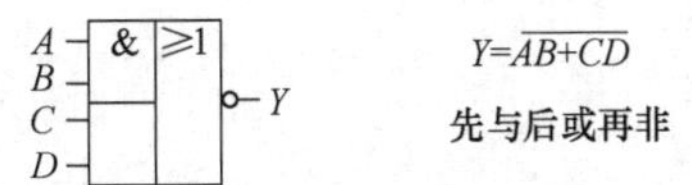

4. 异或（Exclusive-OR）逻辑

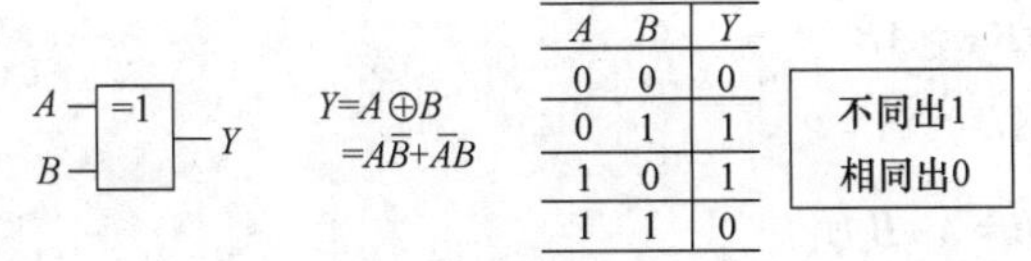

5. 同或（Exclusive-NOR，即异或非）逻辑

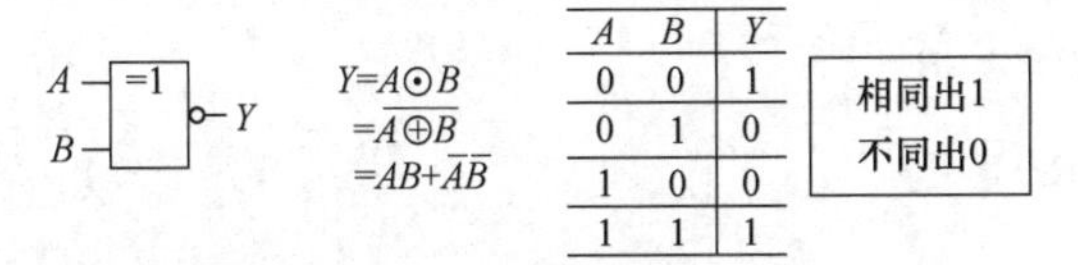

7.2.3　逻辑代数的基本运算

1. 逻辑代数中的变量和常量

常量就是写出 0 和 1 数字的量，或者已知电平的高低状态。

变量就是用字母表示的量，有可能为 0 也可能为 1。

2. 逻辑常量运算公式

逻辑常量间运算公式见表 7-10。

表 7-10　逻辑常量运算公式

与运算	或运算	非运算
$0\cdot 0=0$	$0+0=0$	
$0\cdot 1=0$	$0+1=1$	$\overline{1}=0$
$1\cdot 0=0$	$1+0=1$	$\overline{0}=1$
$1\cdot 1=1$	$1+1=1$	

3. 逻辑常量、变量运算公式

逻辑常量与变量间运算公式见表 7-11。

表 7-11　逻辑常量、变量运算公式

与运算	或运算	非运算
$A\cdot 0=0$	$A+0=A$	
$A\cdot 1=A$	$A+1=1$	$\overline{\overline{A}}=A$
$A\cdot A=A$	$A+A=A$	
$A\cdot\overline{A}=0$	$A+\overline{A}=1$	

4. 逻辑运算基本定律

(1) 交换律

$$AB=BA, A+B=B+A$$

(2) 结合律

$$ABC=(AB)C=A(BC)$$

$$A+B+C=(A+B)+C=A+(B+C)$$

(3) 分配律

$$A(B+C)=AB+AC$$

$$A+BC=(A+B)(A+C)$$

(4) 吸收律

$$A(A+B)=A$$

$$A(\overline{A}+B)=AB$$

$$A+AB=A$$

$$A+\overline{A}B=A+B$$

(5) 摩根定律

$$\overline{AB}=\overline{A}+\overline{B}$$

$$\overline{A+B}=\overline{A}\cdot\overline{B}$$

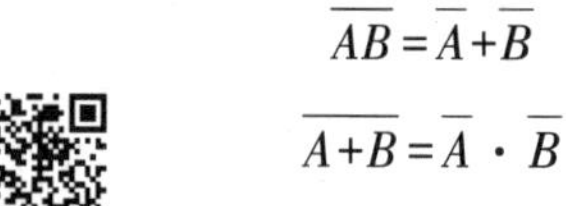

5. 公式化简法

通过一定的方法将逻辑函数表达式进行化简，化简后的表达式所构成的逻辑电路，不仅可节省电路中的元器件，降低成本，还能提高工作电路的可靠性。利用逻辑运算公式将逻辑函数进行化简的方法称为公式化简法。化简时必须将逻辑函数表达式化为最简式，即逻辑函数中的乘积项最少，且每个乘积项中的变量个数为最少。

(1) 并项法 利用公式 $AB+\overline{A}B=B$，把两个乘积项合并起来，消去一个变量。

例如：$Y=ABC+AB\overline{C}+\overline{A}B$

$=AB+\overline{A}B$

$=B$

(2) 吸收法 利用公式 $A+AB=A$，吸收掉多余的乘积项。

例如：$Y=\overline{AB}+\overline{A}D+\overline{B}E$

$=\overline{A}+\overline{B}+\overline{A}D+\overline{B}E$

$=\overline{A}+\overline{B}$

(3) 消去法 利用公式 $A+\overline{A}B=A+B$，消去乘积项中多余的因子。

例如：$Y=\overline{AB}+AC+BD$

$=\overline{A}+\overline{B}+AC+BD$

$=\overline{A}+\overline{B}+C+D$

(4) 配项消项法 利用公式 $AB+\overline{A}C+BC=AB+\overline{A}C$，在函数“与或”表达式中加上多余的项——冗余项，以消去更多的乘积项，从而获得最简与或式。（常称之为冗余定理）

例如：$Y=A\overline{C}+\overline{B}C+\overline{A}C+B\overline{C}$（加上乘积项 $\overline{A}B$）

$=A\overline{C}+\overline{B}C+\overline{A}C+B\overline{C}+\overline{A}B$

$=A\overline{C}+\overline{A}B+\overline{B}C+\overline{A}C+B\overline{C}$

$=A\overline{C}+\overline{A}B+\overline{B}C$

知识与小技能测试

1. 走廊里有一盏电灯，在走廊两端各有一个开关，人们希望不论哪一个开关接通都能使电灯点亮，那么设计的电路为______门电路。（填“与”“或”“非”）

2. 在登录电子信箱（或“QQ”）的过程中，要有两个条件，一个用户名，一个是与用户名对应的密码，要完成这个事件（登录成功），它们体现的逻辑关系为______逻辑关系。（填“与”“或”“非”）

3. 在______的情况下，函数 $Y=A+B$ 运算的结果是逻辑“0”。

A. 全部输入是“0”　　B. 任一输入是“0”

C. 任一输入是“1”　　D. 全部输入是“1”

4. 在______的情况下，函数 $Y=AB$ 运算的结果是逻辑“1”。

A. 全部输入是“0”　　B. 任一输入是“0”

C. 任一输入是“1”　　D. 全部输入是“1”

5. 在______的情况下，函数 $Y=\overline{AB}$ 运算的结果是逻辑“1”。

A. 全部输入是“0”　　B. 任一输入是“0”

C. 任一输入是“1”　　D. 全部输入是“1”

6. 试判断这句话：“在变量 A、B 取值相异时，其逻辑函数值为 1，相同时为 0，则为异或运算。”

7. 下列逻辑式中，正确的是______。

A. $A+A=A$　　B. $A+A=0$

C. $A+A=1$　　D. $A\cdot A=1$

8. 下列逻辑式中，正确的是______。

A. $A\cdot\overline{A}=0$　　B. $A\cdot A=1$

C. $A\cdot A=0$　　D. $A+\overline{A}=0$

9. 逻辑表达式 $A+BC=$______。

A. AB　　B. $A+C$

C. $(A+B)(A+C)$　　D. $B+C$

10. 请选择与函数式 $F=A+B+C$ 相等的表达式为______。

A. $F=\overline{A\cdot B\cdot C}$　　B. $F=\overline{\overline{A}\cdot\overline{B}\cdot\overline{C}}$

C. $F=\overline{A}\cdot\overline{B}\cdot\overline{C}$　　D. $F=\overline{\overline{A}+\overline{B}+\overline{C}}$

11. 在图 7-15 中，测定电动机转速时，必须用一个电路来限定在一个单位时间内的脉冲信号通过。试选择一种门电路来实现这一功能。

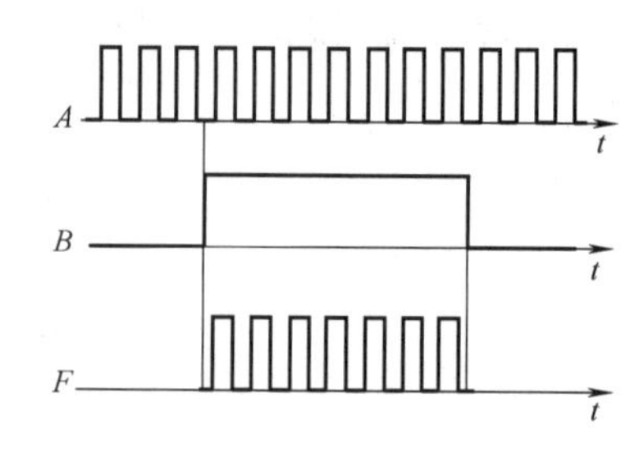

图 7-15 7.2 节知识与小技能测试题 11 图

7.3 集成逻辑门电路

本节以分立元器件构成的基本门电路入手，分析其工作原理，重点介绍目前应用最广泛的集成化 TTL 电路和 CMOS 电路。

7.3.1 半导体二极管和晶体管的开关特性

模块五中学习了二极管、晶体管的工作原理和特性。一个理想的开关器件应具备三个主要特点：①在接通状态时，其接通电阻为零，使流过开关的电流完全由外电路决定；②在断开状态下，阻抗为无穷大，流过开关的电流为零；③断开和接通之间的转换能在瞬间完成，即开关时间为零。尽管实际使用的半导体电子开关特性与理想开关有所差别，但是只要设置条件适当，就可以认为在一定程度上接近理想开关。

1. 二极管的开关特性

二极管由 PN 结构成，具有单向导电特性。在近似的开关电路分析中，二极管可以当作一个理想开关来分析，但在严格的电路分析中或者在高速开关电路中，二极管就不能当作一个理想开关。图 7-16 所示为二极管伏安特性曲线分段线性化的曲线，它将二极管的工作状态分成三个区，即导通区（Ⅰ）、截止区（Ⅱ）和击穿区（Ⅲ）。

在数字电路中，二极管作为开关管使用主要应用在大信号工作状态，即由导通状态到截止状态。当 $u_D>U_{on}$ 时，二极管处于导通状态；当 $U_R<u_D<U_{on}$ 时，二极管处于截止状态。

理想二极管的伏安特性曲线如图 7-17 所示。

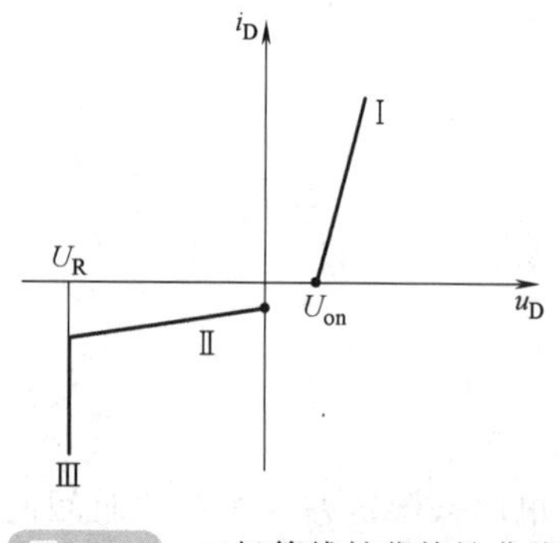

图 7-16 二极管线性化特性曲线

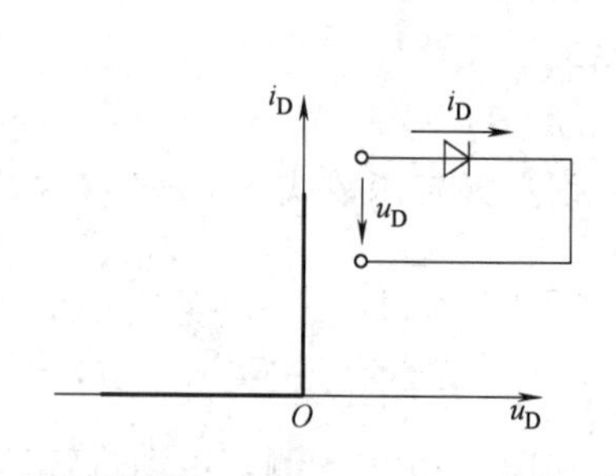

图 7-17 理想二极管伏安特性

2. 晶体管的开关特性

由于晶体管有截止、饱和和导通三种工作状态，在一般模拟电子线路中，晶体管常常当作线性放大器件或非线性器件来使用，在数字电路中，在大幅度脉冲信号作用下，晶体管也可以作为电子开关，而且晶体管易于构成功能更强的开关电路，因此它的应用比开关二极管更广泛。

图 7-18a 所示为一基本单管共射电路。输入电压 u_i 通过电阻 R_B 作用于晶体管的发射结，输出电压 u_o 由晶体管的集电极取出。其输入回路和输出回路的关系式如下：

$$u_{BE}=u_i-R_B i_B$$

$$u_o=u_{CE}=V_{CC}-R_C i_C$$

基本单管共射电路的传输特性如图 7-18b 所示。所谓传输特性是指电路的输出电压 u_o 与输入电压 u_i 的函数关系。可以将输出特性曲线大体分为三个区域：截止区、放大区和饱和区。

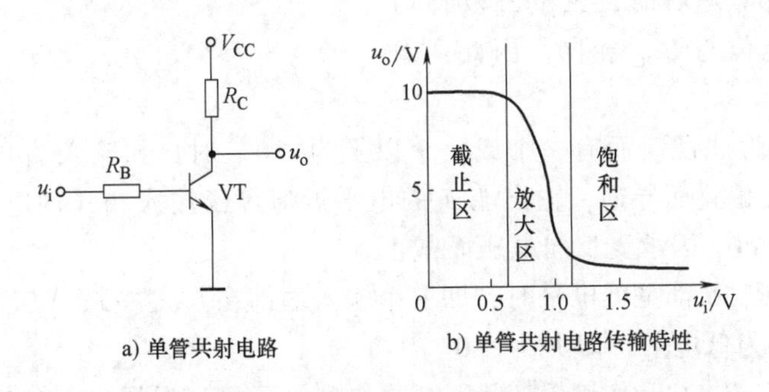

图 7-18　基本单管共射电路及传输特性

当输入电压 u_i 小于门限电压 U_{on} 时，晶体管工作在截止区，此时晶体管的发射结和集电结均处于反向偏置，则 $i_B\approx 0$，$i_C\approx 0$，$u_o\approx U_{CC}$，晶体管 VT 相当于开关断开。

当输入电压 u_i 大于门限电压 U_{on} 而又小于某一数值（如在图 7-18b 中约为 1V）时，晶体管工作在放大区。晶体管发射结正向偏置，集电结反向偏置，此时 i_B、i_C 随 u_i 的增加而增加，u_o 随 u_i 的增加而下降，当输入电压有较小的 Δu_i 的变化时，则输出电压 Δu_o 有较大的变化，即

$$\Delta u_o/\Delta u_i \gg 1$$

当输入电压 u_i 大于某一数值时，晶体管工作在饱和区。晶体管发射结和集电结均处于正向偏置，此时基极电流 i_B 足够大，满足

$$i_B>I_{BS}=\frac{V_{CC}-U_{CES}}{\beta R_C}$$

此时

$$u_o=U_{CES}\approx 0$$

$$i_C=\frac{V_{CC}-U_{CES}}{R_C}\approx\frac{V_{CC}}{R_C}$$

晶体管 C、E 之间相当于开关闭合。

3. 由二极管与晶体管组成的基本逻辑门电路

基本逻辑门有“与”门、“或”门、“非”门。在实际应用中，还经常将这些基本逻辑门组合为复合门电路，并也将其称为基本逻辑单元，如“与非”门电路、“或非”门电路等。基本逻辑门电路可以由二极管、晶体管等分立器件构成。

(1) “与”门电路 图 7-19a 所示为二极管“与”门电路，*A*、*B*、*C* 是它的三个输入端，*F* 是输出端，图 7-19b 是它的逻辑符号。

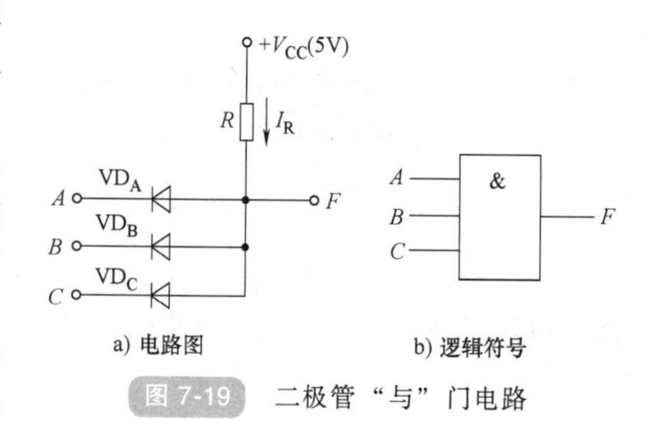

图 7-19 二极管“与”门电路

对于 *A*、*B*、*C* 中的每一个输入端而言，都只能有两种状态：高电位或低电位（或称为电平）。约定+5V 左右为高电平，用“1”表示，0V 左右为低电平，用“0”表示。

当输入端 *A*、*B*、*C* 全为高电平“1”，即三个输入端都在+5V 左右时，三个二极管均截止，输出端 *F* 电位与 U_{CC} 相同。因此，输出端 *F* 也是“1”。

当输入端不全为“1”，而有一个或一个以上为“0”时，如输入端 *A* 是低电平 0V，则二极管 VD_A 因正向偏置而导通，输出端 *F* 的电平近似等于输入端 *A* 的电平，即 *F* 为“0”。这时二极管 VD_B、VD_C 因承受反向电压而截止。

当输入端 *A*、*B*、*C* 都是低电平时，即三个输入端都在 0V 左右，VD_A、VD_B、VD_C 均导通，所以输出端 *F* 为低电平，即 *F* 为“0”。

若把输入端 *A*、*B*、*C* 看作逻辑变量，*F* 看作逻辑函数，根据以上分析可知：只有当 *A*、*B*、*C* 都为“1”时，*F* 才为“1”，否则，*F* 为“0”，这正是“与”逻辑运算，也是把此电路称为“与”门的由来。“与”门的输出 *F* 与输入 *A*、*B*、*C* 的关系可用如下逻辑式来表达：

$$F=A \cdot B \cdot C$$

(2) “或”门电路 图 7-20a 所示为二极管组成的“或”门电路，图 7- 20b 是它的逻辑符号。图中 *A*、*B*、*C* 是输入端，*F* 是输出端。

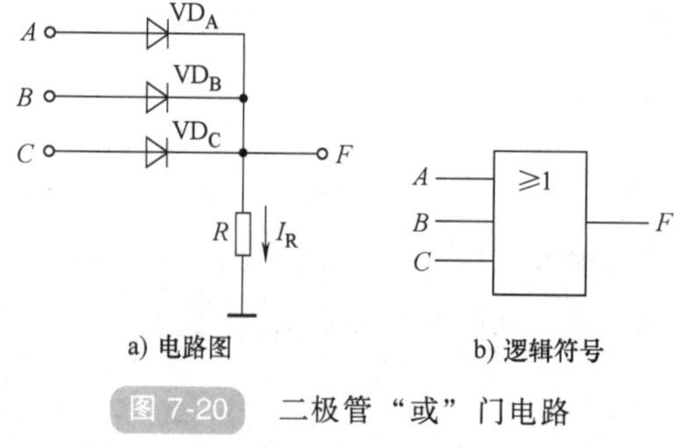

图 7-20 二极管“或”门电路

“或”门的逻辑功能为：输入只要有一个为“1”，其输出就为“1”。例如，*A* 端为高电平“1”，而 *B*、*C* 端为低电平“0”时，则二极管 VD_A 因承受较高的正向电压而导通，*F* 端的电位为 U_A，此时 VD_B、VD_C 承受反向电压而截止。所以输出端 *F* 为高电平“1”。

可以分析，只有在输入端 *A*、*B*、*C* 全为“0”时，输出端 *F* 才为“0”，其余情况输出 *F* 全为“1”，这正是“或”逻辑运算，故称此电路为“或”门电路，其逻辑表达式为

$$F=A+B+C$$

(3) 晶体管“非”门电路 晶体管反相器可以组成最简单的“非”门电路，其电路组成和逻辑符号如图 7-21 所示。图中 *A* 为输入端，*F* 为输出端。

当输入端 *A* 为“0”时，若能满足基极电位 $U_B<0$ 的条件，则晶体管可靠截止，输出端

F 的电位接近于 U_{CC}，在这种情况下，F 输出高电平“1”。

当输入端 A 为高电平“1”时，如电路参数满足 $I_B > \dfrac{U_{CC}}{\beta R_C}$ 条件，则晶体管饱和导通，即 $U_{CE} = U_{CES} \approx 0.3V$，所以在输出端 $U_F = 0.3V$，F 输出为低电平。

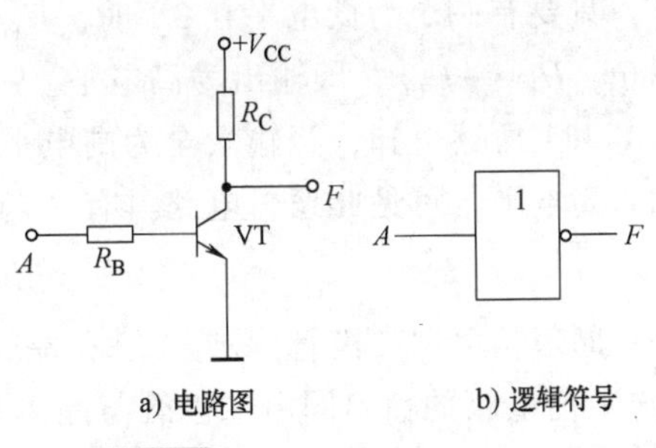

a) 电路图　　b) 逻辑符号

图 7-21　晶体管“非”门电路

综上所述，当 A 为“0”时，F 为“1”；当 A 为“1”时，F 则为“0”。换句话说，输出 F 总与输入端 A 状态相反，这正是逻辑“非”运算。由于晶体管反相器能完成“非”逻辑运算，所以称为“非”门电路，其逻辑表达式为

$$F = \overline{A}$$

(4) 复合门电路　上面介绍了二极管“与”门和“或”门电路，其优点是电路简单、经济。但在许多门电路互相连接时，由于二极管有正向压降，通过一级门电路以后，输出电平对输入电平约有 0.7V（硅管）的偏移。这样经过一连串的门电路之后，高低电平就会严重偏离原来的数值，以至造成错误的结果。此外，二极管门带负载能力也较差。

为了解决这些问题，采用二极管与晶体管门组合，组成“与非”门、“或非”门。“与非”门和“或非”门在带负载能力、工作速度和可靠性方面都大为提高，因此成为逻辑电路中最常用的基本单元。

图 7-22a 是一个简单的集成“与非”门电路，它是由二极管“与”门和三极管“非”门串联组合而成的，组成二极管—晶体管逻辑（Diode-Transistor Logic，DTL）门电路。图 7-22b 是“与非”门的逻辑符号。

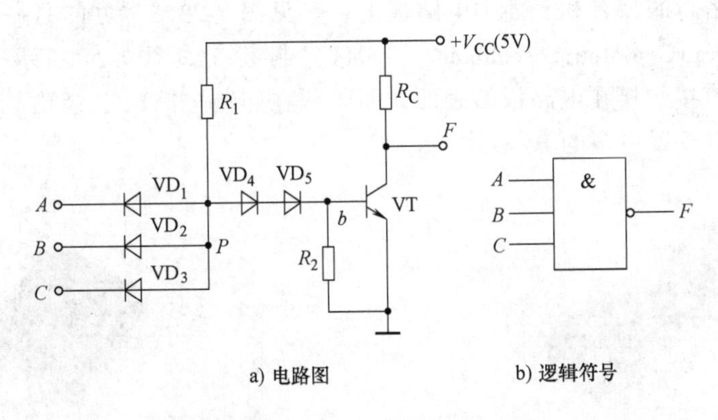

a) 电路图　　b) 逻辑符号

图 7-22　DTL“与非”门电路

在图 7-22a 中，二极管 VD_4、VD_5 与电阻 R_2 组成分压器对 P 点的电位进行变换。

当输入端 A、B、C 都是高电平（如 5V）时，二极管 $VD_1 \sim VD_3$ 均截止，而 VD_4、VD_5 和 VT 导通，$U_P \approx 3 \times 0.7V = 2.1V$，$VD_4$、$VD_5$ 呈现的电阻比较小，使流入晶体管的基极电流 I_B 足够大，从而使晶体管饱和导通，$U_F \approx 0.3V$，即输出为低电平；在输入端 A、B、C 当

中，只要有一个为低电平 0.3V 时，U_P 将为 0.3V+0.7V=1V，此时，VD_4、VD_5 和晶体管均截止，$U_F \approx +U_{CC}$，即输出为高电平。

由上所述可知，当输入全为高电平时，输出为低电平，只要有一个输入为低电平，输出就为高电平，可见此逻辑电路具有“与非”的逻辑关系，即

$$F=\overline{A \cdot B \cdot C}$$

同理，可用二极管“或”门和晶体管“非”门组成“或非”门电路。若将二极管的“与”门电路的输出同由二极管与晶体管组成的“或非”门电路的输入相连，便可构成“与或非”门电路。这些都是逻辑电路中常用的基本逻辑单元。

7.3.2 集成逻辑门电路

上述的基本逻辑门电路是由分立元器件构成的，把若干个有源器件和无源器件及其连线，按照一定的功能要求，制作在一块半导体基片上，这样的产品叫集成电路。

集成电路比分立元器件电路有许多显著的优点，如体积小、耗电省、重量轻、可靠性高等等，所以集成电路一出现就受到人们的极大重视并迅速得到广泛应用。

1. 概述

集成电路逻辑门，按照其组成的有源器件的不同可分为两大类：一类是双极型晶体管逻辑门；另一类是单极型的绝缘栅场效应晶体管逻辑门。其中，使用最广泛的是 TTL 集成电路和 CMOS 集成电路。

每种集成电路又分为不同的系列，每个系列的数字集成电路都有不同的代码，也就是器件型号的后几位数码。具有相同代码的集成电路，不管属于哪个系列，它们的逻辑功能相同，外形尺寸相同，引脚也兼容。例如，00 代表 4 个 2 输入（也称 4-2 输入）“与非”门，02 代表 4 个 2 输入“或非”门，08 代表 4 个 2 输入“与”门。

最常用的是采用塑料或陶瓷封装技术的双列直插式封装（Dual In-line Package，DIP），这种封装是绝缘密封的，有利于插到电路板上，参见图 7-23。常见的另一种 IC 封装形式是表面贴片技术（Surface-Mount Technology，SMT）封装，如图 7-24 所示，简称表面贴装。SMT 封装的芯片直接焊接在电路板的表面，而无须在印制电路板上穿孔，所以其密度更高，即给定区域内可以放置更多的 IC 芯片。

图 7-23 DIP 封装

图 7-24 SMT 封装

使用集成门电路芯片时，要特别注意其引脚配置及排列情况，分清每个门的输入端、输出端和电源端、接地端所对应的引脚，这些信息及芯片中门电路的性能参数，都收录在有关产品的数据手册中，因此使用时要养成查数据手册的习惯。

2. TTL 集成电路逻辑门

TTL 门电路由双极型晶体管构成，其特点是速度快、抗静电能力强，但其功耗较大，不适宜做成大规模集成电路。目前广泛应用于中、小规模集成电路中。TTL 门电路有 74（民用）和 54（军用）两大系列，每个系列中又有若干子系列。例如，74 系列包含如下基本子系列：

74：标准 TTL（Standard TTL）。

74L：低功耗 TTL（Low-power TTL）。

74S：肖特基 TTL（Schottky TTL）。

74AS：先进肖特基 TTL（Advanced Schottky TTL）。

74LS：低功耗肖特基 TTL（Low-power Schottky TTL）。

74ALS：先进低功耗肖特基 TTL（Advanced Low-power Schottky TTL）。

使用者在选择 TTL 子系列时主要考虑它们的速度和功耗，其速度及功耗的比较见表 7-12。其中 74LS 系列产品具有最佳的综合性能，是 TTL 集成电路的主流，是应用最广的系列。

表 7-12　TTL 系列速度及功耗的比较

速度	TTL 系列	功耗	TTL 系列
最快 ↓ 最慢	74AS	最小 ↓ 最大	74L
	74S		74ALS
	74ALS		74LS
	74LS		74AS
	74		74
	74L		74S

常用的 TTL 集成门有“与”门、“非”门、“与非”门、“异或”门等等，此外还有三态门、集电极开路（Open Collector，OC）“与非”门。本节重点介绍集电极开路（OC）门。

（1）TTL OC 门电路及逻辑符号　OC 门是常用的一种特殊门。在使用一般 TTL 门时，输出端是不允许长久接地，不允许与电源短接，不允许两个或两个以上 TTL 门的输出端并联起来使用，否则会有一个大电流长时间流过烧毁电路。因此专门设计了一种特殊的 TTL 门电路——OC 门，它能够克服上述缺陷。图 7-25 所示是 TTL OC 门集成芯片 74LS03 的引脚排列图。

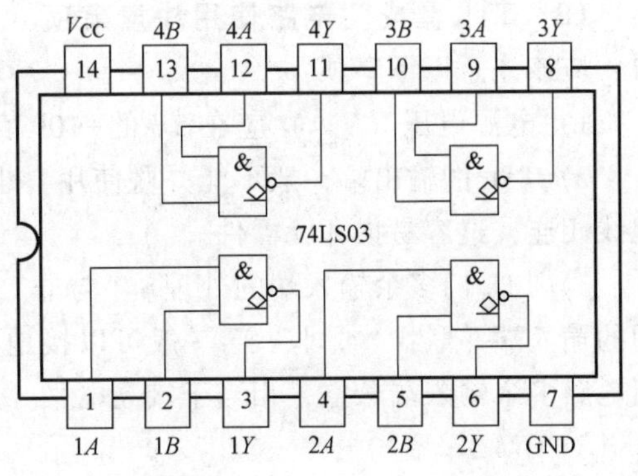

图 7-25　74LS03 的引脚排列图

由图 7-25 可知，74LS03 共有 14 个引脚，包含有 4 个 2 输入的 OC 门，输入 1A、1B，输出 1Y 构成一个 OC 门；输入 2A、2B，输出 2Y 构成一个 OC 门，其余类推；引脚 7 接地；引脚 14 接电源（5V）正极。

图 7-26a 所示是 OC 门的电路图，在电路中，输出管 VT5 的集电极开路，因此叫作 OC 门。OC 门也具有“全高出低，有低出高”的逻辑关系，只是它的输出端必须外接上拉电阻 R_L 及外接电源 $+V_{CC}$。图 7-26b 是 OC 门的逻辑符号。

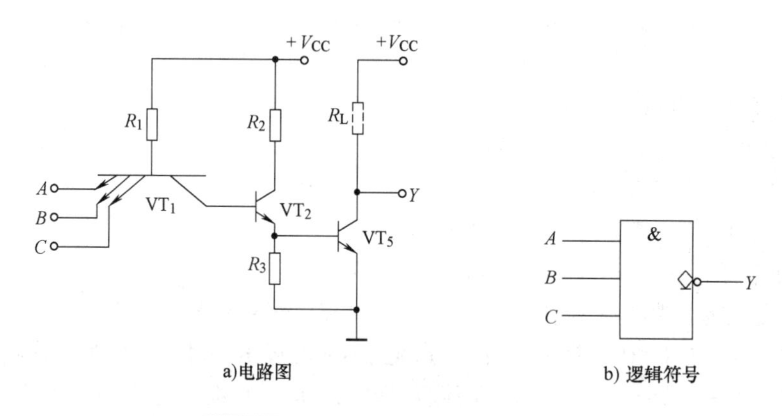

图 7-26　TTL OC 门电路及逻辑符号

(2) TTL OC 门的应用　OC 门指的是集电极开路的门电路，能够实现“线与”功能。所谓“线与”，是指将几个 OC 门的输出端直接连接到同一根输出线上，从而使各输出端之间实现“与”的逻辑关系。图 7-27 所示为三个 OC 门的连接，实现了“线与”逻辑。

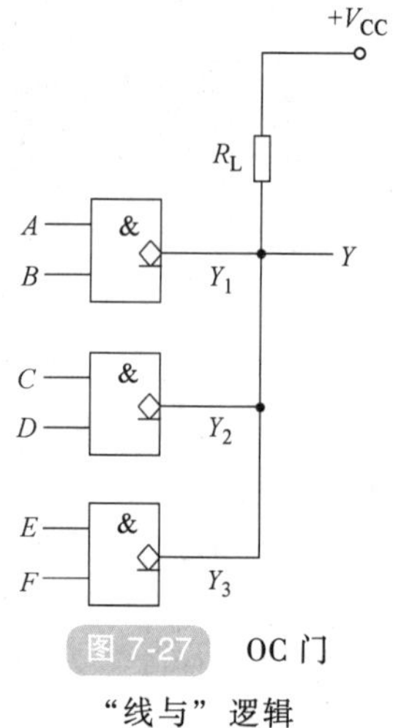

图 7-27　OC 门“线与”逻辑

从图 7-27 可知，A、B（或者 C、D，或者 E、F）输入为全 1，则相应输出端 Y_1（或 Y_2、Y_3）就会是低电平，总的输出端 Y 也就为低电平；只有三个 OC 门的输入中都有低，总的输出 Y 才为高电平。用逻辑函数表示为

$$Y=\overline{AB+CD+EF}=\overline{AB}\cdot\overline{CD}\cdot\overline{EF}=Y_1Y_2Y_3$$

因此，OC“与非”门的线与可用来实现“与或非”逻辑功能。总的输出 Y 为三个 OC 门单独输出 Y_1、Y_2 和 Y_3 的“与”。

(3) TTL 集成门电路使用注意事项　使用 TTL 集成门电路时，应该注意以下事项：

1）电源电压（V_{CC}）应在 5V 的+10%范围之内。

2）TTL 的输出端一般不能并联使用，也不可以直接和电源或地线相连，这容易损坏元器件。

3）TTL 门多余输入端的处理。“与非”门一般可以接电源、通过电阻后接电源、与使用的输入端并联；“或非”门一般可以接地、通过电阻后接地、与使用的输入端并联。TTL 门电路多余输入端悬空，相当于接高电平。

3. CMOS 集成电路逻辑门

CMOS 集成门电路由场效应晶体管构成，它的特点是集成度高、功耗低，但速度较慢、抗静电能力差。虽然 TTL 门电路由于速度快和更多类型选择而流行多年，但 CMOS 门电路具有功耗低、集成度高的优点，而且其速度也已经获得了很大的提高，目前已经能够与 TTL 门电路相媲美。因此，CMOS 门电路获得了广泛的应用，特别是在大规模集成电路和微处理器中已经占据了支配地位。

(1) CMOS“与非”门　CMOS“与非”门的集成芯片如 CD4011，其引脚排列图如图 7-28 所示。

由图 7-28 可知，CD4011 共有 14 个引脚，包含有 4 个 2 输入的“与非”门，输入 1*A*、1*B*，输出 1*Y* 构成一个“与非”门；输入 2*A*、2*B*，输出 2*Y* 构成一个“与非”门，其余类推；引脚 7 接地；引脚 14 接电源（5V）正极。

(2) CMOS“非”门　CMOS“非”门的集成芯片如 CD40106，其引脚排列图如图 7-29 所示。

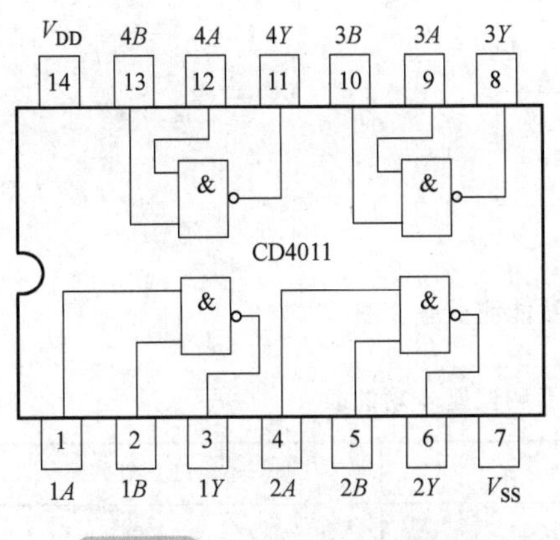

图 7-28　CD4011 引脚排列图

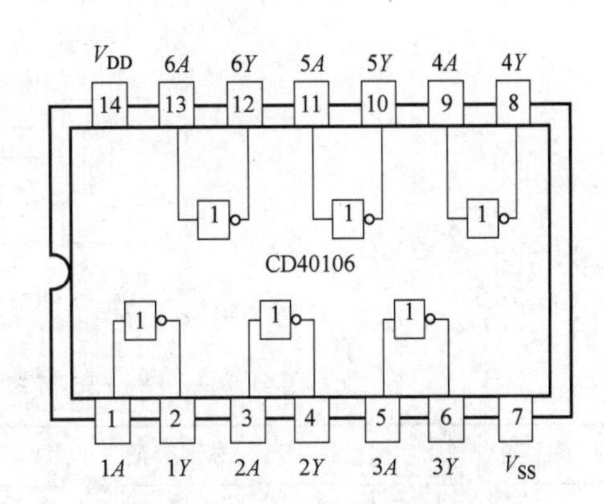

图 7-29　CD40106 引脚排列图

由图 7-29 可知，CD40106 共有 14 个引脚，包含有 6 个“非”门，输入 1*A*，输出 1*Y* 构成一个“非”门；输入 2*A*，输出 2*Y* 构成一个“非”门，其余类推；引脚 7 接地；引脚 14 接电源（5V）正极。

(3) CMOS 集成门电路使用注意事项　TTL 门电路的注意事项对于 CMOS 门电路一般也适用，因 CMOS 门电路的自身原因，所以还须注意以下几点：

1）谨防静电。存放 CMOS 电路要用金属盒屏蔽。

2）多余输入端的处理。CMOS 电路的输入阻抗高，容易受到外界的干扰，所以多余的输入端不允许悬空。“与非”门接电源，“或非”门接地。

知识与小技能测试

1. 图 7-30 所示电路由 TTL 门电路构成，试写出 F_1、F_2 的表达式。（提示：图 7-30b 中第一级门为三态与非门，EN 端接高电平实现与非，接低电平呈现高阻态）

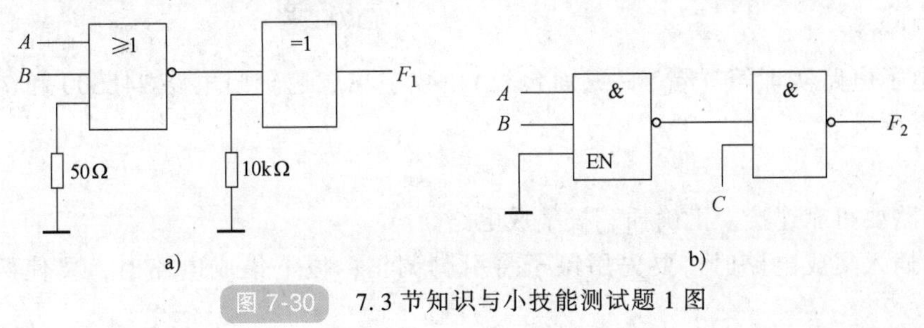

图 7-30　7.3 节知识与小技能测试题 1 图

2. 数字集成门电路按______的不同可分为 TTL 和 CMOS 两大类。其中 TTL 集成电路是______型，CMOS 集成电路是______型。集成电路芯片中 74LS××系列芯片属于__________型集成电路，CC40××系列芯片属于______型集成电路。

3. 一般 TTL 集成电路和 CMOS 集成电路相比，__________集成门的带负载能力强，__________集成门的抗干扰能力强；__________集成门电路的输入端通常不可以悬空。

4. 查阅资料选择一块芯片（TTL 和 CMOS 任选），熟悉其型号及引脚图，试着用面包板或实验箱连接图 7-31 所示电路（A、B、C 信号用逻辑开关输入，输出接电阻串联的 LED），将操作结果填入表 7-13 中，分析电路实现了什么功能。

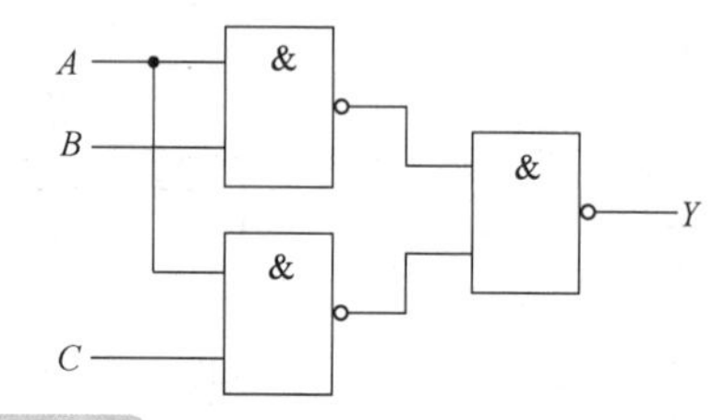

图 7-31　7.3 节知识与小技能测试题 4 图

表 7-13　7.3 节知识与小技能测试题 4 功能表

输入变量			输出 LED 灯状态
A	B	C	Y
0	0	0	
0	0	1	
0	1	0	
0	1	1	
1	0	0	
1	0	1	
1	1	0	
1	1	1	

技能训练

技能训练一　集成逻辑门电路功能测试

1. 材料清单

数字电子电路实训箱（台）（或面包板）、数字集成逻辑门电路 74LS00 和 74LS20、导线若干、万用表等。

2. 测试要求

1）电路要可靠连接，正确插、拔集成电路。

2）在插入集成电路时，要先用镊子将引脚调正；拔下集成电路时，要使两端平衡拔出，以免将引脚折断。

3）在数字电子电路实训箱上进行各种拨动开关、导线插拔操作时，不宜用力过大，应使着力点在开关柄或导线的根部，轻轻拨动，不可用力去扳开关柄或导线端部，否则会降低开关或导线的使用寿命。

4）断电连接电路，检查无误后通电。操作过程中要时刻注意人身安全和用电安全。

3. 集成电路引脚识别

DIP的集成电路引脚编号方法：芯片的一端有半月形缺口（有些是一个小圆点、凹口或一个斜切角）用来指示引脚编号的起始位置；起始标志朝左，紧邻这个起始引脚标志的左下方引脚为第1脚，其他引脚按逆时针方式顺序排列。如下图7-32所示。

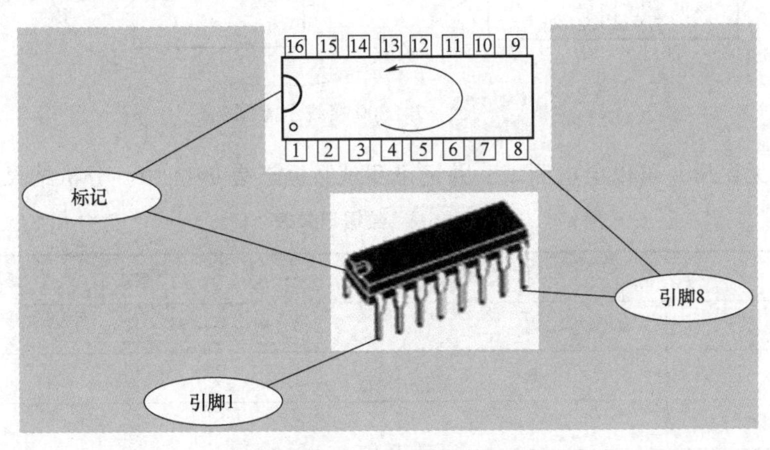

图7-32　引脚排列示意图

4. 集成电路功能测试

74LS00是4-2输入“与非”门，它内部有4个“与非”门，每个“与非”门有两个输入端、一个输出端，74LS00引脚排列及内部电路图如图7-33所示。

1）正确连接好器件工作电源：74LS00的14脚和7脚分别接到实验台的5V直流电源的“+5V”和“GND”端处，TTL数字集成电路的工作电压为5V（实验允许±5%的误差）。

2）连接被测门电路的输入信号：74LS00有4个2输入“与非”门，可选择其中一个2输入“与非”门进行测试，将输入端A、B分别连接到实训台的“逻辑电平输出”的其中两个输出端。

3）连接被测门电路的输出端：将“与非”门的输出端Y连接到“逻辑电平显示”的其中一个输入端。接线示意图如图7-34所示。

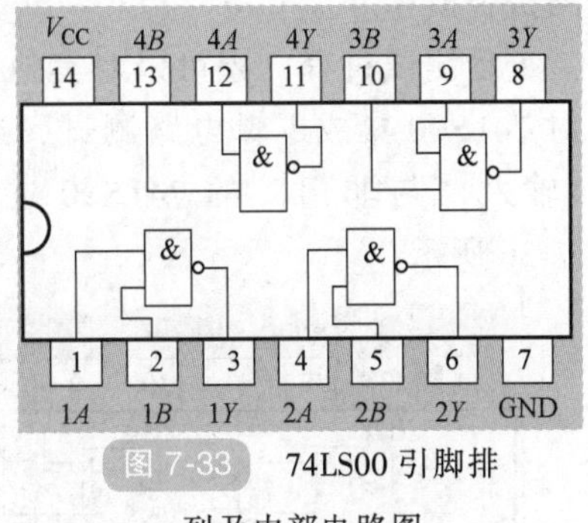

图7-33　74LS00引脚排列及内部电路图

通过开关改变被测“与非”门输入端A、B的逻辑值，在“逻辑电平显示”观测输出端的逻辑值，对应输出端的指示灯LED亮红色时为1，亮绿色时为0。不亮表示输出端不是标准的TTL电平。

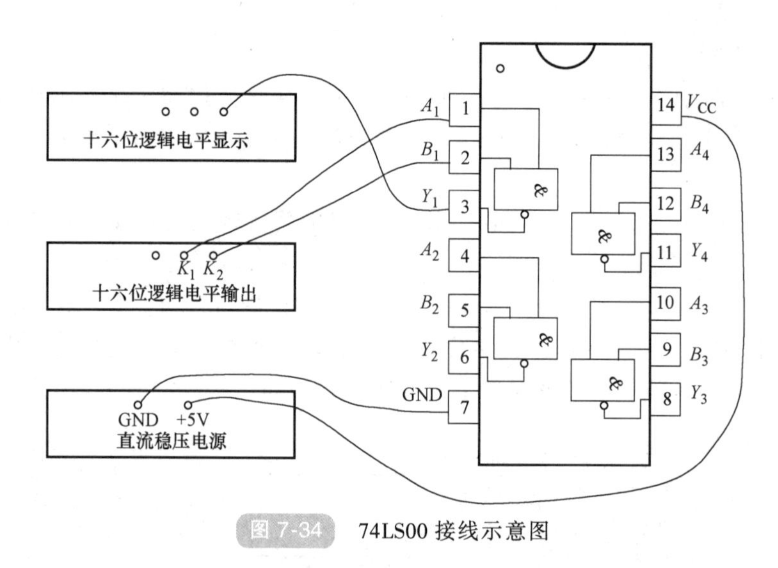

图 7-34　74LS00 接线示意图

确定连线无误后，可以上电测试，并记录测试数据于表 7-14 中，分析结果。

表 7-14　数据记录表

输入端		输出端	
A_1	B_1	LED	Y_1
0	0		
0	1		
1	0		
1	1		

比较实测值与理论值，比较结果一致，说明被测门的功能是正确的，门电路完好。如果实测值与理论值不一致，应检查集成电路的工作电压是否正常，实验连线是否正确，判断门电路是否损坏。

重复测试过程，还可以对其他三个以 Y_2、Y_3、Y_4 为输出的“与非”门进行验证。除了对 74LS00 集成逻辑电路测试，还可以用同样方法对 4-2 输入“或非”门的 74LS02 和 2-4 输入“与非门”的 74LS20 进行测试，它们的引脚排列及内部电路图如图 7-35、图 7-36 所示。

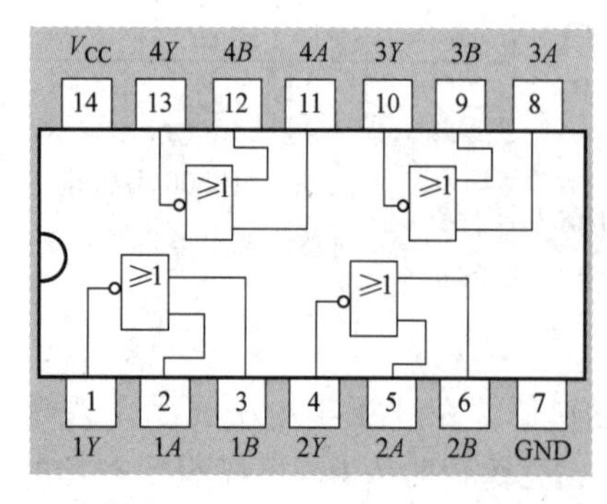

图 7-35　74LS02 引脚排列及内部电路图

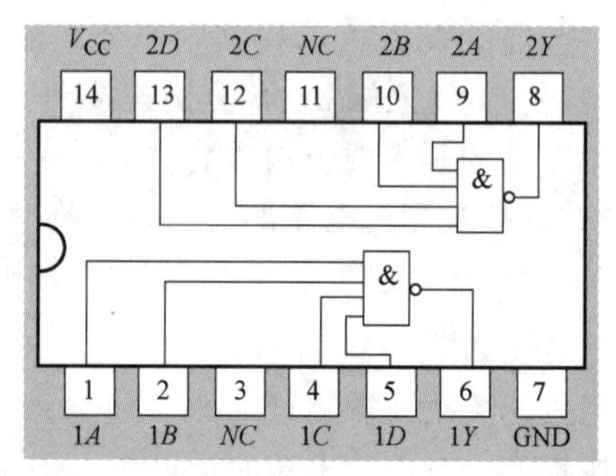

图 7-36　74LS20 引脚排列及内部电路图

5. 测试拓展

在逻辑电路设计时，如果没有需要的逻辑门电路时怎么办？可以利用已有集成门电路进行变换得到所需要的逻辑功能的门电路，例如，利用“与非”门组成其他逻辑门电路。

技能训练二　三人表决器电路的连接与测试

1. 材料清单

数字电子电路实训箱（台）（或面包板）、数字集成逻辑门电路 74LS00 和 74LS10、导线若干、若干电阻、发光二极管等。

2. 测试要求

1）学会自己查阅集成电路手册，判断所需集成逻辑电路正确的功能引脚。

2）能正确分析及连接所选定的电路。

3）记录测试结果，并根据结果分析故障产生的原因。

4）至少掌握一种 EDA 软件，能够正确仿真电路原理。

3. 三人表决器电路的要求

如何帮某栏目组设计一个三人表决器？两个或两个以上评委亮灯，该选手顺利晋级到下一轮；一位或没有评委亮灯，该选手将被淘汰，无缘后面的比赛。

4. 三人表决器电路的实现

根据要求，设 A、B、C 三个变量分别表示各个评委，认可选手时用输入 1 表示，不认可时用输入 0 表示；用输出变量 Y 表示表决结果，晋级用输出 1 表示，淘汰用输出 0 表示。由此可列出真值表，见表 7-15。

表 7-15　三人表决器真值表

输入变量			输出变量
A	B	C	Y
0	0	0	0
0	0	1	0
0	1	0	0
0	1	1	1
1	0	0	0
1	0	1	1
1	1	0	1
1	1	1	1

根据真值表，可以写出输出函数的“与或”表达式，即

$$Y=\overline{A}BC+A\overline{B}C+AB\overline{C}+ABC$$

对上式进行化简，得 $Y=AB+AC+BC$。

将上式进行变换成“与非”表达式为 $Y=\overline{\overline{AB}\;\overline{BC}\;\overline{AC}}$。

故，根据输出逻辑表达式，画出逻辑图如图 7-37 所示。

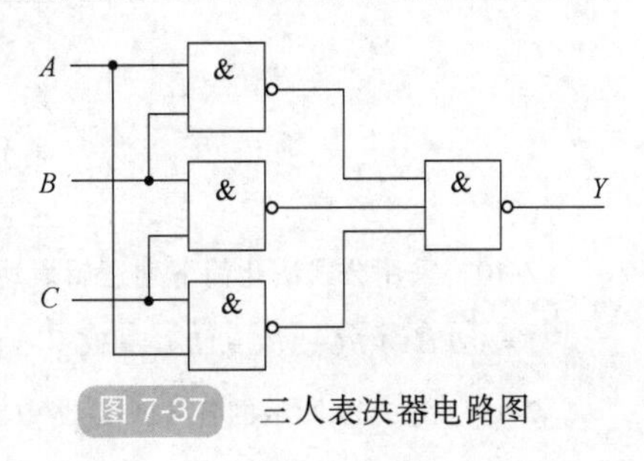

图 7-37　三人表决器电路图

有了逻辑电路图，就可以用74LS00芯片（4-2输入“与非”门）及74LS10芯片（3-3输入“与非”门）接逻辑电路。用发光二极管的状态来表示表决结果通过与否，当发光二极管点亮表示表决结果通过，熄灭表示表决结果不通过。三人 A、B、C 的表决情况用拨码开关来实现。

在实训台上接线并测试，观察是否按预定真值表工作，现象一致说明电路正确；现象不同，则需重新检查电路，排除故障。

练习与思考

7-1 试将下列二进制数转换为十进制数。

(1) $(11011)_2$　　(2) $(101111.01)_2$　　(3) $(11010)_2$

7-2 试将下列十进制数转换为二进制数（取小数点后6位）。

(1) $(37)_{10}$　　(2) $(49.625)_{10}$　　(3) $(8.125)_{10}$

7-3 试将下列二进制数分别转换为八进制数和十六进制数。

(1) $(1010111)_2$　　(2) $(1101110110)_2$　　(3) $(10110.01101)_2$

7-4 试将下列数转换成二进制数。

(1) $(136.45)_8$　　(2) $(69C)_{16}$　　(3) $(57B.F2)_{16}$

7-5 试将下列十进制数转化为8421BCD码。

(1) $(47)_{10}$　　(2) $(93.14)_{10}$　　(3) $(13)_{10}$

7-6 将下列8421BCD码转化为十进制数。

(1) $(010101111001)_{8421BCD}$

(2) $(001101110110.1001)_{8421BCD}$

(3) $(10000100.0101)_{8421BCD}$

7-7 应用逻辑代数运算法则证明下列各式：

(1) $AB+\overline{A}\overline{B}=\overline{\overline{A}B+A\overline{B}}$　　(2) $A(\overline{A}+B)+B(B+C)+B=B$

(3) $\overline{\overline{A}+B}+\overline{\overline{A}+\overline{B}}=A$　　(4) $A(\overline{A}+B)+B(\overline{B}+C)+B=B$

7-8 化简逻辑表达式：

(1) $Y=AB\ (BC+A)$

(2) $Y=(\overline{A}+\overline{B}+\overline{C})(B+\overline{B}+C)(\overline{B}+C+\overline{C})$

7-9 写出如图7-38所示逻辑图的函数表达式。

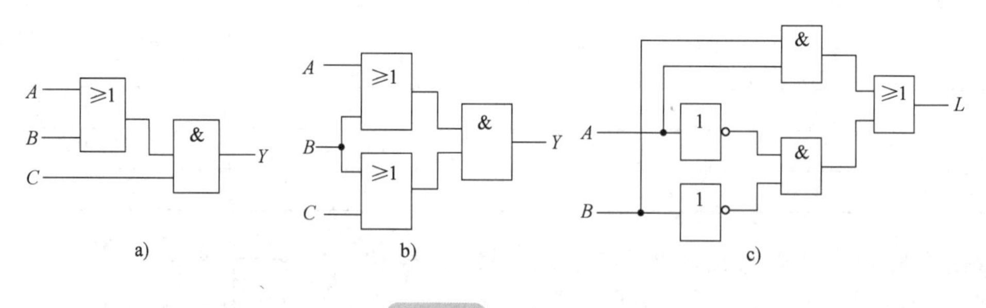

图7-38　题7-9图

7-10 采用公式法化简下列逻辑表达式，并列出真值表。

$Y=\overline{A}\,\overline{B}\,\overline{C}+\overline{A}\,\overline{B}C+\overline{A}B\overline{C}+A\overline{B}\,\overline{C}+\overline{A}BC$

7-11 图7-39所示的各TTL电路中能完成 $F=\overline{AB+CD}$ 逻辑功能的是__________。

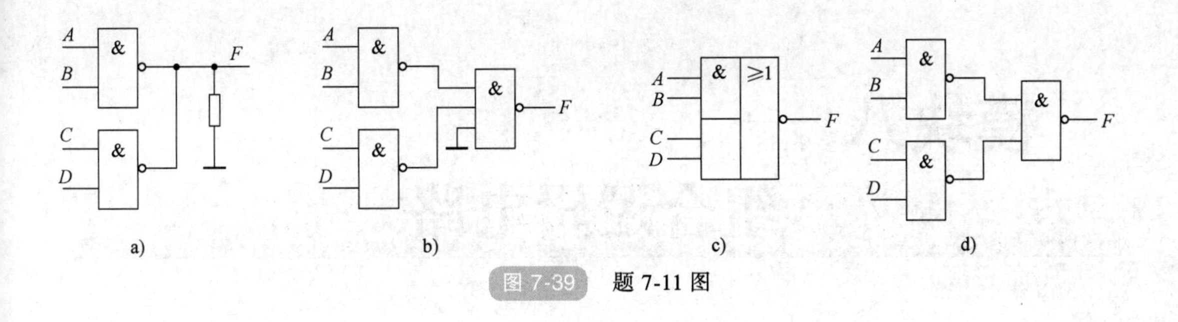

图 7-39　题 7-11 图

模块八

组合逻辑电路

知识点

1. 组合逻辑电路基础。
2. 编码器、译码器、数据选择器的功能及应用。

教学目标

知识目标：1. 掌握组合逻辑电路概念及分析、设计方法。
2. 了解常用中规模集成电路的性能、特点、内部逻辑图。
3. 学会看编码器、译码器、数据选择器等常用器件的功能表、引脚图。

能力目标：1. 能分析常用集成组合逻辑器件的典型应用电路。
2. 学会用集成组合逻辑器件连接、调试电路。

案例导入

在很多竞赛或娱乐节目的场合，需要有抢答的环节，如何确定抢答者的先后顺序，是主持人较难把握的，数码显示抢答器可以很好地解决有关抢答的先后问题（见图 8-1）。

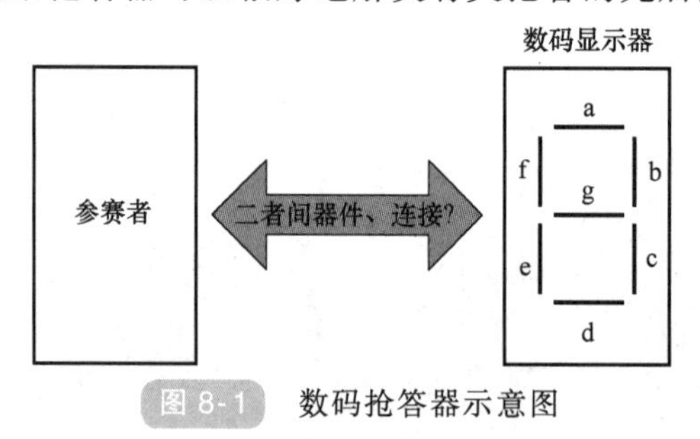

图 8-1　数码抢答器示意图

相关知识

8.1　组合逻辑电路基础

组合逻辑电路指任何时刻的输出仅取决于该时刻输入信号，而与电路原有的状态无关的电路。组合逻辑电路的特点是没有存储和记忆作用，其组成特点是由门电路构成，不含记忆

单元，无反馈。

8.1.1　组合逻辑电路的分析

分析逻辑电路的目的，就是要研究其输出与输入之间的逻辑关系，得出电路所实现的逻辑功能。分析的一般步骤为：

1）由已知的逻辑图写出逻辑表达式。一般从输入端逐级写出各逻辑门的表达式，直到写出该电路的逻辑表达式。

2）将逻辑式化简。

3）列出真值表。

4）根据真值表和表达式确定其逻辑功能。

分析流程如图 8-2 所示。

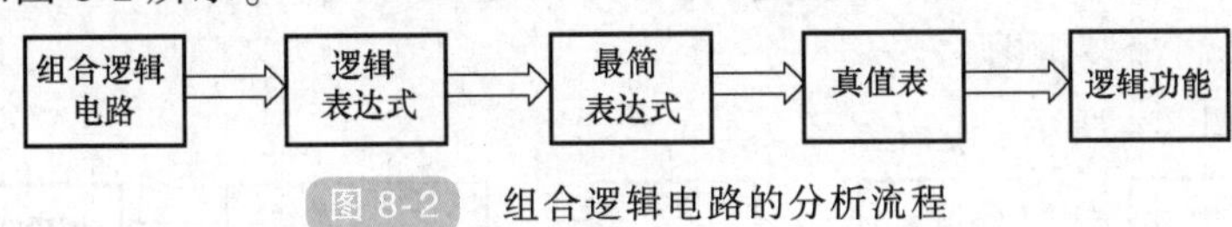

图 8-2　组合逻辑电路的分析流程

【例 8-1】　试分析如图 8-3 所示电路的逻辑功能。

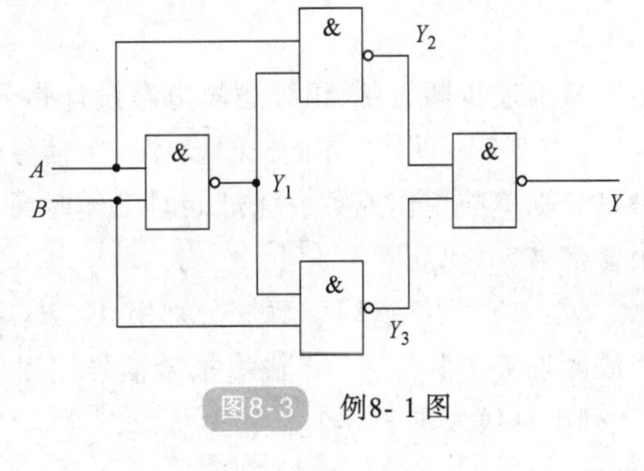

图8-3　例8- 1图

解：分析步骤如下：

1）由输入变量 A、B 开始，逐级写出各个门的输出表达式，最后导出输出结果。

$$Y_1=\overline{AB}$$

$$Y_2=\overline{A\cdot Y_1}=\overline{A\cdot\overline{AB}}=\overline{A}+AB=\overline{A}+B$$

$$Y_3=\overline{B\cdot Y_1}=\overline{B\cdot\overline{AB}}=\overline{B}+AB=A+\overline{B}$$

$$Y=\overline{Y_2Y_3}=\overline{(\overline{A}+B)(A+\overline{B})}$$

2）将输出结果化为最简的与或式。

$$Y=\overline{Y_2Y_3}=\overline{(\overline{A}+B)(A+\overline{B})}=\overline{\overline{A}+B}+\overline{A+\overline{B}}=A\overline{B}+\overline{A}B$$

3）列出真值表，见表 8-1。

4）分析真值表可知，A、B 输入相同时，输出为 0；A、B 输入不同时，输出为 1，即为“异或”逻辑。

表 8-1　**例 8-1 的真值表**

输入		输出
A	B	Y
0	0	0
0	1	1
1	0	1
1	1	0

8.1.2 组合逻辑电路的设计

某仓库需要一个火灾报警器，要求设有烟感、温感和紫外光感三种不同类型的火灾探测器。为了防止误报警，只有当其中两种或两种以上探测器发出探测信号时，报警器才产生报警信号。用逻辑门电路能设计出该电路吗？如何设计呢？

组合逻辑电路的设计就是根据给出的实际问题，求出能够实现这一逻辑功能的实际电路。一般应以电路简单、所用器件最少为目标，并尽量减少所用集成器件的种类。设计的一般步骤如下：

1）根据命题的逻辑要求，确定好输入、输出变量并赋值，即建立真值表。

2）由真值表写出逻辑式。

3）将逻辑式化简，并根据要求把逻辑式转换成适当形式。

4）由逻辑式画出逻辑图。

设计流程如图 8-4 所示。

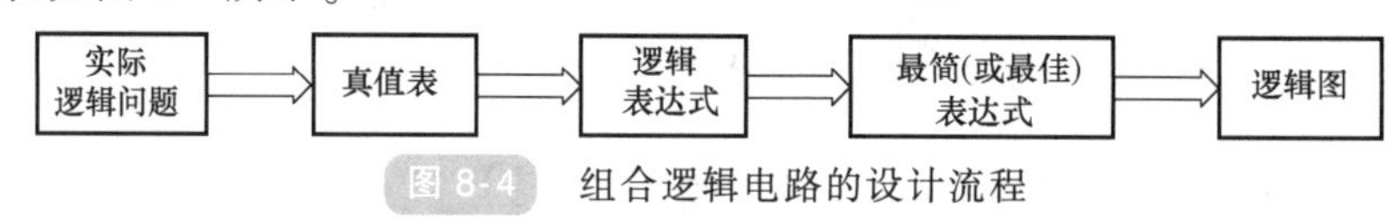

图 8-4 组合逻辑电路的设计流程

从上述步骤可见，组合逻辑电路设计是分析的逆过程。

【例 8-2】 用“与非”门设计一个信号灯报警控制电路。信号灯有红、绿、黄三种，三种灯分别单独工作或黄、绿灯同时工作时属正常情况，其他情况均属故障，出现故障时输出报警信号。

解：1）设红、绿、黄灯分别用 A、B、C 表示，灯亮时为正常工作，其值为 1，灯灭时为故障现象，其值为 0；输出报警信号用 Y 表示，正常工作时 Y 值为 0，出现故障时 Y 值为 1。列出真值表见表 8-2。

表 8-2 例 8-2 的真值表

A	B	C	Y
0	0	0	1
0	0	1	0
0	1	0	0
0	1	1	0
1	0	0	0
1	0	1	1
1	1	0	1
1	1	1	1

2）写出逻辑函数式

$$Y=\overline{A}\ \overline{B}\ \overline{C}+A\overline{B}C+AB\overline{C}+ABC$$

化简为

$$Y=\overline{A}\ \overline{B}\ \overline{C}+A\overline{B}C+AB\overline{C}+ABC+ABC$$

$$=\overline{A}\ \overline{B}\ \overline{C}+AC(\overline{B}+B)+AB(\overline{C}+C)$$

$$=\overline{A}\ \overline{B}\ \overline{C}+AC+AB$$

$$=\overline{\overline{\overline{A}\,\overline{B}\,\overline{C}+AC+AB}}$$

$$=\overline{\overline{\overline{A}\,\overline{B}\,\overline{C}}\cdot\overline{AC}\cdot\overline{AB}}$$

3）据整理的逻辑式画出逻辑电路图，如图 8-5 所示电路。

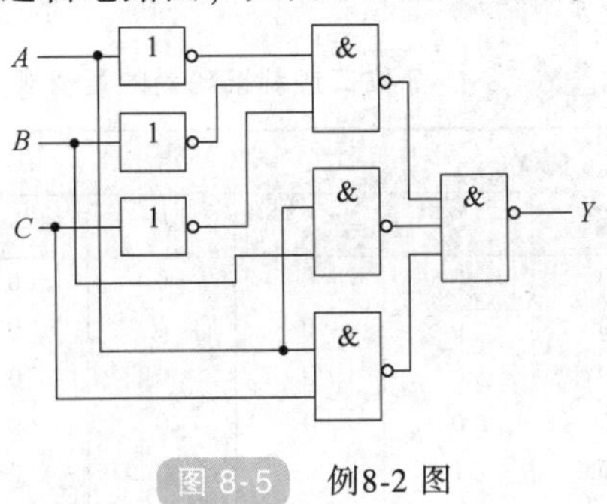

图 8-5　例8-2 图

知识与小技能测试

1. 组合逻辑电路的结构及逻辑功能有什么特点？
2. 简述组合逻辑电路的分析步骤及设计步骤。
3. 分析图 8-6 所示电路的逻辑功能。
4. 查阅手册选取一块 4-2 输入“或非”门芯片，熟悉其型号和引脚排列图，用面包板或实验箱连接图 8-6 所示电路，验证逻辑功能。

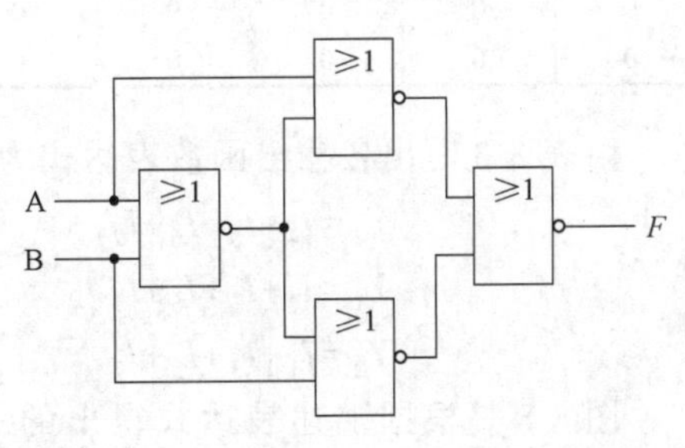

图 8-6　8.1 节知识与小技能测试题 3 图

8.2　常用组合逻辑器件的功能及应用

能用较少的芯片更简洁地设计出上述信号灯报警控制电路及火灾报警电路吗？答案是肯定的，即除逻辑门以外，采用集成化程度更高的数字集成芯片（组合逻辑器件），电路的体积更小、可靠性更高。

组合逻辑器件是指具有某种逻辑功能的中规模集成组合逻辑电路芯片。常用的有编码器、译码器、数据选择器、分配器、加法器、比较器等。在此主要介绍编码器、译码器、数据选择器的逻辑功能和应用。

8.2.1　编码器

所谓编码就是将特定含义的输入信号（文字、数字、符号）转换成二进制代码的过程。实现编码操作的数字电路称为编码器。按照编码方式不同，编码器可分为普通编码器和优先编码器；按照输出代码种类的不同，可分为二进制编码器和非二进制编码器。

1. 普通二进制编码器

n 位二进制数有 2^n 个不同的取值组合，用 n 位二进制代码对 2^n 个信号进行编码的电路称为二进制编码器。

在普通编码器中，任何时刻只允许输入一个编码信号，否则输出将发生混乱。现以3位二进制普通编码器为例，分析普通编码器的工作原理。图8-7是3位二进制编码器的框图，它的输入是$I_0 \sim I_7$ 8个信号，输出是3位二进制代码$Y_2Y_1Y_0$。因此，又把它叫作8线—3线编码器。输出与输入的对应关系由表8-3给出。

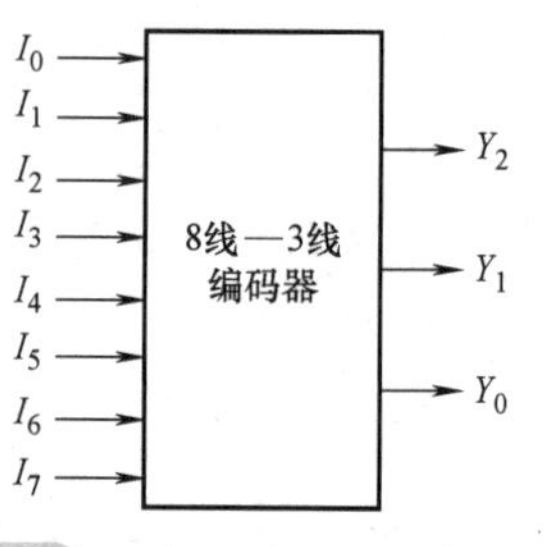

图8-7 3位二进制编码器的框图

表8-3 3位二进制编码器的真值表

输入								输出		
I_0	I_1	I_2	I_3	I_4	I_5	I_6	I_7	Y_2	Y_1	Y_0
1	0	0	0	0	0	0	0	0	0	0
0	1	0	0	0	0	0	0	0	0	1
0	0	1	0	0	0	0	0	0	1	0
0	0	0	1	0	0	0	0	0	1	1
0	0	0	0	1	0	0	0	1	0	0
0	0	0	0	0	1	0	0	1	0	1
0	0	0	0	0	0	1	0	1	1	0
0	0	0	0	0	0	0	1	1	1	1

由表8-3写出各输出函数表达式为

$$Y_2 = I_4 + I_5 + I_6 + I_7$$
$$Y_1 = I_2 + I_3 + I_6 + I_7$$
$$Y_0 = I_1 + I_3 + I_5 + I_7$$

图8-8是根据上述表达式得出的3位二进制编码电路。

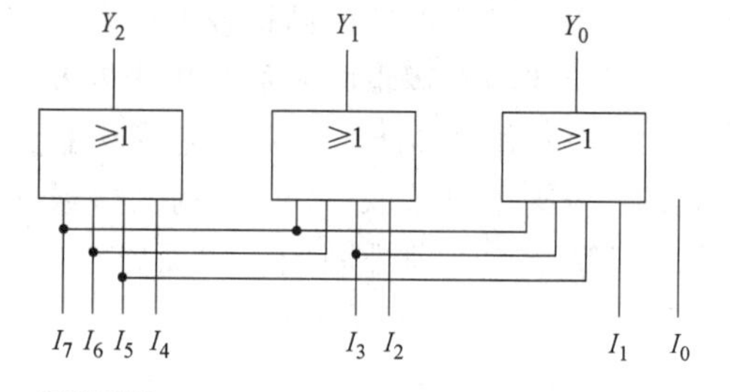

图8-8 用或门构成的3位二进制编码电路

2. 二进制优先编码器

在普通编码器中，一次只允许输入一个编码信号。而优先编码器，允许同时输入两个或两个以上的编码信号。不过在设计优先编码器时已经将所有的输入信号按优先顺序排了队，当几个输入信号同时出现时，只对其中优先权最高的一个进行编码。

74LS148是一种常用的8线—3线优先编码器。其引脚排列和逻辑符号如图8-9所示。

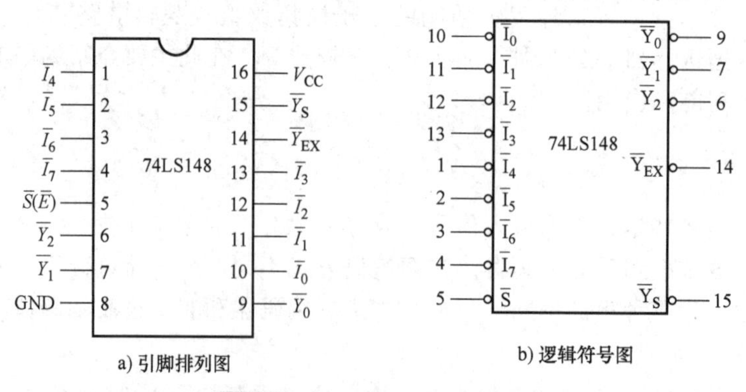

图8-9 74LS148优先编码器

表 8-4 是 74LS148 的功能表。$\overline{I}_0$ ~ $\overline{I}_7$ 为编码输入端，低电平有效。$\overline{Y}_0$ ~ $\overline{Y}_2$ 为编码输出端，也是低电平有效。$\overline{I}_7$ 的优先级别最高，$\overline{I}_0$ 的级别最低。

表 8-4　74LS148 的功能表

输入									输出				
$\overline{S}$	$\overline{I}_0$	$\overline{I}_1$	$\overline{I}_2$	$\overline{I}_3$	$\overline{I}_4$	$\overline{I}_5$	$\overline{I}_6$	$\overline{I}_7$	$\overline{Y}_2$	$\overline{Y}_1$	$\overline{Y}_0$	$\overline{Y}_S$	$\overline{Y}_{EX}$
1	×	×	×	×	×	×	×	×	1	1	1	1	1
0	1	1	1	1	1	1	1	1	1	1	1	0	1
0	×	×	×	×	×	×	×	0	0	0	0	1	0
0	×	×	×	×	×	×	0	1	0	0	1	1	0
0	×	×	×	×	×	0	1	1	0	1	0	1	0
0	×	×	×	×	0	1	1	1	0	1	1	1	0
0	×	×	×	0	1	1	1	1	1	0	0	1	0
0	×	×	0	1	1	1	1	1	1	0	1	1	0
0	×	0	1	1	1	1	1	1	1	1	0	1	0
0	0	1	1	1	1	1	1	1	1	1	1	1	0

由表 8-4 不难看出，$\overline{S}$ 为使能（允许）输入端，低电平有效。当 $\overline{S}=0$ 时，电路允许 $\overline{I}_0$ ~ $\overline{I}_7$ 当中同时有几个输入端为低电平，即允许编码。$\overline{I}_7$ 的优先级别最高，$\overline{I}_0$ 的级别最低。比如，当 $\overline{I}_7=0$ 时，无论其他输入端有无输入信号（表中以×表示），输出端只给出 $\overline{I}_7$ 的编码，即 $\overline{Y}_2\overline{Y}_1\overline{Y}_0=000$；当 $\overline{I}_7=1$、$\overline{I}_6=0$ 时，无论其余输入端有无输入信号，只对 $\overline{I}_6$ 编码，输出为 $\overline{Y}_2\overline{Y}_1\overline{Y}_0=001$。当 $\overline{S}=1$ 时，电路禁止编码，输出为 $\overline{Y}_2\overline{Y}_1\overline{Y}_0=111$。

表中出现的 3 种 $\overline{Y}_2\overline{Y}_1\overline{Y}_0=111$ 情况可以用 $\overline{Y}_S$ 和 $\overline{Y}_{EX}$ 的不同状态加以区分。$\overline{Y}_S$ 和 $\overline{Y}_{EX}$ 为使能输出端和优先标志输出端，主要用于多级连接进行扩展功能。图 8-10 是两块 74LS148 扩展成的一个 16 线—4 线优先编码器。

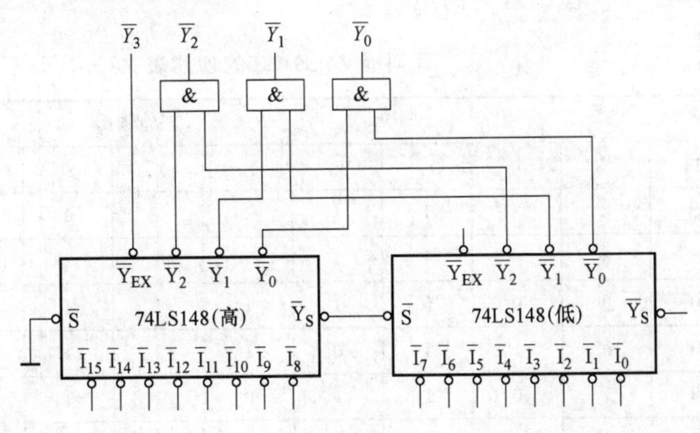

图 8-10　74LS148 级联的 16 线—4 线优先编码器

8.2.2　译码器

数码抢答器的结果要以十进制数的形式显示出来，这要用到译码器和数码管。

译码是编码的逆过程，即将每一组输入二进制代码“翻译”成为一个特定的输出信号。实现译码功能的数字电路称为译码器。

译码器的种类很多，常见的有二进制译码器、二-十进制译码器和数字显示译码器。

1. 二进制译码器

二进制译码器又称为变量译码器，用于把 n 位二进制代码转换成 2^n 个对应输出信号。常见的有 2 线-4 线（2 输入 4 输出）译码器、3 线-8 线（3 输入 8 输出）译码器和 4 线-16 线（4 输入 16 输出）译码器等。

74LS138 为常用的双极型 3 线-8 线译码器，其引脚排列和逻辑符号如图 8-11 所示。

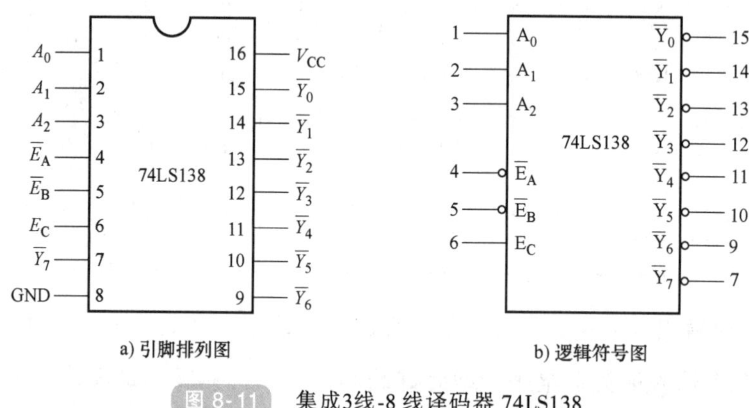

图 8-11 集成3线-8 线译码器 74LS138

图中，$A_2A_1A_0$ 为二进制代码输入端，A_2 为高位。$\overline{Y}_0$ ~ $\overline{Y}_7$ 为信号输出端，低电平有效。$\overline{E}_A$、$\overline{E}_B$ 和 E_C 为使能端。

74LS138 的功能表见表 8-5。由功能表可知，当 E_C 为高电平，$\overline{E}_A$、$\overline{E}_B$ 都为低电平时，输出 $\overline{Y}_0$ ~ $\overline{Y}_7$ 中有且仅有一个为 0（低电平有效），其余都是 1，即译码器有有效译码信号输出，否则，译码器不工作，输出全为高电平 1。

表 8-5 译码器 74LS138 的功能表

输入					输出							
E_C	$\overline{E}_A+\overline{E}_B$	A_2	A_1	A_0	$\overline{Y}_0$	$\overline{Y}_1$	$\overline{Y}_2$	$\overline{Y}_3$	$\overline{Y}_4$	$\overline{Y}_5$	$\overline{Y}_6$	$\overline{Y}_7$
×	1	×	×	×	1	1	1	1	1	1	1	1
0	×	×	×	×	1	1	1	1	1	1	1	1
1	0	0	0	0	0	1	1	1	1	1	1	1
1	0	0	0	1	1	0	1	1	1	1	1	1
1	0	0	1	0	1	1	0	1	1	1	1	1
1	0	0	1	1	1	1	1	0	1	1	1	1
1	0	1	0	0	1	1	1	1	0	1	1	1
1	0	1	0	1	1	1	1	1	1	0	1	1
1	0	1	1	0	1	1	1	1	1	1	0	1
1	0	1	1	1	1	1	1	1	1	1	1	0

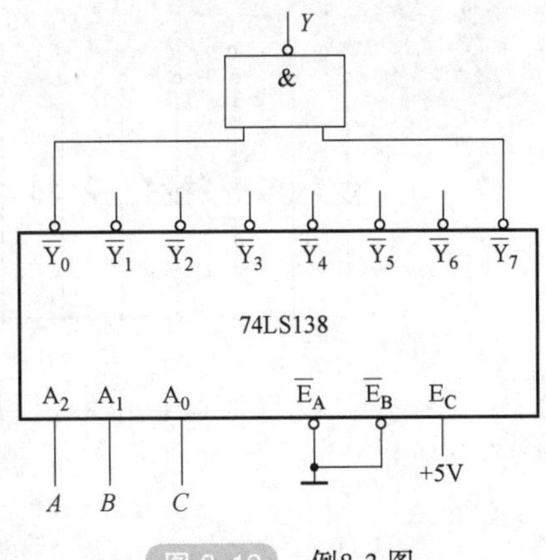

图 8-12　例8-3 图

【例 8-3】　译码器 74LS138 和“与非”门构成如图 8-12 所示电路，试分析电路的逻辑功能。

解：写出电路的逻辑关系式 $Y=\overline{\overline{Y}_0\cdot\overline{Y}_7}=Y_0+Y_7=ABC+\overline{A}\cdot\overline{B}\cdot\overline{C}$，可见电路功能是三变量一致鉴别。

2. 显示译码器

数码抢答器的结果要用十进制数的形式显示出来，因此，数字显示电路是不可缺少的组成部分。数字显示电路通常由译码器、驱动器和显示器等部分组成。

(1) 数码显示器　数码显示器件种类繁多，其作用是显示数字、文字或符号。常用的有液晶显示器、发光二极管（LED）显示器、辉光数码管、荧光数码管等。目前，用于十进制数的显示使用最普遍的是七段显示器。

下面以应用较多的 LED 七段数码管为例介绍数码显示的原理。

将七个发光二极管按“8”的形状排列封装在一起，即称为半导体数码管。利用七个 LED 的不同发光组合，便可显示出 0，1，2，…，9 十个不同的数字。半导体数码管的外形和显示的数字图形如图 8-13 所示。图 8-13a 中，圆点 h 为圆形发光二极管，用于显示小数点。

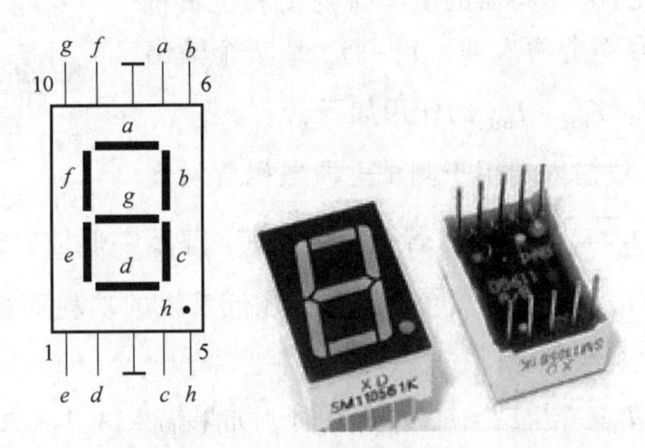

a) 外形、外引线排列图

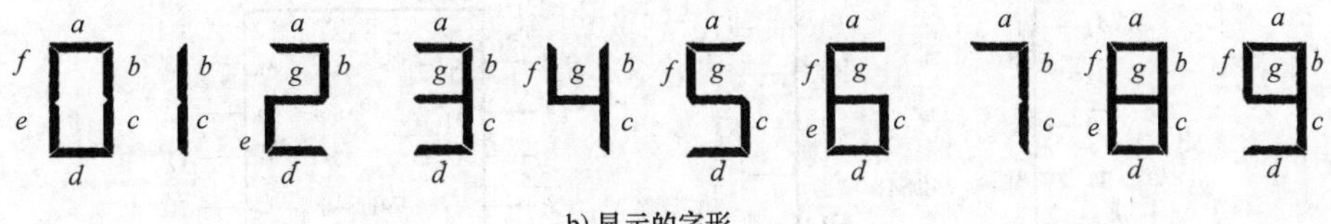

b) 显示的字形

图 8-13　半导体数码管的外形和显示的数字

LED 显示器有共阳极和共阴极两种接法。共阴极接法如图 8-14a 所示，各发光二极管阴极相接，对应阳极接高电平时亮。图 8-14b 所示为发光二极管的共阳极接法，共阳极接法是各发光二极管的阳极相接，对应阴极接低电平时亮。

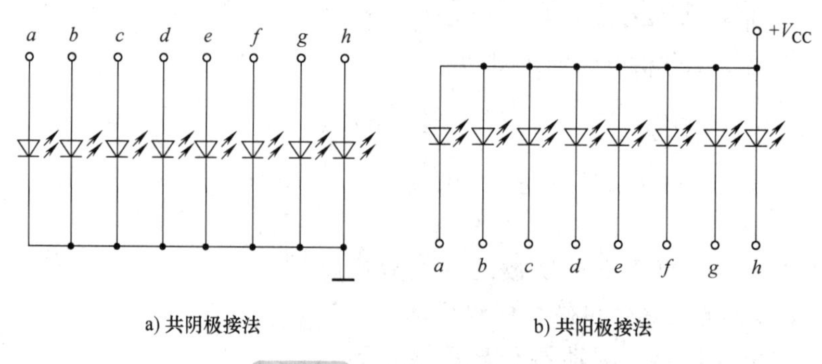

图 8-14　七段显示器的接法

（2）七段显示译码器　供 LED 显示器用的显示译码器有多种类型，如 74LS47、74LS48、74LS49。其中 74LS47 和 74LS48 引脚相同，不同的是 74LS47 输出低电平有效，74LS48 输出高电平有效。与 74LS47 和 74LS48 相比，74LS49 只有试灯端，没有灭零控制。显示译码器有四个输入端、七个输出端、它将 8421 代码译成七个输出信号以驱动七段 LED 显示器。图 8-15 是显示译码器和 LED 显示器的连接示意图。

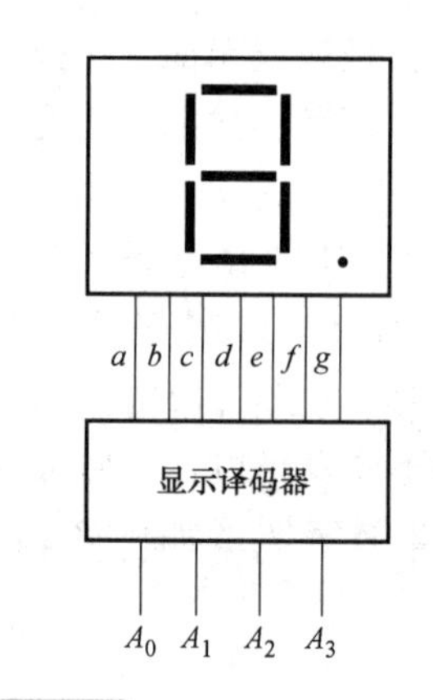

图8-15　显示译码器和 LED 显示器的连接示意图

图 8-16 给出了 74LS48 译码器的引脚排列图和逻辑符号图。图中，$A_3 \sim A_0$ 为 4 个输入端、$Y_a \sim Y_g$ 是 7 个输出端。控制信号端 $\overline{LT}$、$\overline{I}_B/\overline{Y}_{BR}$、$\overline{I}_{BR}$ 的作用如下：

1）试灯输入 $\overline{LT}$：该输入端用于测试七段数码管发光段的好坏。当 $\overline{LT}=0$、$\overline{I}_B/\overline{Y}_{BR}=1$ 时，若七段均完好，显示字形是“8”。

2）熄灭输入信号 $\overline{I}_B$（即 $\overline{I}_B/\overline{Y}_{BR}$）：是为了降低系统的功耗而设置的。当 $\overline{I}_B=0$ 时，不管输入如何，数码管不显示数字。

3）灭零输入信号 $\overline{I}_{BR}$：当 $\overline{LT}=1$、$\overline{I}_{BR}=0$ 时，如果输入 $A_3A_2A_1A_0=0000$，则数码管不显示任何数字；如果输入 $A_3A_2A_1A_0$ 是非零的其他数码，则数码管照常显示。

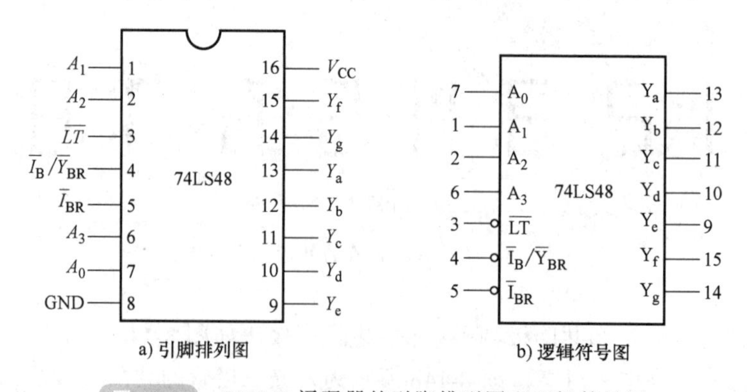

图 8-16　74LS48 译码器的引脚排列图和逻辑符号图

8.2.3 数据选择器

所谓数据选择器，是在选择控制信号作用下，能够根据需要从多路输入数据中挑选一路输出的电路。它的基本功能类似于图 8-17 所示的单刀多掷开关。

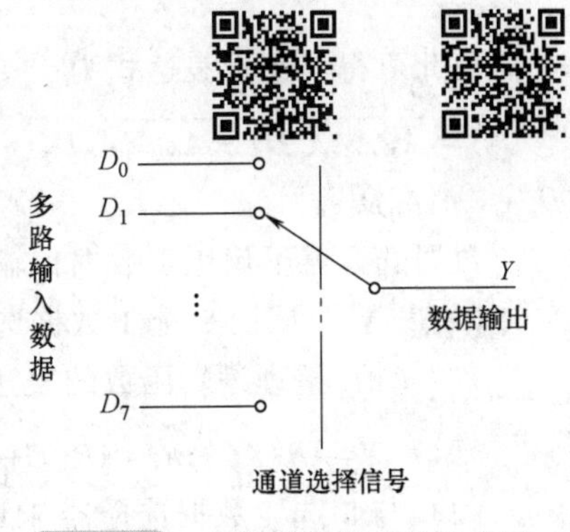

图 8-17 数据选择器功能示意图

集成数据选择器的种类很多，有 4 选 1、8 选 1 和 16 选 1 等。下面以 8 选 1 为例，介绍数据选择器的基本功能和应用知识。

图 8-18 所示为 8 选 1 数据选择器 74LS151 的外形、引脚排列和逻辑符号。

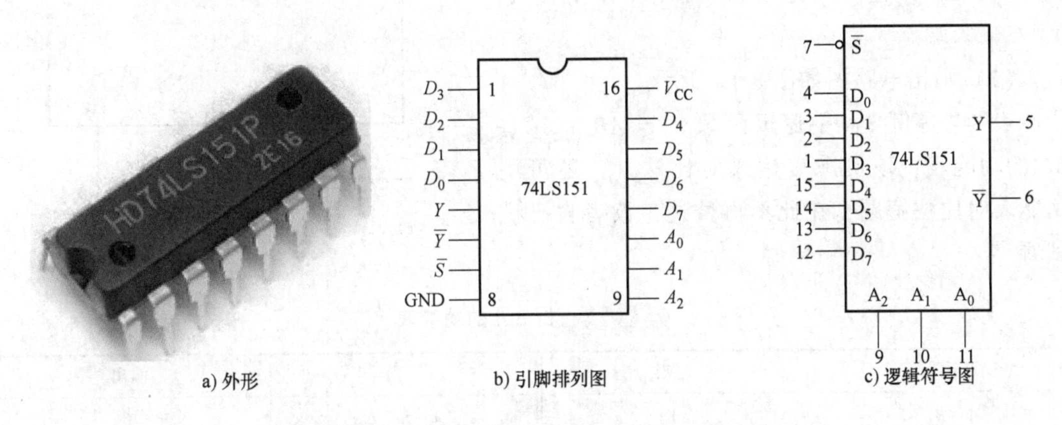

图 8-18 74LS151 的外形、引脚排列和逻辑符号

74LS151 有 8 个数据输入端 $D_7 \sim D_0$，3 个地址端 $A_2A_1A_0$，1 个使能端 $\overline{S}$，2 个互补输出端 Y 和 $\overline{Y}$。其功能表见表 8-6。

当 $\overline{S}=1$ 时，74LS151 禁止工作，不能进行数据选择，$Y=0$ 和 $\overline{Y}=1$；当 $\overline{S}=0$ 时（有效），74LS151 接通工作，根据地址代码选择 $D_7 \sim D_0$ 中某一路输出。

表 8-6 74LS151 的功能表

输入				输出	
A_2	A_1	A_0	$\overline{S}$	Y	$\overline{Y}$
×	×	×	1	0	1
0	0	0	0	D_0	$\overline{D_0}$
0	0	1	0	D_1	$\overline{D_1}$
0	1	0	0	D_2	$\overline{D_2}$
0	1	0	0	D_3	$\overline{D_3}$
1	0	0	0	D_4	$\overline{D_4}$
1	0	1	0	D_5	$\overline{D_5}$
1	1	0	0	D_6	$\overline{D_6}$
1	1	1	0	D_7	$\overline{D_7}$

由此可得其逻辑表达式为

$Y=\overline{A_2}\,\overline{A_1}\,\overline{A_0}D_0+\overline{A_2}\,\overline{A_1}A_0D_1+\overline{A_2}A_1\overline{A_0}D_2+\overline{A_2}A_1A_0D_3+A_2\overline{A_1}\,\overline{A_0}D_4+A_2\overline{A_1}A_0D_5+A_2A_1\overline{A_0}D_6+A_2A_1A_0D_7$

数据选择器不仅用于数据传输，而且可用于实现组合逻辑函数。

【例 8-4】 试用 8 选 1 数据选择器 74LS151 实现函数 $Y = AB + AC + BC$ 。

解：(1) 整理逻辑函数的表达式为

$$Y=AB+AC+BC=AB(C+\overline{C})+AC(B+\overline{B})+BC(A+\overline{A})=ABC+AB\overline{C}+A\overline{B}C+\overline{A}BC$$

(2) 与 8 选 1 数据选择器 74LS151 的逻辑表达式对比后，令 $D_3=D_5=D_6=D_7=1$，$D_0=D_1=D_2=D_4=0$，并且 3 个地址端 $A_2A_1A_0$ 作变量 A、B、C 输入端。

(3) 画出电路图如图 8-19 所示。

表 8-7 是例 8-4 中逻辑函数 $Y = AB + AC + BC$ 的功能表，该例除表达式对比法外，还可用功能表对比法解题，在此不再赘述，读者自己试试看。

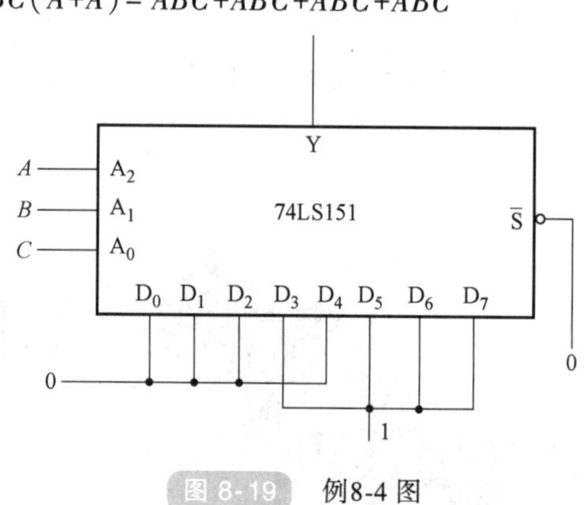

图 8-19 例8-4 图

表 8-7 例 8-4 的功能表

输入	输出	输入	输出
A B C	*Y*	*A B C*	*Y*
0 0 0	0	1 0 0	0
0 0 1	0	1 0 1	1
0 1 0	0	1 1 0	1
0 1 1	1	1 1 1	1

知识与小技能测试

1. 简述编码器 74LS147、74LS148，译码器 74LS138、74LS42，显示译码器 74LS47、74LS48，数据选择器 74LS153、74LS151 的功能及不同之处。

2. 查阅资料回答以下问题：

(1) 74LS147 属于哪种编码器？

(2) 它有几个输入端和几个输出端？有效输入信号为高电平还是低电平？

(3) 若输入端全为有效信号输入，则输出的编码是什么？

3. 查阅资料，熟悉 74LS147、74LS148，译码器 74LS138、74LS42，显示译码器 74LS47、74LS48，数据选择器 74LS153、74LS151、数码管的引脚排列、逻辑功能、应用常识，达到合理选择、会用的目的。

4. 为使 74LS138 译码器的第 10 引脚输出为低电平，请标出各输入端应置的逻辑电平。

5. 数码管使用注意什么？怎么判断数码管好坏及是共阴管还是共阳管？

技能训练

技能训练一　编码器的功能检测

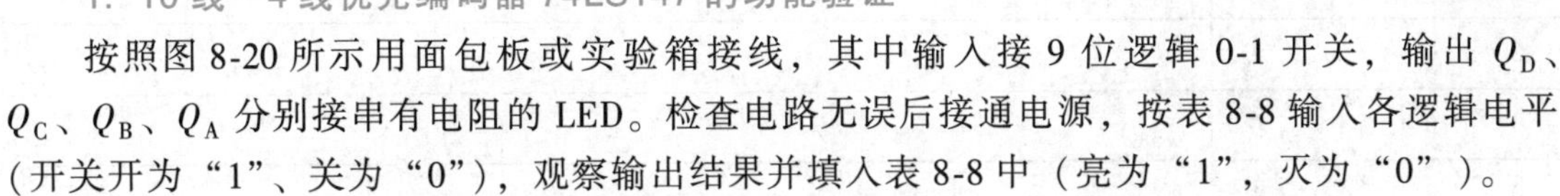

1. 10 线—4 线优先编码器 74LS147 的功能验证

按照图 8-20 所示用面包板或实验箱接线，其中输入接 9 位逻辑 0-1 开关，输出 Q_D、Q_C、Q_B、Q_A 分别接串有电阻的 LED。检查电路无误后接通电源，按表 8-8 输入各逻辑电平（开关开为“1”、关为“0”），观察输出结果并填入表 8-8 中（亮为“1”，灭为“0”）。

2. 8 线—3 线优先编码器 74LS148 的功能验证

将 8 线—3 线优先编码器 74LS148 按上述同样方法进行实验验证。要求：

1）熟悉 74LS148 的引脚和功能；

2）仿照表 8-8 自拟功能表；

3）画出接线图，接电路验证，将结果填入自拟的表中。

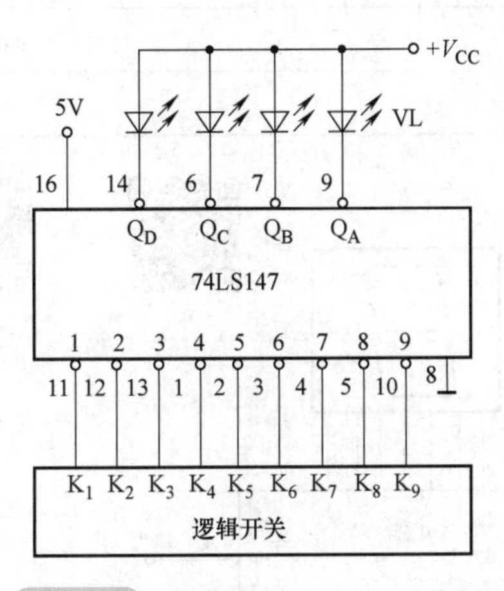

图 8-20　模块八技能训练一接线图

表 8-8　10 线—4 线编码器 74LS147 功能表

输入									输出			
1	2	3	4	5	6	7	8	9	Q_D	Q_C	Q_B	Q_A
0	0	0	0	0	0	0	0	0				
×	×	×	×	×	×	×	×	0				
×	×	×	×	×	×	×	0	1				
×	×	×	×	×	×	0	1	1				
×	×	×	×	×	0	1	1	1				
×	×	×	×	0	1	1	1	1				
×	×	×	0	1	1	1	1	1				
×	×	0	1	1	1	1	1	1				
×	0	1	1	1	1	1	1	1				
0	1	1	1	1	1	1	1	1				

技能训练二　译码器的功能检测

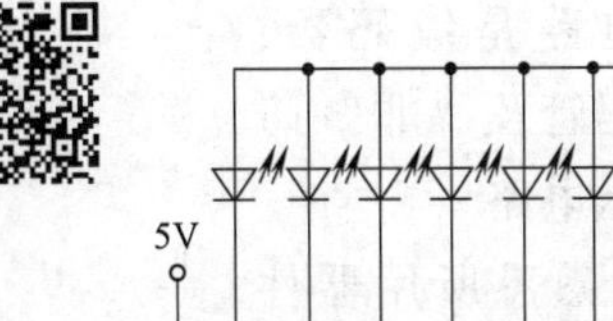

1. 74LS138 的功能检测

用面包板或实验箱，按照图 8-21 接线，其中 1、2、3 脚输入接逻辑开关，使能端 4、5 脚接低电平、6 脚接高电平，输出 $Y_0 \sim Y_7$ 分别接串有电阻的 LED。拟表记录输入与灯的亮暗之间的关系。

2. 74LS42 的功能检测

查阅资料熟悉集成译码器 74LS42 的功能和引脚排列，模仿图 8-21 画出接线图，用面包板或实验箱接线验证其功能，功能测试结果填入表 8-9。

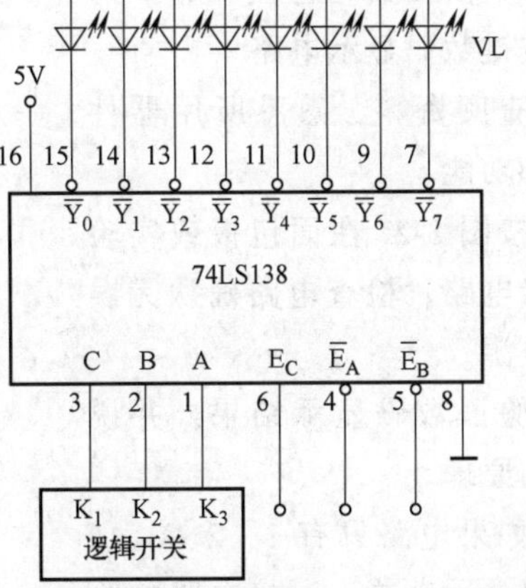

图 8-21　模块八技能训练二接线图

表 8-9 译码器 74LS42 逻辑功能表

输入				输出									
A_3	A_2	A_1	A_0	$\overline{Y_0}$	$\overline{Y_1}$	$\overline{Y_2}$	$\overline{Y_3}$	$\overline{Y_4}$	$\overline{Y_5}$	$\overline{Y_6}$	$\overline{Y_7}$	$\overline{Y_8}$	$\overline{Y_9}$
0	0	0	0										
0	0	0	1										
0	0	1	0										
0	0	1	1										
0	1	0	0										
0	1	0	1										
0	1	1	0										
0	1	1	1										
1	0	0	0										
1	0	0	1										

技能训练三　按键数码显示电路的连接与测试

1. 所用实验设备与器件

多功能电子电路实验台（或实验箱），万用表，图 8-22 所示电路中所标注编码器、译码器、共阴极数码管、“非”门、按键、电阻等器件。

2. 操作内容

图 8-22 所示电路是编码器、译码器、共阴极数码管及“非”门构成的按键数码显示电路。

1）查阅资料，熟悉所用器件的引脚和功能。

2）按图 8-22 在面包板或实验箱上连接电路，检查电路确认无误后接通电源。

3）验证数码显示结果，并说出电路的原理。

4）如果电路只有 1、2、3、4 四个数码显示功能，试接电路并验证结果。

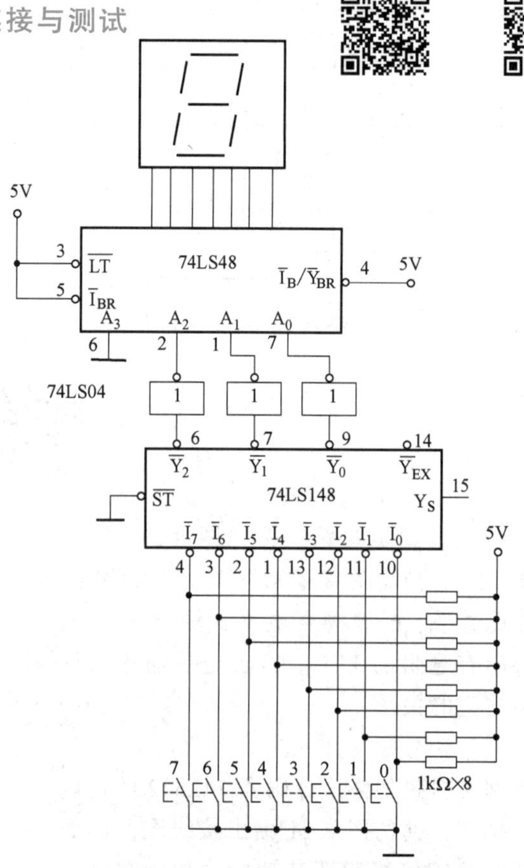

图 8-22 模块八技能训练三接线图

练习与思考

8-1 分析图 8-23 所示逻辑电路的功能。

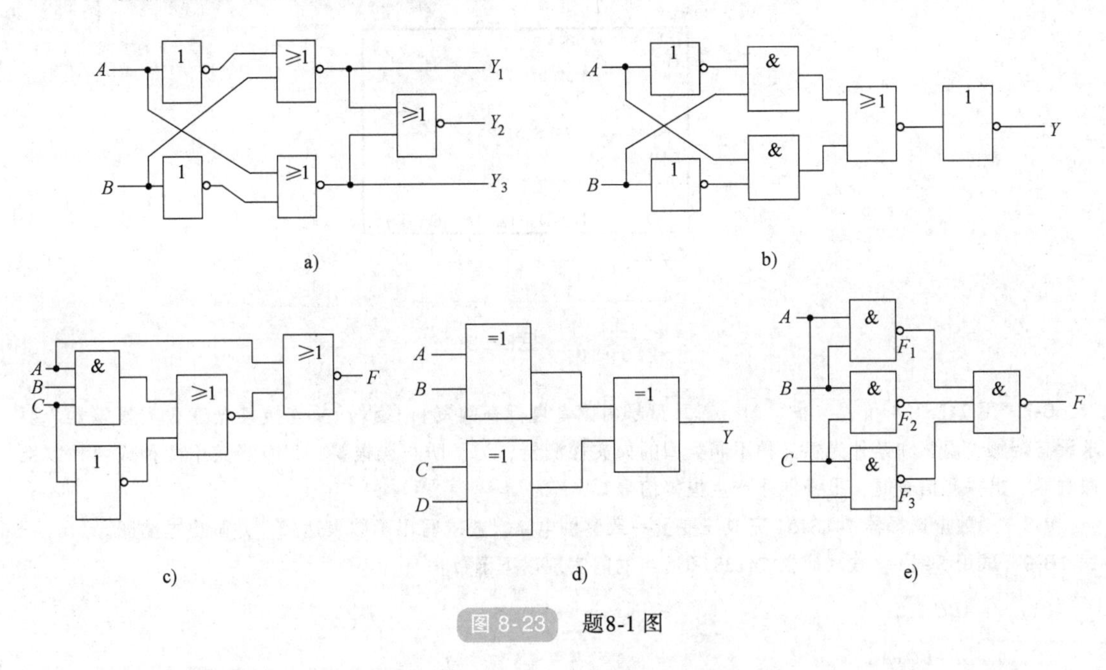

图 8-23 题8-1 图

8-2 用“与非”门设计一个组合逻辑电路，三个输入信号 A、B、C 决定电路输出 Y。当输入中有二个或三个为 1 时，Y 为 1，否则为 0。

8-3 用“非”门、“与或非”门设计一个不一致逻辑电路，要求三个输入变量不一致时，输出为 1，反之为 0。

8-4 某同学参加四门课程考试，规定如下：

(1) 课程 A 及格得 1 分，不及格得 0 分；

(2) 课程 B 及格得 2 分，不及格得 0 分；

(3) 课程 C 及格得 4 分，不及格得 0 分；

(4) 课程 D 及格得 5 分，不及格得 0 分；

若总得分大于 8 分（含 8 分），就可结业。试用“与非”门设计实现上述要求的逻辑电路。

8-5 图 8-24 是由 3 线—8 线译码器 74LS138 和“与非”门构成的电路，写出 Y_1 和 Y_2 的表达式，列出真值表，说明其逻辑功能。

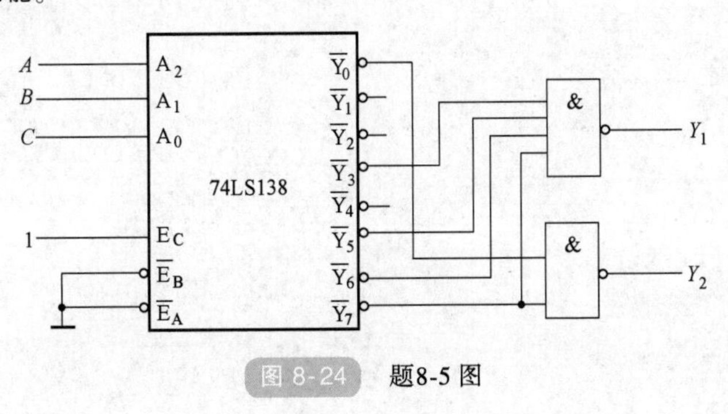

图 8-24 题8-5 图

8-6 八路数据选择器74LS151构成的电路如图8-25所示，A_2、A_1、A_0为地址控制信号输入端，G为低电平有效的使能端。试根据图中对输入$D_0 \sim D_7$的设置，写出电路所实现函数Y的表达式。

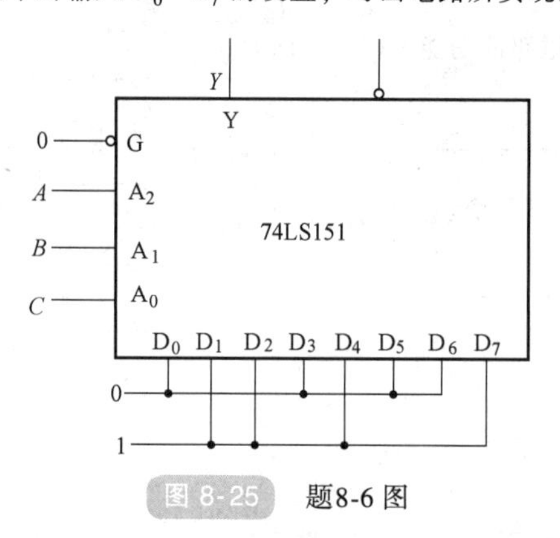

图8-25 题8-6图

8-7 用74LS138和“与非”门（芯片型号由读者自行查阅资料）设计并连接某仓库火灾报警器。要求设有烟感、温感和紫外光感三种不同类型的火灾探测器，为了防止误报警，只有当其中两种或两种以上探测器发出探测信号时，报警器才产生报警信号。

8-8 用数据选择器74LS151完成三变量一致鉴别电路。要求写出函数表达式，并画出电路图。

8-9 试用3线—8线译码器74138和适当的门实现以下函数：

（1）$Y=ABC+\overline{AC}$

（2）$Y=AB+\overline{B}C+A\overline{C}$

8-10 用8选1数据选择器实现以下函数：

（1）$Y=AB+C$

（2）$Y=A\ \overline{B}\ \overline{C}+A\overline{B}C$

（3）$Y=AB+\overline{A}C+\overline{B}C$

模块九

时序逻辑电路

知识点

1. 时序逻辑电路概念、特点等基础知识。
2. RS 触发器、JK 触发器、D 触发器、T 触发器、T′触发器的逻辑功能及应用。
3. 555 定时器的功能及三种典型的应用电路。
4. 时序逻辑电路的分析方法，中规模集成计数器、寄存器的逻辑功能及应用。

教学目标

知识目标：1. 理解时序逻辑电路的概念，了解时序逻辑电路的分类。
2. 掌握各类触发器的逻辑功能。
3. 掌握 555 定时器的功能及三种典型的应用电路。
4. 掌握简单时序逻辑电路的分析方法。
5. 掌握常用集成计数器、寄存器的逻辑功能。

能力目标：1. 能根据触发器逻辑符号，识读其功能。
2. 能用 555 定时器构成多谐振荡器、定时电路。
3. 能够查阅手册，识读集成触发器、计数器和寄存器的引脚和功能。
4. 会使用集成触发器、计数器、寄存器等器件。

案例导入

都市的夜晚，霓虹灯闪烁变幻；绚丽的舞台，七彩的灯光色彩缤纷。变幻的彩灯已经成为人们日常生活不可缺少的点缀，那么用电子技术知识如何实现流水彩灯的控制呢？图 9-1 为多路循环流水彩灯示意图。

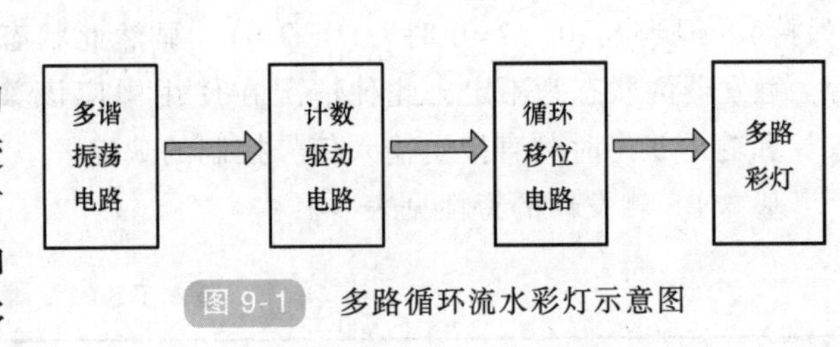

图 9-1　多路循环流水彩灯示意图

相关知识

9.1　触发器

数字电路根据逻辑功能的不同特点，可以分成两大类：一类叫作组合逻辑电路，另一类叫作时序逻辑电路。组合逻辑电路的任何时刻的输出仅取决于该时刻输入信号，而与电路原有的状态无关，其逻辑功能特点是没有存储和记忆作用；而时序逻辑电路在任一时刻的输出信号不仅与当时的输入信号有关，而且还与电路原来的状态有关，即时序电路有记忆作用。触发器是应用十分广泛的具有记忆功能的基本单元电路。

根据触发器电路结构的不同，触发器分为基本 RS 触发器、同步触发器、边沿触发器等。根据触发器逻辑功能的不同，又可以把触发器分为 RS 触发器、D 触发器、JK 触发器、T 和 T′触发器等。

9.1.1 RS 触发器

1. 基本 RS 触发器电路符号及功能

基本 RS 触发器又称直接复位、置位触发器。它是构成各种功能触发器的最基本单元。

(1) 电路构成及逻辑符号 图 9-2a 所示是由两个“与非”门的输入输出交叉反馈连接而组成的基本 RS 触发器的逻辑图，图 9-2b 为逻辑符号。Q 与 $\overline{Q}$ 是触发器的两个互补输出端。触发器的状态以 Q 端为标志，当 $Q=1$（$\overline{Q}=0$）时称为“1”态；反之称为 0 态；用 Q^n、Q^{n+1} 分别表示输入信号作用前后触发器的输出状态。Q^n 称为初态或原态，Q^{n+1} 称为次态或新态。$\overline{R}$ 和 $\overline{S}$ 是两个信号输入端，$\overline{R}$ 叫复位端，$\overline{S}$ 叫置位端，通常两个输入端处于高电平，有信号输入时为低电平，故该电路称为低电平触发。R、S 上的“非”号和逻辑符号中的小圆圈都表示输入信号只在低电平时才对触发器起作用。

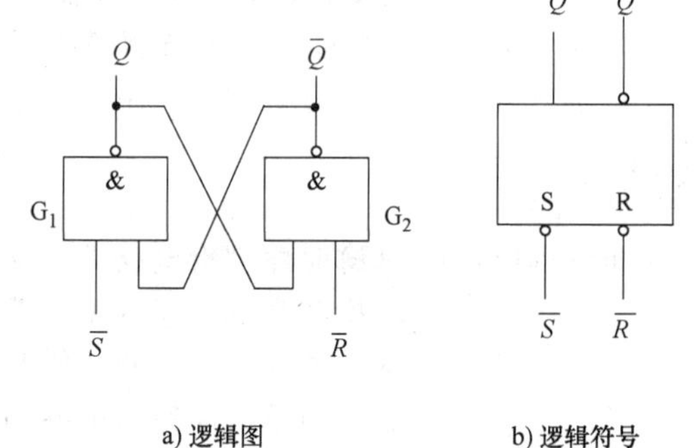

图 9-2 “与非”门构成的基本 RS 触发器

(2) 逻辑功能 由 RS 触发器的逻辑图（图 9-2a）不难看出，当基本 RS 触发器输入端 $\overline{R}\,\overline{S}$ 取 01、10、11 不同组合时，对应的输出为直接复位（置 0）、直接置位（置 1）和记忆（保持）。但当 $\overline{S}=0$，$\overline{R}=0$ 时，$Q=\overline{Q}=1$，显然此状态不是触发器定义状态；当负脉冲除去后，触发器的状态为不定，此种情况在使用中应该禁止出现。基本 RS 触发器存在“不定态”和输出状态时刻直接受输入信号控制的缺点。

基本 RS 触发器的特性见表 9-1。

表 9-1 基本 RS 触发器的特性表

输入	输出	功能说明
$\overline{R}$ $\overline{S}$	Q^{n+1}	
0 0	不定	不允许
0 1	0	置 0
1 0	1	置 1
1 1	Q^n	保持

(3) 时序图 又叫波形图，是以输出状态随时间变化的波形图的方式来描述触发器的逻辑功能。图9-3为基本RS触发器的时序图。设原态为0态。

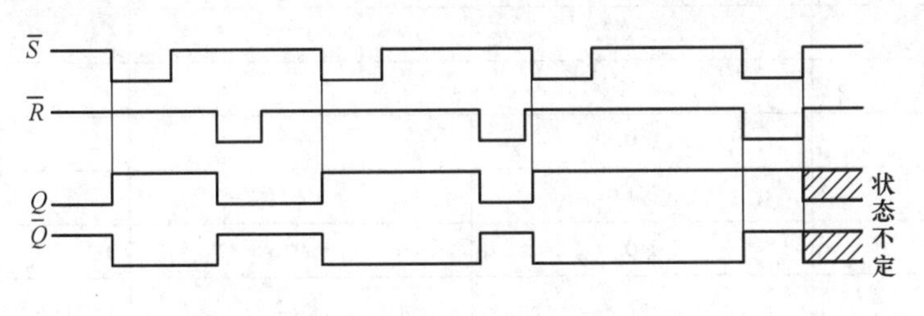

图9-3　基本RS触发器的时序图

2. 同步RS触发器

上述基本RS触发器具有直接置0、置1的功能，当S和R的输入信号发生变化时，触发器的状态就立即改变。在实际使用中，通常要求触发器按一定的时间节拍动作。这就要求触发器的翻转时刻受时钟脉冲的控制，而翻转到何种状态由输入信号决定，从而出现了同步RS触发器。

(1) 电路构成及逻辑符号 在基本RS触发器的基础上，加上两个“与非”门即可构成同步RS触发器，其逻辑图和逻辑符号如图9-4a、b所示。S为置位输入端，R为复位输入端，CP为时钟脉冲输入端。

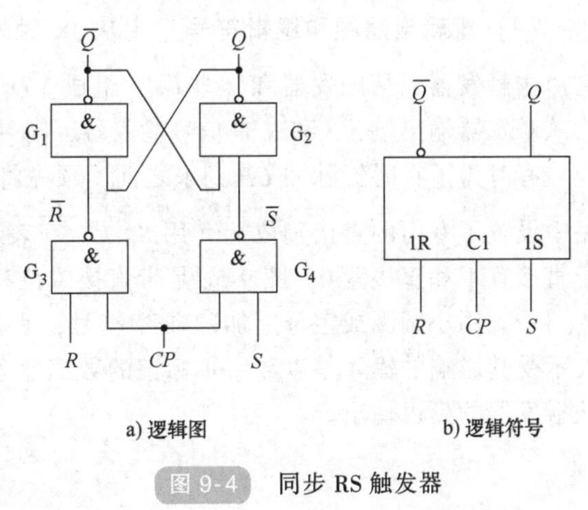

图9-4　同步RS触发器

(2) 逻辑功能分析 当$CP=0$时，G_3、G_4被封锁，输出均为1，G_1、G_2构成的基本RS触发器处于保持状态。此时，无论R、S输入端的状态如何变化，均不会改变G_1、G_2的输出，故对触发器状态无影响。当$CP=1$时，触发器处于工作状态。下面仍以R、S的四种不同状态输入组合情况来分析其逻辑功能。

1）当$R=0$、$S=0$、$CP=1$时，G_3、G_4的输出均为1，从而G_1、G_2组成的基本RS触发器输出状态保持不变。

2）当$R=0$、$S=1$、$CP=1$时，G_3的输出为1，G_4的输出为0，从而G_1、G_2组成的基本RS触发器输出状态置1，即$Q^{n+1}=1$，$\overline{Q^{n+1}}=0$。

3）当$R=1$、$S=0$、$CP=1$时，G_3的输出为0，G_4的输出为1，从而G_1、G_2组成的基本RS触发器输出状态置0，即$Q^{n+1}=0$，$\overline{Q^{n+1}}=1$。

4）当$R=1$、$S=1$、$CP=1$时，G_3、G_4的输出均为0，从而G_1、G_2组成的基本RS触发器的两个输出端均为1态，这与触发器的两个输出端状态互补相矛盾。并且当时钟脉冲信号由1变为0后，触发器的两个输出端将出现状态不定。所以在实际应用中，应避免这种情况出现。由以上分析得出同步RS触发器的特性表见表9-2。

表 9-2　同步 RS 触发器的特性表

脉冲	输入	输出	功能说明
CP	RS	Q^{n+1}	
0	× ×	Q^n	保持
1	0 0	Q^n	保持
1	0 1	1	置 1
1	1 0	0	置 0
1	1 1	不定	不允许

综上所述，触发器的功能描述有特性表、特性方程、时序图（波形图）等方法。

9.1.2　JK 触发器

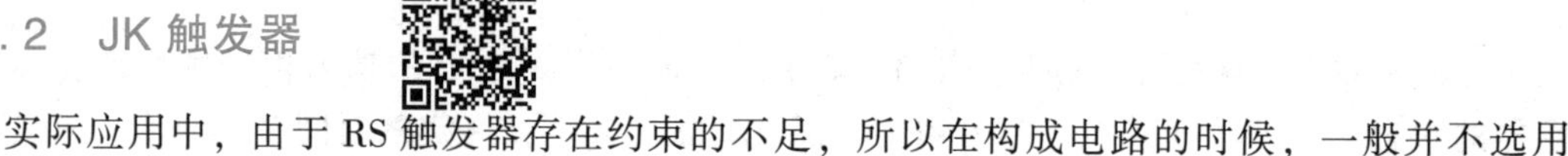

实际应用中，由于 RS 触发器存在约束的不足，所以在构成电路的时候，一般并不选用 RS 触发器，而是选用性能及功能更加完善的 JK 触发器。

1. 主从 JK 触发器

（1）逻辑电路图和逻辑符号　主从 JK 触发器的逻辑图和逻辑符号如图 9-5a、b 所示。它由主触发器、从触发器和“非门”组成。Q_m 和 $\overline{Q_m}$ 是主触发器输出端（内部）；Q 和 $\overline{Q}$ 为从触发器输出端，J 和 K 是信号输入端，时钟信号为 CP。

有时为了在时钟脉冲 CP 到来之前，预先将触发器置成某一初始状态，在集成触发器电路中设置了专门的直接置位端（用 S_D 或 $\overline{S_D}$ 表示）和直接复位端（用 R_D 或 $\overline{R_D}$ 表示），用于直接置 1 和直接置 0。图 9-5c 是带直接置位和复位端的主从 JK 触发器的逻辑符号，图中，R_D 和 S_D 用小圆圈或字母上加“非”符号，表示低电平有效，C1 是时钟 CP 的输入端，C1 表示受其影响的输入是以数字 1 标记的数据输入，如图中 1J、1K，直角符号“¬”表示主从触发器的延迟输出。

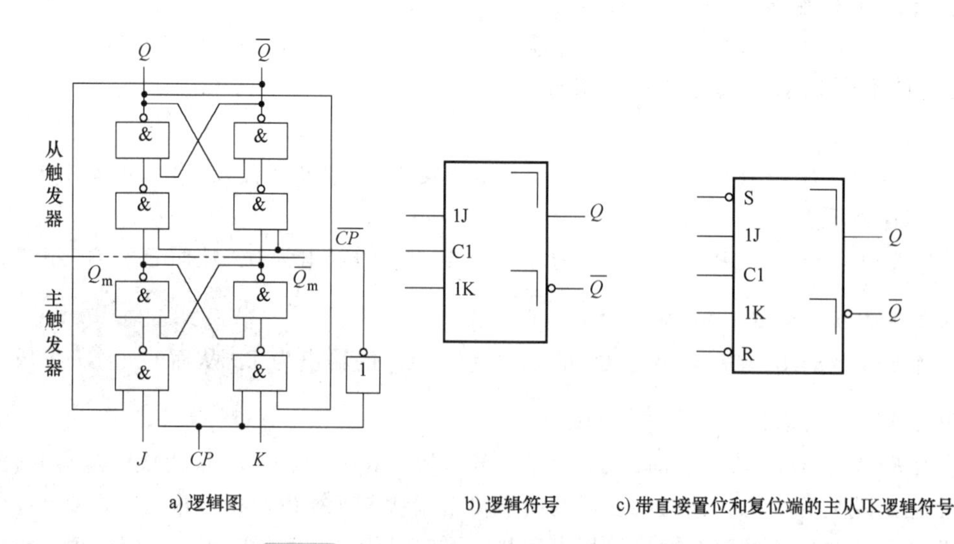

a) 逻辑图　　b) 逻辑符号　　c) 带直接置位和复位端的主从JK逻辑符号

图 9-5　主从 JK 触发器的逻辑图和逻辑符号

(2) 逻辑功能　当 $CP=0$ 时，主触发器状态不变，从触发器输出状态与主触发器的输出状态相同。当 $CP=1$ 时，输入 J、K 影响主触发器，而从触发器状态不变。当 CP 从 1 变成 0 时，主触发器的状态传送到从触发器，即主从触发器是在 CP 下降沿到来时才使触发器翻转的。对图 9-5a 做如下四种情况分析：

1）当 $J=0$，$K=0$ 时，Q_m 和 $\overline{Q_m}$ 保持原态，因此，当 CP 从 1 变成 0 时，主触发器的状态传送到从触发器，使从触发器的输出即 Q 和 $\overline{Q}$ 保持原态。

2）当 $J=0$，$K=1$ 时，Q_m 和 $\overline{Q_m}$ 在 $CP=1$ 期间为 0 和 1，因此，当 CP 由 1 变成 0 时，使从触发器的输出 $Q=0$，$\overline{Q}=1$。

3）当 $J=1$，$K=0$ 时，Q_m 和 $\overline{Q_m}$ 在 $CP=1$ 期间为 1 和 0，因此，当 CP 由 1 变成 0 时，使从触发器的输出 $Q=1$，$\overline{Q}=0$。

4）当 $J=1$，$K=1$ 时，若原态为 $Q^n=0$，$\overline{Q^n}=1$，则 Q_m 和 $\overline{Q_m}$ 在 $CP=1$ 期间为 1 和 0，因此，当 CP 由 1 变成 0 时，使从触发器的输出 $Q=1$，$\overline{Q}=0$。同理，若原态为 $Q^n=1$，$\overline{Q^n}=0$，则 Q_m 和 $\overline{Q_m}$ 在 $CP=1$ 期间为 0 和 1，因此，当 CP 由 1 变成 0 时，使从触发器的输出 $Q^{n+1}=0$，$\overline{Q}^{n+1}=1$。

由上述四种不同输入组合的分析，得出 JK 触发器的特性表见表 9-3。

表 9-3　JK 触发器特性表

J	K	Q^n	Q^{n+1}	功能说明
0	0	0 1	0 1	$Q^{n+1}=Q^n$ 保持
0	1	0 1	0 0	$Q^{n+1}=0$ 置 0
1	0	0 1	1 1	$Q^{n+1}=1$ 置 1
1	1	0 1	1 0	$Q^{n+1}=\overline{Q^n}$　翻转功能

由表 9-3 可得 JK 触发器的特性方程为

$$Q^{n+1}=J\overline{Q^n}+\overline{K}Q^n$$

图9-6 是主从 JK 触发器的波形图，由此能更直观地看出触发器的状态改变是在时钟脉冲由 1→0 时才发生的。

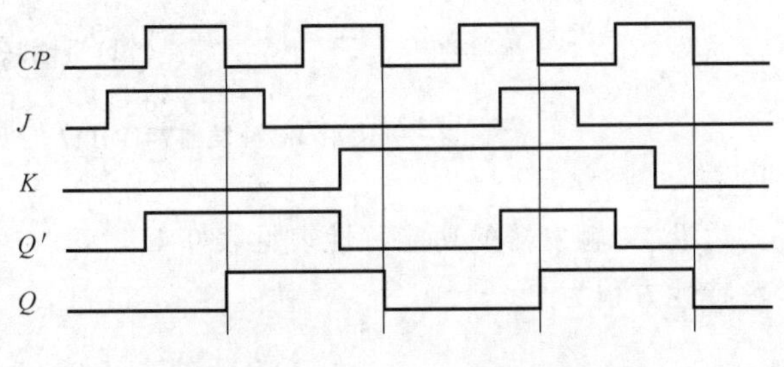

图 9-6　主从 JK 触发器的波形图

早期生产的集成 JK 触发器大多数是主从型的，如 7472、7473、7476 系列等都是 TTL 主从 JK 触发器产品。但由于主从 JK 触发器工作速度慢且易受噪声干扰，所以我国目前只保留有 CT2072、CT1111 两个品种的主从 JK 触发器。随着工艺的发展，JK 触发器大都采用边沿触发工作方式。

【例 9-1】 设主从 JK 触发器的时钟脉冲和 J、K 信号的波形如图 9-7 所示，画出输出端 Q 的波形，设触发器的初始状态为 0。

解：根据 JK 触发器的特性可画出输出端 Q 的波形，如图 9-7 所示。从图 9-7 可以看出，触发器的 Q 端的状态改变发生在时钟脉冲 1→0 的下降沿。判断触发器次态的依据是脉冲为 1 期间主触发器输出端的状态。

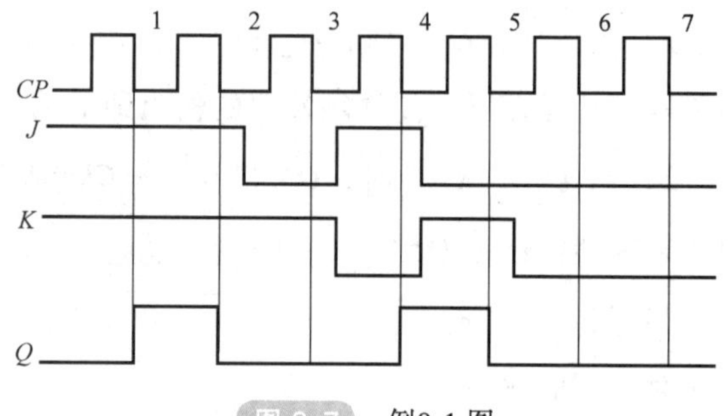

图 9-7 例9-1 图

2. 边沿 JK 触发器

边沿触发器只在时钟脉冲的上升沿（或下降沿）的瞬间，才根据输入信号做出响应并引起状态翻转，也就是说，只有在时钟的有效边沿附近的输入信号才是真正有效的，而在 $CP=0$ 或 $CP=1$ 期间，输入信号的变化对触发器的状态均无影响。按触发器翻转所对应的 CP 时刻不同，可把边沿触发器分为 CP 上升沿触发和 CP 下降沿触发，也称 CP 正边沿触发和 CP 负边沿触发。边沿 JK 触发器的种类很多，应用范围也很广泛，下面以 74HC112 为例介绍其功能及应用。

（1）逻辑符号及功能描述 74HC112 为双下降沿 JK 触发器，图 9-8a～c 分别为实物、引脚排列及逻辑符号图。

引脚排列图中，字母符号上横线表示加入低电平有效；两个触发器以上的多触发器集成器件，在它的输入、输出符号前加同一数字，如 1J、1K、1Q、1$\overline{CP}$ 等，表明属于同一触发器的引出端。逻辑符号图中脉冲输入端 C1 端加了符号“>”表示边沿触发器，CP 端小圈表示触发器是下降沿触发。

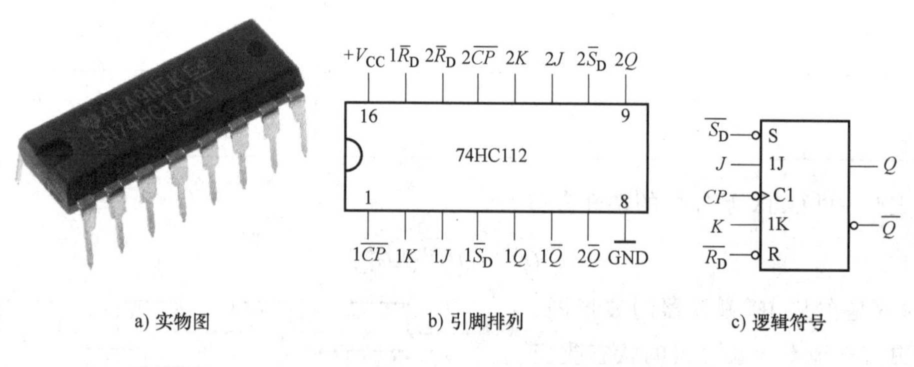

a) 实物图 b) 引脚排列 c) 逻辑符号

图 9-8 边沿 JK 触发器74HC112 的实物、引脚排列及逻辑符号

边沿 JK 触发器的功能特性表见表 9-4。

特性方程为

$$Q^{n+1}=J\overline{Q^n}+\overline{K}Q^n$$

表 9-4　下降沿触发型 JK 触发器的特性表

CP	$\overline{S_D}$　$\overline{R_D}$	J　K	Q^n	Q^{n+1}	功能说明
× ×	0　1 1　0	×× ××	× ×	1 0	直接置 1 直接置 0
↓ ↓	1　1 1　1	0　0 0　0	0 1	0 1	$Q^{n+1}=Q^n$ 保持
↓ ↓	1　1 1　1	0　1 0　1	0 1	0 0	$Q^{n+1}=0$ 置 0
↓ ↓	1　1 1　1	1　0 1　0	0 1	1 1	$Q^{n+1}=1$ 置 1
↓ ↓	1　1 1　1	1　1 1　1	0 1	1 0	$Q^{n+1}=\overline{Q^n}$ 翻转功能

图 9-9 是下降沿 JK 触发器的波形图，由此能更直观地看出触发器的状态改变是在时钟脉冲下降沿瞬间改变的。

（2）应用举例　应用 74HC112 中的一个 JK 触发器便可组成图 9-10 所示的单按钮电子开关电路。图中，引脚 2、3、16 接电源 $+V_{CC}$，即有 $1J=1K=1$，电路为计数翻转状态。4、15 脚也与电源连接，即 $1\overline{S_D}=1\overline{R_D}=1$，异步置 0、置 1 功能处于无效状态。每按一下按钮 SB，1Q 的输出状态就翻转一次。若原来 1Q 为低电平，它使晶体管 VT 截止，继电器 KA 失电不工作，按一下 SB，1Q 翻转为高电平，VT 饱和导通，继电器 KA 得电工作。若再按一下 SB，则 1Q 翻转恢复为低电平，VT 截止，继电器 KA 失电停止工作。通过继电器 KA，可以控制其他电器的开停，如台灯、电风扇等。

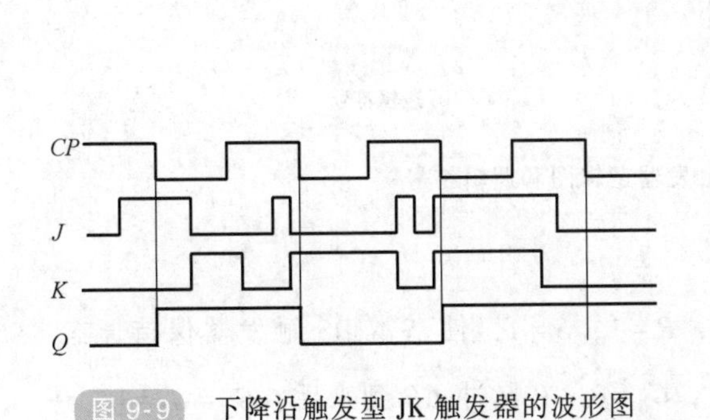

图 9-9　下降沿触发型 JK 触发器的波形图

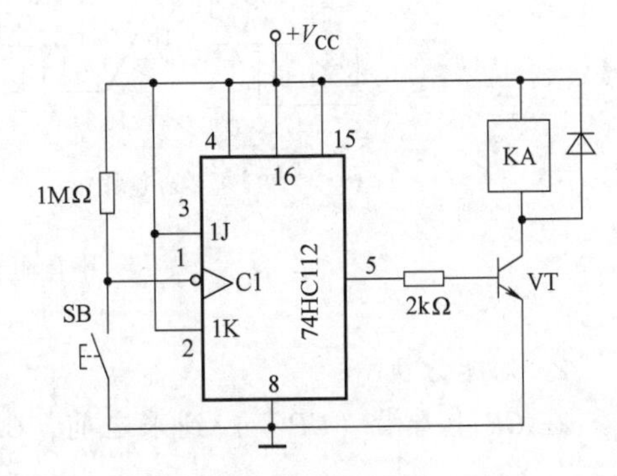

图 9-10　74HC112 构成的单按钮电子开关电路

9.1.3　D 触发器

按图 9-11 接电路，测试输入 D 与输出 Q 的关系见表 9-5，由此表可见，在脉冲到来时，电路的输出 Q 等于输入 D 的值，电路有存储数码 0 和 1 的功能。这就是 D 触发器。

边沿 D 触发器又称维持阻塞 D 触发器，应用也很广泛。

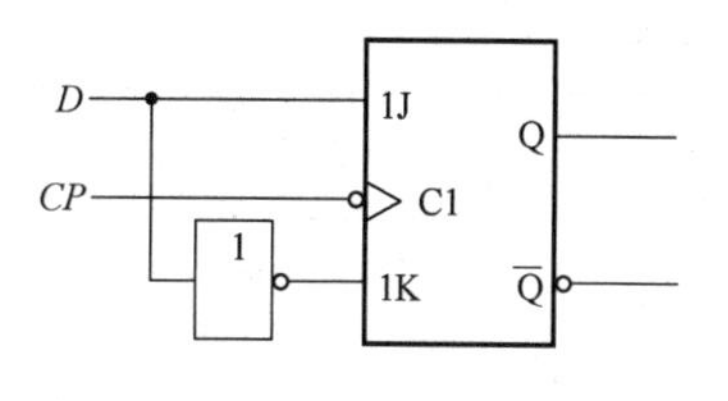

图 9-11 由 JK 触发器和“非”门构成的 D 触发器

表 9-5 图 9-11 的功能测试结果

D	J	K	CP	Q^{n+1}	功能说明
0	0	1	↓	0	D 是 0 则置 0
1	1	0	↓	1	D 是 1 则置 1

1. 逻辑电路图和逻辑符号

图 9-12a 所示是边沿 D 触发器的逻辑图，其中 G_1、G_2 两个“与非”门组成基本 RS 触发器，$G_3 \sim G_6$ 组成维持阻塞控制电路。$\overline{R}_D$、$\overline{S}_D$ 是直接复位、置位端，不受 CP 脉冲控制，当 $\overline{R}_D=0$、$\overline{S}_D=1$ 时，无论 CP 是 0 还是 1，触发器能可靠置 0；当 $\overline{R}_D=1$、$\overline{S}_D=0$ 时，无论 CP 是 0 还是 1，触发器能可靠置 1。在图 9-12b 中，脉冲输入端 C1 端加了符号“>”，表示边沿触发器。C1 端无小圆圈表示触发器在 CP 上升沿触发。

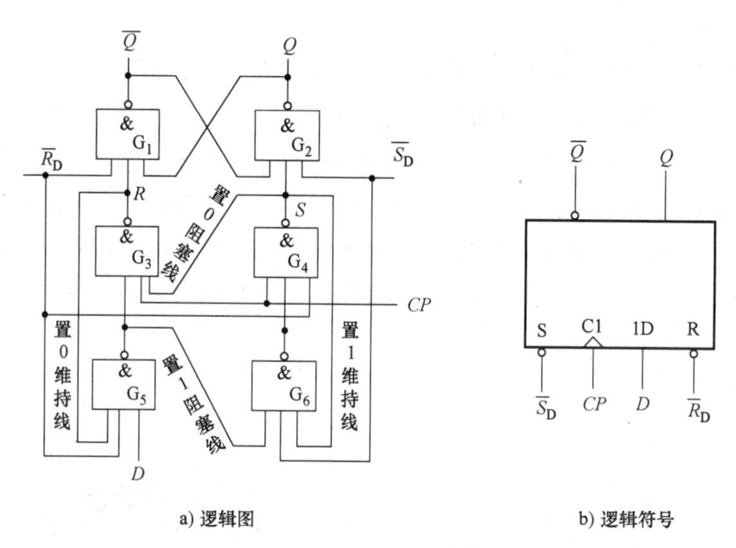

图 9-12 维持阻塞 D 触发器逻辑图和逻辑符号

2. 功能分析

在 CP 上升沿（$CP\uparrow$）到来之前，$CP=0$，$R=1$，$S=1$，使基本 RS 触发器保持原态。设 $CP=0$ 时，$D=0$，则 G_5、G_6 的输出为 $G_5=1$，$G_6=0$，在脉冲 CP 到来后，$G_3=\overline{G_5}=0$，一方面使触发器状态置 0，另一方面又经过置 0 维持线反馈至 G_5 的输入端，封锁 G_5（克服了空翻），使触发器输出状态维持 0 不变。在 $CP=1$ 期间，G_5 输出的 1 还通过置 1 阻塞线反馈至 G_6 的输入端，使 G_6 输出为 0，从而可靠地保证 G_4 输出为 1，阻止触发器状态可能向 1 翻转。

按照同样的方法可以分析出当 $D=1$ 时，触发器在 CP 从 0 到 1 的作用下将触发器 Q 端置成 1 状态的过程。

综上所述，该触发器只有在 CP 的上升沿到来时刻，输出才按照输入信号的状态进行变化，除此之外，在 CP 的其他任何时刻，触发器都将保持状态不变，故把这种类型的触发器称为正边沿触发器。

3. 特性表、特性方程和时序图

根据以上分析，可以归纳出边沿 D 触发器的特性表见表 9-6。由特性表不难画出图 9-13 所示的时序图。

表 9-6　正边沿 D 触发器的特性表

CP	$D\ \ Q^n$	Q^{n+1}
↑	0　0	0
↑	0　1	0
↑	1　0	1
↑	1　1	1

由特性表得出 D 触发器的特性方程为

$$Q^{n+1}=D$$

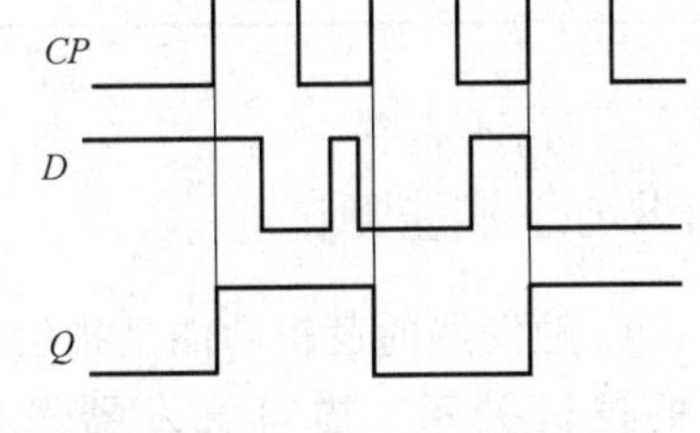

图 9-13　边沿 D 触发器的时序图

4. 集成 D 触发器的应用举例

用边沿双 D 触发器 74LS74 接成图 9-14a 所示电路，加入频率为 1kHz 时钟脉冲，试分析电路的作用，画出时序图。

由图 9-14a 所示电路，可以写出 $D=\overline{Q}$。

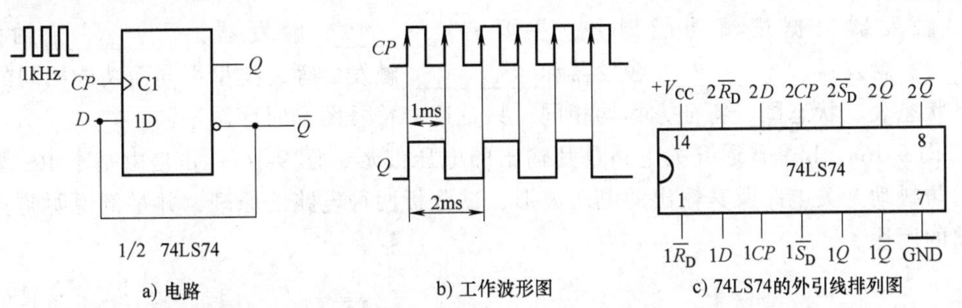

a) 电路　b) 工作波形图　c) 74LS74的外引线排列图

图 9-14　集成 D 触发器74LS74 构成的应用电路及工作波形

根据 D 触发器的特性方程，则 $Q^{n+1}=D=\overline{Q^n}$，因此，输入一个时钟脉冲，在 CP 上升沿到来时，触发器的输出改变一次状态。

据此，可画出 Q 端波形如图 9-14b 所示。由 Q 端波形可见，该电路实现了二分频。

图 9-14c 所示是双 D 触发器 74LS74 的引脚排列图。

9.1.4　T 和 T′触发器

按图 9-15 连接电路，测试功能并填入表 9-7。

1. T 触发器

图 9-15 中，JK 触发器的两个输入端 J 和 K 相连，并把相连后的输入端用 T 表示，构成

的便是 T 触发器。由表 9-7 可见，T 触发器具有保持和翻转功能。将 $J=K=T$ 代入 JK 触发器的特性方程 $Q^{n+1}=J\overline{Q^n}+\overline{K}Q^n$ 中，可得到 T 触发器的特性方程为 $Q^{n+1}=T\overline{Q^n}+\overline{T}Q^n$。

2. T′触发器

图 9-15 中，JK 触发器的两个输入端 J 和 K 相连且接高电平 1，构成的便是 T'触发器。将 $J=K=1$ 代入 JK 触发器的特性方程 $Q^{n+1}=J\overline{Q^n}+\overline{K}Q^n$ 中，可得到 T'触发器的特性方程为 $Q^{n+1}=\overline{Q^n}$，此式表明：每输入一个脉冲，触发器的状态就翻转一次，即 T'触发器只具有翻转功能。

表 9-7　T 触发器特性表

T	Q^{n+1}	功能说明
0	Q^n	保持
1	$\overline{Q^n}$	翻转

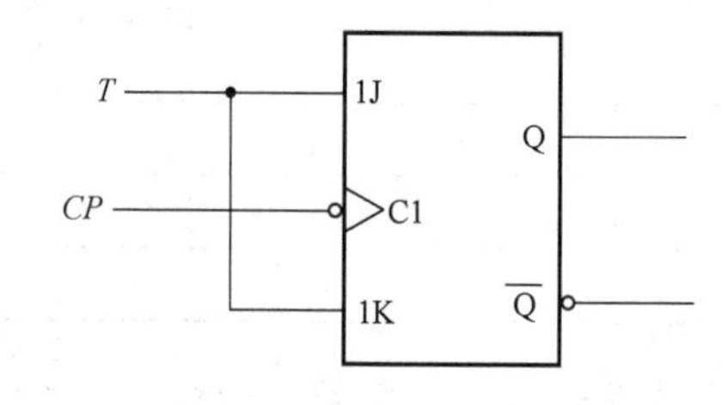

图 9-15　由 JK 触发器构成的 T 触发器

知识与小技能测试

1. 触发器的逻辑功能是指触发器输出__________态与输出__________态及输入信号之间的逻辑关系。描写触发器逻辑功能的方法主要有__________表、__________方程、__________图（又称时序图）等。

2. 触发器根据逻辑功能划分，主要有__________触发器、__________触发器、__________触发器、__________触发器和__________触发器等，类型不同而功能相同的触发器，其状态表、状态图、特征方程均相同，只是逻辑符号图和时序图不同。

3. 图 9-16a、b 是普通开关电路及其输出的电压波形，图 9-16c、d 是由基本 RS 触发器构成的防抖动开关电路及其输出的电压波形，试分析两种电路的原理，并举例说明防抖动开关电路的用途。

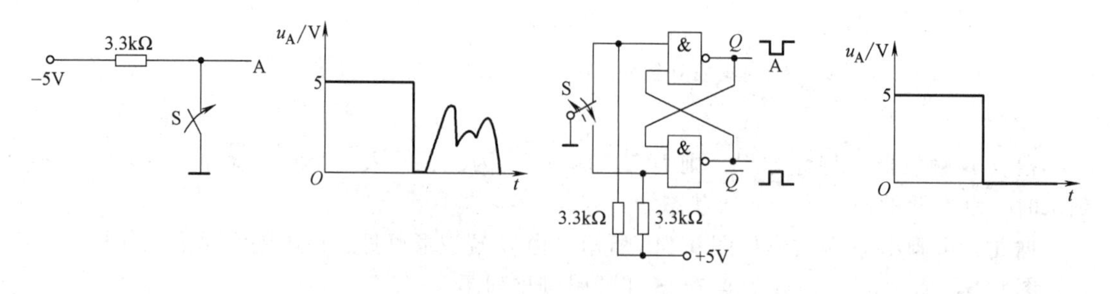

图 9-16　9.1 节知识与小技能测试题 3 图

4. 熟悉集成 RS 触发器 74LS71 的逻辑功能及引脚排列。其电路符号和引脚排列如图 9-17 所示。该触发器有 3 个 S 端和 3 个 R 端，它们之间分别为“与”逻辑关系，即 $1R=$

$R_1 \cdot R_2 \cdot R_3$，$1S=S_1 \cdot S_2 \cdot S_3$。使用中如有多余的输入端，要将它们接至高电平。触发器带有清零端（置 0）R_D 和预置端（置 1）S_D，它们的有效电平均为低电平。试用 74LS71 构成图 9-16 所示的防抖开关电路。

（1）画出连线图；

（2）用面包板或实验箱接电路，检查无误后通电验证结果。

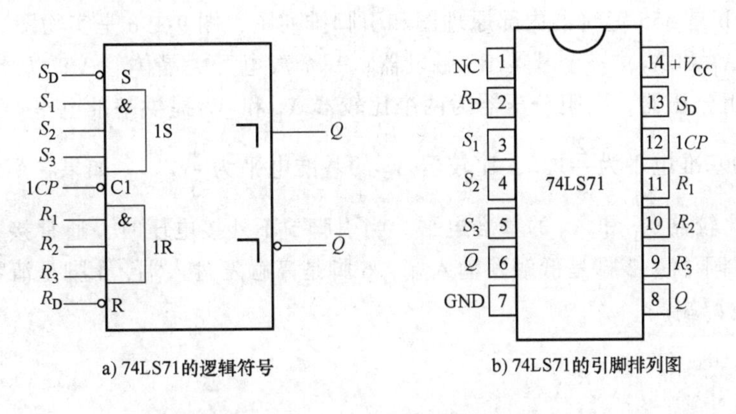

图 9-17　9.1 节知识与小技能测试题 4 图

5. 分析图 9-18 所示 RS 触发器的功能，并根据输入波形画出 $\overline{Q}$ 和 Q 的波形（设初态 $Q=0$、$\overline{Q}=1$）。

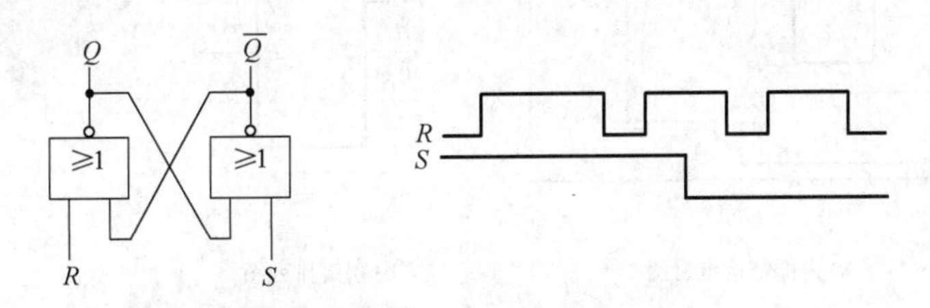

图 9-18　9.1 节知识与小技能测试题 5 图

6. 用 D 触发器，构成二分频电路。

（1）查阅资料，写出所选 D 触发器的型号，熟悉它的引脚和功能；

（2）按图 9-14 连接电路，检查无误后通电，由示波器观察 CP 和 Q 波形。

9.2　555 定时器及其应用

触发器需用时钟脉冲控制其翻转，如何获得时钟脉冲呢？555 定时器是一种将数字电路和模拟电路巧妙地结合在一起的集成电路。它在脉冲波形的产生与变换、仪器与仪表、测量与控制、家用电器与电子玩具等领域都有着广泛的应用。555 定时器结构简单、使用方便灵活，只要外接少数几个阻容元件便可组成多谐振荡器、单稳态触发器、施密特触发器等电路。

TTL 单定时器型号的最后 3 位数字为 555，双定时器的为 556；CMOS 单定时器的最后 4

位数为 7555，双定时器的为 7556。它们的逻辑功能和外部引线排列完全相同。下面以 TTL 型定时器为例介绍。

9.2.1 555 定时器的电路结构及功能

1. 555 定时器的电路结构及引脚

图 9-19a、b 是 555 定时器内部原理图和引脚排列图，图 9-19c 是实物图。它内部包括两个电压比较器 A_1 和 A_2，一个基本 RS 触发器，一个放电开关晶体管 VT 以及由三个 5kΩ 的电阻构成的电阻分压器。电阻分压器为两个比较器 A_1 和 A_2 提供基准电平。如引脚 5 悬空，则比较器 A_1 的基准电平为 $\frac{2}{3}V_{CC}$，比较器 A_2 的基准电平为 $\frac{1}{3}V_{CC}$。如果在引脚 5 外接电压，则可改变两个比较器 A_1 和 A_2 的基准电平。当引脚 5 不外接电压时，通常接 0.01μF 的电容再接地，以抑制干扰。2 脚是低触发输入端，6 脚是高触发输入端，4 脚是清零端，3 脚是输出端，8 脚是电源端。

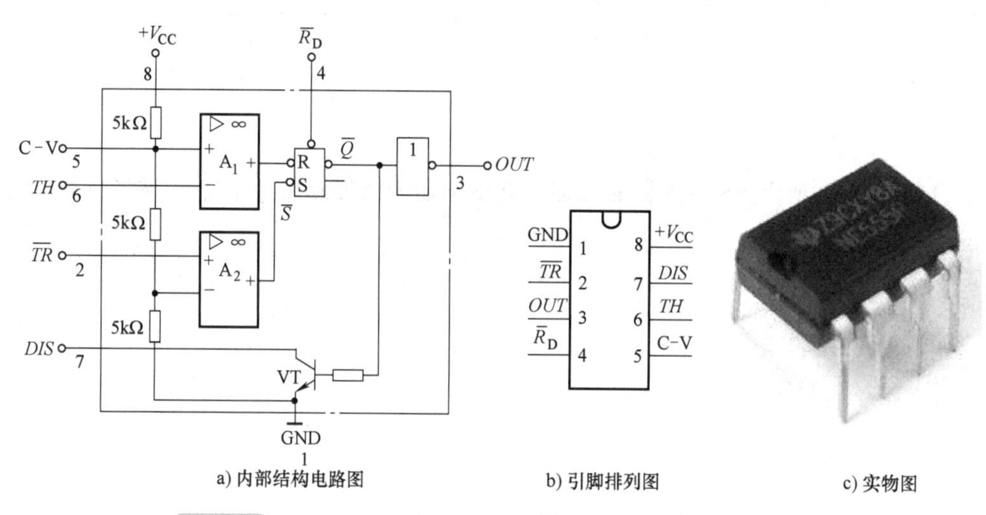

a) 内部结构电路图　　b) 引脚排列图　　c) 实物图

图 9-19　555 定时器的内部结构电路图、引脚排列图和实物图

2. 功能分析

定时器的主要功能取决于两个比较器输出对 RS 触发器和放电管 VT 状态的控制。

当 6 脚电位 $V_6>\frac{2}{3}V_{CC}$、2 脚电位 $V_2>\frac{1}{3}V_{CC}$ 时，比较器 A_1 输出为 0，A_2 输出为 1，基本 RS 触发器被置 0，VT 饱和导通，输出 *OUT* 为低电平。

当 $V_6<\frac{2}{3}V_{CC}$、$V_2<\frac{1}{3}V_{CC}$ 时，比较器 A_1 输出为 1，A_2 输出为 0，基本 RS 触发器被置 1，VT 截止，输出 *OUT* 为高电平。

当 $V_6<\frac{2}{3}V_{CC}$、$V_2>\frac{1}{3}V_{CC}$ 时，A_1、A_2 的输出均为 1，基本 RS 触发器的状态保持不变，因而 VT 和输出 *OUT* 状态也维持不变。

因此可以归纳出 555 定时器的功能见表 9-8。

表 9-8　555 定时器功能表

清零端($\overline{R_D}$)	高触发端(TH)	低触发端($\overline{TR}$)	输出(OUT)	放电管 VT
0	×	×	0	导通
1	$<\frac{2}{3}V_{CC}$	$<\frac{1}{3}V_{CC}$	1	截止
1	$>\frac{2}{3}V_{CC}$	$>\frac{1}{3}V_{CC}$	0	导通
1	$<\frac{2}{3}V_{CC}$	$>\frac{1}{3}V_{CC}$	不变	不变

9.2.2　555 定时器的典型应用

555 定时器的应用十分广泛，可以构成多谐振荡器、单稳态触发器、双稳态触发器和施密特触发器等。

1. 用 555 定时器构成多谐振荡器

(1) 电路组成　如图 9-20a 所示，把 2 脚和 6 脚连接，7 脚与电源端 8 脚间接入电阻 R_1，6 脚与 7 脚之间接入电阻 R_2。外部复位端 4 脚接直流电源 V_{CC}（即接高电平），电压控制端 5 不接外加控制电压，通过一个旁路电容 0.01μF 接地。

(2) 工作原理　电源接通后，$+V_{CC}$ 经 R_1、R_2 给电容 C 充电，使 u_C 逐渐升高，当 $u_C<\frac{1}{3}V_{CC}$ 时，u_o 输出高电平。当 u_C 上升到大于$\frac{1}{3}V_{CC}$ 时，电路仍保持输出高电平。

当 u_C 继续上升略超过$\frac{2}{3}V_{CC}$ 时，输出变为低电平，放电管饱和导通。随后，电容 C 经 R_2 及放电管到地放电，u_C 开始下降。当 u_C 下降到略低于$\frac{1}{3}V_{CC}$ 时，输出又为高电平，同时放电管截止，电容 C 放电结束，又再次充电，u_C 再次上升。如此循环下去，输出端就连续输出矩形脉冲，电路的输出波形如图 9-20b 所示。

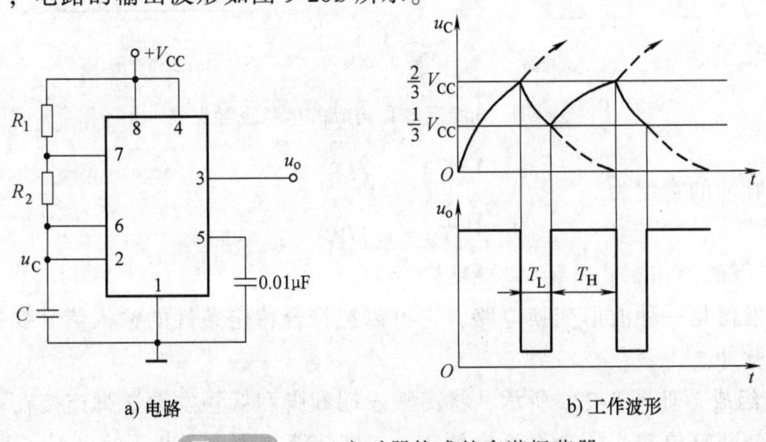

图 9-20　555 定时器构成的多谐振荡器

电容充电时间常数为 $T_H \approx 0.7(R_1+R_2)C$

电容放电时间常数为 $T_L \approx 0.7R_2C$

振荡周期为 $T=T_H+T_L \approx 0.7(R_1+2R_2)C$

振荡频率为 $f=\frac{1}{T}=\frac{1}{0.7(R_1+2R_2)C}=\frac{1.43}{(R_1+2R_2)C}$

2. 用 555 定时器构成单稳态触发器

(1) 电路组成 如图 9-21a 所示，其中输入触发脉冲接在低电平触发端，6、7 两脚相连并与定时元件 R、C 相接。外部复位端 4 脚接直流电源 V_{CC}（即接高电平），电压控制端 5 不接外加控制电压，通过一个旁路电容 0.01μF 接地。

(2) 原理分析 电源接通后，电源 $+V_{CC}$ 通过 R 对电容 C 充电，u_C 不断升高。当 $u_C>\frac{2}{3}V_{CC}$ 时，输出 $u_o=0$，放电管饱和导通。随后，电容 C 经 7 脚迅速放电，使 u_C 迅速减小到 0V。一旦放电管导通，电容被旁路，无法充电，这就是接通电源后电路所处的稳定状态。这时输出为低电平，$u_o=0$。当 2 脚输入一幅值低于$\frac{1}{3}V_{CC}$ 的窄负脉冲触发信号时，输出 u_o 为高电平，放电管截止，电路由稳态进入暂稳态。随后电容 C 开始充电，当 u_C 上升到略大于$\frac{2}{3}V_{CC}$ 时，输出 u_o 变为低电平，放电管饱和导通，电容充电结束，经 7 脚迅速放电，u_C 迅速下降为 0，电路从暂态又返回到稳态时的低电平状态。工作波形如图 9-21b 所示。

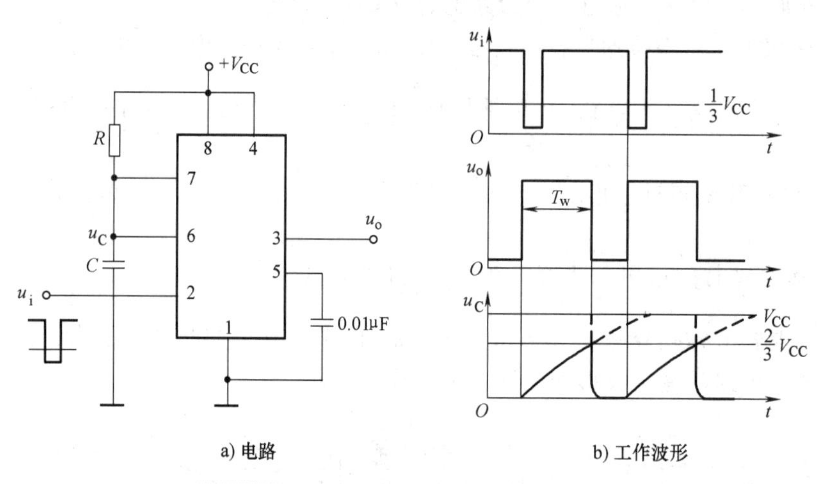

a) 电路　　b) 工作波形

图 9-21　555 定时器构成的单稳态触发器

输出定时脉冲的宽度为

$$T_w \approx 1.1RC$$

3. 用 555 定时器构成施密特触发器

施密特触发器是一种波形变换电路，它可以把符合特定条件的输入信号变换成数字电路所需要的矩形脉冲。

(1) 电路组成 如图 9-22a 所示，将高触发端 6 脚和低触发端 2 脚连接在一起作为电路信号输入端；外部复位端 4 脚接直流电源 V_{CC}（即接高电平），电压控制端 5 脚不接外加控制电压，通过一个旁路电容 0.01μF 接地。

(2) 工作原理　当输入信号 $u_i<\frac{1}{3}V_{CC}$ 时，输出 u_o 为高电平，若 u_i 增加，使得$\frac{1}{3}V_{CC}<u_i<\frac{2}{3}V_{CC}$ 时，电路维持原态不变，输出 u_o 仍为高电平；如果输入信号增加到 $u_i\geqslant\frac{2}{3}V_{CC}$ 时，输出 u_o 为低电平；u_i 再增加，只要满足 $u_i\geqslant\frac{2}{3}V_{CC}$，电路维持该状态不变。若 u_i 下降，只要满足$\frac{1}{3}V_{CC}<u_i<\frac{2}{3}V_{CC}$，电路状态仍然维持不变；只有当 u_i 降到$\frac{1}{3}V_{CC}$ 时，触发器再次置 1，电路又翻转回输出高电平的状态。

显然，555 定时器构成的施密特触发器，其上限触发阈值电压 V_{T+}为$\frac{2}{3}V_{CC}$，下限触发阈值电压 V_{T-}为$\frac{1}{3}V_{CC}$，回差电压为

$$\Delta V_T=V_{T+}-V_{T-}=\frac{1}{3}V_{CC}$$

工作波形如图 9-22b 所示。

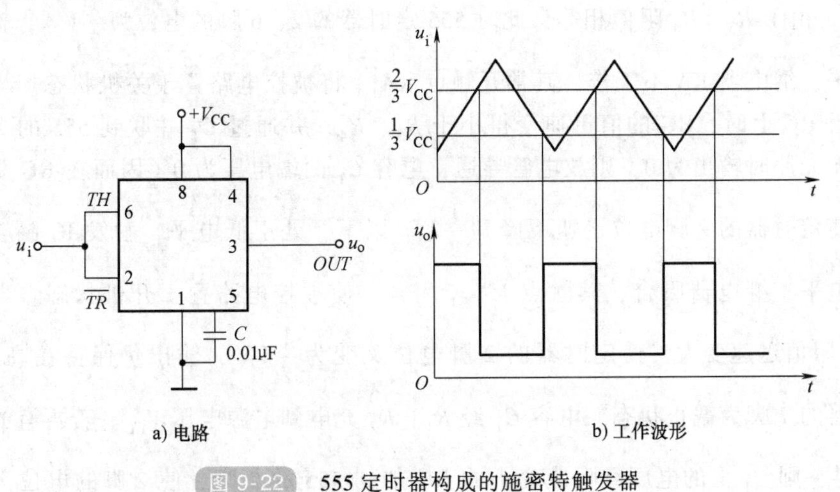

a) 电路　　b) 工作波形

图 9-22　555 定时器构成的施密特触发器

9.2.3　555 定时器应用举例

1. 定时应用

单稳态触发器可以构成定时电路，与继电器或驱动放大电路配合，可实现自动控制、定时开关的功能，如图 9-23 所示是一个典型定时电路。

平时按钮 SB 为常开状态，555 定时器的 3 脚输出为低电平，此时内部放电管导通，电容上的电压为 0。继电器 KA（当继电器无电流通过时，常开触点处于断路状态）无通过电流，故形不成导电回路，灯泡 HL 不亮。当按下 SB 时，低电平触发端 2 脚接地，触发电路翻转，555 的 3 脚输出由低电平变为高电平，继电器 KA 通过电流，使常开触点闭合，形成导电回路，灯泡 HL 发亮。SB 按下时刻起，电路进入暂稳态，即定时开始，定时时间为

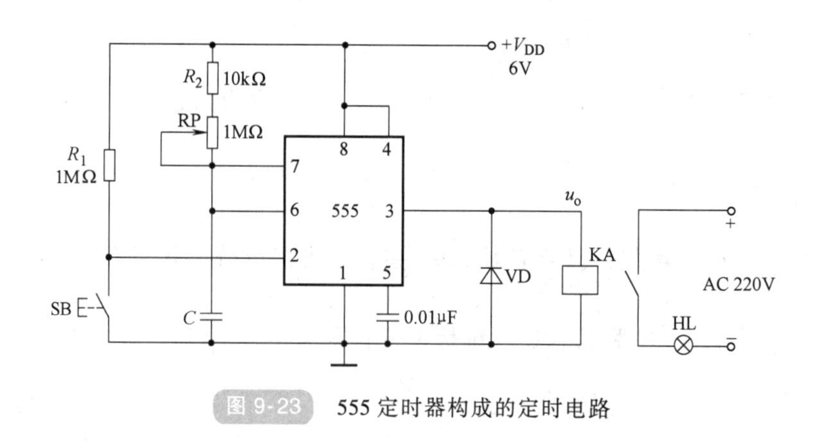

图 9-23 555 定时器构成的定时电路

$T_w \approx 1.1RC$。改变电路中的电阻 R（通过调节电位器 RP）或 C，均可改变定时时间。

每按动一次 SB，电路就进入定时状态一次，所以这种电路适用于需要手动控制定时的工作场合。

2. 光控开关电路

555 定时器构成的光控开关电路如图 9-24 所示。当无光照时，光敏电阻 RG 的阻值远大于 R_3、R_4，由于 R_3、R_4 阻值相等，此时 555 定时器的 2、6 脚的电位为$\frac{1}{2}V_{CC}$，输出端 3 脚输出低电平，继电器 KA 不工作，其常开触点 KA_{1-1} 将被控电路置于关机状态。当有光照射到光敏电阻 RG 上时，RG 的值迅速变得小于 R_3、R_4，并通过 C_1 并联到 555 的 2 脚与地之间。由于无光照时输出为 0，则放电管导通，电容 C_1 两端电压为 0，因而在 RG 阻值变小的瞬间，会使定时器的 2 脚电位迅速下降到$\frac{1}{3}V_{CC}$ 以下，处于低电平，触发 IC 翻转，输出端翻转为高电平，继电器吸合，其触点 KA_{1-1} 闭合，使被控电路置于开机状态。当光照消失后，RG 的阻值迅速变大，使定时器的 2 脚电位又变为$\frac{1}{2}V_{CC}$，输出仍保持在高电平状态，此时定时器的 7 脚为截止状态，电容 C_1 经 R_1、R_2 充电到电源电压 V_{CC}。若再有光照射光敏电阻 RG 时，则 C_1 上的电压经阻值变小的 RG 加到 555 的 2 脚，使 2 脚的电位大于$\frac{2}{3}V_{CC}$，导致输出端由高电平变为低电平，继电器 KA 被释放，被控电路又回到了关机状态。由此可

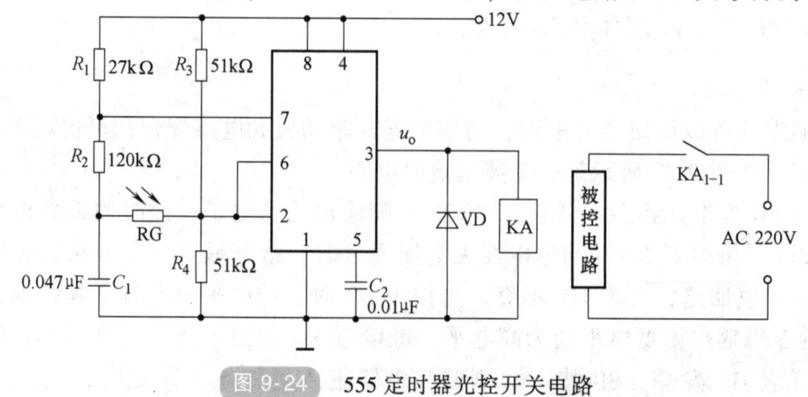

图 9-24 555 定时器光控开关电路

见，光敏电阻 RG 每受光照射一次，电路的开关状态就转换一次，起到了光控开关的作用。

3. “叮咚”双音门铃

555 定时器构成多谐振荡器时，适当调节振荡频率，可构成各种声响电路。图 9-25 所示是 555 定时器构成的“叮咚”双音门铃电路。

未按按钮 SB 时，4 脚电位为 0，输出低电平，门铃不响；当 SB 按下时，经 VD_2 给 C_2 充电，4 脚电位为 1，电路起振，发出“叮”的声响，因 VD_1 导通，频率由 R_2、R_3、C_3 决定；断开 SB 时，发出“咚”的声响，因 VD_1、VD_2 均不导通，“咚”的频率由 R_1、R_2、R_3 和 C_2 决定，同时 C_2 经 R_4 放电，到 4 脚电位为 0 时停振。

4. 波形变换

555 定时器构成的施密特触发器能将变化缓慢的非矩形波变换为矩形波，如图 9-26 所示。

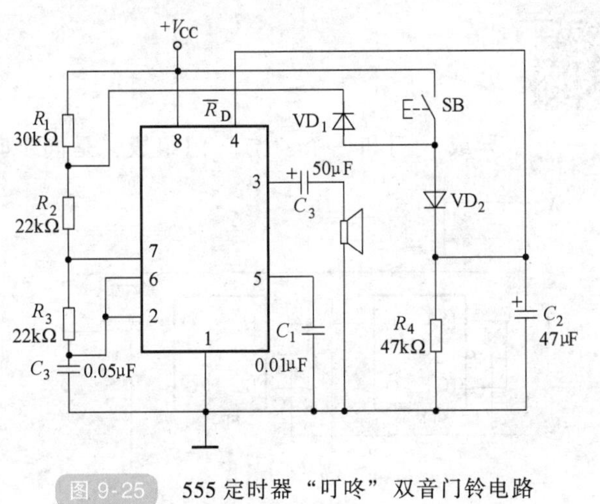

图 9-25　555 定时器“叮咚”双音门铃电路

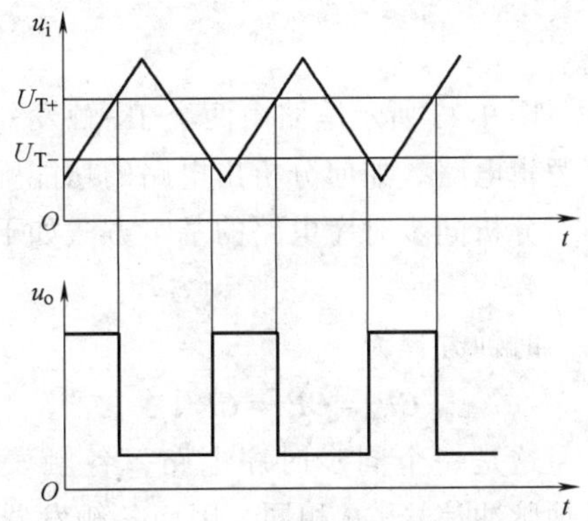

图 9-26　施密特触发器波形变换

知识与小技能测试

1. 获得矩形脉冲的方法通常有两种：一种是振荡电路，另一种是整形电路。画出用 555 定时器构成的多谐振荡器和波形整形电路（施密特触发器）两个电路图。

2. 图 9-27 所示是一个防盗报警电路。a、b 两端被一根细铜丝接通，此铜丝置于盗窃者必经之处。当窃贼闯入室内将铜丝碰断后，扬声器即发出报警声。

（1）试问 555 定时器接成了哪种电路？说明本报警电路的工作原理。

（2）估算报警声的频率。

（3）用“面包板”或实验箱连接电路，检查无误通电，检验防盗报警电路是否成功。

（4）改变报警声调要换哪些元器件？试试看。

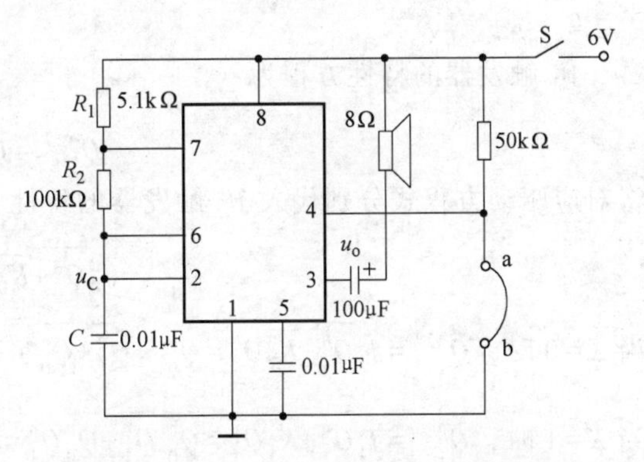

图 9-27　9.2 节知识与小技能测试题 2 图

3. 用555定时器及合适的元器件，连接单脉冲产生电路。

（1）画出电路图。

（2）通过计算选择参数合适的元器件并列出清单。

（3）在“面包板”或实验箱上连接电路，检查无误通电验证结果。

9.3 计数器

计数器是应用最为广泛的时序逻辑电路之一，它不仅可以累计输入脉冲的个数，而且还常用于数字系统的定时、延时、分频等。

计数器按数字的增大或减小可分为加法计数器、减法计数器以及能加能减的可逆计数器；按进制分为二进制计数器、十进制计数器和 N 进制计数器；按引入脉冲方式可分为同步计数器和异步计数器。

9.3.1 同步计数器

图9-28所示电路由两个JK触发器、一个“异或”门和一个“与”门组成，是同步时序逻辑电路。如何分析出电路的功能呢？

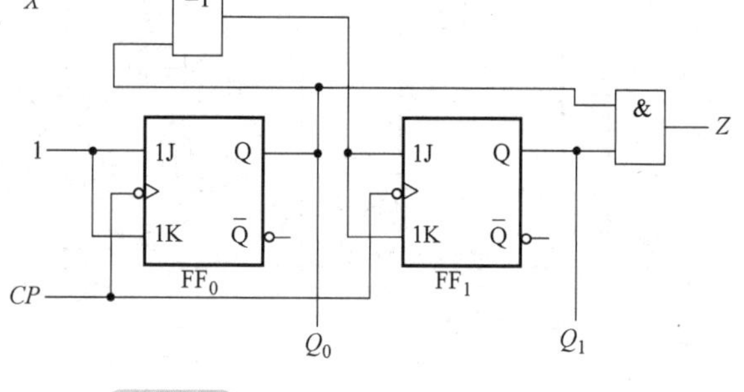

图9-28　二位同步二进制加减计数器

分析同步时序电路的基本方法如下：

1. 写时钟方程、驱动方程

时钟方程为

$$CP_0=CP_1=CP\downarrow$$

这是一个同步时序电路，各触发器时钟脉冲信号 CP 相同，因而各触发器的 CP 逻辑表达式可以不写。

驱动方程为

$$J_0=K_0=1$$

$$J_1=K_1=X\oplus Q_0^n$$

当 $X=0$ 时，$J_1=K_1=Q_0^n$；当 $X=1$ 时，$J_1=K_1=\overline{Q_0^n}$。

2. 写状态方程

JK触发器的特性方程为

$$Q^{n+1}=J\overline{Q^n}+\overline{K}Q^n$$

将对应驱动方程式分别代入JK触发器的特性方程式，进行化简变换可得状态方程

$$Q_0^{n+1}=J_0\overline{Q_0^n}+\overline{K_0}Q_0^n=\overline{Q_0^n}\ (CP\downarrow)$$

当 $X=0$ 时，$Q_1^{n+1}=J_1\overline{Q_1^n}+\overline{K_1}Q_1^n=Q_0^n\cdot\overline{Q_1^n}+\overline{Q_0^n}\cdot Q_1^n=Q_0^n\oplus Q_1^n\ (CP\downarrow)$

当 $X=1$ 时，$Q_1^{n+1}=J_1\overline{Q_1^n}+\overline{K_1}Q_1^n=\overline{Q_0^n}\ \overline{Q_1^n}+\overline{\overline{Q_0^n}}Q_1^n=Q_0^n\odot Q_1^n\ (CP\downarrow)$

3. 进行状态计算

列出状态转换结果见表9-9。状态变化也可用状态图表示，如图9-29所示。

表 9-9　图 9-28 的状态表

CP 序列	X=0			X=1		
	Q_1	Q_0	Z	Q_1	Q_0	Z
0	0	0	0	0	0	0
1	0	1	0	1	1	1
2	1	0	0	1	0	0
3	1	1	1	0	1	0
4	0	0	0	0	0	0

4. 逻辑功能分析

由状态转换图可看出，当 $X=0$ 时进行加法计数，在时钟脉冲作用下，Q_1Q_0 的数值从 00 到 11 递增，每经过 4 个时钟脉冲作用后，电路的状态循环一次。同时在输出端 Z 输出一个进位脉冲，因此，Z 是进位信号。当 $X=1$ 时，电路进行减 1 计数，Z 是借位信号。所以说电路是一个可控计数器。

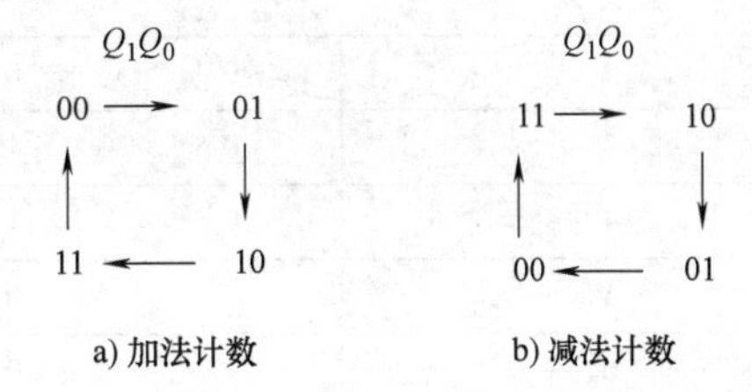

图 9-29　二位二进制同步计数器状态图

9.3.2　异步计数器

图 9-30 所示电路，由三个 JK 触发器组成，三个触发器的状态受不同 CP 控制，因此为异步时序逻辑电路。

一般地说，异步电路的分析方法和同步电路相似。分析如下：

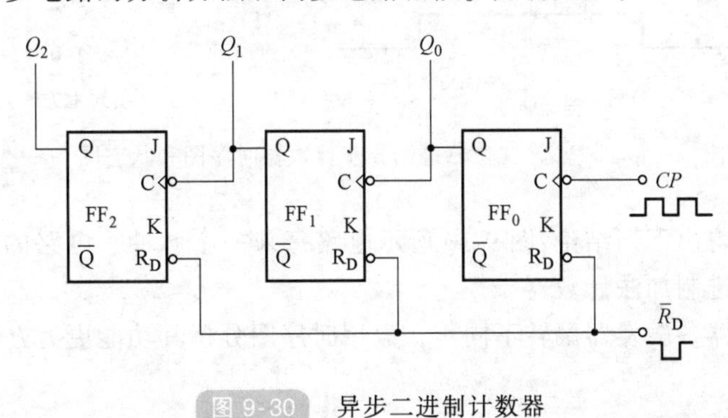

图 9-30　异步二进制计数器

1. 写时钟方程、驱动方程

$$CP_0 = CP\downarrow \qquad CP_1 = Q_0\downarrow \qquad CP_2 = Q_1\downarrow$$

$$J_0=1, K_0=1; J_1=1, K_1=1; J_2=1, K_2=1$$

2. 写状态方程

将各 JK 触发器驱动方程代入 JK 触发器的特性方程得状态方程，得

$$Q_0^{n+1}=\overline{Q_0^n}\text{（}CP\text{ 下降沿到来时）}$$

$$Q_1^{n+1}=\overline{Q_1^n}\text{（}Q_0\text{ 下降沿到来时）}$$

$$Q_2^{n+1}=\overline{Q_2^n}\quad\text{（}Q_1\text{ 下降沿到来时）}$$

3. 进行状态计算

列出状态表见表 9-10。画出时序波形图和状态图如图 9-31a、b 所示。

表 9-10　三位二进制异步计数器状态表

CP 序列	Q_2^n	Q_1^n	Q_0^n	Q_2^{n+1}	Q_1^{n+1}	Q_0^{n+1}
0	0	0	0	0	0	0
1	0	0	0	0	0	1
2	0	0	1	0	1	0
3	0	1	0	0	1	1
4	0	1	1	1	0	0
5	1	0	0	1	0	1
6	1	0	1	1	1	0
7	1	1	0	1	1	1
8	1	1	1	0	0	0

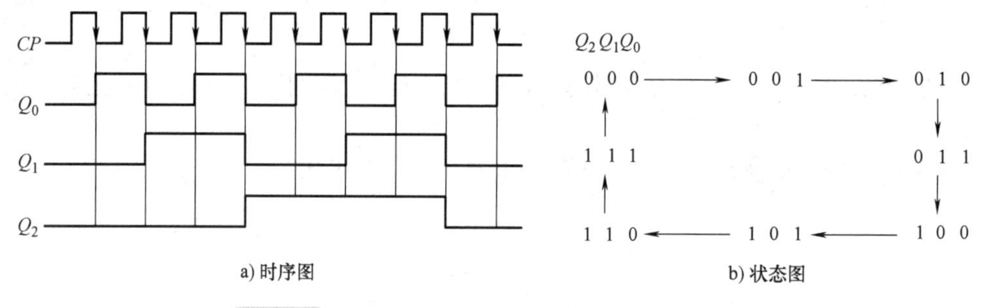

a) 时序图　　b) 状态图

图 9-31　三位二进制异步计数器时序图和状态图

由上述分析可得出下列结论：图 9-30 所示电路每来一个脉冲，电路的状态加 1，所以它是一个异步三位二进制加法计数器。

由于异步计数器各触发器翻转不同步，故用时序图分析其功能更为方便。

9.3.3　集成计数器

计数器除用触发器构成外，实用中更多是利用现成集成计数器改接而成。集成计数器具有功能较完善、通用性强、功耗低、工作速度高且可以扩展等许多优点，因而得到广泛应用。下面以 74LS161、74LS192 为例介绍集成计数器的功能及应用。

1. 集成计数器 74LS161

（1）74LS161 功能　74LS161 是四位二进制同步计数器，具有计数、保持、预置、清零功能，其引脚排列、逻辑符号和外形如图 9-32 所示。图中，$\overline{LD}$ 为同步置数控制端；D_0、D_1、D_2、D_3 为并行数据输入端；$\overline{R_D}$ 为异步置零端；EP 和 ET 为使能输入端；CO 为进位输出端，当计到 1111 时，产生进位信号，进位输出端 CO 送出进位信号（高电平有效），即 $CO=1$。

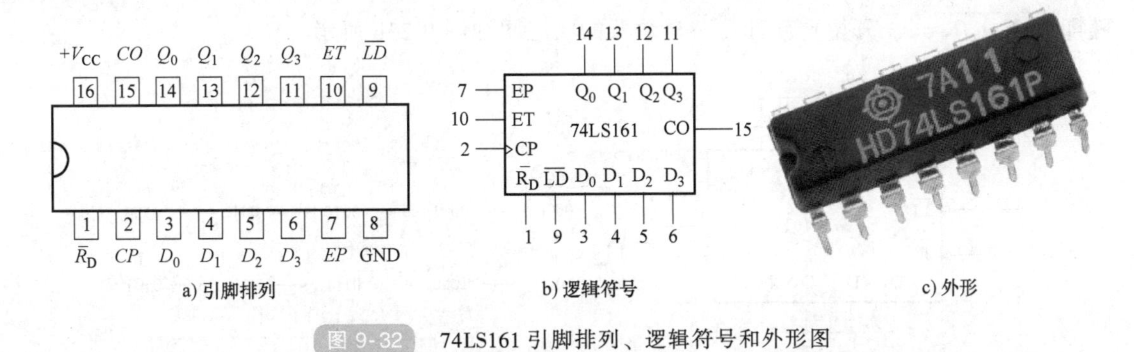

a) 引脚排列　b) 逻辑符号　c) 外形

图 9-32　74LS161 引脚排列、逻辑符号和外形图

表 9-11 所示是 74LS161 的功能表。由表 9-11 可知，74LS161 具有如下功能：

1）异步清零。当清零控制端 $\overline{R_D}=0$ 时，输出端清零，与 CP 无关。

2）同步预置数。在 $\overline{R_D}=1$ 的前提下，当预置数端 $\overline{LD}=0$ 时，在置数输入端 $D_0D_1\ D_2\ D_3$ 预置某个数据，同时在 CP 脉冲上升沿作用下，将 $D_0\ D_1\ D_2\ D_3$ 端的数据置入计数器。

3）保持。当 $\overline{R_D}=1$、$\overline{LD}=1$ 时，只要控制端 EP 和 ET 中有一个为低电平，就能使计数器处于保持状态。在保持状态下，CP 不起作用。

表 9-11　**74LS161 的功能表**

输入									输出				功能说明
CP	$\overline{R_D}$	$\overline{LD}$	EP	ET	D_0	D_1	D_2	D_3	Q_0	Q_1	Q_2	Q_3	
×	0	×	×	×	×	×	×	×	0	0	0	0	异步清零
↑	1	0	×	×	D_0	D_1	D_2	D_3	D_0	D_1	D_2	D_3	并行置数
×	1	1	0	×	×	×	×	×	Q_0	Q_1	Q_2	Q_3	保持
×	1	1	×	0	×	×	×	×	Q_0	Q_1	Q_2	Q_3	保持
↑	1	1	1	1	×	×	×	×					计数

4）计数。当 $\overline{R_D}=1$、$\overline{LD}=1$、$EP=ET=1$ 时，电路为四位二进制加法计数器。在 CP 脉冲作用下，电路按自然二进制递加，即 0000→0001→0010→…→1111。当计到 1111 时，进位输出端 CO 送出进位信号（高电平有效），即 $CO=1$。

（2）74LS161 应用　74LS161 不但能实现模 16 的计数功能，还可以构成任意进制的计数器。常用的方法有预置数端复位法、进位输出置最小数法和异步清零复位法。

1）预置数端复位法构成任意进制计数器。图 9-33a 所示为 74LS161 连成的十进制计数器。将输出端 Q_0、Q_3 通过“与非”门接至 74LS161 的预置数 $\overline{LD}$ 端，其他功能端 $EP=ET=1$，$\overline{R_D}=1$。令预置输入端 $D_0D_1\ D_2\ D_3=0000$（即预置数“0”），以此为初态进行计数。输入计数脉冲，只要计数器未计到 1001（9），Q_0、Q_3 总有一个为 0，“与非”门输出为 1（即 $\overline{LD}=1$），计数器处于计数状态。当输出端 $Q_0\ Q_1\ Q_2\ Q_3$ 对应的二进制代码为 1001 时，Q_0、

Q_3 为 1，使“与非”门输出为 0（即 $\overline{LD}=0$），电路处于预置数状态，在下一个计数脉冲（第 10 个）到来后，计数器输出状态进行同步预置数，使 $Q_0Q_1Q_2Q_3 = D_0D_1D_2D_3 = 0000$，随即 $\overline{LD}=\overline{Q_0Q_3}=1$，开始重新计数。计数器的状态图如图 9-33b 所示。

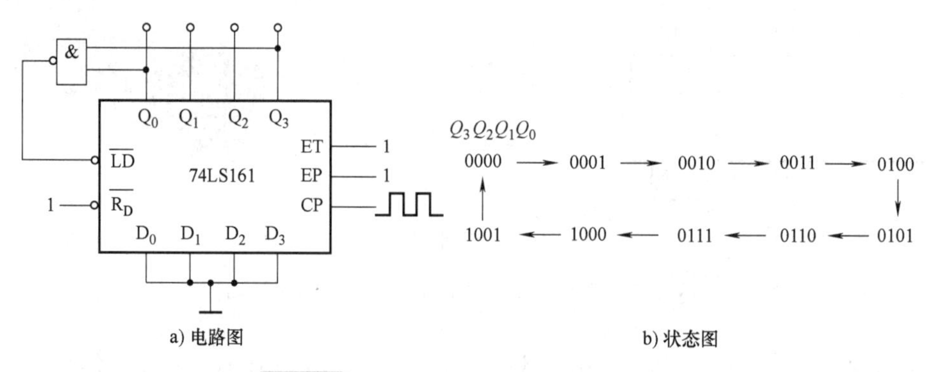

a) 电路图 b) 状态图

图 9-33 预置数法构成的十进制计数器

2）进位输出置最小数法构成任意进制计数器。图 9-34a 所示是采用进位输出置最小数法构成的八进制计数器。当进位输出端 $CO=1$ 时，$\overline{LD}=0$，计数器执行置数功能，即计数器被置成 $Q_0Q_1Q_2Q_3=0001$，这时进位输出端 CO 变为 0，则 $\overline{LD}$ 变为 1，电路执行计数功能。当计到 $Q_0Q_1Q_2Q_3=1111$ 时，进位输出端 CO 又为 1，$\overline{LD}$ 为 0，计数器恢复到 $Q_0Q_1Q_2Q_3=0001$ 状态。对应状态图如图 9-34b 所示，有 1000～1111 共八个有效状态。

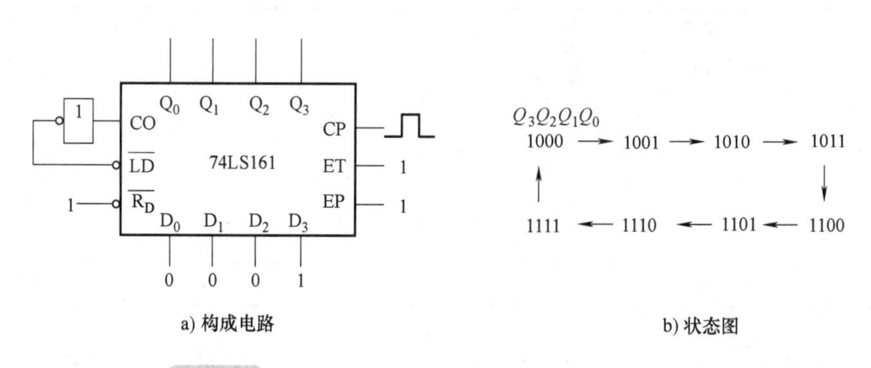

a) 构成电路 b) 状态图

图 9-34 进位输出置最小数法构成的八进制计数器

3）异步清零复位法构成任意进制计数器。图 9-35a 所示是采用异步清零复位法构成的十进制计数器。$ET=EP=1$，置位端 $\overline{LD}=1$，将输出端 Q_1 和 Q_3 通过“与非”门接至 74LS161 的复位端。电路取 $Q_0Q_1Q_2Q_3=0000$ 为起始状态，则计入 10 个脉冲后电路状态为 $Q_0Q_1Q_2Q_3=0101$，“与非”门的输出为 $\overline{Q_1Q_3}=0$，计数器清零。图 9-35b 是计数状态图，图中虚线表示在 1010 状态有短暂的过渡。

2. 集成计数器 74LS192

（1）74LS192 的功能 74LS192 是一个同步十进制可逆计数器。其引脚排列、逻辑符号和外形如图 9-36a～c 所示。表 9-12 是 74LS192 的功能表，功能叙述如下。

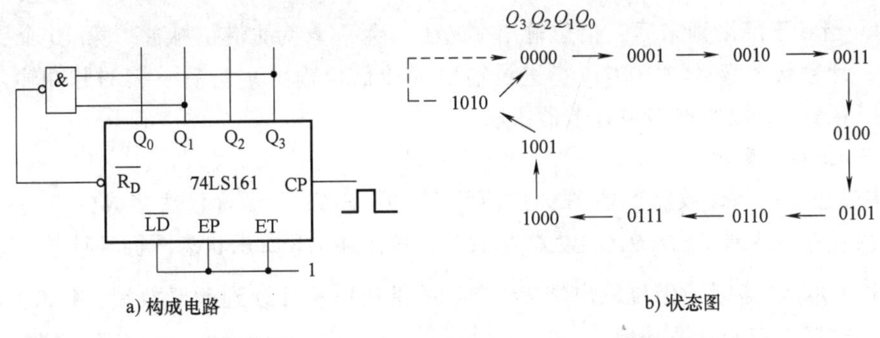

a) 构成电路　　b) 状态图

图 9-35　异步清零复位法构成的十进制计数器

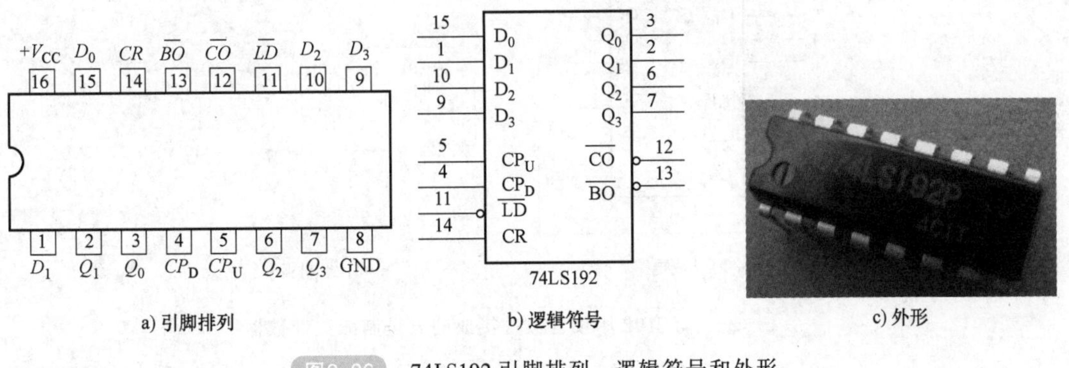

a) 引脚排列　　b) 逻辑符号　　c) 外形

图 9-36　74LS192 引脚排列、逻辑符号和外形

表 9-12　74LS192 功能表

输入								输出				功能说明
CR	$\overline{LD}$	CP_U	CP_D	D_0	D_1	D_2	D_3	Q_0	Q_1	Q_2	Q_3	
1	×	×	×	×	×	×	×	0	0	0	0	异步清零
0	0	×	×	D_0	D_1	D_2	D_3	D_0	D_1	D_2	D_3	并行置数
0	1	↑	1	×	×	×	×	加法计数				
0	1	1	↑	×	×	×	×	减法计数				
0	1	1	1	×	×	×	×	Q_0	Q_1	Q_2	Q_3	保持

1）预置并行数据。当预置并行数据控制端 $\overline{LD}$ 为低电平时，不管 CP 状态如何，可将预置数 $D_0D_1D_2D_3$ 置入计数器（为异步置数）；当 $\overline{LD}$ 为高电平时，禁止预置数。

2）可逆计数。当计数时钟脉冲 CP 加至 CP_U 端、CP_D 为高电平时，在 CP 上升沿作用下进行加计数；当计数时钟脉冲 CP 加至 CP_D 端且 CP_U 为高电平时，在 CP 上升沿作用下进行减计数。

3）具有清零端 CR（高电平有效）和进位输出端 $\overline{CO}$ 及借位输出端 $\overline{BO}$。进行加法计数时，在 CP_U 端第 9 个输入脉冲上升沿作用后，计数状态为 1001，当其下降沿到来时，进位输出端 $\overline{CO}$ 产生一个负的进位脉冲，第 10 个脉冲上升沿作用后，计数器复位；计数器进行十进制减法计数时，设初始状态为 1001。在 CP_D 端第 9 个输入脉冲上升沿作用后，计数状态为 0000，当其下降沿到来后，借位输出端 $\overline{BO}$ 产生一个负的借位脉冲。第 10 个脉冲上升沿作用后，计数状态恢复为 1001。将进位输出（或借位输出）与后一级的脉冲输入端 CP_U（或 CP_D）相连，可以实现多位计数器级联。

(2) 74LS192 应用

1）构成任意进制计数器。如图 9-37a 所示是 74LS192 用预置数法接成的五进制减法计数器。将预置数输入端 $D_3D_2D_1D_0$ 设置为 0101，按图 9-37b 所示状态图循环计数。它是利用计数器到达 0000 状态时，借位输出端 $\overline{BO}$ 产生的借位信号反馈到预置数端，将 0101 重新置入计数器来完成五进制计数功能。

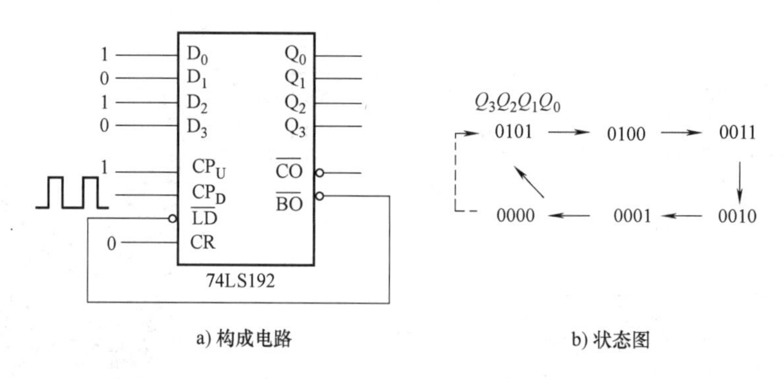

a) 构成电路　　b) 状态图

图 9-37　74LS192 用预置数法接成的五进制减法计数器

2）将多个 74LS192 级联可以构成高位计数器。例如用两个 74LS192 可以组成 100 进制计数器，其连接方式如图 9-38 所示。

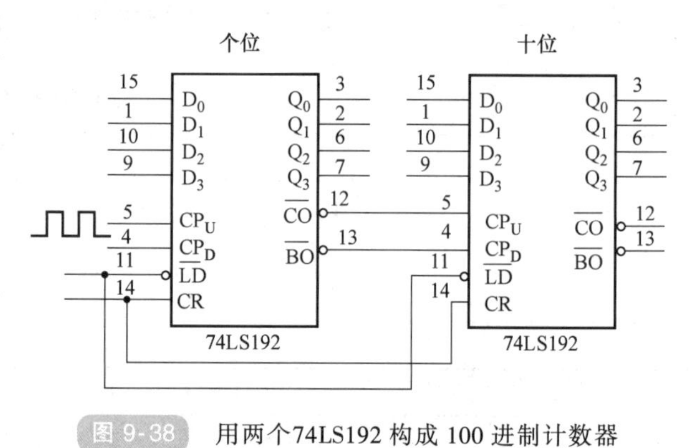

图 9-38　用两个74LS192 构成 100 进制计数器

在 $\overline{LD}$ 端输入 1，CR 端输入 0，使计数器处于计数状态。在个位 74LS192 的 CP_U 端逐个输入计数脉冲 CP，个位的 74LS192 开始进行加法计数。在第 10 个 CP 脉冲上升沿到来后，个位 74LS192 的状态由 1001→0000，同时其进位输出 $\overline{CO}$ 由 0→1，即十位的 CP_U 由 0→1，此上升沿使十位的 74LS192 从 0000 开始计数，直到第 100 个 CP 脉冲作用后，计数器由 1001 1001 恢复为 0000 0000，完成一次计数循环。

知识与小技能测试

1. 计数器是统计脉冲个数的电路，也可用于（　　）。

A. 分频　　B. 译码　　C. 逻辑运算

2. 要组成五进制计数器，最少需要（　　）个触发器。

A. 2 个　　B. 3 个　　C. 4 个

3. 用 74LS161 构成十进制计数器有哪几种方法？

4. 用集成双 JK 触发器构成计数器。

（1）写出所选用双 JK 触发器的型号，熟悉引脚和功能。

（2）仿照图 9-30，使用一片集成双 JK 触发器在实验箱上连接二位计数器。

（3）检查电路无误后，实验记录在脉冲作用下电路输出状态的转换。

（4）若将高位的 CP 从低位的 $\overline{Q}$ 处连接，电路状态转换会有什么变化？

5. 用 74LS192 在实验箱上接一个十进制加法计数电路。

（1）熟悉引脚和功能。

（2）画出电路图，在实验箱上连接电路，输出可用四只 LED 灯观察。

（3）检查电路无误后，通电记录在脉冲作用下电路输出状态的转换。

9.4　集成寄存器

要制作图 9-1 提到的多路循环流水彩灯，需要多谐振荡电路、计数器和循环移位控制电路。循环流水灯控制电路用移位寄存器就能实现，现在马上进入最后一个知识点的学习。

寄存器是一种重要的数字逻辑部件，常用来接收、暂存、传递数码或指令等信息。寄存器按功能可分为数码寄存器和移位寄存器两大类。

9.4.1　数码寄存器

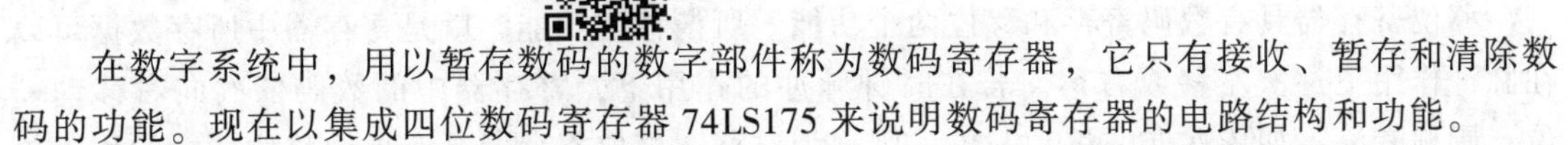

在数字系统中，用以暂存数码的数字部件称为数码寄存器，它只有接收、暂存和清除数码的功能。现在以集成四位数码寄存器 74LS175 来说明数码寄存器的电路结构和功能。

74LS175 是一个四位寄存器，它的逻辑图如图 9-39 所示。由图看出，它由 4 个 D 触发器组成。$D_0 \sim D_3$ 是数据输入端，$Q_0 \sim Q_3$ 是数据输出端，$\overline{Q_0} \sim \overline{Q_3}$ 是反码输出端。各触发器的复位端（直接置 0 端）连接在一起，作为寄存器的总清零端 $\overline{R_D}$（低电平有效）。74LS175 的功能表见表 9-13。

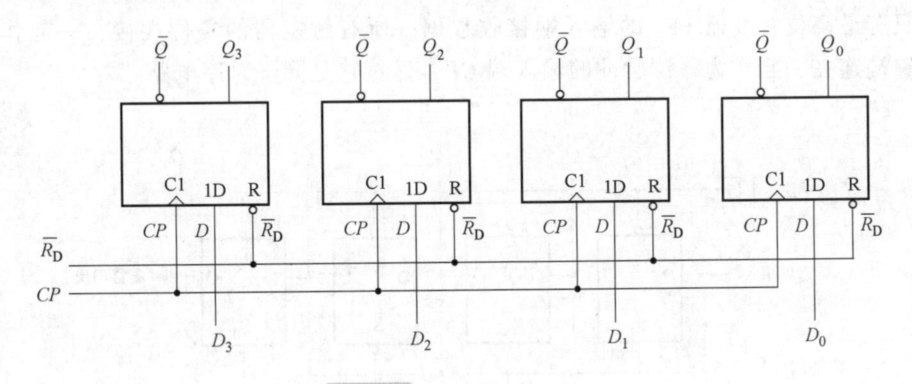

图 9-39　四位数码寄存器

寄存器的工作过程如下：

（1）异步清零　在 $\overline{R_D}$ 端加负脉冲，各触发器异步清零。清零后，应将 $\overline{R_D}$ 接高电平。

（2）并行数据输入 在 $\overline{R_D}=1$ 的前提下，将所要存入的数据 D 加到数据输入端，例如存入的数码为 1010，则寄存器的输入 $D_3D_2D_1D_0$ 为 1010。D 触发器的逻辑功能是 $Q^{n+1}=D$。因而在 CP 脉冲上升沿一到，寄存器的状态 $Q_3Q_2Q_1Q_0$ 就变为 1010，数据被并行存入。

（3）记忆保持 只要使 $\overline{R_D}=1$，CP 无上升沿（通常接低电平），则各触发器保持原状态不变，寄存器处在记忆保持状态。这样就完成了接收并暂存数码的功能。寄存器在接收数码时，$D_3D_2D_1D_0$ 同时输入；取出数码时，$Q_3Q_2Q_1Q_0$ 也是同时取出。因此，这种寄存器称为并行输入、并行输出数码寄存器。

表 9-13　74LS175 的功能表

输入			输出	
$\overline{R_D}$	CP	D	Q^{n+1}	$\overline{Q^{n+1}}$
0	×	×	0	1
1	↑	1	1	0
1	↑	0	0	1
1	0	×	Q^n	$\overline{Q^n}$

9.4.2 移位寄存器

移位寄存器具有数码寄存和移位两个功能。所谓移位功能，就是寄存器中所存数据可以在脉冲作用下逐次左移或右移。若在时钟脉冲的作用下，寄存器中的数码依次向右移动一位，则称右移；如依次向左移动一位，则称为左移。移位寄存器具有单向移位功能的称为单向移位寄存器；既可右移又可左移的称为双向移位寄存器。

1. 单向移位寄存器

图 9-40 所示电路是用 D 触发器组成的四位右移位寄存器。其中 FF_3 是最高位触发器，FF_0 是最低位触发器。每个高位触发器的输出端 Q 与低一位的触发器的输入端 D 相接。整个电路只有最高位触发器 FF_3 的输入端接收数据。所有触发器的复位端接在一起作为清零端，时钟端连在一起作为移位脉冲的输入端 CP，显然它是同步时序电路。

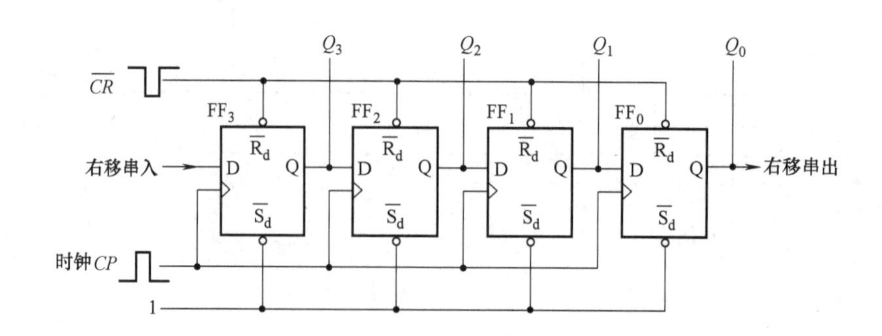

图 9-40　四位右移位寄存器

工作原理：接收数码前，寄存器应清零，令 $\overline{CR}=0$。接收数码时，$\overline{CR}=1$。每当移位脉冲上升沿到来时，输入数据便一个接一个地依次移入 FF_3 中，同时其余触发器的状态也依次移给低一位触发器，这种输入方式称为串行输入。假设要存入的数码为 $D_3D_2D_1D_0=1101$，根据数码右移的特点，首先输入最低位 D_0，然后由低位到高位，依次输入。

当输入最低位数 $D_0=1$ 时，在第一个 CP 脉冲上升沿到来后，D_0 移入 FF_3 中，而其他三个触发器保持 0 态不变。寄存器的状态为 $Q_3Q_2Q_1Q_0=1000$；当输入数码 $D_1=0$ 时，在第二个脉冲上升沿到来后，$D_1=0$ 移到 FF_3 中，而 $Q_3=1$ 则移到 FF_2 中，此时 Q_1、Q_0 仍为 0 态。寄存器的状态为 $Q_3Q_2Q_1Q_0=0100$；同样分析，当输入数码 $D_2=1$ 时，在第三个脉冲上升沿到来后，寄存器的状态为 $Q_3Q_2Q_1Q_0=1010$；当输入数码 $D_3=1$ 时，第四个脉冲上升沿到来后，寄存器的状态为 $Q_3Q_2Q_1Q_0=1101$。

综上分析，经过四个 CP 脉冲作用后，四位数码 1101 就恰好全部移入寄存器中。表 9-14 是四位右移寄存器的状态表。图 9-41 是其工作波形。

表 9-14　**四位右移寄存器状态表**

移位脉冲	输入数据	输出			
		Q_3	Q_2	Q_1	Q_0
初始	1	0	0	0	0
1	0	1	0	0	0
2	1	0	1	0	0
3	1	1	0	1	0
4		1	1	0	1

2. 双向移位寄存器

现以 74LS194 为例介绍集成双向移位寄存器的功能和应用。

(1) 功能　74LS194 是一种典型的中规模四位双向移位寄存器。其引脚排列图及逻辑符号如图 9-42 所示，功能表见表 9-15。

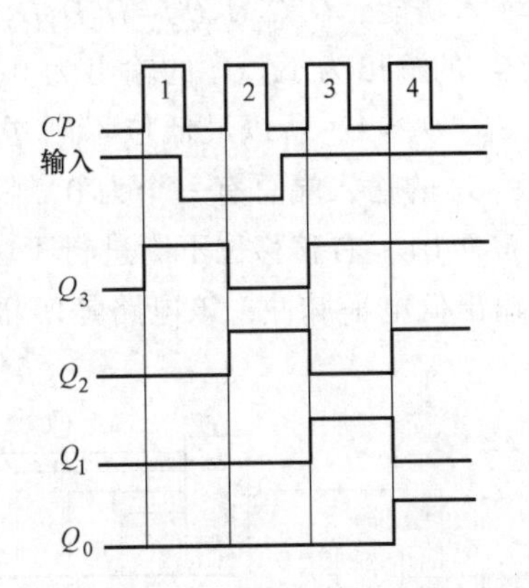

图 9-41　四位右移寄存器工作波形

由表 9-15 可知，当清零端 $\overline{R_D}$ 为低电平时，输出端 $Q_0\sim Q_3$ 均为低电平；当 $M_1M_0=00$ 时，移位寄存器保持原来状态；当 $M_1M_0=01$ 时，在 CP 脉冲作用下进行右移位，每来一个 CP 脉冲的上升沿，寄存器中的数据右移一位，并且由 S_R 端输入一位数据；当 $M_1M_0=10$ 时，在 CP 脉冲作用下进行左移位，每来一个 CP 脉冲的上升沿，寄存器中的数据左移一位，并且由 S_L 端输入一位数据；当 $M_1M_0=11$ 时，在 CP 脉冲的配合下，并行输入端的数据存入寄存器中。

总之，74LS194 除具有清零、保持、实现数据左移、右移功能外，还可实现数码并行或串行输入输出。

表 9-15　74LS194 的功能表

$\overline{R_D}$	M_1　M_0	CP	S_R	S_L	D_0	D_1	D_2	D_3	Q_0	Q_1	Q_2	Q_3	功能说明
0	×　×	×	×	×	×	×	×	×	0	0	0	0	异步置 0
1	×　×	0	×	×	×	×	×	×	Q_0	Q_1	Q_2	Q_3	静态保持
1	0　0	↑	×	×	×	×	×	×	Q_0	Q_1	Q_2	Q_3	动态保持
1	0　1	↑	D_{IR}	×	×	×	×	×	D_{IR}	Q_0	Q_1	Q_2	右移位
1	1　0	↑	×	D_{IL}	×	×	×	×	Q_1	Q_2	Q_3	D_{IL}	左移位
1	1　1	↑	×	×	D_0	D_1	D_2	D_3	D_0	D_1	D_2	D_3	并行输入

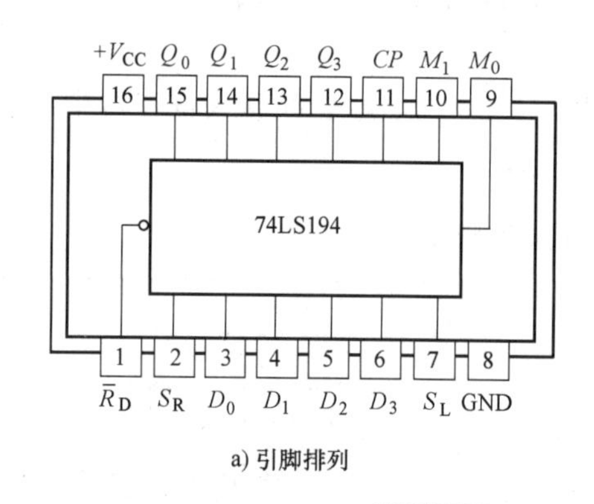

a) 引脚排列

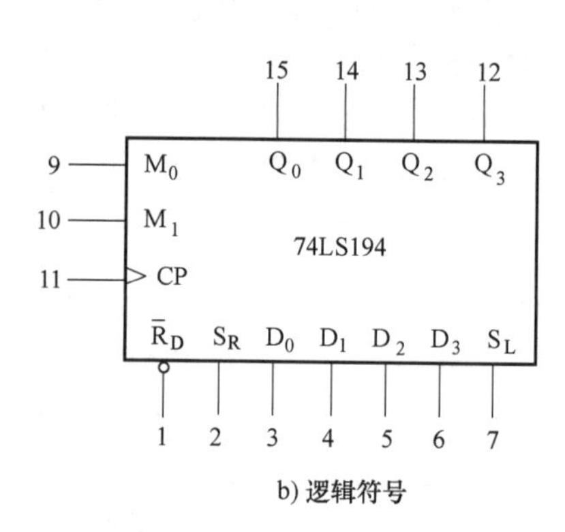

b) 逻辑符号

图 9-42　74LS194 四位双向移位寄存器

(2) 应用举例　逻辑电路如图 9-43 所示，试分析它的逻辑功能。

当启动信号端输入一个低电平脉冲时，使 G_2 输出为 1，此时 $M_0=M_1=1$，寄存器执行并行输入功能，$Q_0Q_1Q_2Q_3=D_0D_1D_2D_3=0111$。启动信号撤除后，由于寄存器输出端 $Q_0=0$，使 G_1 的输出为 1，G_2 的输出为 0，$M_1M_0=01$，在 CP 脉冲的作用下执行右移操作。因为此时 $S_R=Q_3=1$，所以最低位不断送入 1，当 $Q_3=0$ 时，最低位则送入 0。所以，在移位过程中，G_1 的输入端总有一个为 0，因此总能保持 G_1 的输出为 1，从而使 G_2 的输出为 0，维持 $M_1M_0=01$，右移移位不断进行下去。右移位情况见表 9-16。由此可见，电路可按固定的时序输出低电平脉冲，该电路是四相时序脉冲产生器。

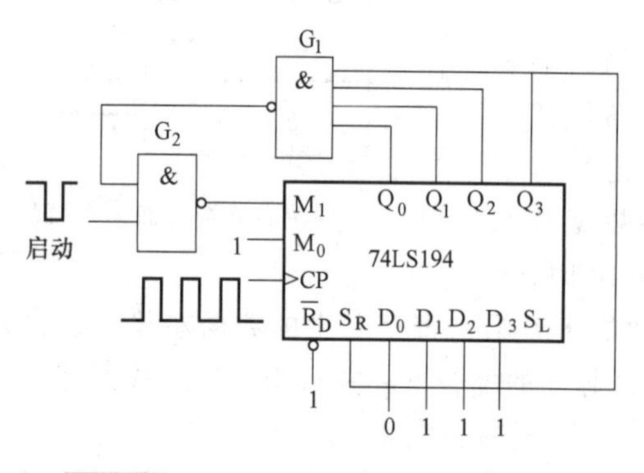

图 9-43　74LS194 应用举例逻辑电路图

表 9-16　图 9-43 的状态转换表

脉冲序号	右移 S_R	输出状态 $Q_0\ Q_1\ Q_2\ Q_3$
1	1	0　1　1　1
2	1	1　0　1　1
3	1	1　1　0　1
4	0	1　1　1　0
5	1	0　1　1　1

知识与小技能测试

1. 寄存器按功能不同分为__________和__________寄存器。

2. 集成寄存器 74LS175 在一个脉作用下可以并行存入__________位二进制码。

3. 简述集成寄存器 74LS194 的功能。

4. 流水灯电路连接。按图 9-44 所示电路，选择器件并熟悉它们的功能和引脚排列，输出端用 LED 显示，接线检查无误后，通电观察电路在 CP 作用下输出状态（注意输出端的高低位不能错）。流水灯电路成功了吗？

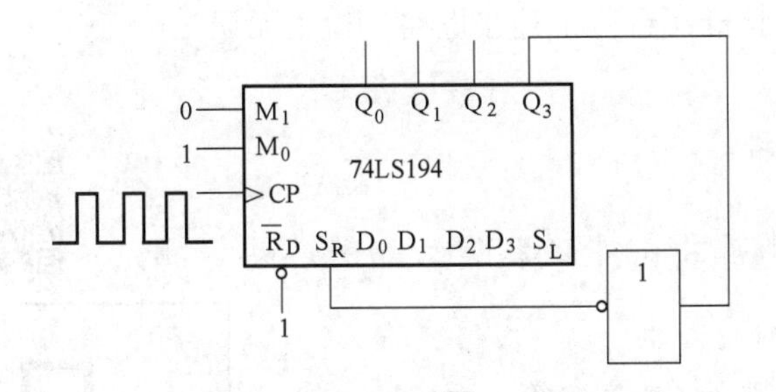

图 9-44 9.4 节知识与小技能测试题 4 图

技能训练

技能训练一 触发器构成的单按钮电子开关电路的连接与测试

1. 所用实验设备与元器件

多功能电子电路实验台（或实验箱、面包板）、万用表、图 9-45 所示电路中标注的元器件。

2. 操作内容

图 9-45 是集成 JK 触发器 74HC112、电阻、LED、自动复位按钮构成的电子开关电路。

1）查阅资料，熟悉所用器件的引脚和功能。

2）按图在面包板或实验箱上连接电路，检查电路确认无误后接通电源。

3）验证按钮 SB 控制 LED 灯的结果，并说出电路的原理。

4）简述电子开关的好处和用途。

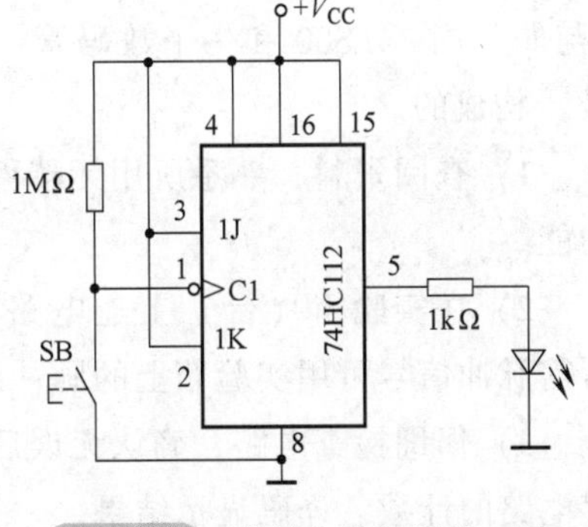

图 9-45 模块九技能训练一图

技能训练二 555 定时器构成的触摸延时“小灯”电路的连接与测试

1. 所用实验设备与元器件

多功能电子电路实验台(或实验箱、面包板)，万用表，按下面操作要求通过计算选择参数合适的元器件。

2. 操作内容

延时“小灯”电路如图 9-46 所示，调整可调电阻阻值和电容量达到延时效果。要想增加延时的时间，就调换大容量的电容，如 400μF、1000μF 等。如果作为夜间床头定时灯、楼道定时灯等，可拆去 LED 和电阻，换一个 6V 的小灯即可。

1）触摸后想使延时“小灯”亮 11s 后自动熄灭，通过计算选择参数合适的元器件。

2）在面包板或实验箱（台）上连接电路，检查无误通电验证结果。

3）简述电路的原理。

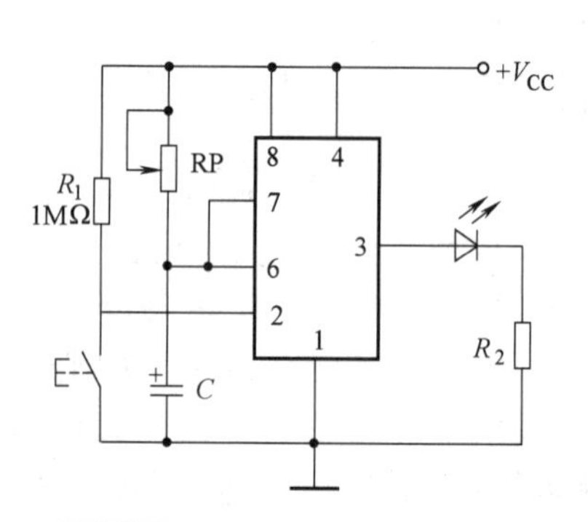

图 9-46 模块九技能训练二图

技能训练三 带数码显示的十进制计数器的连接与测试

1. 所用实验设备与元器件

多功能电子电路实验台(或实验箱、面包板)、万用表、图 9-47 所示电路中标注的元器件。

2. 操作内容

图 9-47 是带数码显示的十进制计数器，它由一片集成计数器 74LS161、一片显示译码器 74LS48（或 74LS47）、一片 4-2 输入“与非”门 74LS00 和一个数码管（自己查型号）构成的。

1）查阅资料，熟悉所用元器件的引脚和功能。

2）在实验箱（台）上连电路，74LS161 所需脉冲信号可用实验箱上的脉冲源提供。

3）仔细检查电路，确认无误后通电，观察电路的计数、译码显示结果。

4）分析电路是几进制计数器？并与实验结果比对。

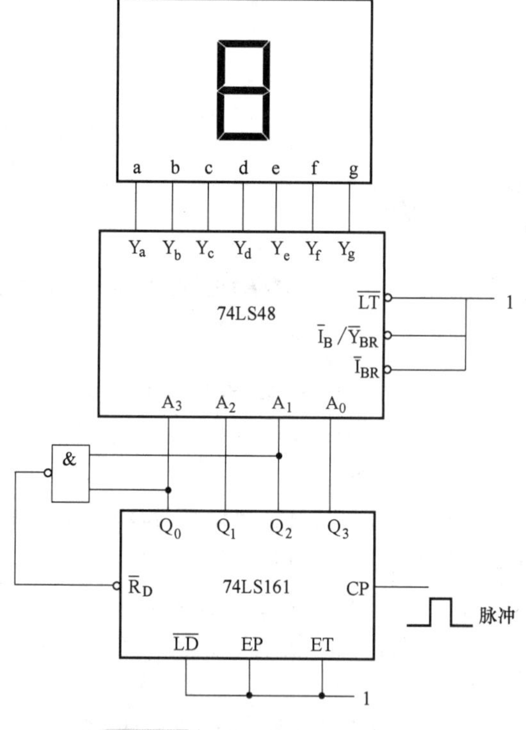

图 9-47 模块九技能训练三图

技能训练四 集成寄存器 74LS194 构成的流水灯电路的连接与测试

1. 所用实验设备与元器件

多功能电子电路实验台（或实验箱、面包板）、万用表、图 9-48 所示电路中标注的元器件。

2. 操作内容

图 9-48 是由集成寄存器 74LS194 构成的流水灯电路。流水灯用串有电阻的四只发光二极管（图中省略）实现，74LS194 所需脉冲信号可用实验箱上的脉冲源提供，另外还有一片 4-2 输入“与非”门 74LS00、一个启动按钮。

1）查阅资料，熟悉所用元器件的引脚和功能。

2）在实验箱上连接电路。

3）仔细检查电路，确认无误后通电，观察电路的结果。

4）分析列出电路的状态转换表，并与实验结果比对。

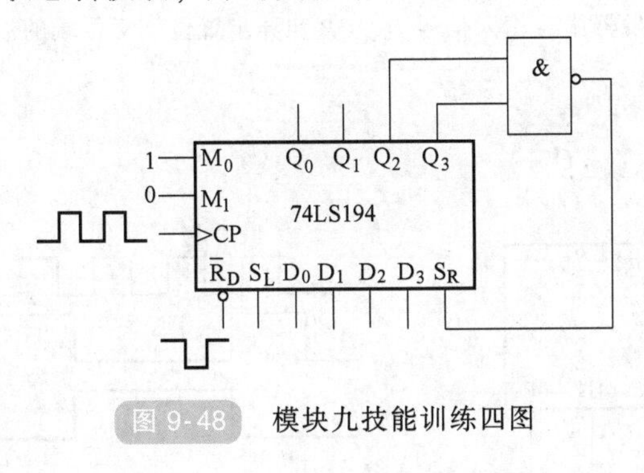

图 9-48　模块九技能训练四图

练习与思考

9-1　试分析如图 9-49 所示逻辑电路的逻辑功能，列出特性表，说明它是哪种类型的触发器。

9-2　同步触发器接成图 9-50a～e 所示形式，设初始状态为 0，试根据图 9-50f 所示的 CP 波形画出 Q_a、Q_b、Q_c、Q_d、Q_e 的波形。

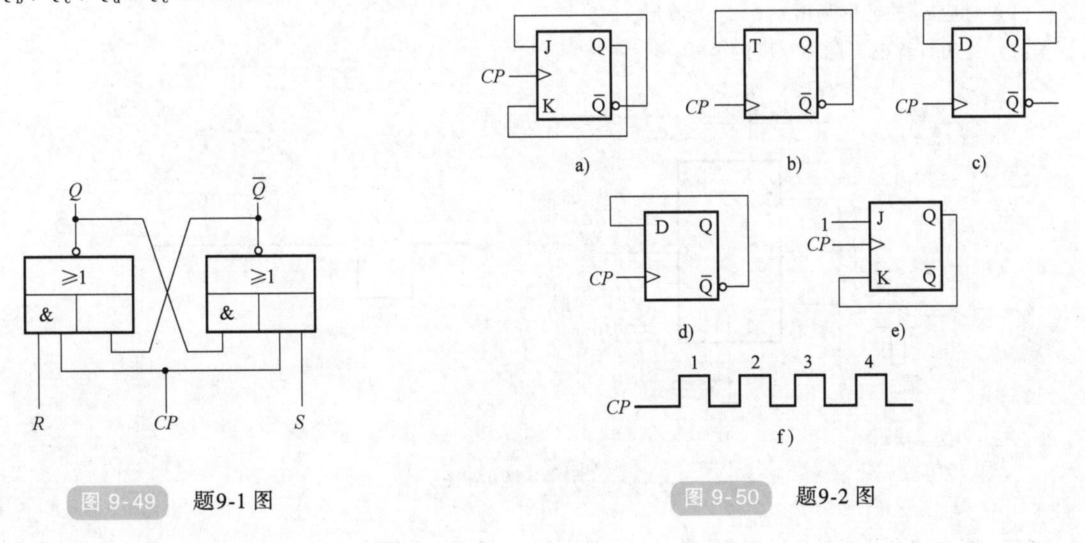

图 9-49　题9-1 图

图 9-50　题9-2 图

9-3　在主从 JK 触发器中，CP、J、K 的波形如图 9-51 所示，设初态为 0 态，试对应画出 $\overline{Q}$ 和 Q 的波形。

9-4　图 9-52 所示为负边沿 JK 触发器的 CP、J、K 端的输入波形，试画出输出端 Q 的波形，设触发器的初始状态为 $Q=0$。

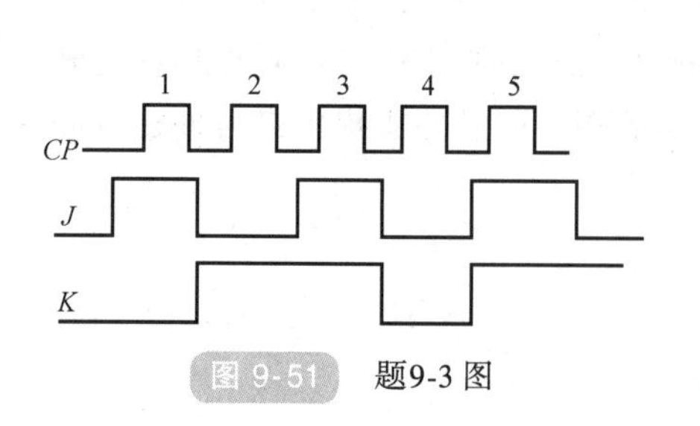

图 9-51 题9-3 图

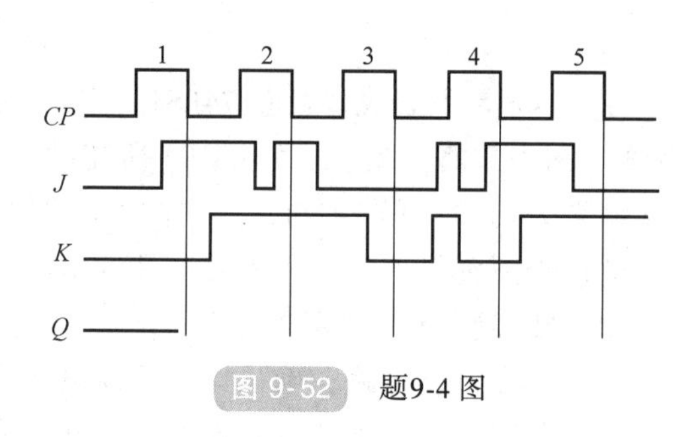

图 9-52 题9-4 图

9-5 在图 9-53a 所示触发器中，输入信号 D、CP 和异步置位、复位端的波形如图 9-53b 所示，试画出 $\overline{Q}$ 和 Q 的波形。

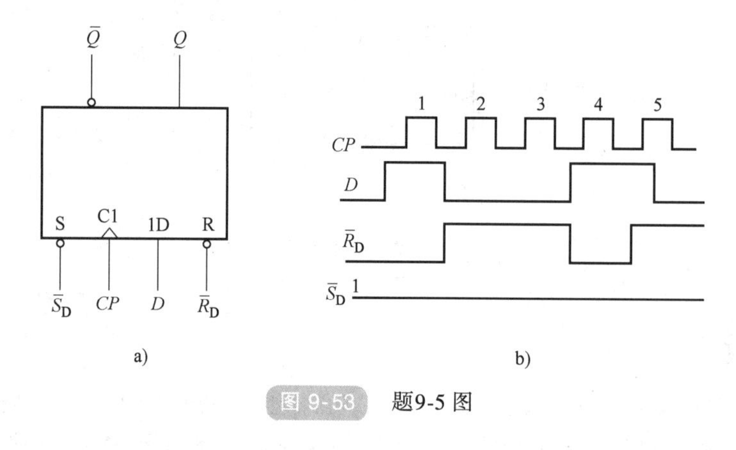

图 9-53 题9-5 图

9-6 555 定时电路组成单稳态电路如图 9-54 所示。

（1）对应 u_i 的波形画出 u_C、u_o 的波形；

（2）写出计算输出脉冲宽度的公式。

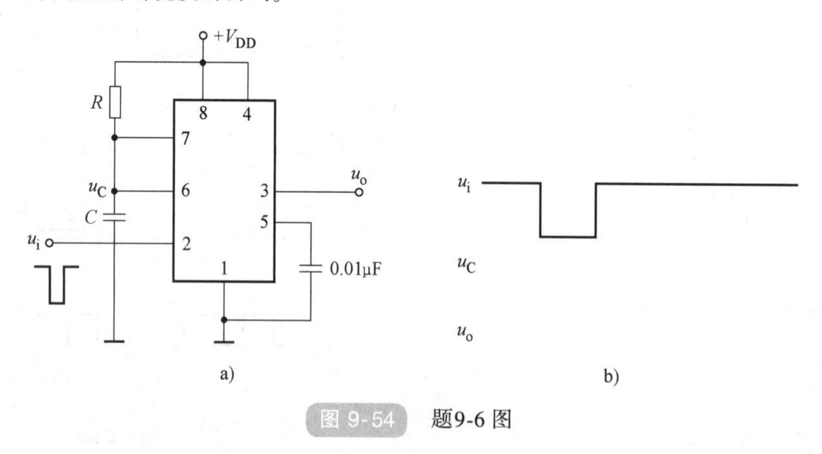

图 9-54 题9-6 图

9-7 图 9-55 所示为过电压监视电路，当监视电压 u_x 超过一定值时，LED 将发出闪烁信号。试说明电路的工作原理，并求闪烁周期时间。

9-8 试分析图 9-56 所示电路的逻辑功能，并画出 Q_0、Q_1 的波形图。设 Q_1Q_0 初态为 00。

9-9 图 9-57 所示为某时序电路的工作波形图，由此画出状态图或状态表，判定该时序电路是几进制计数器。

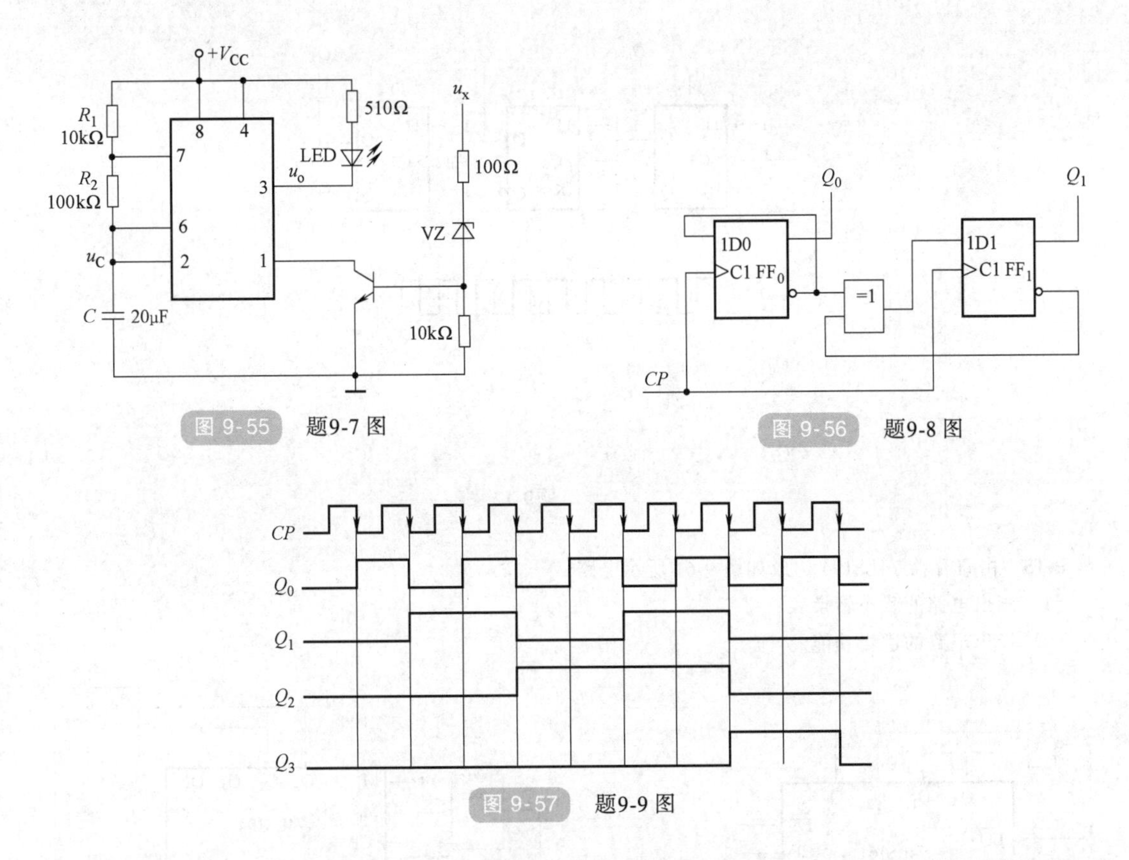

图 9-55　题9-7图

图 9-56　题9-8图

图 9-57　题9-9图

9-10　时序电路由三个 JK 触发器（下降沿触发）和若干门电路构成。已知各触发器的时钟方程和驱动方程如下：

时钟方程：

$$CP_1 = CP\downarrow \qquad CP_2 = Q_1\downarrow \qquad CP_3 = CP\downarrow$$

驱动方程：

$$J_1 = \overline{Q_3} \qquad K_1 = 1$$
$$J_2 = 1 \qquad K_2 = 1$$
$$J_3 = Q_2 \cdot Q_1 \qquad K_3 = 1$$

试画出对应的逻辑电路图，并分析其逻辑功能。

9-11　分析图 9-58 所示的电路，要求写出驱动方程，列出状态转换表，画出状态图和时序图。

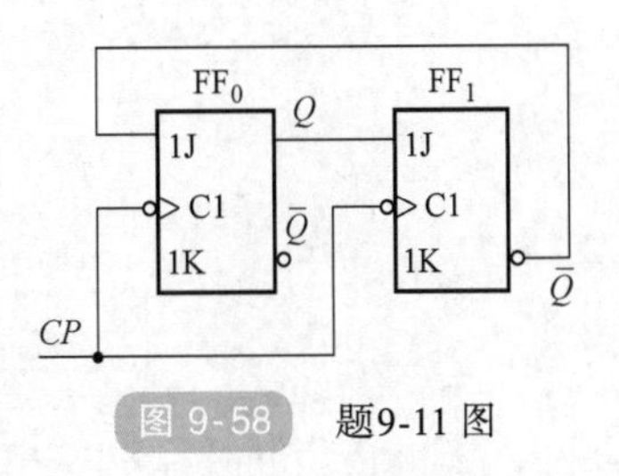

图 9-58　题9-11图

9-12　如图 9-59 所示电路，设触发器的初态均为 0 态，画出时序图，并说明电路是哪种类型的计数器。

9-13　用集成计数器 74LS161 组成起始状态为 0100 的九进制计数器，要求：

（1）列出状态表；

（2）画出电路图。

9-14　由计数器 74LS161 构成如图 9-60 所示电路。

（1）画出电路的状态转换表或状态图；

（2）分析是几进制计数器。

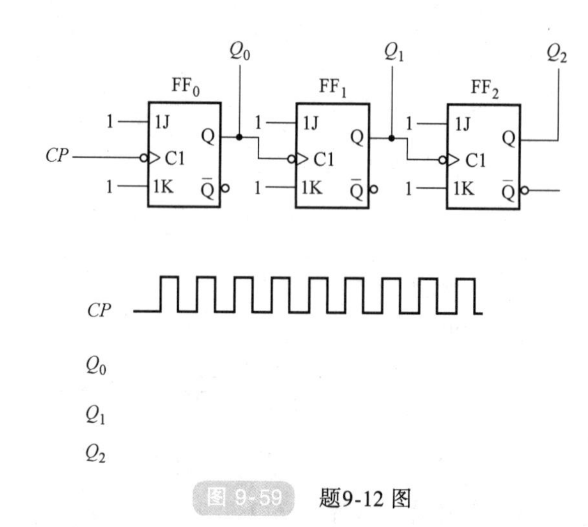

图 9-59 题9-12 图

9-15 由寄存器 74LS194 构成如图 9-61 所示电路。

(1) 画出电路的状态转换表；

(2) 指出电路的逻辑功能。

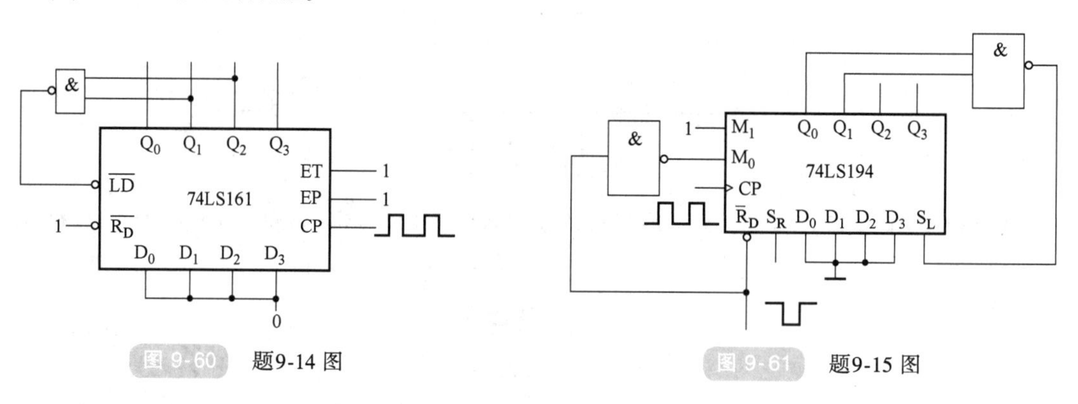

图 9-60 题9-14 图

图 9-61 题9-15 图

参 考 文 献

[1] 王兆奇. 电工基础 [M]. 3 版. 北京：机械工业出版社，2015.

[2] 刘介才. 工厂供电 [M]. 6 版. 北京：机械工业出版社，2015.

[3] 张志良. 电工基础 [M]. 北京：机械工业出版社，2010.

[4] 商福恭. 怎样快速查找电气故障 [M]. 北京：中国电力出版社，2008.

[5] 童诗白，华成英. 模拟电子技术基础 [M]. 4 版. 北京：高等教育出版社，2006.

[6] 申凤琴. 电工电子技术基础 [M]. 2 版. 北京：机械工业出版社，2012.

[7] 阎石. 数字电子技术基础 [M]. 5 版. 北京：高等教育出版社，2006.